Encouragement of Larvi-ichthyology

稚魚学のすすめ

企画：稚魚研究会

編著：原田慈雄
加納光樹
田和篤史
木下　泉
河野　博

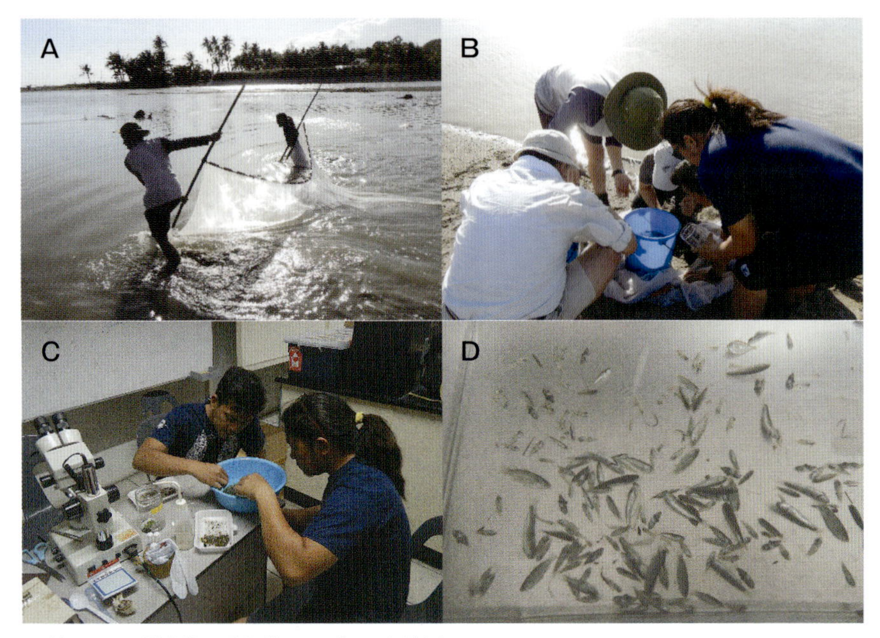

口絵１ フィリピンでのサーフネット調査

A：網を曳く，B：採集物が入ったバケツを覗き込む，C：研究室でのソーティング，D：得られた仔稚魚標本。

口絵２ 有明海湾奥部の高濁度水塊における調査（本書4.12図1，2より一部抜粋）

底層に分布する仔稚魚を採集するための桁網による調査（左）。多くのハゼ目仔稚魚が含まれる稚魚ネット採集物（右）。様々な工夫を凝らしたネットを駆使し，仔稚魚の水平・鉛直的な分布を明らかにして，成長・発育に伴った生息場所の移動を描き出す。

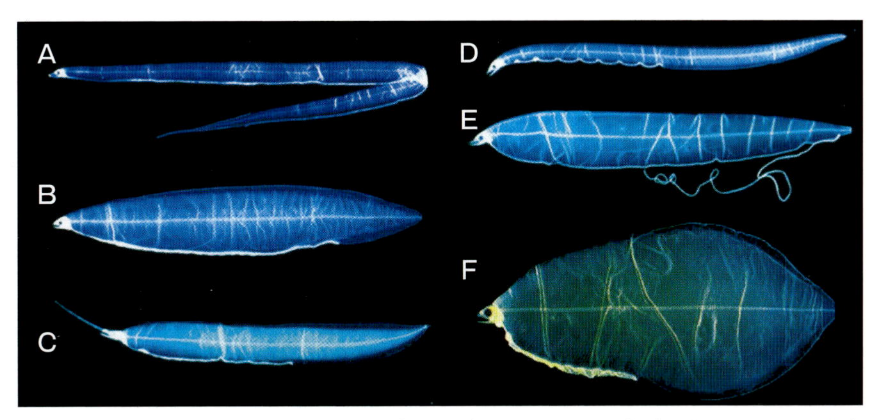

口絵３ 多様な形態がみられるウナギ目レプトケパルス仔魚（本書2.4.2図2より）

A：シギウナギ，B：ウツボ科の１種，C：リュウキュウホラアナゴ亜科の１種，D：ウミヘビ科の１種，E：アナゴ科ゴテンアナゴ属の１種，F：アナゴ科オキアナゴ属の１種。

口絵４ コノシロ仔稚魚の二重染色透明骨格標本（本書3.4図1を改変）

軟骨は青色に，硬骨は赤色に染まる。

口絵５ イシガレイ稚魚とイソシジミ水管（本書4.10図2より）

イシガレイ稚魚（約4 cm）と胃内容物のイソシジミ水管片（左）。水管片は幅1.5 mm前後，長さ1 mm前後が多い（中）。イソシジミは15 cmほどの深さまで潜砂し，底土表面まで入水管と出水管を伸ばす（右）。

はじめに

今回稚魚研究会として「稚魚学のすすめ」という本を出版することになった。私たちは，2016年に「稚魚研究の明日をひらく－沖山先生をこえて」と題するシンポジウムを開催し，その後に稚魚研究会から稚魚学の本を出そうと計画し，ようやく今回の運びとなった。この本は，水産海洋系を中心とした学部学生（4年生），あるいは新任の教員および環境調査会社の社員さんなどを対象として企画された。ここで「稚魚」は，狭義の発育段階の一つを示す「稚魚」ではなく，広義に「初期生活期・史」を指し，成魚の産卵生態も含むこととし，その時期を扱う学問を「稚魚学」とした。多くの海洋生物に携わる若い研究者が内田恵太郎の「稚魚を求めて」を読んで啓発され「稚魚」研究に邁進した。内田恵太郎とその門下達が，飼育を中心として研究を進め1960年代に第一次黄金期を築いた。これらの研究を基盤として，自然環境下での発育過程の特化や，個体発生と系統発生との関係などに着目して初期生活史研究を進化させ第二次黄金期の扉を開いたのが沖山宗雄であった。

魚類の多くは，哺乳類なら母親の胎内で過ごす大変未発達な状態の時に自然環境に生み出され，生まれた後成魚になる前にほぼすべてが死んでしまうにもかかわらず，何億年も世代を重ねて存続してきた。卵からふ化して稚魚になるあいだに似ても似つかぬ姿に変わるものもたくさんいる。私たちにとって重要な水圏生態系や水産資源の維持には，この稚魚の生き残りの仕組みが決定的な要因となっている。

こんな不思議な生き物はこの世にいないのではと思われ，世界の多くの研究者を魅了してきた。そのうえ，わが国では魚類の稚魚を量産する種苗生産という分野に努力が注がれ，他国ではまねのできない実験的な研究も可能になっている。

この本の具体的な内容は，稚魚学とは？現実の水産業とのかかわりは？稚魚はどうして親と異なった形をしているのか？実際に海で採集した稚魚をどのようにして調べていけばいいのか？稚魚を調べてどのような世界が開けてくるのか等について，稚魚研究会の会員に限らずそれぞれの分野の第一人者の皆さんに執筆していただいた。一読いただければ，一見オタクっぽいとおもわれる稚魚学がいかに広い研究分野の連携によって成り立っているかを理解していただけると思う。

実際の稚魚研究者は，気の遠くなるような努力の末に成果を積み重ねているが，苦労を苦労とも思わないで取り組んでこれたのもこの魅力的な稚魚という生き物のためだと思う。

読者の皆様にも，その一端に触れていただき稚魚学の楽しさのこと始めにしていただければ幸いである。

稚魚研究会会長　青海忠久

目　次

3章．どのように研究を行うのか — 採集からサンプル分析までのノウハウ

3.1 採集方法

3.7 食性調査

4章．稚魚から見える世界

4.1 ウナギ目：レプトケパルスとは何か

4.4 アユ仔稚魚の生態

第 1 章

なぜ今，稚魚学なのか

1.1 稚魚学をとりまく情勢と展望

中山耕至・原田慈雄

1. はじめに

「稚魚学」という言葉はおそらく沖山 (1988a) で初めて一般的な科学雑誌に登場して以来散発的に用いられてきたと思われ (千田 2001), 田中 (2008) によって定義付けられた。それは仔稚魚を対象とするという点でつながる本質的に分野横断的な幅広い学問であり, 水産学や魚類学にも関わる多くの成果が長年にわたり積み上げられてきている。しかし, 近年においては周辺の活気が多少下がっているように感じられることがある。ごく大雑把な方法だが, Google Scholar で「稚魚」を含む文献を年代別に検索してみると, 1980 年代に比べ 2000 年代では 2 倍以上の件数が見つかるが, 2010 年代は 2000 年代と変わらないかむしろ減少している。"fish larvae" や "larval fish" だと, 1980 年代から 2000 年代にかけては 3 倍以上に増えているが, その後はあまり伸びず, 2010 年代は 2000 年代の 1.2 ～ 1.3 倍程度である。科学論文発表数の全体的な増加, 特に近年のオンライン化に伴う急増からすると, 稚魚学の相対的な存在感はやはり低下傾向なのかもしれない。稚魚を対象とする研究は, 応用的・水産学的分野と, 基礎的・自然史的分野に大きく分けられるように思うが, 年代別に検索結果の内容についてざっと見てみると, 特に後者の占める割合が近年減っているように感じられる。国内学会で言うと前者は水産学会, 後者は魚類学会で発表されるのが中心であろうが, 日本魚類学会年会における卵仔稚魚関連の口頭発表は近年では 5 件前後に留まっており, 残念ながらあまり活発な印象は得られない。

しかし, これは決して, 稚魚研究は既にやり尽くされてしまってもう発展の余地が少ないとか, 稚魚学そのものの魅力が低下したとかを意味するものではないと思われる。本項では, これから研究を始める方や, 現在は稚魚学の内部ではなく周縁にいる方などにも興味をもってもらえるような, 今後の再発展の可能性や方向性について, ごく断片的ながら探ってみたい。ただし, 初期減耗と資源変動, 種苗生産と栽培漁業など水産学的側面については本書の他の項において詳しく紹介されており, また, 稚魚学の一つの中心である稚魚分類学に関してはその歴史や現状の問題点が既に Leis (2015) などに詳しく述べられているため, 本項ではそれ以外の自然史研究的側面を中心に検討する。

2. 稚魚学をとりまく情勢

魚類学が分類学・形態学・生態学・生理学・行動学・保全学など多くの範囲に渡るのと同様に, 稚魚学も稚魚を対象とした様々な分野に及ぶ。当初博物学・自然史的探求から始まった魚類の初期生活史研究は，20世紀半ばから水産学的要請に応えて大きく発展した。まずは漁業対象種の初期減耗と資源変動の研究に関して，次いで栽培漁業および養殖漁業に必要な種苗生産と飼育・放流技術開発に関して，数多くの成果があげられた。これらは基本的に特定の水産重要種を対象としたものではあったが，当該種の研究のためには当然ながら近縁種からの識別手法の確立やそれらとの比較調査が必要であり，多くの仔稚魚の分類や初期生活史に関する知見が蓄積された。各水域での網羅的・定期的な仔稚魚ネット採集が実施されるようになり，これまで人目に触れることがなかったような種を含む大量の仔稚魚標本が得られ，それらについての研究も可能となった。さらに，人工授精や初期飼育技術の発展により，天然水域での仔稚魚採集が難しい種についてもサンプル入手の可能性が出てくるなど，漁業対象種についての水産学的視点の研究にとどまらず，稚魚学のあらゆる分野が飛躍的に進展した時代だったと言える。

近年では水産重要種の生活史は概ね明らかにされ，また種苗生産は次々と新しい対象種を手がけるよりはニホンウナギやクロマグロなど特定の重点種に絞る傾向があるように思われる。このため稚魚学に対する水産学的要請はやや低下し，水産学的研究に付随して発展してきた「稚魚の自然史」研究の存在感がやや薄れつつあるのかもしれない。とは言え，SDGs（持続可能な開発目標）が重要な行動指針となった現代，そのベースとなるべき生物多様性の探求と保全に対する研究必要性は高く，稚魚学の自然史的側面が貢献できること，稚魚を対象とした研究でしか明らかにできないことなどへの社会的要請はむしろ高まっているのではないかと考えている。

3. 稚魚学の可能性

1）定期仔稚魚調査標本の活用

わが国では過去数十年にわたり，国立研究開発法人水産研究・教育機構と各県の水産試験場等により全国的な卵仔稚魚調査が定期的に行われ，結果は海域ごとに取りまとめられデータベースとなっている。沖合での卵仔稚魚調査は採集にも分析にも大きな労力が必要であり，このような網羅的調査を長期間継続している例は世界的にも少ない。これ以外にも特定の水域において，各都道府県の独自調査や，場合によっては大学の研究室等での定期調査が継続して実施されている場合もある。ただし，いずれの場合も主要対象種，例えば全国調査の場合ではマイワシ，カタクチイワシやサバ類などの分析のみとなることがほとんどであり，同時に採集される対象種以外の仔稚魚についてはデータ化もしくは公表されることが少ない。特に近年では試験研究機関の人員不足などが影響し，採集物のソーティングや同定は外注となることも多く，仔稚魚を観察する機会自体が減少している。千田 (2001) でも触れられているように，大がかりな調査の副産物としての仔稚魚標本にはおもしろい発見が隠れている可能性が十分にある。また，地球規模的な気候変動や東日本大震災のような突発的事象の影響は成魚よりもまず仔稚魚に現れると予想されるため，環境モニタリングの対象としても長期的な仔稚魚群集標本は貴重と思われるが，標本自体が残されない場合もある。大量の仔稚魚液漬標本を保存するのは場所の面でも管理労力の面でも難しく，特に後述のようなDNA分析に供するためのエタノール標本も保存するとなるとなおさら困難だが，多くの蓄積の上に続けられている定期調査からこれまで以上の情報を得られるようにすること，必要なら後から標本に立ち戻って確認できるようにすることが望まれる。また，さらなる発展のためには，調査で実際に仔稚魚に触れる現場の人が，自分がおもしろいと思った現象を自分で追求できるような環境となることが期待される。

2) アマチュア研究者の参画

沖合での仔稚魚調査には調査船や稚魚ネット・プランクトンネットなどが必要であり，試験研究機関でなければ実施は難しい。しかし，磯場・砂浜・干潟・河口・藻場・漁港等を成育場とする種も数多くあり，そのような場所では，安全面や都道府県漁業調整規則等での規制に注意すれば，個人でもタモ網や水中灯等で気軽に採集することができる。内田 (1964) や小島 (2001) などには仔稚魚研究者が行ったそのような採集調査についての言及があるが，それだけではなく，荒俣ら (2004) のように，アマチュアが「趣味」として稚魚採集と観察を行うことを紹介している例もある。昆虫学の世界ではアマチュア研究者やパラタクソノミスト (準分類学者) が果たしている役割は大きく，地域ファウナの解明，生息環境や食性などの生態的知見の公表，分類や新種記載など，様々な報文で科学的データを蓄積している (河上 2018)。稚魚学においては，このような分野の知見が未だ十分とは言えない。例えば，日本産稚魚図鑑第二版 (沖山 2014) に記されている沿岸性魚類の分布域情報は，成魚とごく断片的な仔稚魚の分布域であることが多いが，仔稚魚は移送や分散により成魚とは異なる地域で出現することも稀ではない。地域ごとの仔稚魚相はごく一部の場所でしか報告がなく，成長や食性の地域差が調べられている種もわずかしかない。これらの基礎的情報にはより発展的な研究につながる素材が隠れているかもしれないし，上にも記したような長期的な気候変動や海流の変化などの影響を考えるためにも貴重なデータとなるはずであるが，今後も全国的かつ組織的な調査が立案される可能性は低い。沿岸性の仔稚魚は採集が容易なだけではなく，エタノールを用いた液漬なら標本の作製と保管も個人レベルで行えるため，アマチュア研究者が活躍できる場は多いと思われる。特に高校の生物部などによる地元沿岸での調査であれば，長期間にわたる経年的な仔稚魚相データの蓄積も可能だろう。

ただしいくつか障害となりそうなことはある。水産・海洋系の研究室，特に仔稚魚を扱うところの出身者が別分野に進んだ後にも研究を続けるような場合は問題ないが，そうでなければ，まず種同定の段階で困難があると思われる。図鑑，特に日本産稚魚図鑑第二版（沖山 2014）を用いた同定が基本となるが，これは実際には仔魚期が中心となっており，稚魚期の情報はない種が多い。また，固定標本の線画と形態の記述であるため，色彩や行動の情報は少なく，初学者が同定に困る場合は多そうに思う。調査結果を発表したり論文として出したりできる場所が昆虫学に比べかなり少ないことも障害となるかもしれない。今後，稚魚研究会や博物館・大学でのワークショップ開催などがより盛んになればそれらの助けとなると思われる。

4. 新技術導入による展望

1）ミトコンドリア（mt）DNA 分析

卵および仔魚は形態学的形質に乏しいものが多く，種同定における DNA 分析の重要性は高い。mtDNA の分析が容易になった 1990 年代以降には盛んに利用されるようになり，現在では各種の mtDNA 塩基配列を参照用データベースとして，未知種の短い部分配列から同定を行う「DNA バーコーディング」に発展している。本手法の稚魚学への実際の適用については川上（2016）および田和・望岡（2016）で詳しく述べられており，ここでは割愛する。遺伝学的な同定が一般化したとは言え，未だに親とのリンクが不明な卵仔稚魚は多数残されており，例えば日本産稚魚図鑑第二版（沖山 2014）では「・・科の一種」「・・属の一種」のように表記される種がいくつも見られる。Leis（2015）によると，インド太平洋海域において浮遊期仔稚魚をもつ魚のうち，科内の半数以上の種で仔稚魚が記載されているのは，324 科のうち 99 科に過ぎないという。これは一つには，卵仔稚魚は採集時にホルマリン固定されるのが普通であり，DNA 分析用の試料として使えないことが原因と思われる。DNA 分析に使用するためには採集直後に高濃度のエタノールに保存する必要があるが，採集現場でのソーティングは困難であること，エタノールはたとえ免税品でもホルマリンに比べ高価であること，エタノール液漬標本は収縮や曲がりのため形態学的分析にはあまり適していないことなどが問題となる。労力が許すなら，ホルマリンとエタノールの両方を標本として残しておくのが望ましいだろう。対象が稚魚であれば比較的丈夫なので，採集物を一度冷凍し，後から解凍とソーティングを行うことも可能である。不明な仔稚魚が世界にまだまだ数多く残されているというのは困った状況ではあるが，一方で，これから稚魚学を始める人にとっては楽しみなことと言えるかもしれない。

DNA分析が一般化し安価になったとは言え，DNAバーコーディングのように塩基配列決定が必要な分析では，それなりの費用と労力がかかってしまう。例えば，ある種について卵仔稚魚の分布や季節的消長などを調べたいとすると，数百～数千検体程度の分析が必要になる可能性が高く，全検体について塩基配列を読むのはあまり現実的ではない。実際の調査では，大半の種については形態学的に同定が可能であり，近縁な数種だけが見分けられずに残るということがよくあるが，そのような場合であれば，マルチプレックス種特異的PCR法やHRM (High Resolution Melting) 法などでより簡便に種同定を行うこともできる。前者は，特定の種の塩基配列にのみ合致するPCRプライマーを設計し，それを複数種分混合してPCR増幅を行う方法である。増幅されるDNA断片の長さが種によって異なるように設計するので，PCR後にアガロース電気泳動をするだけで，種の判別ができる (Durand et al 2010, Matsui et al 2012など)。後者は塩基配列の違いによるDNA二本鎖の解離温度の差を用いて種判別をする方法であり，やや高価なリアルタイムPCR機器 (蛍光物質を用いてPCR中にDNAの増幅数をモニタリングするもの) が必要となるものの，アガロース泳動の手間もなくPCR一回だけの短時間で済む (Bréchon et al 2013など)。これらの技術を用いることで，仔稚魚の同定や記載だけではなく，フィールドでの生態学的研究についても今までできなかったことが可能になると期待される。

2) 環境DNA分析

環境DNA (environmental DNA) は生物体から放出されて水中に存在するDNA断片のことであり，それを手がかりとして水生動物を調べる研究手法がこの数年間で急速に発展してきている (土居・近藤 2021)。生物自体の採集や観察によらず，採水だけで分布や生態を調べることができるという点で画期的な分野と言える。環境DNA研究には，大きく分ければ種特異的分析とメタバーコーディング分析の二つのやり方がある。前者は特定の種の在 / 不在や存在量を調べることを目的としており，種特異的PCRプライマーとプローブを用い，リアルタイムPCRによって特定種のDNA断片を増幅し検出する。後者はある水域でのファウナ調査を目的としたもので，様々な種を増幅することができるユニバーサルPCRプライマー (例えば魚類ではMiFish；Miya et al 2015) を用いて，水中の多様なDNAから多種を同時並行的にPCR増幅し，次世代シーケンサーによって塩基配列を決定後にデータベースと照合して，どの種のDNAが含まれていたかを確認する。

環境DNAのいずれの手法も稚魚学を大きく発展させる可能性があり，実際の適用例も増えてきている。種特異的分析では，これまで仔稚魚の採集例がなく，どこにいるのかがわからない種について，多くの海域から採集した水の分析を行ってその種のDNAが検出されるところを絞り，そこで集中的に稚魚ネットを曳くというような使い方が考えられる。個体数が少なく密度が低い仔稚魚の場合，ネット採集より環境DNAの方が目標をとらえられる可能性が高く，労力は少なくて済むからである。環境DNAの短所の一つは，DNAだけからではそれが仔稚魚に由来するのか成魚に由来するのか判断できないところであるが，発育ステージによって生息場所や分布水深が変化すると予想される場合などは，地点や層を分けた採水により区別できる可能性がある。さらに近年では，環境中に放出されたRNA（環境RNA）を利用して発育ステージを識別できる可能性も示されている（Stevens & Parsley 2023）。これは仔魚期に特異的な遺伝子の発現を環境RNAとしてとらえる試みであり，まだ魚類では実際の適用例はないが，両生類では幼生のみを検出することに成功している（Parsley & Goldberg 2023）。また，産卵水域や産卵時期を環境DNAから推定する試みもなされている（Bylemans et al 2017など）。産卵時には水中に多数の精子が放出されるが，精子には他の細胞に比べミトコンドリアが少ないという特徴があるため，環境DNAに含まれるmtDNAと核DNAの比の変化から産卵イベントをつかもうというものである。メタバーコーディング分析を仔稚魚のモニタリングに用いるという試みもなされている（Ratcliffe et al 2021など）。ただし，メタバーコーディング分析では種ごとの環境DNAの相対量や絶対量を調べることがやや難しい上に，そもそも環境DNAの存在量とそれを排出した生物の個体数やバイオマスとの間にどのような関係があるか，生物の生理生態的状況や海洋環境条件がどのような影響を及ぼすかなどについてもまだ十分に解明されているとは言い難いので，結果の解釈には注意が必要である。

3）仔稚魚個体間の血縁推定

野生動物の親子関係や兄弟関係をDNA分析によって推定することは，魚類を含め生態学的研究において盛んに行われてきた。近年では，多数座位のマイクロサテライトDNAやSNP（一塩基多型）の情報を用いることで，親が採集できなくても，子供のサンプルだけから全兄弟関係（両親が同じ）や半兄弟関係（片親だけが同じ）を精度よく推定できるようになってきた。これらの分析は，稚魚学において強力なツールとなり得る。

例えば，仔稚魚が浮遊期にどれだけ分散するかというのは，稚魚学における一つの重要テーマである。ある地域で資源に加入する魚はどこで産まれたものなのか，メタ個体群間での浮遊期における交流はどれくらいあるのか，海洋保護区はどれくらいの範囲で設定するのが適切なのか，温暖化による分布域の拡大可能性は種によって異なるのかなどを考える上で，仔稚魚の一世代での移送距離や方向性，それらに対する海洋環境の影響や年変動を知ることは不可欠と言える。しかし，仔稚魚においては標識放流やバイオテレメトリーによって直接に個体の移動や分散を調べることは難しい。また，従来の遺伝学的分析による移動や分散の推定は地域間で遺伝的な分化（アリル頻度の差など）があることが前提となるため，これも適用できる場合が限られている。このようにこれまでは研究の手段がほとんど無かったが，個体間の血縁関係を知ることができるなら，例えば親子関係の情報を利用し，ある親から生まれた子がどこまで分散するかを直接的に調べることができる。親子関係に基づく推定では親の定住性が高いことや巣において沈性卵を産むことなどが分散を調べる上での前提条件となるため，主にサンゴ礁域の魚について研究が進められてきた（Almany et al 2017 など）。一方，親サンプルを用いず，仔稚魚サンプルだけで個体間の全兄弟や半兄弟関係を知ることができるなら，適用範囲もやれることも大きく拡がる。例えば，ある年級の仔稚魚群内で兄弟関係にある個体がどの地点に出現するのかを調べれば，一世代での分散の地理的範囲が特定できる。また，その出現頻度からは地点間の結びつきの強さを定量的に知ることが可能であり，資源管理や保全の上で重要な情報が得られる（Feutry et al 2017 など）。さらに，複数地点で複数年級群の間の兄弟関係を調べることができるなら，年をまたいだ繁殖親魚の移住に関する情報も得ることができる（Akita 2022）。

近年では，血縁関係情報に基づいて成魚の個体数を調べるための技術も開発されつつあり，CKMR（Close-Kin Mark-Recapture）法ないしクロスキン法と呼ばれている（Bravington et al 2016，入江 2016）。従来，個体数の推定には標識再捕法（ピーターセン法）がよく用いられてきたが，多数個体に標識をつけて放流した上で少なくとも一部を再度捕獲する必要があるなど，海産魚では適用しにくい場合が多い。また，漁獲統計に基づく資源量推定も，特定の水産対象種以外では実施することが難しい。CKMR 法は血縁関係を物理的標識の代わりとして用いる方法であり，親世代（成魚）と子世代（仔稚魚）のサンプルを採集し，それらの間に親子ペアがどれだけ出現するかを調べる。対象海域にいる成魚の個体数が少ないほど，仔稚魚との間に親子関係が見出される可能性が高くなるため，採集したサンプル数と親子ペア頻度に基づいて成魚個体数を推定できる。同様の考え方で，親の採集を必要とせず仔稚魚だけで行う方法もある（Hillary et al 2018）。これは生涯に複数回繁殖する魚種にしか適用できないが，異なる年級の仔稚魚の間に見出される半兄弟関係を標識として利用する。それらは同じ母親または父親を共有しているので，半兄弟ペアの出現頻度が高いほど，繁殖に関わった成魚の個体数が少ないということになる。成魚の個体数推定は水産学的にも保全学的にも極めて重要なテーマであるが，CKMR 法の実用化が進めば経年的な仔稚魚サンプルアーカイブがそれに大きく貢献するようになる可能性があり，今後期待される稚魚学の発展の一つである。

5. 最後に

主に自然史研究的な面から稚魚学の展望について述べてきたが，本項で触れたような部分的な情報からでも，稚魚学にはまだまだやるべきこと，興味深いことが数多く残されていると言えるだろう。ただ，いくら稚魚学に意義と可能性があると言っても，実際に稚魚に触れてそのおもしろさや不思議さを感じ，これから稚魚学を始めようと思う人がいなければ前に進むことはない。3 − 2）で紹介したように敷居は決して高くないので，まだ稚魚学を始めていない人にも，ぜひ積極的に関わりをもってもらえればと思う。

1.2 個体発生と系統発生

原田慈雄・中山耕至

1. はじめに

ここでは「個体発生と系統発生の関係性」について，幅広い読者を対象とした書籍の紹介から始め，我が国における魚類研究の中での研究史や考え方について概観する。さらに，「個体発生からの系統発生の推定」という学問の現状と課題を把握した上で，今後の研究の方向性や取り組み方について筆者らの考えを述べてみたい。なお，「個体発生」という言葉は様々な用いられ方をするが，ここでは基本的に「全生活史を通じての形態の変化」とする。もちろんその一部分を切り取った場合は，幼期形質のみを対象とする場合も，成体の完成された形質を対象とする場合もある。

2. 生物発生原則の提唱とその後

個体発生と系統発生の関係性を扱った書物で必ずといってよい程出てくるのは，かのヘッケル（Ernst Heinrich Haeckel 1834 〜 1919）の「個体発生は系統発生をくり返す」という生物発生原則である。この有名な学説は，祖先の個体発生が一方向的に，子孫の幼若段階へと押し込まれていく（新しい形質が祖先の個体発生の終端に付加して進化する）という，個体発生の進化の一例を表したものに過ぎないかもしれないが，進化のメカニズムに多くの人々の興味を引き付け，この分野の研究に大きく貢献したことは間違いない。

グールド（Stephen Jay Gould 1941 〜 2002）はこの生物発生原則に再

注目し,「個体発生と系統発生－進化の観念史と発生学の最前線（Gould 1987, 原著は 1977 年）」という大著を書き上げた。この本では異時性（heterochrony），すなわち「祖先に存在していた形質が発現する相対的なタイミングや速度の変化に関する進化」に主眼が置かれているが，冒頭で個体発生の進化に関する原則が簡潔に述べられている。「進化は，個体発生が次の二つのうちのどちらか一つの仕方で変更されたときに起こる。すなわち，新しい形質が発生段階のどこかに導入され，それ以後の発生段階にも変化を及ぼす場合か，あるいは，すでに存在している形質が，発生のタイミングを変更される場合である。この二つの過程で，系統発生の過程で起こる変化の形式的な内容は尽くされる。」と。もっとも,「それ以後の発生段階に及ぼす変化」はごく限定的な場合もあるであろうし,「発生のタイミングの変更」には形質の消失も含まれる。

直近の書物に目を向けると，シュービンの「進化の技法－転用と盗用と争いの 40 億年」（Shubin 2021, 原著は 2020 年）では，遺伝学的研究結果が盛り込まれた個体発生の進化に関する様々な考察が展開され，知的好奇心を大いに満たしてくれる。例えば，器官レベルでみると，魚の鰾から陸上動物の肺への転用，地上の恐竜から空飛ぶ鳥への羽毛の転用など，既存の器官を別の目的へと転用し，大進化を遂げたであろうことが示されている。また，遺伝子レベルでみると，自らのコピーをつくりながらゲノムのあちこちに入り込む跳躍遺伝子（トランスポゾン）という「転用」の存在や，ウイルスを取り込んでその配列を「盗用」したであろう記憶や妊娠に関係するタンパク質の例が示されている。ゲノム解読・編集技術の進展に伴い，動物のボディプランを制御するホメオティック遺伝子の発見など，発生の遺伝的機構が徐々に明らかにされるにつれて，進化発生生物学（evolutionary developmental biology, 通称エボデボ）というジャンルが確立され，発展を遂げてきたことを大いに感じることができる。

それでは，グールドの講義を受講したこともあり，グールドと同じく古生物学から進化研究を開始し，極めて総合的に個体発生の進化を考察しているシュービンは,「個体発生からの系統発生の推定」についてどのように考えているのだろうか？彼は，分子系統解析により，サンショウウオの高度に進化した発射体型の舌を持つ種どうしが互いに近縁ではなく，多発的な進化だったと推測されたことを例に挙げ,「同分野の大多数の研究者と同じく，体の特徴を指標にして類縁関係を推定することを，事実上あきらめている」と述べている。

次に我が国での稚魚研究に目を向けてみよう。

3. 魚類学における「個体発生と系統発生」

DNA による系統推定が大きく進展したのは 1990 年代に入ってからであり，それ以前は成魚の形態に基づく系統推定が主流であった。形態による系統推定では，各種の様々な形態形質を比較する必要があり，全期間を通じて個体発生を比較するのでなければ，各形質を「同じような発育段階」で比較する必要がある。成魚は個体発生の終端というわかりやすい発育段階であり，標本の入手や多くの形質の比較が比較的容易なこともあって，成魚の形態形質に基づく分類が最初に主流となったのは当然のことであった。もちろん各形質の相同性や状態の判断には，外群との比較に加え，より若い段階の個体発生情報が補足的に用いられてはきたが，成体の形態的分化（退化を含む）が著しく，他の分類群との間に共通点を見出すことが困難であった場合，より多くの情報を求めて対象とする発育段階の範囲を広げることはごく自然なアプローチである。仔稚魚の形態情報の蓄積に伴って，個体発生と系統発生に関する研究の必要性はより強く認識されるようになっていった。海外も含めたこの頃の一連の研究の流れは，「魚類の系統類縁に関する個体発生学的アプローチの効用と限界（沖山ら 2001）」で詳しく述べられている。

我が国におけるこの分野の研究において先駆けとなったのは，沖山ら（2001）や近年の解説書（木下 2018，南 2018）でも紹介されているように，内田（1963）の考え方で，「個体発生を直達発育と変態を経過する発育に大別し，後者を更に再演性変態と後発性変態に細分する」というものである。再演性とは言葉通り系統発生の大略を再演した（個体発生は系統発生をくり返す）というものであるが，再演の順序については前後することを許容している。一方，後発性とは新たに派生した幼期の適応的な形質であり，系統発生を再演したものではないとされている。水戸（1979）が「幼期適応は，系統上近縁なものでは同じような形質が現れることが多い」と述べているように，内田（1963）もこの時点で後発性変態には小分類群（科・属など）内では類縁的意義があると思われる場合があると述べている。

劇的な形態変化が我々を魅了してやまないため，これまで「変態を経過する個体発生」が注目されてきた。「変態」という用語については幾つかの考え方があるところだが（内田 1963，沖山 1991，田中ら 2009，南 2018 など），ここでは単純に「幼期に生じる劇的な形態変化（多くの形態形質の同時多発的な変化）」としよう。変態が生じる原因は主として２つある。「成魚の形態的特化」と「幼期の浮遊適応」が著しい場合である。例えば，カレイ目魚類のように成魚の形態的特化が顕著な場合は，眼の移動といったような劇的な形態変化が必要となる。これは再演性変態に近いイメージである。また，浮遊生活期には成魚の生活期とは全く異なる淘汰圧が働くため，浮遊や被・捕食に関わる様々な形質が成魚とは異なる様式で進化し，仔（稚）魚は成魚とは大きく異なる形態をしているケースが多いため，浮遊期の終了に伴って劇的な形態変化が必要となる。これは後発性変態に相当する。これら２つの変態様式は明確に区分されるようなものではなく，両者は絡み合い，変化の程度も種によって，また形質によって様々である。例えば，内田（1963）が再演性変態とした異体類型変態も，眼の移動は再演性と言えるだろうが，その中のヒラメ亜型に見られる背鰭前端部鰭条の伸長と退縮は後発性となるだろう。

「変態を経過する個体発生」において，仔稚魚期には様々な種固有の形態変化が認められ，系統解析用に成魚期とは異なる形態形質を得ることができるが，収斂や平行現象の可能性が付きまとうことから，木下（2018）は個体発生の中に系統発生の再演が認められると推測される例を示しながらも，「幼期の共有派生形質から類縁関係を論ずることは困難」と述べている。それでは多くの稚魚研究者を惹きつけてきた「個体発生と系統発生に関する研究」は過去のものとなってしまったのだろうか？

4. 現在そしてこれからの「個体発生と系統発生」

答えはもちろん否である。確かに「系統類縁関係を推定するという個体発生の役割」は分子系統学の隆盛によりほぼ終焉を迎えたと言っても過言ではないが，一方で「個体発生がどの様に進化したのか」という問いに対し，より論理的にアプローチできるようになった。つまり，個体発生と系統発生の関係性に関する学問は，「個体発生の進化の道筋を予想しながら系統を推定する」という系統学から「より確からしい分子系統樹に基づいて個体発生の進化の道筋を推定する」という進化生物学へと変貌を遂げ，ますます魅力を増したと筆者らは感じている。さらに深く遺伝的な領域に踏み込み，発生様式の進化を追求すれば「エボデボ」という分野になるが，個体発生や生態を調べ，分子系統樹上でその進化を考察することが，個体発生に関する進化研究のファーストステップとなるだろう。

個体発生の進化を分子系統樹に基づいて推測していくにあたっては，祖先形質の復元が気になるところである。解析に用いるのは一般的には現在生存している生物であり，その現生種の形質状態からある仮定に基づいて祖先の形質状態を推測し，進化を系統樹上で再現している。もちろんその仮定も段々と洗練されてきており，昔であれば形質が最も少ない変化で進化したと仮定する最節約復元一択であったが，その後，最尤法やベイズ法を用いた解析が開発され，推測した祖先状態の確からしさを示すことが可能になった。より客観性が向上した素晴らしい進歩ではあるが，筆者の中でモヤモヤとしたものは消えない。直接，その生物の進化の歴史を見ることは誰にも叶わず，どの仮定を信じるべきか判断に迷うためだ。一番直接的と思われるのは化石で，解析プログラムによっては化石情報を取り込んだ解析も可能となっているが（昆・井上 2019），化石を解析に加えられるような幸運はほとんどなく，ましてや，仔稚魚に関する化石情報など期待できるはずもない。化石の次に直接的な証拠は何だろうか？それは昔から注目されてきた痕跡器官だろう。

ある生物の個体発生には進化の過程で様々な変更が行われてきたと考えられ，単純に系統発生を繰り返すわけではないが，そこには歴史の痕跡が残されている可能性が高い。それは，木下（2018）が例示したハタハタの第1と第2背鰭の間に一時的に生じる痕跡的な軟骨性の担鰭骨のように，個体発生の中のごく短期間でしか確認できないものかもしれず，発見に至っていないものもまだまだあるだろう。筆者が研究していたウキゴリ属（本書4.8.3参照）でも，クボハゼ仔魚の背面に，ほぼ痕跡的と言えるほど極小の黒色素胞が点在するのを発見し，背面に大型の黒色素胞を断続的に有する主流のタイプからの進化（退化）の名残を感じることができる。このような個体発生のどこかに残る痕跡は，生物の進化の過程を考える上で有益な示唆を与える可能性を秘めたものである。

それではこのような個体発生の進化を研究するにあたってまず必要なことは何だろうか？個体発生の情報は蓄積されてきたといっても，実はまだまだ仔稚魚の形態が良くわかっていない種は沢山いるし，わかっていても非常に断片的なケースが多い。個体群・種毎に個体発生や生態，生理等の情報を丁寧に蓄積していくことが必要不可欠である。まさに河野（2018）が，「日本産稚魚図鑑のように1種1種をきちんと記載するとともに，稚魚学のように1種1種を多角的に解明していくことが重要」と述べているとおりである。記載の仕方は，簡便性を考慮すると，体長をスケールとして形質毎にその状態の変化を記録することが基本となるだろうが，異時性の研究も考慮に入れると，日齢も併せて記録することが望ましい。なお，変態時には体長が縮小する種があるし，発育順序や速度は生息環境や飼育環境によって異なる可能性が高いため，記載対象とする標本の選択には注意が必要である。また，個体変異の幅についても記載しておくことが望ましい。

身近なところにも新たな発見の種がたくさん落ちている。後世まで引き継がれるであろう「研究の根幹としての個体発生の記載」を一歩一歩着実に進めながら，ひと時にだけ出現する個体発生の中に隠された「進化史の痕跡」探しに是非ともチャレンジしていただきたい。

1.3 Hjortの初期減耗仮説と初期生活史研究の重要性｜

高須賀明典

1. Hjortの初期減耗仮説

摂餌開始期に好適な餌環境に遭遇するか否かが魚類資源の最終的な生き残りの量を決定する－1914年にノルウェーのJohan Hjortが提唱した“critical period”仮説（Hjort 1914）は，水産資源の変動の仕組みを理解して適切な管理方策を考える水産資源学，そして，海洋環境と水産資源の関係を考える水産海洋学の起源であるとされる。初期減耗，即ち，初期生活史（卵からふ化した仔魚から稚魚の初期）における大量死亡に着目したこの仮説は，魚類が初期生活史の生き残りを経て漁獲対象となる資源に加入するまでの仕組みを理解し，その加入量を予測しようとする研究の流れを引き起こした。水産資源学・水産海洋学の始まりはまさに初期生活史研究（以下，初期生態学）にあったと言える。2014年にはノルウェー（ベルゲン）で“critical period”仮説提唱100周年記念シンポジウム（Kjesbu et al 2016），さらに，2019年には同所でJohan Hjort誕生150周年記念シンポジウム（Kjesbu et al 2021）が開催され，世界各地の研究者がJohan Hjortが研究活動を行った場に集結した。仮説提唱100周年から5年後に誕生150周年と短期間で国際シンポジウムが2度も開催されたのは主催機関がイベント好きのせいかもしれないが，水産資源の研究においてこの仮説がいかに影響力をもっていたかを感じさせる。

この“critical period”仮説は，その後，魚類の産卵期に対して孵化後の餌となるプランクトン発生の季節的なタイミングの一致・不一致で加入の成否が決定されるとする“match/mismatch”仮説（Cushing 1975）や良好な餌環境を維持する安定した海洋構造が重要であるとする“ocean stability”仮説（Lasker 1975）等へと展開されていった。加入メカニズムに関する研究（加入研究）の歴史におけるこれら初期の仮説は，摂餌開始期という極めて限定的な発育段階におけるイベントに焦点を当てたものであり，摂餌に失敗した個体の死亡要因は餓死であると仮定していた。しかし，その後の研究展開によって，加入量は，摂餌開始期の初期減耗のみで決定されるわけではなく，あくまで累積的死亡によるものであることが示された（Watanabe et al 1995）。そして，初期生活史における主要かつ直接的な死亡要因は，餓死よりも他の生物に食われて死亡すること（被食）であると認識されるに至った（Bailey & Houde 1989）。初期生活史における死亡要因は，直接的要因・間接的要因を含め，多様である。しかし，魚類は卵，仔魚，稚魚に至る全ての発育段階で様々な捕食者にさらされることから，特に被食は全ての発育段階で主要な死亡要因となり得るのである（Houde 2008）。なお，これは，摂餌失敗による飢餓が生き残りに影響しないということではない。飢餓状態に陥った個体はその場で直接的に餓死せずとも，栄養状態が劣ることによる被食死亡を介して間接的に生き残りに影響するからである。

2. 論争

初期減耗に着目した仮説に端を発する加入メカニズムに関する研究の歴史においては，様々な論争が繰り広げられた。1994年に出版された総説論文Leggett & DeBlois（1994）は，“critical period”仮説をはじめとする過去の初期減耗仮説を明瞭な証拠に欠けるとして斬った。その辛辣な切り口により，この総説論文は，多くの水産資源研究者，特に初期生態学分野の研究者の注目を集めた。翌年には，海洋生態学の学術誌Marine Ecology Progress SeriesにおいてLeggett & DeBlois (1994) に対する著名研究者のコメントを集めた特集が掲載されている。この特集の中で，“match/mismatch” 仮説の提唱者であるDavid H. Cushingは，“match/mismatch” 仮説は “truism (自明の理)” と表現した。あくまでこのようなメカニズムが存在するはずだとして提唱されたものであり，そもそも全ての現象に当てはまる仮説など存在しないということであろう。このように，加入メカニズムの仮説は，常に検証と論争の中で練られてきた。では，初期生態学は，長期的に見て，水産資源学・水産海洋学という大枠の分野の中でどのような役割を果たしてきたのだろうか。

総説論文Leggett & Frank (2008) は，“critical period” 仮説提唱から現在に至る過去1世紀にわたる水産資源学・水産海洋学の発展を論じた。彼らは，この分野の発展に支配的な役割を果たした概念・学説（パラダイム）を7つに整理し，これまでの研究の進展と現在の問題点を議論している。7つのパラダイムをなるべく原文に忠実に訳すと以下となる。① 産卵親魚量は資源の繁殖ポテンシャルの指標値である。② 魚類の卵・仔魚は分散してコロニーを形成するように設計されている。③ 温帯の海洋生態系では，魚類は春季に産卵し，仔魚の豊度が最大となる時期が餌利用可能度が最大となる時期に合致するようになっている。④ 環境要因に基づいた加入モデルは，新たなデータを加えるとうまくいかない。加入量予測は，特に初期生活史における成長と死亡に関するプロセスに基づいている場合，困難である。⑤ 魚類個体群は不可逆的に崩壊しない。崩壊した個体群は漁獲が無ければ回復する。⑥ 魚類資源は環境や生息場所とは切り離して管理できる。⑦ 個体群の回復は元の個体群の再構築と同じである。これら7つのパラダイムのうち，実に3つ（②，③，④）はほぼ初期生態学のトピックそのものであり，他のパラダイムも初期生態学と間接的につながっているものであった。パラダイム②は初期生活史における輸送・分散過程，パラダイム③は初期減耗における摂餌成功と餌となるプランクトン発生の季節的なタイミングの一致・不一致（“match/mismatch” 仮説），パラダイム④は初期生活史における成長と生き残りから加入量を予測しようとすることの難しさに対する皮肉を扱っている。

3. 成長–生残パラダイム

一般に，加入メカニズムに関する仮説では，魚類の初期生活史における生き残りは水温等の物理環境と餌等の生物環境によって大きく影響を受けることが仮定されている。では，水温や餌は魚類仔魚・稚魚の何に影響してどのようなプロセスで生き残りを決定するのか。環境要因と生き残りをつなぐ理論的枠組みとして登場したのが「初期生活史において成長速度が高い個体ほど生き残る確率が高い」とする成長ー生残パラダイムである。原典では“growth–mortality（成長ー死亡）”仮説と称される（Anderson 1988）。初期生活史における成長速度は水温や餌量によって変動し，生き残りを決定する生物パラメータとして注目された。初期生活史における成長速度の決定要因や生き残りとの関係に関する研究は，成長ー生残パラダイムの提唱以来，急速に進展した。成長速度の推定に用いられたのは，魚類の内耳にあり，聴覚・平衡感覚器官として機能する耳石である。炭酸カルシウムの結晶である耳石には1日1本同心円状の輪紋が形成されることを利用して，輪紋数からは孵化後の経過日数，輪紋間隔からは1日単位で成長速度の履歴を調べることが可能だからである。

では，何故，成長速度が高いと生き残る確率が高くなるのか。この現象は3つの機能的メカニズムで説明される。体サイズに基づいた“bigger is better”メカニズムでは，成長速度が高い個体は体サイズが大きくなることで，遊泳能力や運動能力が高くなって捕食者から逃れ易い等の有利があるとされる（Miller et al 1988）。時間（高死亡率ステージ期間）に基づいた“stage duration”メカニズムでは，成長速度が高い個体は高死亡率の仔魚期をより早く抜けて稚魚期へと移行できるため，累積的死亡は大きく低下するとされる（Chambers & Leggett 1987, Houde 1987）。成長速度自体に基づいた“growth-selective predation”メカニズムでは，成長速度が高い個体は生理学的に良い状態にあり，運動能力が高いことで捕食者から逃れ易いとされる（Takasuka et al 2003, 2007）。以上より，成長速度から加入量を予測できることが期待された。しかし，本当にそんなに単純な話なのだろうか。実は，この成長ー生残パラダイムは，野外研究では支持例が多いものの，飼育実験ではしばしば反証例もあった。実際，“growth-selective predation”メカニズムが機能するかどうかは捕食者の種類によって異なる（Takasuka et al 2007）。また，過度の成長速度は運動能力の低下を招くというエネルギートレードオフも存在する（Munch & Conover 2003）。従って，成長速度と生き残りの関係は，これまで考えられてきたよりも動的かつ変動性が高いものではないかという疑問が生じてきた。このような背景の下，著者らは2015年に横浜で国際シンポジウム・ワークショップ「魚類の初期生活史における成長ー生残パラダイム：論争・統合・複数分野を跨るアプローチ」を開催した。成長速度と生き残りの関係を捕食者のタイプごとに分けて非線形を含めて考える等，初期生活史研究における成長速度を軸とした新たな理論的枠組みの必要性，そして，野外研究，飼育実験，数理モデル研究分野を跨るアプローチの必要性が強調された。

4. 初期生活史研究の未来

初期減耗の要因は餓死か被食か？水産資源変動に決定的な環境要因は餌か水温か？初期生態学における研究テーマの進展を歴史的に見ると，このような二項対立的な論争がしばしば繰り広げられてきた。これは，水産資源学・水産海洋学全体の歴史にも当てはまる。例えば，水産資源の変動を支配するのは密度効果（対象生物自身の密度上昇による餌資源の競合等を背景とした密度依存過程）か環境変動（気候変動等に伴う環境要因の変動を背景とした密度独立過程）か？水産資源の激減の原因は漁獲（人為的な影響）か気候変動か（非人為的な影響）か？このような議論は，仮説検証型研究を促進し，それぞれを支持する事例と棄却する事例が積み上げられていくことによって，研究分野の進展に貢献してきたと言える。しかし，現実的には，どちらかのみで説明できるような二項対立ではないはずである。多くの場合，対立する事象・要因等は，排他的なものではなく，共同作用的なものであるからだ。このような二項対立的論争を脱却し，弁証法的な解決を図るには，複数の要因やシナリオを統合する枠組みが必要である。例えば，様々な生態系や魚種について出版された情報を統合するメタ解析，また，個体レベルでの輸送・回遊と成長・生残を表現する数理モデル等がこの枠組みを提供するであろう。

初期減耗に着目した初期の仮説，そこから展開された加入メカニズムの研究，さらに環境要因と生き残りをつなぐ成長－生残パラダイムの登場も，それらの根底には，水産資源の変動の仕組みを理解することで水産資源の管理に役立てたいという研究者の願望があった。現在，地球規模での気候変動に伴う環境変動の下でどのように水産資源の持続的利用を担保するかは喫緊の課題である。環境変動から水産資源の変動に至る生物学的なメカニズムを理解するためのベースとなる初期生態学の進展はこの課題解決の材料となる。さらに，初期生態学の情報は，水産資源管理の根拠となる資源量推定（資源評価）においても鍵となる。水産庁委託事業である資源評価では，漁業情報に依存した手法として，漁獲物の年齢組成や漁獲物の測定情報を基にしたコホート解析等が用いられているが，この計算中で用いられるパラメータのうち，最も推定困難な一つとされている自然死亡率は，初期生活史における生き残りの定量的な把握をすることで改善できる。また，非漁業依存の調査として，大規模な産卵調査や加入量調査が実施されてきており，産卵生態や初期生態の研究成果を生むと同時に，資源量推定の高精度化に貢献している。

初期生態学を含む「稚魚学」は，生物・生態・分類それぞれの分野で閉じることなく，様々な専門分野と連結しつつ，基礎研究にも応用研究にもつながっている。

1.4 稚魚学が日本の水産業を救う？
― 種苗生産の現場から

青海忠久

1. はじめに

1954 ～ 1973 年の約 19 年間に，日本経済は年平均 10％以上の経済成長を達成し高度経済成長期と呼ばれた。東京オリンピックや大阪万博なども開催され，エネルギーは石炭から石油に変わり，太平洋沿岸にはコンビナートが立ち並んだ。この時には地方の労働力が都市へと吸い寄せられることにより一次産業従事者は急激に減少していった。負の側面として環境破壊が起こり，海洋の水質汚染や大気汚染などの公害問題が発生した。一次産業では高齢化や後継者問題が現在さらに深刻化している。それに加えて，水産業では不適切な資源管理や気候変動の影響なども加わり日本周辺の水産資源は極めて心もとない状態になっている（和田 2020）。

そこで，2018 年には 70 年ぶりに漁業法が改正され，2020 年 12 月 1 日に施行された。以前の漁業法では海面養殖業などの区画漁業権免許の交付には地域社会などに配慮した優先順位が設定されていたが，今回は養殖のための漁業権の取得が地域外の企業にも門戸が開かれ，経済性を基準にして決定されることになった（水産庁 2018）[脚注1]。

水産業の経済性は，自然環境と社会情勢の双方に依存する。したがって稚魚学が日本の水産業の救世主になりうるかといえば，それは否定的だと言わざるを得ない。水産資源の管理にとって魚類の初期生活史は大変重要な要因であるが，現実の水産業の未来を切り開こうとすれば，極めて多分野の共同作業が必要となってくるからである。それでもこれからの日本の水産業を考えるうえで，稚魚学に関係する分野からも様々な芽が育っている。その一分野である魚類養殖業や栽培漁業に種苗を供給する種苗生産という分野も大きな貢献ができるかもしれない。ここでは，その歴史と将来展望を概説する。

2. 海産魚類養殖の歴史

海産魚類養殖は，昭和初期に築堤式や小割式のブリ *Seriola quinqueradiata* 養殖がおこなわれたことに端を発するが，すべて天然種苗を用いたものであった（大島 1994）。1958 年にはブリ養殖が拡大し漁業養殖業生産統計に記載された。このころから養殖対象種も多様化し始め，1963 年にはマダイ *Pagrus major* 養殖が始まり，1970 年から漁業養殖業生産統計に記載されるようになった（大島 1994）。2019 年には，漁業養殖業生産統計の魚類では海産魚類は合計 9 種が挙げら

脚注1　水産庁HP. 水産政策の改革（新漁業法等）のポイント：https://www.jfa.maff.go.jp/j/kikaku/wpaper/h30_h/trend/1/t1_1_3.html

れ，それらを含む海面養殖業は我が国の総漁業生産量の21.8％を占めるまでになっている（政府統計の総合窓口（e-Stat）2021）[脚注2)]。一方世界の漁業生産動向を見ると，2018年には魚類を含む養殖生産量は全体の漁業生産量の45.8％を占めている（水産庁 2021）[脚注3)]。ペルーアンチョビー *Engraulis ringens* など多獲性魚類の魚粉価格が養魚飼料価格を決定し，魚類養殖の経済性を左右している。植物性タンパク質などで魚粉の一部を代替する研究が精力的に進められている（山本 2010）が，海洋環境の健全性が保たれ，多獲性魚類資源が持続的に維持されないと魚類養殖業は成り立たない。

3. 栽培漁業の歴史と問題点

一方，栽培漁業とは卵から稚魚になるまでの期間を人の手で守り育てたあと海に放流し，自然の海で成長したものを漁獲しようとするものである（本間 1969）。日本では1960年代に瀬戸内海で海産魚を対象として始まり，その後急速に発展して，2019年には魚類30種ほどの種苗生産と放流が行われている（公益社団法人全国豊かな海づくり推進協会 2021）[脚注4)]。残念ながら，栽培漁業は高度経済成長期に埋め立てや水質汚染で沿岸環境を劣化させた代償行為として進められたという側面が否定できない。対象種には高級魚が選ばれ，多くがその海域の生態系の上位に位置する種だが，海の環境が健全であり放流される海域の生態系で対象種の資源量のみが低位でなければ栽培漁業は成り立たない。したがって，沿岸環境を破壊した代償としての栽培漁業はありえない。

栽培漁業における種苗放流では，遺伝的多様性の低下や他地域の遺伝資源が人為的に持ち込まれることによる天然遺伝資源への悪影響が懸念されている。近年，遺伝子解析技術の進歩によりこれらの懸念が実証され（谷口 2008），十分な配慮のもとに栽培漁業を進めることが推奨されている（北田 2008）。

4. 種苗生産の歴史

海産魚類の仔稚魚飼育は，明治時代の後期から魚類初期生活史研究の一環として初期発生の観察が試みられたことに端を発する（大島 1994）。プランクトンネットで採集した受精卵をふ化させ無給餌で飼育されたが，そのうち餌を与えて延命させ，より進んだ発育段階まで育てようとされた。与えられたエサは，海から採取した動物プランクトンや人工授精したカキ幼生などであったが，ふ化した仔稚魚が食べるちょうどよいサイズの餌を安定的にしかも大量に確保することが難しく，十分

脚注2　政府統計の総合窓口（e-Stat）HP. 令和元年度漁業・養殖業生産統計: https://www.e-stat.go.jp/stat-search/files?page=1&layout=datalist&toukei=00500216&tstat=000001015174&cycle=7&year=20190&month=0&tclass1=000001015175&tclass2=000001148733

脚注3　水産庁HP. 世界の漁業・養殖業生産 : https://www.jfa.maff.go.jp/j/kikaku/wpaper/r01_h/trend/1/t1_3_1.html

脚注4　公益社団法人全国豊かな海づくり推進協会HP. 栽培漁業・海面養殖用種苗の生産・入手・放流実績 : https://www.yutakanaumi.jp/saibai/saibai_01.html

な成果を得ることはできなかった（藤田 1973）。

1950 年代後半には海産魚類の飼育条件下における初期生活史の研究成果が報告され始め，1960 年には種苗生産研究が国の補助事業として始まった（大島 1994）。たとえばマダイは 1962 年に横須賀市鴨居にあった民間の観音崎水産研究所において日本で初めて人工種苗生産に成功して 7 尾が放流され（山下 1963），トラフグ *Takifugu rubripes* は 1963 年には山口県水産種苗センターから人工種苗 3400 尾が県内養殖場に配布された（大島 1994）。1966 年には，瀬戸内海栽培漁業協会伯方島事業所が天然親魚からの人工授精によってマダイ後期仔魚 5.5 万尾を育成し，各地で試験的規模から量産規模の種苗生産が精力的に挑戦された（大島 1994）。

先に述べた魚類養殖業は，当初天然種苗にすべて依存していたが，このような研究の進展と相まって人工種苗へと置き換わり始めた。現在我が国の養殖対象種としては 27 種，放流対象種としては 30 種が種苗生産されている（公益社団法人全国豊かな海づくり推進協会 2021）[脚注4)]。

5. 海産魚類種苗生産におけるブレイクスルー

1）初期餌料生物の探索と開発

海産魚類の種苗を大量生産しようとすれば，栄養価と消化性に優れ，仔魚が好んで食べる餌を安定的に大量に供給することが必要である（藤田 1973）。

この問題は，養鰻場に自然発生したシオミズツボワムシ *Brachionus plicatilis*（以下ワムシ）を摂餌開始期の餌として利用できることが分かったことで大きく解決に近づいた（伊藤 1960）。ワムシを大量培養するための餌料としてナンノクロロプシス *Nannochloropsis oculata*（以下海産クロレラ）からパン酵母へ転換した。このワムシをマダイ仔魚に与えると，ふ化後 10 日前後での大量斃死を招いた（渡辺ら 1978）。さらに，生き残ったものは成長して稚魚になったころに背骨がしゃちほこのように曲がった脊柱彎曲症が高率で出現し，養殖用や放流用種苗には用いることができなかった。私が長崎県水産試験場増養殖研究所に配属された 1977 年には，海産魚類種苗量産技術開発のトップランナーであった当機関に国内外の研修生が集まっていた。このころ，当機関は当時東京水産大学におられた渡辺武先生と共同研究を進め，海産仔稚魚の必須脂肪酸である EPA や DHA の重要性が確認された（渡辺ら 1978）。マダイ仔魚の大量斃死と脊柱彎曲症の原因として，初期餌料として用いられたワムシに EPA や DHA が含まれていないことによる仔魚の活力低下により大量斃死が起き，生き残ったひ弱な仔魚が水面で空気の泡を飲み込むことができないために脊柱湾曲症が起きることが突き止められた（北島ら 1981）。そこで海産クロレラでワムシを 2 次培養したり，DHA を多く含む

脚注4　公益社団法人全国豊かな海づくり推進協会HP. 栽培漁業・海面養殖用種苗の生産・入手・放流実績：https://www.yutakanaumi.jp/saibai/saibai_01.html

イカ肝油を添加した油脂酵母が作られて問題が解決した（今田ら 1979）。

2) 生産困難魚種への取り組み

いまだに生産することが困難な魚種は多数あるが，ここではニホンウナギ *Anguilla japonica* とクロマグロ *Thunnus orientalis* を例として挙げる。

ニホンウナギの種苗量産には，やっと光が見えてきたように思われる。1973 年に初めて人工ふ化に成功してから，ふ化仔魚が餌を食べて成長するまでに 25 年を必要とし，1996 年にアブラツノザメ *Squalus suckleyi* 卵を主原料とした水産用栄養強化剤が仔魚用飼料として有効であることが発見され，ようやく 2002 年に最初の 1 尾のシラスウナギを生産できた。その後 2010 年に人工生産したウナギから採卵する，いわゆる完全養殖が達成された（田中 2011）。しかし，産業ベースでの種苗量産には，まだまだ高いハードルがあるために，国立のウナギ種苗量産研究センターが設立され，これまでの研究成果をもとに親魚の催熟と採卵，安定的に供給可能な良質の飼料，仔魚の飼育手法，育種の研究開発が行われている（増養殖研究所 2021）[脚注5]。

クロマグロは，1970 年近畿大学で技術開発が始まった。それから 1974 年の夏に串本沖で採捕した天然クロマグロ幼魚を生簀で餌付けして長期飼育に成功し，生き残った約 60 尾のクロマグロが 1979 年に生簀内で産卵した。そこで自然産卵による受精卵が得られ，孵化後 47 日まで飼育できた。1982 年の産卵以後，1994 年の夏にふたたび生簀内で産卵が観察され，全長 6 ～ 7 cm の人工ふ化クロマグロ稚魚 2,036 尾が沖出しされた。その後も稚魚の生簀網への衝突などにより大量斃死が繰り返されたが，生き残った稚魚が成長し 2002 年 6 月 23 日に産卵して，32 年という時間を掛けて，完全養殖を達成した（熊井・宮下 2003）。仔稚魚の水槽飼育における沈降死や浮上死，激しい共食いの防止など，まだまだ解決すべき課題は残っている（玄ら 2019）。

以上のように，種苗生産技術の発展は海産魚類の初期生活史の一面を自分の手元で見ることを可能にし，自然界での過程の一部を実験的に確かめることが可能になった。同時に，これは自然環境において展開されているものとはかなり異なるものであることも忘れてはいけない。我が国の海産魚の種苗生産技術は，開発当初からは 50 年以上が経過し，極めて多魚種の種苗生産に取り組まれている。全国各地には公営の栽培漁業センターが作られ，民間の種苗生産施設も稼働している。いくつかの魚種では，生産工程はマニュアル化され比較的経験の浅い技術者でも種苗生産に取り組むことができるようになっている。一方では，経験深い技術者たちが続々とリタイアし，培われた技術の継承がなされないままになっているものも多い。先人たちが大変な苦労の中で身に着けた生き物に対する深い洞察力やセンスは失われないようにしたい。

脚注5　増養殖研究所HP. ウナギ種苗量産研究センター: https://nria.fra.affrc.go.jp/RCSEC/index.html

3）成熟産卵の制御

これは種苗生産そのものではないが，極めて密接に関係しているので少しふれておきたい。良質卵を得るところから，種苗生産の成否が決まるといっても過言ではない。種苗生産が初めて取り組まれたころには，成熟した天然親魚を集めて人工授精して受精卵を得ていたが，受精率やふ化率は安定しなかった（山口 1973）。そこで親魚養成に取り組まれたが飼育条件下では最終成熟や放卵放精まで到達しない魚種もたくさんあった。しかも，飼育条件下では多くの場合天然の仔稚魚より成長が遅いところから，早期採卵による早期生産が求められ，親魚の成熟・産卵の制御が試みられた（浜田・虫明 2006）。近年は親魚の成熟に至る内分泌機構が明らかにされつつあり，多くの魚種で日長と水温を適切な条件で組み合せて制御すると産卵期を数か月早めることも可能となった。さらに，それでも最終成熟や繁殖行動が起きない魚種では GnRH や GTH などのホルモンが使われている（中田 2002，松山 2010）。

4）完全養殖（天然種苗依存からの脱却）

現実の魚類養殖で完全養殖が達成できているのはマダイとヒラメ *Paralichthys olivaceus* だが，最近では人工種苗から育てたブリやクロマグロ，マサバなども市場に出ている。その他かなり多くの種類で完全養殖が可能だが，天然種苗が十分供給されたり，養殖対象種となっていないものなども多く含まれている。

完全養殖ができれば，成熟をコントロールして，天然種苗が獲れない時期に種苗を供給することもできるし，成長や耐病性に優れた品種改良も効率的に進めることができる（松山 2010）。以前は，すべてを天然種苗に依存していたマダイ養殖はすべて人工種苗を用いて行われている（福所 1986）。ブリ養殖ではまだ大半を天然種苗に依存している（原 2019）。

生産された種苗が病原生物キャリアーとなって栽培漁業や養殖業そのものを破壊してしまう危険性に対しても，親魚の病原体保持状態のチェックなどが厳しく行われるようになっている（森ら 2014）。

6. 今後の可能性を開く新しい技術：育種

1）選抜育種

a）従来型の選抜育種

養殖業では用いる種苗の成長や耐病性等が経済性を左右する。今後養殖用の人工種苗生産には，これらの形質を改良する育種とそれに組み合わされる成熟産卵の制御が求められる。畜産では，確立された品種や系統を使うことで，成長や餌料効率，耐病性等に優れた系統を用いて生産している。マダイでは近畿大学の長年の選抜育種によって成長に優れた系統が作られており（Murata et al 1996），海外のアトランティックサーモン *Salmo salar* 養殖においても選抜育種によって成長に優れた系統が確立している（Gjedrem & Robinsondvances 2014）。今後の水産業のかなりの部分を養殖業が担うとすれば，養殖対象魚種の育種を積極的に進めることは喫緊の課題だが，これまでどおりの選抜育種は長い時間を必要とする。これに対し，極めて短時間に育種の目的をかなえることのできるのは以下に述べる手法である。

b）遺伝情報に基づいた選抜育種

選抜育種をする際にも，望ましい形質に関係する遺伝子を持つものがDNA分析で判別できれば，望ましい遺伝子型の個体や系統を選抜でき，より科学的な育種が可能となる。DNA中のタンパク質に翻訳されない部分に含まれる2～4塩基程度の長さの反復配列回数の変異であるMS（マイクロサテライトマーカー）や，DNA中の1塩基が変異した多様性であるSNP（一塩基多型）を用いて，有用な形質を持つものを短期間に選抜できるようになった（谷口 2011）。

2）遺伝子組換えによる育種

上記に対し，遺伝子そのものを操作して有用な系統を作り出す技術の一つに遺伝子組換えがある。遺伝子組換えは，外から新たな遺伝子をゲノムに挿入して，これまで持っていなかった性質を付加しようとするものである（農水省 2021）[脚注6)]。農作物では，特定の除草剤をかけられても生き延びることができたり，害虫が食べるとお腹をこわすタンパク質が作られたりする品種が作られている。魚類では，マスノスケの成長ホルモン遺伝子を導入し通常の2倍の速さで成長するアトランティックサーモンが作り出され，アメリカ合衆国では食品として流通している（Gjedrem & Robinsondvances 2014）。しかし，目的外の遺伝子も挿入されるので，望まない形質が発現する可能性も指摘されている。

3）ゲノム編集による育種

一方，ゲノム編集にはCRISPR-Cas9という手法が広く使われるようになった。これは2つの要素で構成されており，CRISPRはゲノムの狙った位置にくっつくRNAで，Cas9はその横を切るハサミの役割を果たす酵素である。細胞に入れると，ゲノムの狙った部位を上手に切ってくれることにより，膨大な遺伝子のたった一つだけの機能を変えることが可能である（Yaskowiak et al 2006）。このゲノム編集技術により，筋肉細胞の増加や成長を止める役割をしているミオスタチン遺伝子の機能を欠損させて筋肉量を増やした肉厚マダイが作られている（木下 2015）。ゲノム編集技術は，遺伝子組換えよりはるかに正確で成功率が

脚注6　農水省HP. 生物多様性と遺伝子組換え（基礎情報）: https://www.maff.go.jp/j/syouan/nouan/carta/kiso_joho/outline.html#1

高く，他の生物の遺伝子を挿入するものでもないので，より安全な食品を短期間で生産する技術として期待されている。

遺伝子を取り扱う育種技術はここで述べた以外にも様々な手法が開発されており，これらの新技術をうまく組み合わせることで望む形質を持った系統を極めて短期間で作り出すことが可能な段階となっている。ただし，あくまでも食品として食卓に上るものなので，安全と安心を第一義に考える必要がある。

4) 借り腹技術（サバにマグロの卵を産ませる）

養殖対象種の海産魚では成熟するのに長い年月がかかりその間に魚体も巨大になってしまうものがある。たとえばクロマグロでは，成熟産卵するのに数年かかり，魚体サイズも数十キログラムになる。このような親を育てようとすると，大きな施設と長い年月を必要とするが，たとえば１～２年で成熟サイズに達するマサバにクロマグロの卵を産ませることができれば，施設のサイズや必要な時間を飛躍的に小さくすることができて，必要な経費を大幅に節減することができる（吉崎 2008）。この借り腹の技術は，すでにヤマメ *Oncorhynchus masou* にニジマス *O. mykiss* 卵を産ませることが実現され（Takeuchi et al 2004），クロマグロへの応用が試みられている。

7. 最後に

以上のように，種苗生産技術の発展は海産魚類の初期生活史の一面を自分の手元で見ることを可能にした。しかし，これはあくまで人為的な環境下で繰り広げられるプロセスであり，自然環境において展開される初期生活史とはかなり異なるものであることは忘れてはいけない。そのためか，種苗生産過程ではかなりの高率で形態異常魚が出現するし，行動にも異常を示すことが多い。しかし，稚魚学のように自然現象を理解するためには，野外での調査研究とともに実験的にそれらを検証することが必要不可欠である。今後とも，フィールド研究者とラボ研究者の交流を深めて刺激しあい，お互いの足らざるを補うことによって，我が国の水産業の未来にも貢献してほしいと思う。

COLUMN

コラム1　魚類系統分類学のあゆみ

尼岡邦夫

私は学部では蒲原稔治先生に分類学を，大学院では松原喜代松先生に系統分類学を教わった。松原先生は分類が系統を反映していなければならないとよく言っておられた。それは，骨格などの比較解剖で得られた形質の進化に基づいた体系の構築で，化石を意識していた。松原先生の考えは「魚類の形態と検索」や「動物系統分類学」の中によく反映されていると思う。特に，後者では真骨魚類はClupeichthysニシン魚群とPercichthysスズキ魚群の2大爆発的な分化が起こり，その中間で中生魚群Mesichthysという小さい分化が単系統的に生じたと考えていた。これは，伝統的に考えられていた腹鰭の位置とその鰭条の棘の有無と軟条数などに注目していたのである。実はこれが，私の受けた大学院の試験の設問であった。これらの分類体系では，私の専門のカレイ目はアンコウ目やフグ目などと一緒に，常に高度に特化した一群として配置されていた。その後，Greenwood et al (1966) による真骨魚類の系統研究において，特に注目する点はアンコウ目，サケスズキ目，タラ目などの頬の筋肉の状態から，側棘鰭魚群を認めた驚くべき体系で，真骨魚類は原棘鰭類，側棘鰭類および棘鰭類の3類が多分岐的に進化したと言うものであった。この考えは仮の分類体系としていたにも関わらず，多くで採用されて，定着していった。これまで最特化群としていつも最後に置かれていたアンコウ目はタラ目の近くに位置していた。私も当時の学生の研究テーマとして，これらの目の各種でこの筋肉の有無について調べたことがある。これとほぼ同時期に，形態による系統分析の方法に大きな変革があった。それはHennig (1966) による分岐分類学で，進化した形質の共有が系統を反映しているという考えである。これは，私たちが学んできた，進化した形質と原始的な形質の共有は同等に扱うという伝統的な分類学とは大きく違っていた。この理論に基づいて，松浦啓一さん(国立科学博物館名誉研究員) は日本では魚類で初めてカワハギ類の系統・類縁関係を構築した学位論文を完成させた。

私はもう一つの研究テーマとしてカレイ目，特にヒラメ科とダルマガレイ科の仔魚の分類を行っていた。成魚の分類が一段落したので，そのデータを用いれば仔魚の分類ができると考えたからである。その時，仔魚形質と分類群との間に強い相関関係があることに気が付いていた。東京水産大学 (現東京海洋大学) の学会で，沖山宗雄さんからヒラメ科魚類の発生中にヒラメの尾鰭骨格に存在する小骨が成魚になっても残存するが，ガンゾウビラメ類では無くなることを発見し，系統形質として示した私の考えを個体発生から確かめることが出来たということを聞いた。その頃，アメリカの研究者らも仔魚形質と系統の関係について注目し始め，一時期衰退していた「個体発生は系統発生を繰り返す」という考えが復権し始めていた。1978年に沖山さんと魚卵稚仔魚の形質と系統についての魚類学会のシンポジウムを企画し，沖山さんはハダカイワシ亜目，上柳昭治さんはサバ型魚類，道津善衛さんはハゼ亜目，鈴木克己さんと日置勝三さんはハナダイ亜科，水戸敏さんは魚卵，そして私はカレイ目について発表し，魚卵稚仔の形質と系統について熱く論議をしたことを思い出す。1983年には，Moserらが企画しサンディエゴで開催された「魚類の個体発生と系統」というシンポジウムに，川口弘一さん，森慶一郎さん，沖山さん，上柳さんらと参加した。その結果は1984年に「Ontogeny and systematics of fishes」（Moser et al 1984）として出版されている。

その頃，魚類の分類にDNAの分析の結果を用いた研究が出始めていた。最初は近似種間の違いを調べるのに使われ，これは新しい便利なtoolとして見ていた。やがてDNAのデータが蓄積されるにつれて，種間，属間，科間，目間などの関係から魚類全体の系統を解析するところまで進んできた。そしてついにNelson et al（2016）の「Fishes of the world 5th edition」の中で，大変革を遂げることになった。その体系については矢部ら（2017）の「魚類学」に詳しく述べられているので，ここでは省略するが，私のカレイ目は何とタウナギ目，アジ目，カジキ目，キノボリウオ目などと一緒に棘鰭上目のスズキ系，アジ形類の中に置かれ，アンコウ目とフグ目は棘鰭上目のスズキ系，スズキ形類として，真骨魚類の頂点の目として配置された。私はDNAの解析については無知であるが，どこの部位に注目するかによってまだまだ変わりうると聞いていた。そのことについて西田睦さんに尋ねてみたが，彼はDNAの結果は信頼できるものであると胸を張って断言された。このDNAの変化が生物の進化だとするならば，分子系統に基づく分類体系は定着してくるであろう。分類学は形態進化の系統を反映したものを理想としていた松原先生の考えが，分子進化に代わったのである。進化は再現することが不可能である以上，いかに説得力があるかにかかっている。分類学において，分子を簡単に確かめることは困難であるし，分子で構築された分類体系はあまりにも複雑である。従って分子による系統分類学を分類学から完全に切り離して，それぞれを別物として取り扱うか，そうでなければ分子系統の結果を形態による分類で裏打ちさせる方法が考えられる。その例はMabuchi et al（2014）の「分子分析と形態形質に基づくテンジクダイ科の系統分類の再検討（英文）」と，馬淵ら（2015）の「テンジクダイ科の新分類体系に基づく亜科・族・属の標準和名の提唱」の二つの論文でみられる。

終わりに，大学院時代に系統分類に関してよく議論していたことを思い出している。それは，よく似た特徴が真の類縁を反映したものであるかどうかを判定することである。いわゆる「他人の空似」を見誤らないことである。この例としてよく話題になったのはLe Danoisさんのアンコウ目とフグ目の近縁性について述べている論文（Le Danois 1964）であった。しかし驚いたことに，DNAによるNelson et al（2016）の分類体系では，両目は隣に位置し，スズキ形類の最後に置かれていた。また，Baldwin（2013）は両目の仔魚の特徴の類似性を指摘していた。Le Danoisさんは先見の明があったのだろうか，それとも単なる偶然だったのであろうか。

コンピューターが系統進化を構築してくれる時代になってきた。昔，沖山さんと「近頃の論文には夢がないね」と嘆いたことを思い出している。

コラム2　稚魚学偉人列伝　～卵仔稚魚研究の濫觴（らんしょう）～

神谷尚志（かみやたかゆき）（明治 21（1888）年～昭和 13（1938）年）と中村秀也（なかむらしゅうや）（明治 42（1909）年～昭和 15（1940）年）

河野　博

『河野さん，稚魚研究のさきがけは東京水産大学だったんじゃないの』…今から30年ほど前に沖山宗雄先生がソッと囁かれた。その舞台は東京水産大学（現東京海洋大学）の前身である水産講習所の二つの実験場である。

高島実験場（千葉県館山市）では，明治 44（1911）年に助手となった神谷尚志が大正 14 年（1925）にかけて「館山灣に於ける浮游性魚卵並びに其稚兒」（神谷 1916, 1922, 1925）を発表した。海洋観測の際に口径一尺（約 30 cm）のプランクトンネットを「なるべく緩やかな速度」で「三四丁」（約 327 ～ 436 m）「上曳き」して採集した卵とふ化仔魚を記載している。大正 13（1924）年には「邦産浮游性魚卵檢索表」を発表し，「猶至ツテ不備ノ點モ多イノデスガ之ヲ手引トシテ段々增補シテ行キタイト思ヒマス」と附記している（神谷 1924）。しかし本格的な魚卵の研究は，1960 年代の水戸敏（後述）の精力的な発表を待たなければならなかった。

水産講習所の卵仔稚魚研究は高島実験場の存在が大きく，開所した明治 42（1909）年にはすでに学生実習としてヒラメやクロダイなどの人工孵化実験を行い，さらに館山湾の海洋観測やプランクトン採集も実施している。

そうした教育を受けたのが中村秀也で，高島実験場に代わる小湊実験場（千葉県鴨川市）が竣工した昭和 7（1932）年に助手になった。その翌年から昭和 12（1937）年にかけて「小湊附近に現はれる磯魚の幼期其一～十五」で 74 種の稚魚を記載した（中村 1933 ～ 1937）。海水魚の飼育にも意義を見出し，「ガラスを通して見た水族生態の観察（1） ～ （13）」（中村 1932～1935）などの論文をかなり意欲的に発表していたが，昭和 15（1940）年 11 月に「岩盤活洲」に転落して 32 歳という若さで殉職した。

明治から大正の 1910 年代は水産講習所が実理優先から学理重視へとシフトした時代であった。神谷の緒言では浮性魚卵の系統的観察といった学理面と漁業の消長といった実理的な側面が述べられているが，一世代後の中村になると実理的ではなく分類的とか生態研究といった学理的な言葉が見受けられる。神谷と中村の業績は稚魚学の濫觴（らんしょう）であり，沖山先生の囁かれたとおり，水産講習所は「稚魚研究のさきがけ」であったようだ。

コラム3　稚魚学偉人列伝

内田恵太郎（うちだけいたろう）（明治29（1896）年～昭和57（1982）年）

望岡典隆

内田恵太郎（以下，敬称略）は東京神田で生まれ，1922年に東京帝国大学農学部水産学科卒業後，同農学部講師，朝鮮総督府水産試験場技師（養殖部主任）を経て，1942年に九州帝国大学教授に着任した。同上試験場離任時には，多年にわたる朝鮮産魚類の生態，生活史の研究により，朝鮮水産業の発展に貢献したことによって朝鮮文化功労賞を受けた。内田は1960年の定年退職まで，精力的に魚類の生活史研究，とくに初期生活史の解明に力を注ぎ，世界の稚魚研究をリードし，多くの魚学者を育成した。

内田は多くの研究業績とともに，卵，仔魚，稚魚に至る初期生活史のシリーズ標本（内田コレクション）を残した。これらは朝鮮総督府技師時代に朝鮮各地で採集したもの（朝鮮魚類誌，内田 1939）および九州帝国大学赴任後に日本各地で採集したもの（日本産魚類の稚魚期の研究第1集，内田ら 1958）からなる。とくに，朝鮮半島における淡水魚の生活史標本は極めて貴重な学術標本と評価されている。なお，朝鮮魚類誌は内田の学位論文である。また，内田のスケッチは精緻を極め，国内外の魚類学者の手本となっている。内田は学術論文のほかに一般書も多数執筆したが，そのなかでも「稚魚を求めて（岩波新書，内田 1964）」は高校の現代国語の教科書に掲載され，触発されて水産学部や農学部水産学科に進学した学生も多い。私もそのなかの1人である。内田が収集した貴重な学術資料および関心が高かった文学や詩歌関係の蔵書（約2,500冊）は九州大学附属図書館に「内田文庫」として収蔵されている。

コラム4　稚魚学偉人列伝

水戸　敏（みと さとし）（昭和2（1927）年～平成21（2009）年）

望岡典隆

水戸敏（以下，敬称略）は1927年広島県広島市白島町で生まれ，海軍兵学校，広島高等学校（旧制）を経て，1949年九州大学農学部水産学科入学，内田恵太郎のもとで卒論研究を行った。1959年に九州大学農学部水産学第二講座助手，1960年に「日本近海に出現する浮遊性魚卵及び孵化仔魚の研究」により九州大学より農学博士を授与された。1962年に農林水産省に出向，水産庁内海区水産研究所，東南アジア漁業開発センター，遠洋水産研究所，東海区水産研究所，水産庁研究部参事官，西海区水産研究所所長を歴任した。

水戸は内田より「浮遊性魚卵の分類」をテーマとして与えられ，九大在学中は五島（玉之浦），男女群島（女島）などのフィールドに道津，藤田，上野と出かけ，マハゼ，ブリなどの人工授精を行った。また，在職中は水産庁水産研究所等において調査・研究の指揮を行う傍ら，浮性魚卵の分類，分布の研究や栽培漁業協会等の施設を利用して様々な魚種のふ化仔魚の飼育を継続され，日本海洋プランクトン図鑑（蒼洋社）第7巻「魚卵・稚魚」（水戸 1966）や「日本近海に出現する魚卵・稚仔の同定に関する文献目録（日本水産資源保護協会，水戸 1980）を編集，出版された。これらは現在も稚魚研究者の必携文献である。

水戸の魚卵のスケッチは内外の魚類学者のお手本となっている。胚発生のスケッチは，発生が進むと卵内で活発に動くので困難であるが，スケッチの極意については魚類学雑誌69巻2号会員通信（望岡ら 2022）に詳述されているので参照されたい。

コラム5　稚魚学偉人列伝　仔稚魚から探る日本海の生物生産機構 ～ダイナミックに展開する果てしない夢～

沖山宗雄（昭和12（1937）年～平成25（2013）年）

南　卓志

沖山宗雄（以下，敬称略）は，稚魚分類学を主な研究領域とした多くの業績を残し，東京大学教授として多くの研究者を育成し，試験研究機関や民間企業等に所属する稚魚研究者の育成にも尽力した。日本魚類学会会長を務めた。稚魚研究史上の偉人である。

沖山は，東京大学農学部水産学科を1961年に卒業し，水産庁日本海区水産研究所（略称：日水研）に研究員として採用され，これを機に日本海をフィールドとした水産資源研究に携わることになった。当初から仔稚魚の研究プランがあったようで，日本海のカレイ類ではもっとも資源量が多いと推測されたが，当時漁業的には重要魚種とは言えないヒレグロの仔稚魚の形態発育に関する論文を1963年に発表した。その後，カレイ科，ヒラメ科，メバル属，アカムツ，ハタハタ，クロマグロ，ニギスなど多くの魚種の仔稚魚の形態を記載し，種の同定を可能にしたが，その対象種は特定の分類群に限らず多岐にわたった。多くの論文は，魚種ごとに仔稚魚の形態発育過程を外部形態の観察に基づいて記載し，ときには生態的特徴にも言及するという内容である。

なかでも重要なものと思われるのは，キュウリエソの初期生活史に関する研究で（沖山 1971），基本的な構成は西村三郎による先行研究（後述）を踏襲しているが，日本海にとどまらず，世界に広がるキュウリエソ近縁種群との比較研究や卵の分布などの量的研究に発展させた。沖山が最もこだわりをもっていた魚種であるといえよう。

近年，クロマグロの資源動向が国際的に注目され，仔稚魚の分布調査が行われているが，沖山が1974年に発表したクロマグロの仔魚出現に関する論文は小論であるがクロマグロが日本海内で産卵している可能性を示唆しており（沖山 1974），現代のクロマグロの資源学的研究に 30 年以上先駆けた貴重な論文であることは意外に知られていない。

このように，沖山の論文には一つ一つに深い意義が込められた形跡が認められ，後世に貴重な情報を発信している。

日水研において，沖山が最も影響を受けた研究者は，西村三郎（1930 ～ 2001 年）であることは良く知られている。二人はキュウリエソという日本海の特徴的な魚種を研究対象に選び，卵仔稚魚の同定を含む資源生態学的研究を展開しており，本種が小型の魚種であり漁業資源としては取り扱われていないにもかかわらず，多くの魚類やスルメイカなどの頭足類の生物生産を支える食物になっており，日本海の生物の鍵種であることを認識していた。

漁業対象種ではないキュウリエソを対象種に選んだその理由は，日本海における生物生産構造を卵仔稚魚から成魚に至る全生活史の質的および量的な動態を解明することにより，日本海における生物生産構造の骨格を解明するのに最適な魚種と見定めたものと思われる。

キュウリエソの生息域はほぼ日本海に限られており，日本海固有種とも認識される場合があるが，近縁種は世界の海域に広がる広域種群との見方もあるきわめて特殊な魚種である。こんなところに目を止めた二人の研究者の慧眼が研究の進捗に有利であったかそれとも無謀であったか？今後の研究に委ねることになるだろう。

数多くの業績の中で一般に良く知られているものは「日本産稚魚図鑑」（沖山 1988b）と「日本産稚魚図鑑第二版」（沖山 2014）であろう。

1,500 種を越える仔稚魚の記述とスケッチを掲載した図鑑は，日本語の記述によるものの国内および国際的に広く活用されて高い評価を得ている。

生物研究社から隔月刊行された『海洋と生物』誌において，1979 年から 1988 年にかけて 14 回にわたって連載された『稚魚分類学入門』はその代表的な著作である（沖山 1979a ～ 1988a）。入門と題しているものの，その内容は基礎的であるばかりでなく，かなり高いレベルに及んでいて，高度な専門性にもとづく大胆なスペキュレーションを展開しており，そのオリジナリティには感動させられる。稚魚分類学に携わる学生や研究者にとって必読の文献であろう。連載の多くの部分は，分類群ごとに稚魚の形態の概要を記述しているが，代表的な分類群を選択しているかと思えば必ずしもそうではない。タラ目やアシロ目といったどちらかといえばマイナーな分類群が登場し，アシロ目はとくに目を引く。一方，ハゼ亜目，サケ目，アンコウ目などは分類群としてはとりあげられていない。これはどのような意図で沖山が選択したのかは定かではないが，難解な分類群や情報に乏しい魚類群については避けながら魚類全体を網羅しつつ，特に興味を引く分類群を選択した結果である方向性があることを垣間見せている。鍵は「変態する魚」だ！と言えないだろうか。

ほぼ同じ時代に，同じ研究所に所属し，日本海のキュウリエソやニギスの仔稚魚の研究を行った二人の偉大な研究者が夢見ていたのは同じ研究分野の世界だったのだろうか？

西村は現在の生物分布から日本海の生物相の過去と起源に迫ろうとした中での仔稚魚であったのに対し（西村 1974），沖山がめざしたのは稚魚の形態の多様性に注視しつつ日本海における生物生産機構の現在を明らかにする試みであった。

日水研から東京大学に所属を変えた後には，研究対象海域を日本海に限定せず広域にわたる仔稚魚採集を精力的に行っているが，日本海におけるキュウリエソの初期生活史研究は中心課題として継続され，大きな目標に少しずつ近づいているように見えた。形態発育史という質的アプローチから卵仔魚の量的把握をめざしている。

私は，沖山宗雄がめざしていたのは稚魚分類学にとどまらず，稚魚系統学，稚魚資源学に及んでおり，西村三郎から引き継いだ日本海を舞台にして海洋の生物生産構造とダイナミズムについて地史的側面を導入してパノラマを描くという壮大な計画の実現にあったのではないだろうかと思っている。東京大学海洋研究所（当時）の教授室でのひとときと，稚魚研究によって得た科学的データとSFのような想像力を駆使して構想を語る沖山宗雄教授の表情は，生き生きとして輝いていた。あまりに巨大な謎を解き明かすには，類い稀なる想像力の豊かな研究者をもってしても与えられた時間は足りなく，道半ばで壮大な夢に終わってしまったことを私は残念に思う。沖山の果てしない夢を継ぐ稚魚研究者たちが現れるのはいつのことだろうか？

第2章

稚魚形態学入門
― 親と異なるかたちを解読する

はじめに

本書「稚魚学のすすめ」を手に取るきっかけは，釣りや魚採り，観賞魚の飼育などを通じて仔稚魚に興味を持ったり，大学の先生から研究テーマとして稚魚学を勧められたり，仕事の関係で必要に迫られたりなど，人それぞれだろう。おそらくどなたでも仔稚魚の図鑑をペラペラとめくっていけば，「なんだこの奇天烈な形は？」と純粋に興味をそそられるに違いない。この分野の代表的な図鑑である日本産稚魚図鑑第二版（沖山 2014a）のほかにも，生態写真を掲載した図鑑（坂上 2016，若林ら 2017，横田・水口 2024 など）や Web での画像公開により，多様なかたち，美しい模様で透明感のある仔稚魚の姿を見ることができる。なお，Leis（2015）には 1981 年以降の世界の主な仔稚魚図鑑（Web も含む）が紹介されている。

仔稚魚と成魚では形態がだいぶ異なり，とくに仔稚魚期には発育の進行に伴って形態が短期間に大きく変化し，そのような変化に伴って分布，食性，行動なども変化していくことが多い。そのため，仔稚魚の研究を行うにあたっては，まず形態をしっかりと観察し，それをベースに様々な研究を展開させていくことになる。では，形態についてどのように観察し調べていけばよいのだろうか？一般に生物の研究では他の個体，個体群，種と比較することが基本であり，稚魚研究も例外ではない。比較するためにはできるだけ多くの分類群で共通して使える優良なスケールが必要である。また一方で，仔稚魚の形態は多様であるため，より詳細に個体発生を記載したり，近縁な種間で比較したりする場合は，研究目的に応じたスケールの調整が必要となる。

本章では一番の基本からということで，2.1 で仔稚魚の発育段階区分の考え方や読み方が，次いで 2.2 で体の各部位の名称や計測・計数方法が解説されている。2.3 ではもう一歩踏み込んで，仔稚魚の分類形質について具体例を挙げながら，著者ならではの観察の仕方や分類・同定のノウハウなどが述べられている。2.4 ではいくつかの特徴的な分類群を取り上げて，各形質やその適応的意義などについて紹介されている。なお，本章で示されている通り，用語の定義や発育段階の区分方法，計測方法などには様々な考え方があり，いまだ共通認識の醸成がなされていない部分もあるため，実際に調査・研究で用いるときには注意が必要である。また，本章で取り扱った分類群はごく限られたものであり，より詳しく学びたい方は稚魚分類学入門（沖山 1979a ～ 1988a）や様々な稚魚図鑑を参照していただきたい。

2.1 発育段階とその読み方

木下　泉

一般的な魚類の分類学は成体を対象にして発展してきたことは否めず，その体系の全ては，形態が断続的に変化して行く幼体のものに必ずしも合致しないことは当然のことであり，幼体独自の分類が必要になる。さらに個体発生に従って，形が変わって行くに伴い，その分類形質も変化するため，ある一定，発育を区分する必要がある（沖山 1979b）。筆者は，発育段階の区分は，分類のみならず，それぞれの魚種の生活史における鉛直・水平分布および幼期回遊の時空間的変化を追跡し，さらにそれらを魚種間で比較していく上での物差しとしても極めて重要と考える。ここでは，浮性卵を産出する真骨魚類を中心に，発育段階が充実し，先駆的な報告である水戸（1957）のスズキの個体発生のシリーズ（図 1）を用いて，発育段階の読み方と問題点について述べる。ちなみに，この一連のスズキのほとんどは，ヒラスズキのものであることが 30 年後に判明した（Kinoshita & Fujita 1988）。これも，水戸（1957）が材料と方法，正確な形態図をきちんと記載していたおかげであることは言うまでもない。

発育段階の区分は，過去，様々な研究者が検討を行って来ており，その経緯と変遷は沖山（1979b）や Kendall et al（1984）に詳しい。幼期段階（Early stage）は，ほとんどの区分（Staging）でも，「卵（Egg）」，「仔魚（Larva）」，「稚魚（Juvenile）」の三段階を用いられていることは間違いない。それらの定義も，研究者によって多少見解の相違も見られるが，おおむね，以下のとおりである。

1. 卵

ある魚種の産卵の時空間的変化をみる場合，胚体の発達程度に注目すると，より近い産卵時刻と場所を推測できる。Nakai（1962）はマイワシを使って，卵を A，B，C（図 1）の 3 段階に分けた。

この 3 段階の区分は極めて便利で有効であり，我々も土佐湾のキュウリエソや有明海のニシン亜目の産卵時刻・場所の探索に使用させて頂いた（Simanjuntak et al 2015，Paraboles et al 2019，Wang et al 2021a，b，2022）。これらの中で，混乱したのが B ステージと C ステージの境（図 1D）である。すなわち，尾部 1/3 程度を客観的に識別するのは，かなり困難を要したのである。よって，我々は，胚体尾端が卵黄から遊離し始めた段階（図 1C）から C ステージに含めた。この方が，観察者の個人差も軽減され，より客観的に識別できると考えられる。費やす時間も，受精から図 1B まで 40 時間，その後図 1C まで 40 時間，その後ふ化直前（図 1E）まで 24 時間と，各発育段階の経過時間はより均等となり（水戸 1957），理解し易くなる。

2. 仔魚

内田・道津 (1958) は，内部栄養期 (Internal nutrition period) と外部栄養期 (External nutrition period) に注目して，上記の仔魚をさらに卵黄を吸収し尽くすまでを「前期仔魚 (Prelarva)」およびし尽くしてからを「後期仔魚 (Postlarva)」とに整理した。我々にとっては最も馴染み深いものであった。ところが，Balon (1975) などは，内部栄養期にこだわり，卵胚期 (図 1B) から，ふ化しても卵黄を吸収し尽くす (図 1F, G) までを「胚 (Embryo) 期」と提唱している。以前，Balon さんが主宰していた雑誌に，ヒラメの論文を投稿した折，その中での「Yolk sac larva」をことごとく「Free embryo」(遊泳胚とでも訳そうか ?) に書き直されたのを憶えている。多くの魚類は，ふ化後，卵黄を吸収し尽くす前に，開口し摂餌

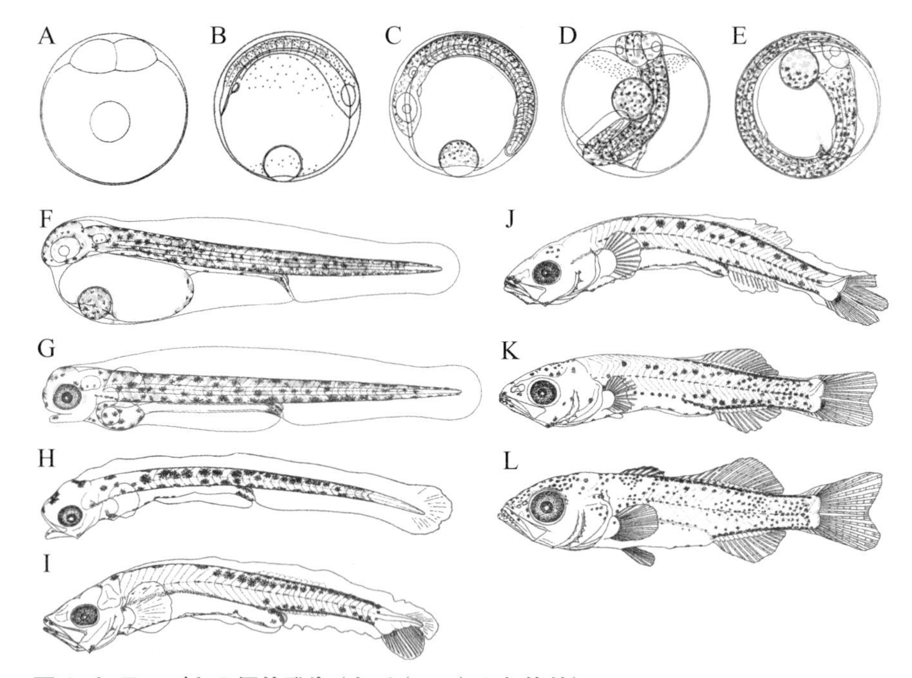

図 1. ヒラススズキの個体発生 (水戸 (1957) より抜粋)

A：Aステージ卵 (胚体は未分化)，B：Bステージ卵 (胚体筋節，分化開始)，C：Bステージ卵 (胚体尾端，卵黄より遊離開始)，D：Cステージ卵 (尾部，胚長の1/3程度，卵黄より遊離)，E：Cステージ卵 (ふ化直前)，F：ふ化直後の仔魚4.3 mm NL，G：卵黄残留の仔魚4.9 mm NL (眼黒化，開口)，H：前屈曲期仔魚4.7 mm NL (卵黄は完全に消費)，I：屈曲期仔魚8.0 mm NL，J：後屈曲期仔魚10.0 mm SL，K：後屈曲期仔魚11.7 mm SL，L：稚魚15.2 mm SL。卵の発育ステージはNakai (1962) に準拠，仔稚魚の各体長は水戸 (1957) 中の各全長から比例計算。

を開始する（図 1G）のが一般的である。特に油球の大きな魚種ではこの傾向が強く，卵黄上から肛門までの消化管中に多くのカイアシ類とその幼生が観察される。よって，内部栄養期から外部栄養期の過渡期が通常見られることから，卵から仔魚を通じての胚期という Phase（Balon さん流）は，特別な場合を除き，使用しない方がいいであろう。

その後，Kendall et al（1984）は，卵黄嚢期仔魚を独立させた後，尾鰭の形成過程すなわち脊索（Notochord）尾端の上屈程度に注目して仔魚期を図 1 のように細区分した。

これは，生態的に遊泳力の増進による分布層の変化（接岸回遊，鉛直回遊）を解析する上で非常に有益である。ちなみに，この個体発生の区分は，尾鰭の系統発生，すなわち肺魚類などの原尾（Protocercal）→チョウザメ類などの異尾（Heterocercal）→ウナギ目以降の正尾（Homocercal）を意識して設定されたことは間違いない。

一方，Leis & Rennis（1983）は，上の情報が既に入っていたのであろうか，発育段階を卵→仔魚（前屈曲→屈曲→後屈曲）→稚魚→成魚と定め，卵黄嚢はこれら何れかの段階が擁し，特に発育段階として認めていない。前述した過渡期のものが多くの魚種で見られることに加えて，シーラカンサス類やシクリッド類などの形態的には成体とほぼ同じ卵黄嚢稚魚（Balon 1985）を意識し，普遍的な規定を設けたかったのであろう。事実，我々のエツやアユに関する論文原稿を Leis さんに校閲して頂いたところ，Yolk sac larva を全て Preflexion larva with yolk に訂正された（Tran et al 2012，Simanjuntak et al 2015）。

以上を考慮すると，特別な場合を除いて，ふ化後は仔魚期とし，Leis さんの概念が最良であろうかと思われる。しかし，これにも問題が残っている。屈曲期仔魚は，脊索尾端の上屈開始から下尾骨（Hypural）後縁が（体正中線に対して）鉛直状になるまでと定義されている（Leis & Rennis 1983）（図 1I）。ところが，その見極めには個人差が伴い相当厄介と言っていい。すなわち，下尾骨が明らかに完成した後も，しばらくの間，下手すると稚魚期に入っても，体軸に対して下尾骨後縁がやや斜位状態が続き，外見的に屈曲期に見える魚種が少なからずいる（図 1J）。よって，下尾骨の発達程度をよく見て（幸いにもまだ見える），屈曲期また後屈曲期なのか決定する必要がある。また，この頃の計測上にも問題がある。体長（Body length）は，最近？ふ化してから屈曲期仔魚までは吻端から脊索尾端まで（脊索長 = Notochord length），後屈曲期以降では下尾骨後縁まで（標準体長 = Standard length）を測る。ところが，後屈曲期以降でも，脊索尾端の方が下尾骨後縁よりも後方に突出している時間帯（図 1J）があるために，屈曲期までは脊索尾端まで計測していたのを後屈曲期に入った途端，下尾骨後縁までを計測し始めると，一瞬ではあるが個体の体長が縮んでしまうことになる。これを避けるためには，脊索尾端がより後方にある間はいずれの発育段階（図 1F ～ J）でも脊索尾端までを，つづいて下尾骨後縁と並んだ以降（図1K, L），初めて下尾骨後縁までをそれぞれ体長とするべきである。よって，下尾骨後縁の斜位状態ではなく，それと脊索尾端が並んだ以降を後屈曲期とすれば，観察の個人差も軽減されると思われる。

背・臀両鰭の後部が稚拙な真の尾鰭と相合する擬尾（Pseudocaudal）または同尾（Isocercal）を持つ無足類，タラ類などでは，脊索尾端の上屈状況を判断し辛く，また遊泳力の増大とはさして関係ないであろう。よって，これらの仲間には，異体類を含めて，各分類群の個体発生に合った特有な仔魚の発育段階を設定するべきであろう。

3. 稚魚

稚魚期（図1L）の定義は，印象的（成体に近似や浮遊生活の終焉など）なものを除くと，初めて計数形質が登場する。我々は長らく，「各鰭の棘・条が定数」（内田・道津 1958）を稚魚期としてきた。近年，その他の外部計数形質，すなわち鱗の形成開始もしくは完成も条件に加えているものもある（Leis & Rennis 1983, Kendall et al 1984）。まずは，鱗であるが，多くの魚種ではこの時期，染めて初めてその存在を知るし，開始または完成を見極めるのは不可能に近い。よって，従来どおり，「鱗の形成開始または完成」は削除した方がよいと考える。次に全鰭の完成であるが，何を持って「完成」とするか，極めてあいまいである。よって，やはり「定数に到達」の方が理解し易い。

鰭には，背・臀・胸・腹・尾鰭の5種類あるが，問題は尾鰭である。尾鰭は軟条（Soft-ray）で構成され，主鰭条（Principal ray）と副鰭条（Secondary ray）とに分別される。尾鰭の鰭条数は一般に主鰭条を数え，それは分枝鰭条（Branched ray）数に（上下の？）2本の不分枝鰭条（Unbranched ray）数を加えたものとされている（松原 1955）。成体の場合はこれで差支えないであろう。しかし，幼期では，他鰭の条数が定数に達した後でも，本来の分枝鰭条が分枝するまでかなりの時間がかかり，どこまでを主鰭条とするのか定まらない。この解決には，やはり主鰭条の定義を再考せねばならないであろう。そこで，主鰭条は下尾骨および最後の血管棘（Hemal spine）である準下尾骨（Parhypural）から生えるものとし（Moser et al 1977），上尾骨（Epineural）や神経棘（Neural spine）・その他の血管棘から生えるものを副鰭条としては如何であろうか。その場合，分岐に拘らず，主鰭条をもって定数としたらいい。

4. 移行期・変態期・前稚魚期

これらの3つの用語は，仔魚から稚魚への過渡期に使われる時には同義語だが，それらの用途と意味合は微妙に異なっている。まず移行期

(Transformation/Transition) は，内部栄養期から外部栄養期の間でも使用される場合もあるが，ここでは，もちろん後屈曲期仔魚から稚魚のことで，図1ではLに相当する。すなわち，スズキのように鰭形成は後方から始まる魚種で，沿岸に着底もしくは沖合で成群のそれぞれ直前に，全ての鰭条は定数には達しているが，成魚のそれに比べるとやや未熟の状態を移行期と捉えていいだろう。しかし，上位の定義に従えば，稚魚期となる。

逆に，鰭形成の進捗は前方，すなわち背棘部，胸鰭および腹鰭から始まるグループがいる。サンゴ礁系や中深層の魚種で多く見られ，全鰭条数の達成後も，特に頭部棘，背・腹鰭棘の巨大化（図2），眼柄の伸長や外腸の発達などの著しい浮遊生活での特化（Specialization）が認められる。これこそ，Hubbsさん曰く「特化したさまざまな浮遊期の個体で，仔魚あるいは稚魚のいずれにも当てはまらないもの」，すなわち前稚魚（Prejuvenile）である（Hubbs 1958）。Leis & Rennis (1983) などは，分類群を横断した比較の基準を考えた場合，その統一された定義が困難とし，発育段階の一局面としては採用を拒んでいる。しかし，沖山（2001）では，仔魚から稚魚への移行過程の著しい多様性を考慮すれば，必ずしも唯一の定義のみ適用されることに疑問を呈し，「前稚魚」にこだわり，諦めきれぬ気持ちが伝わってくる。最も大事なことは，それぞれの魚種の特性を適切に捉え，それを種間で比較することである。ならば，浮遊期，著しい特化をみせ，その後，比較的短時間でその退行を示す魚種には「前稚魚期」という用語は使用されてもいいのではないかと，筆者は考えたい。計数的には揃っている図1のスズキと図2のタンガニイカ・アカメを比較すれば，両者を同じ発育段階とすることに違和感を覚えるのは筆者だけではなかろう。

変態とは，「多細胞動物胚期終了後の個体発生において，胚が直接に成体の形態をとらず，まず成体とは別個な形態・生理および生態をも

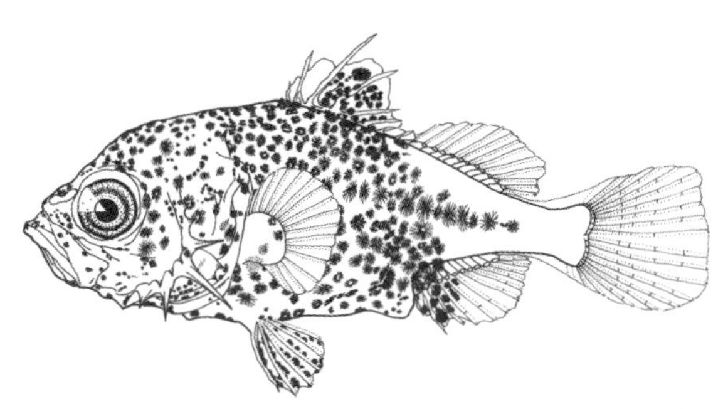

図2 タンガニイカ湖沖合・表層で稚魚ネットにより得られたアカメ科*Lates microlepis* 稚魚（5.9 mm BL）（Kinoshita & Tshibangu 1997）

つ幼生となる場合，幼生から成体への転換の過程」と定義されている（山田ら 1960）。恐らく，この概念に従って，Leis & Rennis (1983) などは，「変態」という用語に全く触れなかったのであろう。さらに，多くの分類群を扱っている大著 Moser et al (1984) では，変態は，ウナギ目（Anguilliformes）= 無足類（Apodes）およびカレイ目（Pleuronectiformes）= 異体類（Heterosomata）のみで登場する（Ahlstrom et al 1984，Hensley & Ahlstrom 1984，Castle 1984）。

ところが，これに先立つ 20 年前，内田（1963）は魚類の個体発生を「直達発育」および「変態を経過する発育」に分け，後者を「変態とは体の全体あるいは一部分の形態・構造・大きさ・色彩などが，幼期において成体とは異なる方向に，あるいは同方向でも成体よりも過度に発達して，ある時期にそれが変化して成体に近い状態になること」と解釈している。この解釈に従って，特異な個体発生をみせる東西の両横綱，異体類および無足類を見ていこう。

左右不相称な異体類は，仔魚期には全ての種で，両側に 1 眼づつ有り，外見的には左右相称で浮遊期を送り，どちらか一方の眼が回遊（Migration）し異体類特有の顔になって行く。これは，系統発生の反映と言え，最初から両眼が片側に形成されるのではなく，成体とは異なる方向，すなわち両側に 1 眼づつの状態（一般的な魚類の状態で，祖先種も該当と推測）の個体発生を経るため，まさに内田（1963）の言うところの「再演性変態」と言っていいであろう。ところが，左平目類すなわちヒラメ科（Paralichthyidae），ダルマガレイ科（Bothidae），ウシノシタ科（Cynoglossidae）などでは，背鰭条が伸長し，時には腸が膨満し外腸を呈する。一方，右鰈類すなわちカレイ科（Pleuronectidae），ササウシノシタ科（Soleidae）などでは，外腸を持ち，胸鰭が風船状に異様に発達する（後者のほとんどの成体は胸鰭が無い）（南 2018）。これらは，眼の回遊にほぼ同調して，退行し，成体に近くなっていく。ササウシノシタ科の胸鰭が出現した後，消失するという個体発生は眼の場合と同じ理由で再演性変態と言えるが，それ以外は後発的な浮遊適応と考えられ，「後発性変態（内田 1963）」（後発性特化，木下 2018）となり，1.2 でも書かれているとおり内田（1963）が定義した 2 つの変態を明確に区別するのは困難である。この段階の個体は，天然水域での出現が稀なことから，短時間で起きていると推測されている（Ahlstrom et al 1984）。南卓志さんも，眼の回遊は瞬時に終わることを飼育下で確認されている。これらのことから，異体類の場合は，変態は段階というよりか局面と捉えた方がいい。

一方，葉形仔魚（レプトケパルス）期を必然的に経る無足類はどうなのか？ 現生種を俯瞰してみると（化石種は知らないが？），まず，葉形仔魚のような成体は見当らない。このことから，内田（1963）に従って，無足類は，生理生態的に浮遊期に適応した「後発性変態」をとる仲間とみていいだろう。無足類たちは，ふ化後，卵黄を残している期間は

「Preleptocephalus」もしくは「Engyodontic stage」と呼ばれるらしい（適当な日本語が見つからない）。その後，葉形仔魚として伸長期を迎え，これこそまさに特化であろう（内田 1943）。伸長の絶頂（Climax）期後，直ちに体長の短縮期（Euryodontic stage）に入り，体躯の断面は丸くなり，透明感の減退，幼歯の欠落，肛門の著しい前進など，稚魚期へと交代して行く（Castle 1984）。まさに変態である。さらに，この期間は，異体類と違って，比較的長いようで，発育段階として「変態期」と認識してもいいのではないだろうか。

内田（1963）は，魚類の変態を大きく「サバ型」，「異体魚類型」，「イワシ・ウナギ型」などに分けている。無足類型と異体類型については紹介してきたとおりであるが，我々が最も頻繁に出くわす「シラス型変態」について少し横道にそれたい。このややもすれば「直達発育」にも見える変態は，ニシン目魚類のみならず，アユ，エソ，イカナゴの仲間たちも演じるとされている（内田 1963）。シラス型変態で最も顕著なのは，背鰭の前進である（内田 1958，乃一ら 2014）。背鰭の既に骨化した担鰭骨（松岡 2008）は，椎骨の神経棘を如何にして薙いで行くのであろうか？と今でも不思議でならない。シラス型が特化ならば，まさに背鰭前進は変態と呼んでもいいだろう。しかし，アユ，エソ，イカナゴでは，背・臀鰭の相対位置は一生変わらない（内田 1958，上野 1958）。

以上，移行期・変態期・前稚魚期は，魚種によって使い分けたらいいのではないか。すなわち，ハゼ類・スズキ類などの直達発育に近いものには移行期，無足類・イワシ類には変態期，沖合で鰭条は定数に達しているにも関わらず特異な特化現象を示す仲間には前稚魚期を採用した方が，それぞれの魚種の生活史をより明確にできると考える。

2.2 各部位の名称と計測・計数方法

河野　博

1. 各部位の名称

仔稚魚の体形は様々だが，成魚と同様に頭部と体幹部，尾部，鰭からなり，各部位の名称も基本的には成魚の名称に従う（2.3 図 1 参照）。しかし仔稚魚期には，同じ器官でも成魚と形態がまったく異なっていたり，仔稚魚期にしか出現しない器官などもあったりするので，注意が必要である。以下では，代表的な部位の名称について説明する。

頭部は体の前端から鰓蓋（鰓膜）の後縁まで（ただし鰓蓋が形成されていない仔魚では，肩帯の擬鎖骨の後端まで），体幹部は鰓蓋（あるいは擬鎖骨）の後縁から肛門まで，尾部は肛門から尾鰭基底まで（ただし尾鰭の支持骨が形成されていない仔魚では，脊索の末端まで）である。

仔稚魚期の頭部にはいろいろな棘が出現する。2.4.5 のカサゴ亜目・カジカ亜目で頭部棘については詳しく説明されているので，ここでは割愛する。これらの頭部棘が捕食者からの防御あるいは遊泳力が乏しい仔稚魚が浮遊生活を送るための沈降軽減機構として機能している，と考えられていることだけを指摘しておく。

仔稚魚の頭部背面の部位は，脳部を中心として前脳部，中脳部，後脳部と分けることが多い。とくに，同定の際の重要な形質となる黒色素胞の分布域を示す時に用いられる。

ふ化後間もない仔魚には，腹部に卵黄があり（前期仔魚），魚種によって形も大きさも様々で，頭部を超えて体の前方にまでせり出していることもある。また，前期仔魚期には油球を有する種も多く，その数（0, 1, 多数個），大きさ，位置は重要な識別形質である。卵黄は成長とともに吸収されていき，消失すると後期仔魚になる（2.1 図 1 参照）。

仔魚期には体幹部から尾部にかけての筋節もよく見える。筋節の数は脊椎骨数の目安となるので，重要な形質である。また，仔魚から稚魚へ移行する過程で肛門が前方へと移動することが多く，肛門までの筋節数を計数する場合もある。

尾部の後端にあたる脊索末端部は，成長にともなって上方に屈曲する。その先端部の腹側には尾鰭の支持骨が形成される。尾鰭支持骨は，出現当初は後下方に向かって形成されるが，脊索の上屈とともに支持骨は後方に向かうことで尾鰭による推進力を発生させる。

鰭の名称なども基本的には成魚と同じで，不対鰭として背鰭と尾鰭，臀鰭があり，対鰭として胸鰭と腹鰭がある。鰭は鰭条と鰭膜からなるが，仔稚魚期で鰭条の発達が不十分なものは一般的に膜鰭と呼ばれる。

とくに仔魚期には，背鰭と尾鰭，臀鰭の不対鰭は，体の正中線上をぐるりと取り囲む一つの膜鰭からなっていることが多い。さらに肛門の前には，腹部の正中線上に肛門前膜鰭も発達する。これらの膜鰭の中にそれぞれ背鰭，尾鰭，臀鰭，あるいは魚種によっては小離鰭の鰭条が形成され，さらに鰭膜が減衰して体部にまで達することで膜鰭の連続性が途切れて，それぞれの鰭が形成される。また脂鰭も，背鰭後方の膜鰭が残存することで形成される。

2. 計測・計数方法

計測や計数方法も基本的には成魚の方法と同じである。しかし仔稚魚期には，形態的あるいは数的に成魚と同じ状態に向かって成長していくが，成魚と同じ状態に達したかどうかを見極めることが必要になる。

1) 計測方法

魚類の計測方法の基本は，二点間の距離を直線的に測ることである。これは，紐などで体の丸みなどに沿って測らない，ということである。仔稚魚の場合には，顕微鏡に取付けたマイクロメーターやノギスを使うので，ほぼ問題なく二点間を直線的に測れる。仔稚魚の体長を計測する際，体長 15 mm ほどを境にして，これより小さい場合には顕微鏡とマイクロメーターで，大きい場合にはノギスで計測する。ただし各部位を計測する場合には，体長 15 mm 以上の仔稚魚でも顕微鏡を使うことがある。計測する部位については，研究の目的によって，あるいは分類群によって重要性が変わってくるが，ここではいくつかの基本的な計測項目について説明する。

全長：体の前端から尾鰭も含めた最後端までの距離。仔稚魚の場合は尾鰭の後端は丸いことが多いが，魚種によっては成長にともなって中央部がくびれて上葉と下葉に二叉することもある。

体長あるいは標準体長：標準体長は吻の先端から尾鰭支持骨である下尾骨の後端までの距離として定義されている。吻というのは，眼よりも前の部分で，下顎は含まない。とくに仔魚期には，下尾骨が完成しない種が多いが，その場合は脊索長（脊索後端までの距離）を計測する。標準体長と脊索長とを合わせて体長とする場合も多い。この場合，厳密には，脊索長から体長に移行する際に少し長さが短くなる。

肛門前長：吻の先端から肛門の後縁までの距離。魚種によってはこの長さが成長（あるいは変態）とともに短くなる。

体高：基本的には，胸鰭の基部（左右の擬鎖骨の縫合点）の体の高さを測る。体の最も高い部分（最大体高）を計測する場合もあるが，ふつう最も高い部分は成長とともに頭部から後方に移動する。この最大体高とその位置の変化は，遊泳能力の獲得と関連があるとされ，機能的発育を知ることが目的の研究ではよく利用されている。その一方で卵黄をもった仔魚の場合などには，最大体高は不正確になる。こうした変化に左右されないという理由で，肛門の位置の体高を測る場合もある。したがって，体高を計測する場合には，計測する位置を明確にしておく必要がある。

2) 計数方法

計数方法として，ここでは鰭条数と筋節数，さらに歯の数を説明する。

鰭条数の計数方法は成魚と同じで，それは次のような鰭式の表記法も同様である：棘をⅠ，Ⅱ，Ⅲといったローマ数字で，軟条を1，2，3といったアラビア数字で表す；棘と軟条が鰭膜でつながっている場合にはカンマ（,）で，離れている場合にはハイフン（-）で示す；棘と棘の間では，つながっていない場合にだけハイフンで表す；背鰭には Dorsal の略の D を，臀鰭には Anal の略の A を頭につける；小離鰭の場合は＋にアラビア数字で示す。例えば，第1背鰭に9～10本の棘があり，離れた後方にある第2背鰭は最初の1棘と鰭膜でつながった11～12本の軟条からなり，さらにその後方に5本の小離鰭があるマサバの背鰭の鰭式は，D Ⅸ～Ⅹ - Ⅰ, 11～12＋5となる。

ただし仔稚魚の場合には，発育の度合いによって，これらの鰭条が完成していないことがあるので注意が必要である。腹鰭は少ないので分かりやすいが，胸鰭の鰭条数が数的に完成したのかどうかは，判断がなかなか難しい。背鰭と臀鰭の最後の2つの軟条は，一つの支持骨に支えられていることから1本として数える。アリザリンなどで骨に少し色をつけるか透明標本にすればよく分かるが，最後の支持骨の担鰭骨は少し細長いので判断はすぐにできる（最後尾の骨片は stay と呼ばれる）。

筋節数は脊椎骨数にほぼ等しいことからよく使われる形質である。ふつうは，頭部の最後部の三角状の部分と最後端の尾部棒状部は，数えない。

仔稚魚の歯も面白い。魚種によっては，成魚ではまったく出現しない部分に歯が生えたりするからである。これらのほとんどは成長とともに消失していく。例えば，櫛状歯という独特の歯をもって水中の石に付着している藻類をこそぎ取るアユでは，仔稚魚期には上顎骨や下顎骨に円錐状の大きな歯やかぎ状に少し曲がった小さな歯が相当数生えてくる。他にも，上下の咽頭骨や基舌骨，基鰓骨，さらには内翼状骨，口蓋骨，前鋤骨にも数本から数十本の歯が生える。

3. 研究の目的

ここまで述べてきたように，仔稚魚の体各部の名称やその計測方法，あるいは計数方法は，基本的には成魚と同じである。ただし仔稚魚期の形質には，極端に形態が異なっていたり，あるいは仔稚魚期にしか出現しない特有の組織や器官があったりする。さらにこれらが，ある分類群だけに特徴的に出現したり，あるいはほとんどの魚種に普遍的に認められたりする。こうした形質については丁寧に観察し，記載することが重要である。また研究の目的によっては，記載し，計測・計数する形質を取捨選択することも必要になる。

仔稚魚研究の発展のためには，基本的な計測・計数方法を遵守するとともに，ある特定の研究のために計測・計数する場合には，その形質の丁寧な説明と的確な計測・計数方法の記載が求められる。

2.3 仔稚魚の分類・同定

木下　泉

仔稚魚は同じ科の中でも，形態的に極めて多様な場合が多く，さらに発育と共に形態が大いに変化する。そのため，成体の分類体系とは大きく異なり，独自のその体系が整えられてきた。このことが，我々を魅了してきたことは間違いない。仔稚魚の分類・同定に関して，重要で有効な形質の認識，言換えれば，ある分類群にとって，安定した形質と不安定なもの（個体差や生息環境による差）を識別することが重要である。それでも，なお，どんな図鑑・文献を使っても，その標本が分類・同定は不可抗力と予測できた場合，逆にその能力は相当高いと言っていい。ここでは，計数形質が揃い，成体の特徴を見せ始めた稚魚期ではなく，浮遊期の時に特化した仔魚期について，分類・同定の考え方を述べていきたい。分類形質には，計測形質，鰭の相対位置，計数形質，棘（骨質隆起を含む）要素，色素分布，時空間的情報（産卵期・生物地理）がある。

1. 計測形質（Morphometric characters）

仔稚魚の形は，前肛門長（Preanal length），体高（Body depth）および頭長（Head legth）でほぼ決まると言っても過言ではない。この中で最も重要なのは，肛門（Anus）の相対的な位置であろう。すなわち，尾部が短いか長いかであるが，肛門の位置こそ系統的なものを最も反映しているといえる。しかし，消化管が直線的で，肛門がかなり後方に開く無足類レプトケパルスおよびニシン目シラスなどは，変態期から臀鰭の前進に伴って，肛門が急激に前進し，前肛門長の体長に対する相対比は大幅に減退するので，注意を要する。さて，前肛門長という用語だが，どうしても肛門の前縁までと認識してしまう。肛門の比較的大きなハゼ科仔魚の前肛門長を前縁まで，もしくは後縁まで計測した際，両者間の体長比は数パーセントの差が出ることもある。前肛門長が頭長と胴長の和ならば，前肛門長という用語は混乱のもとになるので，吻門長（Snout-anus distance）（図1）を用いた方がいい。代表的な著書（Leis & Rennis 1983, Moser 1996, Neira et al 1998, Richard 2006, 沖山 2014a）には吻端から体軸に平行に後縁までと定義されている（図1）。

次に体高であるが，観察者に，仔稚魚の印象を真先に伝えるものと言っていい。すなわち，寸詰まりから細長いまでの印象である。その測定する位置は，どうも成魚と仔魚間で違いがあるらしい。体軸に鉛直に測ることは共通しているが，成魚では，腹鰭付近の最大長とする場合が多い（松原 1955, Lagler et al 1977, 上野 1984, Whitehead 1985, 岩井 1985, 中坊 1993）。ところが，仔稚魚では，胸鰭柄（Pectoral fin base）を通る背縁から腹縁までの体軸に対しての鉛直距離を体高としているこ

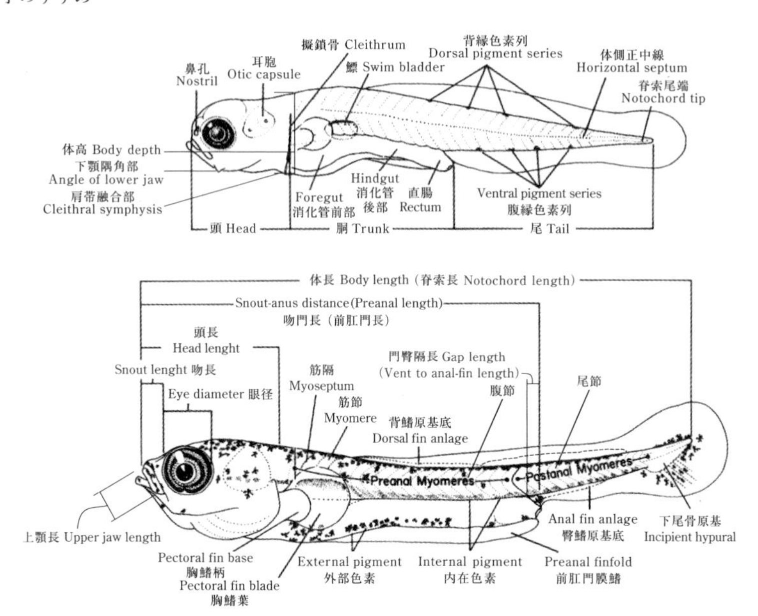

図1　仔魚の体主要部の名称と測定法（Moser 1996 を改変）
「吻門長」,「胸鰭柄」,「胸鰭葉」,「腹節」,「尾節」,「門臀隔長」は本筆にて造語。

とが一般的である（図1）（Leis & Rennis 1983, Matarese et al 1989, Moser 1996, Neira et al 1998, Richard 2006, Fahay 2007, 沖山 2014a）。これは，仔魚の摂餌による消化管の肥大状況の差違が軽減されるために違いない。この場合，背鰭原基（Dorsal anlage）と膜鰭（Finfold）は含まないとされているのが多い中で，前者は理解できるが，後者は含めた方がいいと筆者は考える。膜鰭は鰭膜（Fin membrane）とは本質的に異なるもので，個体発生的にみて，膜鰭が収縮するのではなく，体が成長し膜鰭に癒着することから考えると，膜鰭は体の一部と考えたい。後述するカサゴ目魚類など，分厚く見える仔魚などは，膜鰭を除いて体高を測れば，ほっそりしたものになってしまう。

頭長は，いわゆる「頭でっかち」から「小顔」までのいずれかの状態をみるための，吻端から鰓蓋（Operculum）後端までの水平距離である。鰓蓋の後端は，普通，主鰓蓋骨（Opercle）で，魚種によっては下鰓蓋骨（Subopercle）のときもあるが（図2），早期仔魚期では，両者はまだ分化していない場合が多い。いずれにしても，鰓蓋から突出する棘，すなわち前鰓蓋棘（Preopercular spine），主鰓蓋棘（Opercular spine），下鰓蓋棘（Subopercular spine），間鰓蓋棘（Interopercular spine）および鰓膜（Gill membrane）は含めないようにする。

その他，分類群によっては，重要な形質計測に吻長（Snout length），眼径（Eye diameter），上顎長（Upper jaw length）などがある（図1）。顔の印象を決めるのは，この三者であることは間違いなく，それらは体長よりも頭長の相対比としたほうが，魚種間の違いもしくは発育・成長による変化をより顕著にする。まず，吻長，これも体高同様，仔稚魚と成魚の間で違うようである。すなわち，仔稚魚では眼の最前部有色素面から吻端までの水平距離であるのに対して，成魚では両者間の最短距離とし，斜長になることが多い。鼻柱（はなっぱしら）の長短の印象度を考えた場合，仔稚魚も成魚と同様の測定法の方がいいのではないか。眼径は角膜（Cornea）を横切る最長径といずれの書籍にも定義されているが，最短径も測っておいた方がいい。というのは，広い分類群に渡って，無足類，ハダカイワシ科を代表とする中深層魚類，ベラ科などの一部は，楕円眼（Elliptical eye, Narrow eye）を持ち，それが属・種を決める決定打になる。さらに，分布層の変化に伴い，楕円から円へと変態する個体発生も追うことができる。上顎長は，前上顎骨（Premaxilla）の先端から主上顎骨（Maxilla）の後端までの最短距離であり，口の大きさの目安とする。その相対比は，サバ科，アジ科やカマス科などで，属・種の同定の際，重要な形質となる。生態学によく用いる仔稚魚の口径（Mouth size）はこの上顎長に$\sqrt{2}$を乗じたものである（代田 1970）。

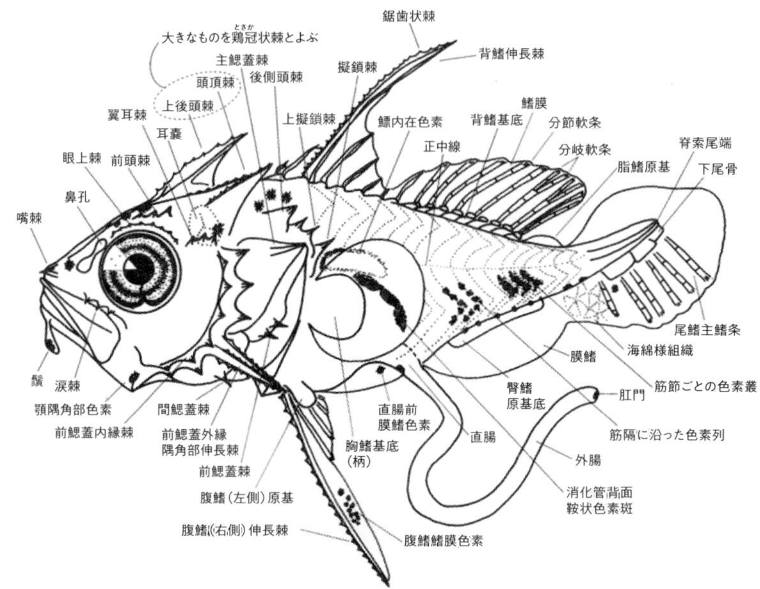

図2 仔魚の分類・同定に用いられる主な形質と名称
（木下 2014から抜粋）

2. 鰭の相対位置（Fin formation）

これまでの計測形質は，いずれの形質も体長もしくは頭長に対する相対比の認識であるが，長さではないが各鰭の相対位置も重要である。背鰭原基と臀鰭原基（Anal anlage）の相対位置関係は，ニシン亜目魚類の分類・同定上，最も重要な概念であることは前述したとおりである。その他，成魚の両鰭の基底位置に既に仔稚魚期で達していることで，トビウオ科における両鰭の原基始点の相対位置が本科の属の決め手となる（陳 1988）。ヨウジウオ科では，各鰭がほぼ完成状態で親魚から産出されることから，稚魚期においても，背鰭基底始点と臀鰭基底始点（肛門）との相対位置は属を分ける大きな目安となる（Weber 1913）。

鰭形成は尾部後方すなわち背・臀軟条から始まる魚種が多い中で，逆に同前部すなわち背鰭棘，胸鰭および腹鰭から分化する魚種もいる。それらは，たいてい，前稚魚期を沖合で過ごし，背・腹鰭棘を伸張させたり，頭部棘要素を特化させる場合が多い。後者の中で，背鰭原基を膜鰭の中空に発達させる魚種が様々な分類群に渡っている（小西 2001）。このことからも，膜鰭が単なる膜ではなく，体の一部であることが理解できる。この特化は，前稚魚期で類似したハタ科とフエダイ科の早期仔魚での重要な識別点となる（木下 2001）。背鰭原基は，前者ではしっかり胴前部の背面から発達するのに対して，後者では膜鰭中に宙づり状態で出現する。

上記のように，肛門と臀鰭原基始点が近接している魚種の多い中で，両者が離れている魚種もかなりいる。この距離は Gap length（Neira et al 1998）または Vent to anal-fin length（Leis & Carson-Ewart 2000a）と呼ばれているが，この和訳としてここでは「門臀隔長」を用いる（図 1）。この両者の遠近は，どれもこれも一緒に見えるスズキ亜目の早期仔魚では極めて有効な時がある。すなわち，ニベ科，イサキ科，ヒメジ科，クロサギ科，メジナ科などでは，臀鰭原基のでき始めから，肛門から遠く離れ，最初の同定の目安として貢献する。さらに，識別点にこそなっていないが，極近縁種間でも差が認められるケースがあり，尾柄部正中線上の黒色素胞により分けられたソウダガツオ属のマルソウダ型とヒラソウダ型間では，門臀隔長の体長比に有意差が認められた（Guarte et al 2019）。

腹鰭原基（Pelvic bud）の発芽位置も無視できない。幸いにもこの位置は，発育・成長を通じて，腹鰭になってもほとんど変化はない。よって成魚の特徴を参考にできる。その位置は，大まかに喉位，胸位，腹位に分れるが，多くの魚種が胸位から腹位である。ところが，異体類，マンジュウダイ科，ニザダイ科などでは喉位に位置することが多い。逆に，中深層魚類のトカゲハダカ科，ホウライエソ科，ギンハダカ科，フデエソ科，ホテイエソ科，ワニトカゲギス科，ハダカイワシ科などでは，腹位に位置し，中でも後三者は直腸近くに原基が出現する。これらは科の特徴であるが，カマス科のように種を決定する場合もある。多くのカマス科仔魚では，腹鰭原基は，胸鰭と第一背鰭のほぼ中間の腹位に位置するが，ヤマトカマスのみ第一背鰭直下に出芽し，後に述べる筋隔に沿う色素列と共に重要な識別点となる（木下 2014）。

3. 頭部棘形成（Head spination）

主な頭部棘を図2に示したが，これらの中で，筆者の経験上，分類・同定上有益だったものについて紹介しよう。但し，これらのほとんどは，個体発生の途中から分化して来るものであって，屈曲期以前の早期仔魚に見当らないからと言って，擁しないとは限らないことを肝に銘じておく必要がある。前から行ってみよう。

まず，眼上棘（Supraocular（Supraorbital）spine）は，広い分類群に見られるが，科の特徴の一つと言っていい。しかし，結構刺々しいテンジクダイ科ではほとんど，さらにアジ科では一部しか持っていない。一方，それほど尖っていないスズキ類とタイ科で重要な種間の違いとなった。すなわち，前者で鋸歯状眼上棘（Serrate supraocular spine）がスズキとヒラスズキを分ける決め手となったし，タイ科の本邦産に限ると，キダイのみが鋸歯状眼上棘を擁していた（Kinoshita & Fujita 1988，木下 2014）。

最も一般的なものは鰓蓋棘であるが，前出の前，主，下，間鰓蓋棘に分けられ，前鰓蓋棘を最も多くの魚種が擁する。むしろ，無いことの方が特徴となる。その最も典型的な仔稚魚がサバ属（グルクマ属も含む）であろう。刺々しいサバ亜目の中で，この両属のみ何の変哲もない顔をしており，稚魚研究を始めた頃，タイ科と混同し，いちいち筋節を数えたものである。今にして思うと，特にサバ属に最も似ているマダイとチダイの前鰓蓋棘を含めた頭部棘は結構強い（木下 2014，小西 2014）。前出のキダイを含めたこれら紅い鯛の仔魚とイトヨリダイ科では，慣れてくると，後者の方で眼がやや大きく（眼径 / 頭長をマダイ－イトヨリダイ属間で比較してみたが，有意差は出なかった），見誤ることはないが，酷似することは間違いない。ところが，イトヨリダイ科のほとんどの仔魚には，鰓蓋棘は全く出現しない。前鰓蓋骨などはいわゆるスムースそのものである。しかし，タマガシラ属のみが，前鰓蓋骨外縁に密な鋸歯状棘を発現させ，興味深い（小西 2014）。この鋸歯状棘が一般的な中で，隅角部棘の伸長（図 2）は，広い分類群に渡って見られる。一部の例外（ハタ亜科，フエダイ科）を除くと，ほぼ同調して鶏冠状棘（図 2）を備える魚種が多い。この伸長棘を三様式に分けることができる（図 3）。すなわち，ハタ科ハナダイ亜科を筆頭に多くの魚種で見られる隅角部以外では棘長はほぼ一様の型（図 3A），キントキダイ科とハタ亜科に見られる隅角部の 3 棘が強くて他は鋸歯状の型（図 3B），チョウチョウウオ科とクロホシマンジュウダイ科にみられる隅角部を中心に板状になる型（図 3C）である。これら形状的な違いは，収斂，はたまた系統的なものなのかよく解らない。前鰓蓋棘の強い魚種はたいがい，間鰓蓋棘と下鰓蓋棘を持することが多い中で，ハタ科のハナダイ亜科とハタ亜科の一部では，間鰓蓋骨上縁の棘が前鰓蓋隅角棘と同程度に伸長する。この形質に注目して，全く不明仔稚魚をアラと分類したま

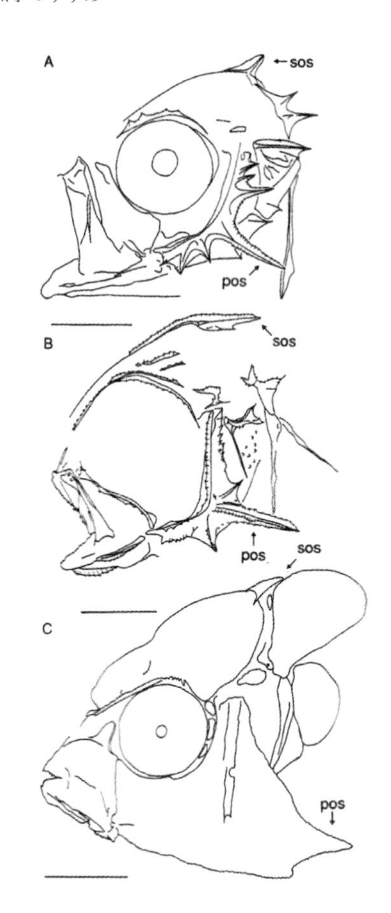

図３ 透明二重染色頭部骨格からみた前鰓蓋隅角伸長棘の類型分け（木下 2001より抜粋）

A：ハタ科ハナダイ属の1種（6.7 mm BL），B：キントキダイ科キントキダイ属の1種（7.1 mm BL），C：チョウチョウウオ科チョウチョウウオ属の1種（7.3 mm BL）。pos：前鰓蓋骨隅角部伸長棘，sos：上後頭棘。尺度＝0.5 mm。

さに垂涎の仕事がある（Johnson 1988）。間鰓蓋棘よりも下鰓蓋棘の有無が，近縁種間の識別により重要な時がある。例えば，鯛と鱸であるが。紅い鯛（マダイ，チダイ，キダイ）の中で，キダイのみが有する。一方，結構刺々しいカサゴ亜目やアジ科の仔稚魚では，種類数が多いにもかかわらず，間鰓蓋棘を含めて，下鰓蓋棘は，ほぼいずれの種にも見られないのが，かえって興味深い。

前鰓蓋隅角部棘は伸長するが，背鰭棘は伸長しない仔稚魚は，まず上後頭棘からなる鶏冠状棘を持つ。図2の個体は世にも不思議な個体で一種のパロディーである。このことは，上後頭骨の鶏冠状棘と背鰭伸長棘とは，幼期の特化形質として相似的な同じ機能を持つような気がしてならない。それはいい，むしろ，図3に示したようなささやかな上後頭棘に注目したい。小さな上後頭棘は，主に鋸歯状と撒菱状とに分かれ，前者はヒイラギ科では全種に見られるが，アジ科ではほとんどの属に出現する中で，ブリ属3種には全く見られない。また，ニベ科をみると，韓国の祝い事では欠かせないキグチなどの沖合性の魚種では顕著な上後頭棘が見られるが，沿岸性のコイチなどでは全く発達しない。一方，撒菱状だが，ホタルジャコ科やテンジクダイ科では，この棘の有無が属・種を同定する重要な識別点となる。

異体類では，頭部棘がほとんど無い平坦な顔をした仔魚が圧倒的である中で，カレイ科のアブラガレイとババガレイは異質と言っていい。前者は多数の前鰓蓋鋸歯状棘を持ち，後者では顕著な2棘が耳胞付近（おそらく翼耳骨（Pterotic））に発現し，両者とも特に浮遊期に発達するのが興味深

い (南 2014)。一方，複数の背伸長鰭条のみが特徴のようなヒラメ科仔魚の顔を見ると，意外にも，前鰓蓋棘のみならず，後頭部から肩帯部にかけて小棘が散在している (南 2014)。

4. 色素分布 (Pigmentaion)

ここでは黒色素胞 (Melanophore) のみを扱う。なぜなら，他の色素胞，例えば赤色素胞 (Erythrophore) や黄色素胞 (Xanthophore) などの多くは，ホルマリン固定ならば数日間で，エタノール標本ならば数時間で消えてしまい，分類・同定の形質として寄与しないことが多いからである。さて，黒色素胞であるが，これは伸縮自在の "細胞" であることを忘れてはならない。よって，論文・図鑑などで記載されている色素の大きさや数は余りあてにしない方がいい。調査時の採取状況，固定状態，さらに環境 (特に塩分) によって大いに変化する。特に，頭頂付近，脊索背面や尾鰭基底の色素胞などは，論文等で詳細に書かれていたとしても，気にとめない方がいい。色素胞は外部色素胞と内部色素胞とに分れるが，まず外部色素胞で分類・同定上，注目すべきは，膜鰭全般，胴部から尾部にかけての背面 (表在性仔稚魚 (Neustonic または Epipelagic larva) に多く見られる)，直腸前膜鰭 (直腸前縁)，体側正中線 (特に尾部)，胴部腹縁色素列 (一列か否か)，筋隔 (時に鉤形)，尾柄部背縁 (アユやコノシロを他のシラス型仔魚と識別するのに重要)，胸鰭膜 (漆黒，散在，縁辺か基底部)，腹鰭膜などであろう。これらは科の特徴を示すことが多く，さらに属・種を決定する場合もある。これらの例は，紙面上詳しく述べないが，逆に"無い"ことが，有益なこともある。ヒラスズキの尾柄部をみると，まだ頭部棘要素がほとんど形成されていない早期仔魚から，背・腹縁と正中線上に，黒色素が3列平行に走って，尾鰭基底までほぼ到達している。ところが，ごく近縁種のスズキでは，この3列は背・臀鰭原基後端辺りで止まっている (Kinoshita & Fujita 1988)。よって，背・臀鰭原基後端と尾鰭基底の間がすっぽり抜けて見え，我々はよく「白パンツをはいている」のがスズキとしたものである。体全体で外部色素が極めて乏しいのが，意外にも仔稚魚期を沖合で過ごすベラ科であろう。一部の種の消化管背面の鞍状内部色素 (図 2) を除いて，ほとんど黒色素胞を持たない。しかし，顕著な赤色素胞を腹部側面に数点持つが，固定とともにはかなく消滅してしまう。その他，外部色素では，上顎先端部，下顎隅角部および肩帯融合部の一点色素 (図 1, 2) は，様々な分類群に登場し，識別上重要と記載されている報告もある中で，それらの有無は個体差が激しく，環境にも左右されがちなので，普遍的か否か注意を要する。

内部色素で最もよく見られるのが消化管背面であろう。その中で，鞍状のもの (図 2) は広く様々な分類群に渡って見られる。エソ科などではその数は種を決めるし，中深層魚類では科を，ベラ科では属をそれぞれ決めることがある。オジャコの中によく見かける数珠状の鞍状色素を持った仔稚魚は大概マエソ属である。次に，尾部の背・腹側面に分布する楔状色素である。中心部は外にあり，そこから滲むように内部に樹枝状に広がっている。スズメダイ科やイシダイ科などの重要な科の特徴となっている。

最後に，漆黒を呈する仔稚魚である。これも，様々な分類群に渡って見られるが，鉛直的には表層に分布する魚種が多く，中深層性魚種にはほとんど見られない。

5. 計数形質（Meristic characters）

仔稚魚の分類・同定にとって，計数形質の中で圧倒的に大事なのは筋節数（Myomere counts）である。ふ化前の卵内の胚胎から既に数えることができ，脊索よりも早く分化し，むしろ筋節が脊椎を導いているらしい。筋節数は腹節（Preanal myomeres）数と尾節（Postanal myomeres）数との和で示される場合がよくあるが（図1），両者の境界は結構煩わしいので，総数と肛門の相対位置で判断した方がいいであろう。むしろ，見えにくい第1，2節を見落とさないことと，尾節末端を可能な限り数えることに注意する。特に，早期仔魚で筋節が不明確な場合は，生物顕微鏡で観察するとより正確に計数できる。筋節数≒脊椎骨数であることは言うまでもないが，脊椎骨数を魚種毎に明示した図鑑は案外少ない。ところが，我国には幸いにも，東北区水産研究所から堀田（1961）および内海区水産研究所から高橋（1962）という世界でも類を見ない事典がある。両著とも，魚類の食性（Food habit）を明らかにするために，消化管内に残った脊椎骨から餌魚種を同定するために編纂され，前者では沖合魚，深海魚，北方種を多く含む266種，後者では瀬戸内海産魚類を中心に256種それぞれ記載され，合わせて400種ほどの硬骨魚の脊椎骨数を知ることができる。筋節数は憶えるものではなく，調べるものであるが，きりのいい数値で代表的な分類群を頭に入れて置く

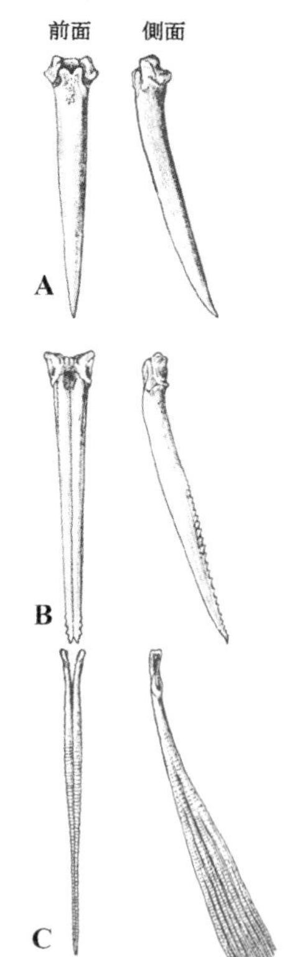

図4 硬骨魚類の臀鰭条（Lagler et al 1977を改変）
A：ニベ科の棘（Spine），B：コイ科の棘状軟条（Spinous soft-ray），C：同軟条（Soft-ray）。

と，仕事がはかどる。例えば，20 前後＝カワハギ科，フグ科など，25 前後＝多くのスズキ亜目，カサゴ目など，30 ～ 40＝多くのハダカイワシ科，イボダイ亜目，ハゼ科の一部，サバ科，異体類など，40 ～ 50＝多くのカタクチイワシ科など，50 ～ 60＝多くのニシン亜目など，60 ＜＝多くのキュウリウオ亜目などである。

鰭条数は，特に稚魚期以降で有益になってくる。中でも，背・臀鰭は最も重要で，胸鰭は分類群によって，例えばカサゴ目などで数本の違いが種を分かつ時がある。鰭式は，各鰭の頭文字（D; A; P_1; P_2; C）と棘数（ローマ数字）；軟条数（アラビア数字）の組合せで表されるが，この棘（Spine）と軟条（Soft-ray）の定義をご存じであろうか？実は，両者の違いは，硬軟でも，分節（Segment）の有無でも，分枝（Branch）の有無でもない。前から見て，単一で不対な構造が棘（図 4A）で，一対の構造になっているのが軟条（図 4C）である。事実，コイ科の背・臀鰭の前部軟条は，突くと出血するほど鋭いし（図 4B），逆に，異体類では珍しく背・臀鰭に棘を持つボウズガレイのそれらはフニャフニャなほど軟らかい（これが，この仲間が異体類の中で最も原始的と言われる由縁の一つであるが）。いずれにしても，成魚では棘・軟条の区別は硬軟でほぼ可能であるが，仔稚魚の場合はそうは行かない。鰭条を支えているのは，体内の担鰭骨（Pterygiophore）で，それらは近位担鰭骨（Proximal radial）と遠位担鰭骨（Distal radial）とに分れる（図 5）。特に背鰭を見ると，棘では，遠位は近位と並んでいるのに対して，軟条では，遠位は近位の上に乗っている（図 5）。その結果，仔稚魚の棘・遠位担鰭骨は体中に埋没して見えず，軟条・遠位担鰭骨は露出している。よって，遠位担鰭骨からはえている鰭条を軟条として計数して，まず間違いない。最後に，数多く採集された個体で鰭条がまだ分化していなく，どうしても，それらの属・種を知らねばならない時，透明二重染色を施し，背・臀担鰭骨を計数するしかない。幸いにも，担鰭骨はまだ軟骨（Cartilage）なのでアルシャン・ブルーで青く染まり，後にアリザリン・レッドで赤く染まり始め，硬骨（Bone）になって行く。

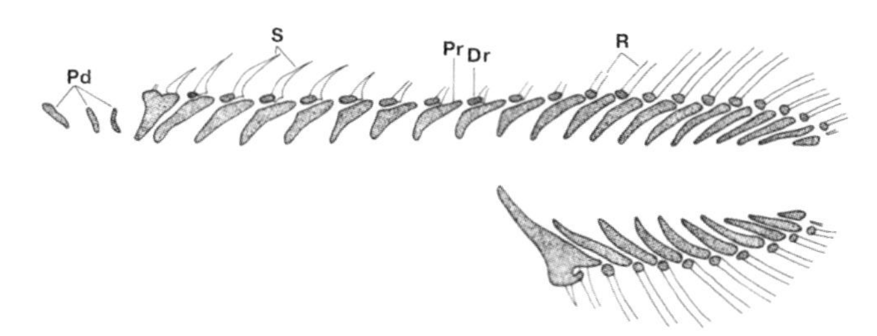

図５ マダイ仔魚の背・臀担鰭骨（Matsuoka 1987 から抜粋）

二重染色したもので，空白部＝硬骨，点描部＝軟骨。Dr：背遠位担鰭骨，Pd：前背鰭骨，Pr：背近位担鰭骨，R：背軟条，S：背棘。

6. 時空間的情報（Spatial-temporal information）

仔稚魚の時間的情報と言えば，産卵期（Spawning period）で，一魚種でおおよそ3カ月続く。幸いにも，魚介類の旬（産卵期のおおよそ2～3カ月前）にこだわる日本の先人たちは，産卵期に関してこれまた貴重な情報を残してくれている。まず，戦前に中村（1935），続いて戦後間もなく恩田（1949）らが，特に沿岸魚の産卵期の表をそれぞれ纏めたのである。そして，栽培漁業の発展期，種苗生産の拡充の必要性から，上記2篇に新たな情報も加えた559種にのぼる魚種の産卵期が地理的情報と共に纏められた（松岡ら 1975）。これらを俯瞰すると，春季（4～6月）に産卵する魚種が最も多く，次いで秋季（10～12月）で，冬季（1～3月）と夏季（7～9月）では少ない。この中で，近縁種ほど，産卵期を相反させるものが多く，春季のマダイとクロダイに対して秋季のチダイとキチヌの各関係はその典型であろう。また，近縁で産卵期を同じくする魚種は，産卵場（Spawning ground）を微妙に変えているのであろう。いずれにしても，水域に出現する仔稚魚は，ふ化してから半月～1カ月程経過したものが多く，そのことも頭に入れておかねばなるまい。産卵期が複数回ある魚種の情報が時折，見受けられるが，筆者はそれらのほとんどが誤認識と推測している。その原因は，調査不足によるもの，もしくは，いずれかの個体の正体は他水域で産卵されて輸送されてきたもの（Djumanto et al 2004）であることが挙げられる。最後に，今はやりの地球温暖化が関与しているのかどうか？仔稚魚の出現期はコノシロとマダイで春，チダイで秋，マイワシで冬と相場は決まっており，筆者ら若輩期の基礎中の基礎的ことわりであった。ところが，昨今，晩冬にコノシロとマイワシ，マダイとチダイの仔稚魚らがそれぞれ同時に同所的に採集されるのである。困ったことに，それまで出現期で識別できていたものが，コノシロとマイワシでは，尾柄背縁の色素に注視せねばならなくなったし，マダイとチダイでは早期仔魚は識別不可能になったのである。事実，土佐湾の真冬の平均水温は50年前に比べると2℃ほど高くなっている。この水温上昇が，コノシロとマダイの産卵を早め，結果的に近縁仔稚魚たちを同じ網に入らせてしまったのか？結局，産卵期は不可欠な情報ではあるが，鵜呑みにしてはならないということになる。

空間的情報とは，どこで産卵するのかであるが，これも上の中村（1935），恩田（1949）および松岡ら（1975）らの労作がものを言う。サバヒー，チョウチョウウオ科やスズメダイ科などと同定できたものは，誰でも黒潮によって南方から輸送されたものであろうと地理的分布で推測できるが，カレイ科魚類がほとんどいない土佐湾でカレイ類の着底稚魚が採れた時には驚いた。それを南卓志さんに見て頂いたところ，ムシガレイだと判明した。日本海では冬季の優勢仔稚魚なのだが，恐らく豊後水道もしくは紀伊水道を通じて土佐湾に迷い込んだのであろう。

鉛直的分布も無視できない。ギンハダカ科やハダカイワシ科のいわゆる中深層魚類の仔魚が，何と砕波帯で稀ではなく採集される。うっかりするとニシン科やハゼ科と同定してしまいそうである。恐らく，湧昇流によって表層，沿岸に分散して来たのであろう。話が変わって，卵についてであるが，瀬戸内海で稚魚ネットにある浮性卵が多数入り，実は水の擾乱によって舞い上がった粘着沈性のはずのイカナゴ卵であったという（千田 2001）。とにかく，空間的分布情報も，参考程度に留めるのが無難であろう。

最後に，仔稚魚の分類・同定は，生活史，生物地理，系統類縁関係や水産資源などの研究発展のためになされるものであることは言うまでもない。そのためには，分類・同定に必要な専門用語を知り，正確に使用する必要がある。「日本産稚魚図鑑第二版」（沖山 2014a）の冒頭で，沖山宗雄さんは，それまで乱雑状態であった形質用語を詳細に解説し，それらの定義を統一し，「用語解説 Glossary」として纏め上げた上，各用語に英訳も付記している（むしろ英語を和訳した方が多い）（沖山 2014b）。これには沖山さんの渾身の気迫さえ感じる。若い研究者は，これを座右において，仔稚魚を観察して欲しい。そして，未だ発展途上の拙著ではあるが，「海産仔稚魚のための科の検索」（木下 2014）を併用して，まずは「科」までに辿り着いて頂きたい。

2.4 特徴的な各分類群のかたち

2.4.1 浮性卵の卵門

平井明夫

卵門は，魚卵が受精する時に精子が卵膜を通過する小さな孔である。卵膜に通常 1 個存在し，深部では精子 1 個が通れるほどの大きさで，精子が通過すると孔が封鎖され多受精になるのを防いでいる。ちなみに鶏卵では殻ができる前に受精するので，ニワトリの卵の殻に卵門は無い。

卵門の形状に注目するようになったのはちょっとした偶然からだ。民間の環境調査会社で魚卵・稚仔魚分析を担当していた時，観察していた魚卵に小さな孔が存在しているのに気付いた。物理的なキズにしてはきれいな円形だし，注意して観察すると他の魚卵サンプルにも同様の構造が観察された。当初はそれが何であるか判らなかったが，拡大して良く調べてみると，精子が通過する孔，すなわち卵門であった。そして，この卵門が魚卵の分類形質として使えないかと考えた。

ネットで採集された魚卵サンプルは，その多くが分類形質の乏しさから所属不明と処理され，貴重な情報であるにも関わらずほとんど活用されていない。魚卵の分析をおこなう上でその多くを不明卵として処理していた私は何とか識別する方法はないかと常に考えていた。例えば，染色液の中に入れて染まり具合を比べてみたり，光を当てた時の卵膜の光沢の違いやピンセットで摘まんだ時の感触の違いまで試してみた。実際，スズキの卵を同時期に出現する同じ形質の別種卵と比べるとスズキの卵はシッカリ摘まめるが，他方は弾く感じで摘まみ辛く，摘まみ具合が識別の助けになることもあった。ただ，これは経験上のことで，とても皆が使える分類形質とは言い難い。卵門の存在に気付いた時も，まず分類形質として使えるかどうかを考えた。そして，数種の魚卵について実体顕微鏡により卵門を観察比較した所，種類によって構造上に違いがあることがわかった。

トカゲエソとオニオコゼの卵は，出現時期（夏季）が重なり，同時に採集されることも少なくないが，両者の形状は酷似しており，発生初期ではそれぞれを識別することは難しい。しかしながら，卵門を比較するとオニオコゼの卵門は大型で実体顕微鏡でも容易に見出せるのに対して，トカゲエソの卵門は，その位置を確認することに苦労するほど微小であった。少なくともトカゲエソとオニオコゼでは卵門の形状が同定の手掛かりとなった。最初に卵門に気付いたのもオニオコゼの卵を観察している時だった（図1）。

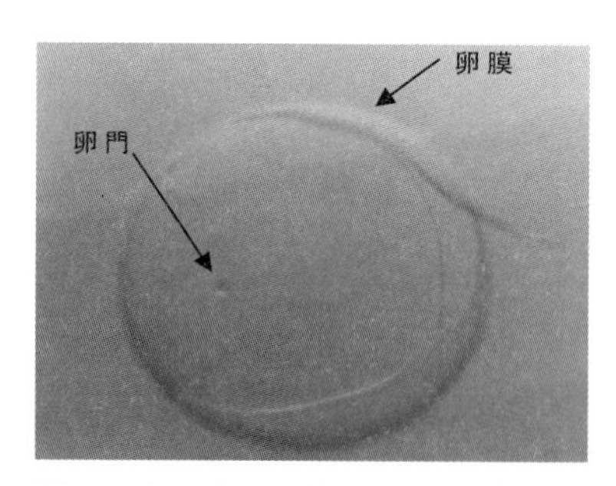

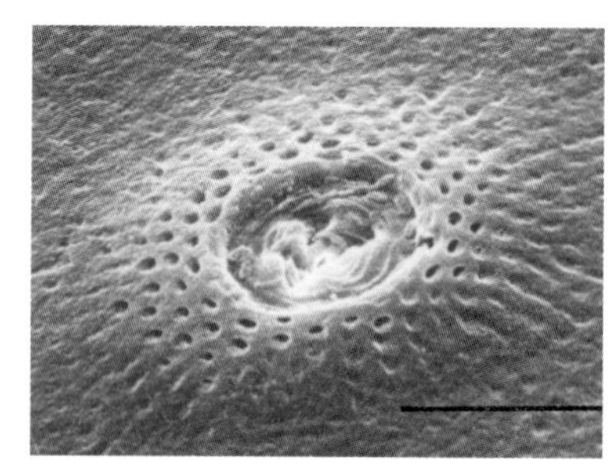

図1　オニオコゼ卵
左：卵膜だけの状態，実体顕微鏡低倍率でも確認出来る。右：走査型電子顕微鏡で観察した卵門。スケールバー 10 μm。

光学顕微鏡でもある程度の形状は観察出来るが，やはり細部の微細な構造を知るには走査型電子顕微鏡（SEM）による観察が必要である。それまで数種類の魚種の卵門がSEMの観察により報告されていたが，試料作りには特別な固定，脱水，臨界点乾燥そして白金蒸着と煩雑な作業が必要であった。また，作業中に卵門の位置が確認できないため，丸ごと数10個の卵を試料台に乗せ，電子顕微鏡下で観察可能な位置にある卵門を探し出して観察していた。

しかしながら，SEMでの撮影に2カ月に一度，埼玉の職場から長崎大学に通っていた私は，容易で確実に卵門形状を撮影出来るような試料を作成する必要があった。そこで，針先でホルマリン固定の卵膜から卵門部を切り取り，その卵膜片を試料台に乗せて自然乾燥させた試料を作り，大学では蒸着して観察するだけという方法をおこなった。この方法により，少量のサンプルでも確実に卵門の観察が可能となった。

観察する魚卵についても手元に所属不明の卵は大量にあったが，種名が判る卵は少なかった。そこで，全国の水族館や栽培漁業センターに魚卵を分けて貰えないか手紙を送ってお願いしたところ，水槽内で産卵した卵や，種苗生産で受精させた卵を親切に送ってくれる所もあって，分類形質としての卵門を検証するのに十分な数が集まった。

40種ほどの卵門を観察して，その構造には幾つかのタイプがあることがわかった（図2）（平井1991）。

トカゲエソ型

卵門孔の周辺に顕著なロート状構造が見られる。卵門の周辺は平坦。実体顕微鏡下では，確認しづらい。

スケトウダラ型

卵門孔の周辺に顕著なロート状構造が見られる。卵門の周囲は隆起し，隆起部には大型の小孔が点在する。

スズキ型

ロート状構造はほとんど見られない。卵門の周辺は平坦である。卵門周辺は小孔によって囲まれているが，その他の部分は小瘤が分布する。

イシダイ型

ロート状構造はほとんど見られない。卵門周辺は隆起し，隆起部とその周辺に大型の小孔群が見られる。

イシガレイ型

ロート状構造は顕著ではない。卵門周辺は平坦で，卵門を取り巻く小孔の大きさも卵膜全体に分布するものとあまり変わらない。

ササウシノシタ科の1種型

ロート状構造はほとんど見られない。卵門周辺は平坦。卵門を取り巻くように小瘤が点在する。

このように新たな分類形質として卵膜微細構造に注目し，色々な魚卵卵膜微細構造をSEMで比較観察をおこなった結果，卵門およびその周辺構造は種独自の形状を持ち，同定のための形質として十分活用できるものと思われた。そして，最近刊行された魚卵の図鑑や検索表では，同定の手助けとして卵門および周辺構造の写真が添付されている（Shao et al 2001，池田ら 2014）。

しかしながら，卵門周辺構造が示されている魚卵はほんの一部の魚種に限られており，系統分類的な考察や検索表の作成にはまだまだ数が足りないと言える。今後，魚類初期発生史における魚卵の報告の中に卵門および周辺構造が示され，さらに多くの魚種の卵膜微細構造に関する情報が蓄積されていくならば，魚卵同定のための分類形質としてますます重要なものとなることが期待される。

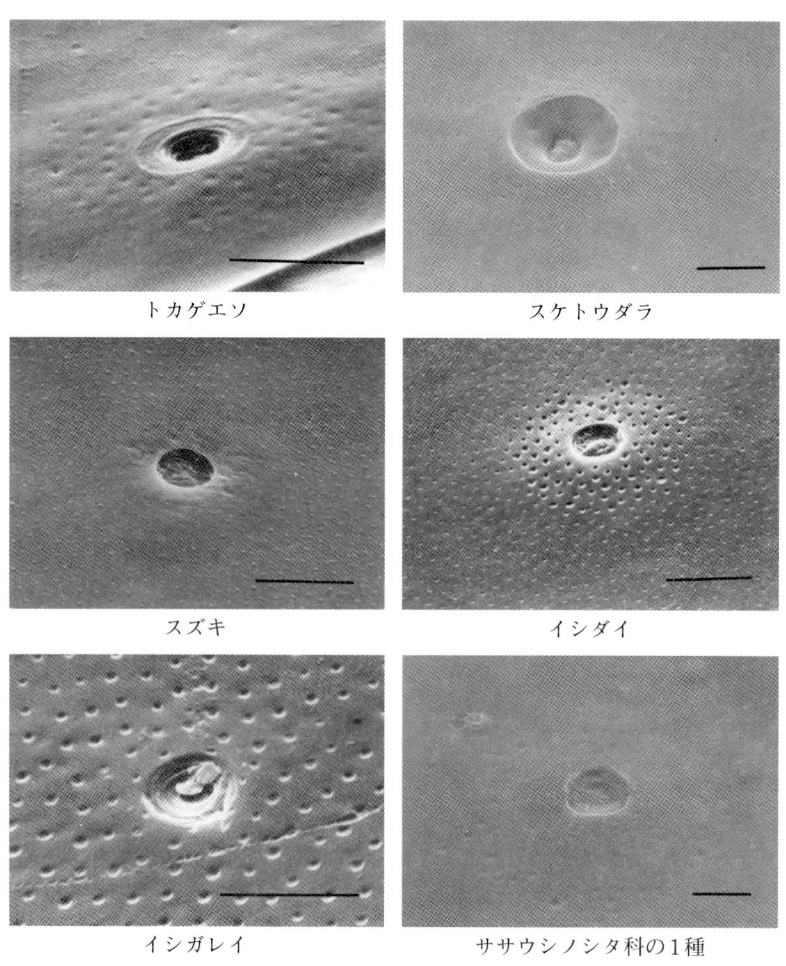

図2 多様な卵門および周辺構造 スケールバー 10μm。

2.4.2 レプトケパルス仔魚

望岡典隆

カライワシ下区 Elopomorpha 魚類はカライワシ目 Elopiformes, ソトイワシ目 Albuliformes, ソコギス目 Notacanthiformes, ウナギ目 Anguilliformes を含み, 日本から約 230 種が報告されている。これらの単系統性については, 成魚の形態に着目すると認めがたいものの, 幼期に着目すると特異な形態の仔魚期をもつことにより 1 つのグループとされてきた。これは魚類学上の難題であったが, ミトコンドリアゲノム解析によって支持され, カライワシ下区に属する 4 目の単系統性が証明された (Inoue et al 2003)。

カライワシ下区魚類の仔魚はレプトケパルス (小さな頭の意) と呼ばれ, その名のとおり, 頭部は体に比べて著しく小さい。体はガラスの様に透明, 木の葉状で, 他の仔魚に比べて大きくなり, 一般には 5 ~ 10 cm 程であるが, なかには 30 cm を超えるものもいる。表皮と筋節は薄く, 体内にはグリコサミノグリカンを主とする粘液で満たされている。両顎には前方に向く顕著な幼歯を持つ。背鰭, 臀鰭, 胸鰭は 4 目すべての葉形仔魚にみられる。腹鰭はカライワシ目, ソトイワシ目, ソコギス目の仔魚にみられるが, ウナギ目の仔魚には無く, 一部のソコギス目の尾鰭は糸状に伸びる。消化管は腹縁にあり, カライワシ目, ソトイワシ目, ソコギス目の仔魚は直線状であるが, ウナギ目には特有の膨出部をもつものがいる (図 1) (望岡 2014)。

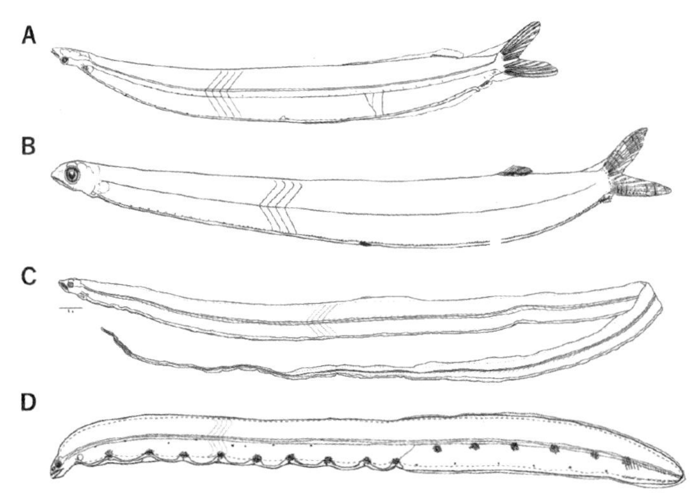

図 1 カライワシ下区のレプトケパルス仔魚

A：カライワシ目カライワシ (全長 33.5 mm), B：ソトイワシ目ソトイワシ (61.5 mm), C：ソコギス目の 1 種 (286.1 mm), D：ウナギ目ウミヘビ科の 1 種 (135.6 mm)。

以下にカライワシ目，ソトイワシ目，ソコギス目，ウナギ目のレプトケパルス仔魚の識別点（検索表）を示す。

1a 尾鰭は大きく，叉入する―― 2
1b 尾鰭は小さくて丸いか，または糸状 ―― 3
2a 臀鰭の始部は背鰭のほぼ中央下から後端下にある―― カライワシ目
2b 臀鰭の始部は背鰭下より後方にある――ソトイワシ目
3a 尾鰭は糸状，背鰭基底は極めて短く，体の前方に位置する ―― ソコギス目
3b 尾鰭は小さくて丸く，背鰭，臀鰭と連続する ―― ウナギ目

採集されるレプトケパルス（葉形仔魚）の大多数はウナギ目に属する。ウナギ目のレプトケパルスは前葉形仔魚期，葉形仔魚期，変態期に分けられる。前葉形仔魚期はふ化直後から一般に 20 ～ 30 mm までで，体高は低く，少数の針状歯をもち，尾部の形成は不完全で，色素沈着も次の葉形仔魚期とは異なる。例えば，ウナギ属の仔魚は葉形仔魚期では，眼以外に体に色素をもたないことで他科の葉形仔魚から識別され，前葉形仔魚期には尾端部の鰭膜に点状の小黒色素胞がみられる。変態期に入ると幼歯は脱落し，背鰭始部や臀鰭始部（肛門）の体節上の位置は前方に移動し，肛門前筋節数 / 総筋節数は変態の進行程度の指標とされる。

ウナギ目葉形仔魚の分類には，体の形状，体サイズ，消化管の形態（長短，直線状か湾曲しているか，膨出部の有無），色素沈着，頭部，吻部（吻突起の有無など），眼（望遠眼の有無など），垂直鰭の位置が用いられ，類似種との識別には筋節数［総筋節数，肛門前筋節数，腎臓末端と背大動脈をつなぐ垂直血管（最終垂直血管）の体節位など］や黒色素胞の沈着状態が最も重要な形質である。

ウナギ目仔魚の形態は，柳の葉状のものから桜の葉状のものまで多様である。図 2 に特徴的な形態を有する科の葉形仔魚の写真を示す。シギウナギ科の仔魚は外洋域に出現し，吻が尖り，体高が低く，著しく延長した体をもつ（図 2A）。ウツボ科の仔魚は沿岸域から外洋域に広く出現し，吻と尾部が丸みを帯びる（図 2B）。リュウキュウホラアナゴ亜科の１種の仔魚は外洋域に出現し，望遠眼と吻突起をもつ（図 2C）。ウミヘビ科の仔魚は沿岸域から外洋域に広く出現し，腸管に膨出部をもつ（図 2D）。アナゴ科ゴテンアナゴ属の仔魚は大型で，一部のグループには腸管が体外に長く延長する外腸現象を呈するものを含み，外洋域に出現する（図 2E）。アナゴ科オキアナゴ属の仔魚は主に外洋域に出現し，極めて体高が高く，全長 20 cm を超える（図 2F）。

葉形仔魚の種同定には，変態シリーズ標本からアプローチする方法（Tawa & Mochioka 2009, Tawa et al 2012 など）と DNA バーコーディングによる方法（Tawa et al 2013, Endo et al 2022 など）がある。

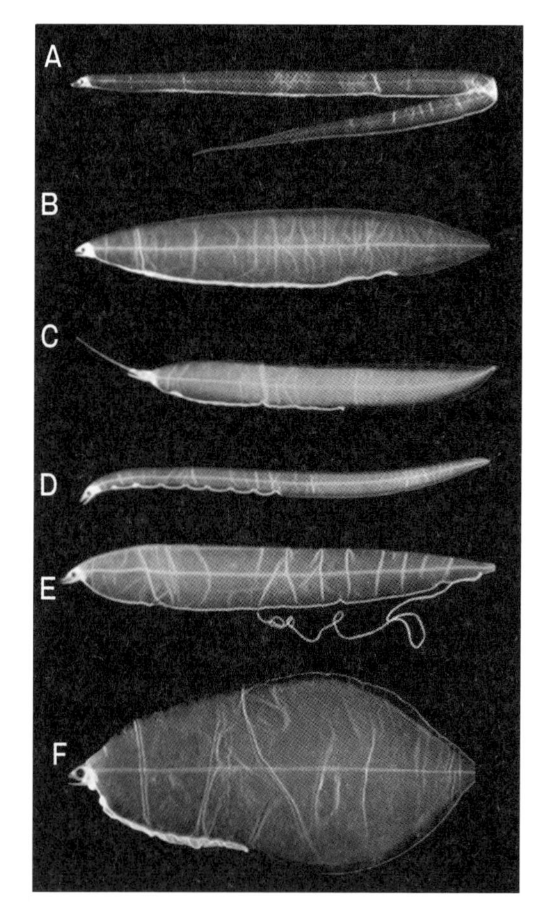

図2 ウナギ目のレプトケパルス仔魚
A：シギウナギ，B：ウツボ科の1種，C：リュウキュウホラアナゴ亜科の1種，D：ウミヘビ科の1種，E：アナゴ科ゴテンアナゴ属の1種，F：アナゴ科オキアナゴ属の1種。

2.4.3 ニシン目

乃一哲久

ニシン目 Clupeiformes は，平たく言えばイワシであり，その仔魚はシラスである。しかし，「シラス＝ニシン目仔魚」ではない。シラスは，細長い体形をした黒色素が貧弱な仔稚魚の総称であり，複数の分類群に跨って見られる近似現象である。では，ニシン目仔魚の特徴はどこにあり，同様にシラス型を呈する他の分類群の仔稚魚とはどこが違うのであろうか。本節では，乃一ら（2014）を基に，ニシン目仔魚の形態的特徴と同定における留意点を解説する。

1. 仔魚形態の概要

日本産のニシン目には3科27種が知られ（青沼・柳下 2013），この内21種については，仔稚魚形態に関する何らかの知見がある。

ニシン目の個体発生は，イワシ型変態と称され，①体形は非常に細長く，黒色素の発達が貧弱で生時の体色は透明に近い，②筋節数は，多くが40～60と多い，③消化管は細く直走し，内部には環状のヒダが規則的に配列する，④肛門は著しく後方に開き，成長とともに前進する，⑤背・臀鰭は成長とともに前進し，基底の伸長をともなうことが多い，⑥以上の変態過程は後期仔魚期から稚魚への移行時に漸進的に進み，稀に体長の縮小をともなう，の6点によって特徴付けられる（沖山1979c）。これらは，変態の定義とともに本目仔魚の形態を特徴付ける共通根となる。なお，本目仔魚は，体の極端な縦・側扁や伸縮，明瞭な黒色素の叢・斑，外腸や有柄眼，頭部棘，伸長鰭条，発光器，脂鰭などの特徴は備えない。

共通根のうち，筋節数と肛門の位置並びに肛門（臀鰭始部）と背鰭後端の位置関係，およびそれらの漸進的な変化には，一部の例外を除き，以下のとおり，科レベルでのまとまりがある。ニシン科 Clupeidae は17種からなり，筋節数は多くが50以上である（キビナゴ属 *Spratelloides* を除く）。肛門の相体的位置は，吻端から75%付近か，より後方にあり，背鰭基底の後端は，肛門の直上，もしくはそこよりも明らかに前方にある。カタクチイワシ科 Engraulidae は9種からなり，筋節数は多くが50未満である（エツ属 *Coilia* を除く）。肛門の相体的位置は，吻端から75%付近か，より前方にあり，背鰭基底の後端は肛門の直上，もしくはより後方にある（エツ属を除く）。オキイワシ科 Chirocentridae は1種のみで，筋節数は70以上である。肛門の相体的位置は，吻端から75%付近か，より後方にあり，背鰭基底の後端は肛門の直上もしくはより後方にある。

一方，共通根としての黒色素は，消化管の上・下面，あるいは鰾の上や脊索の末端部付近，臀鰭の基底及び尾部腹縁などにあるが，個々の色素の有無や性状，多寡，発育に伴う変化は，科よりも下位の分類段階，さらには種レベルで多様化する。同様に，臀鰭基底の伸長の程度や体の縮小の有無も，下位分類段階における変異が大きい。

2. 同定

ニシン目仔魚の共通根として記した特徴は，他目仔稚魚との分類形質ともなる。しかし，それらは，成長とともに発現，変化，定常化していくものであり，発育段階によっては，分類形質として使えないものもある。一方，仔稚魚がシラス型となる魚種は，ニシン目の他にもウナギ目 Anguilliformes やサケ目 Salmoniformes，ヒメ目 Aulopiformes，ハダカイワシ目 Myctophiformes など多くの分類群に見られる（沖山 2014a）。これらの中には，ニシン目の共通根を部分的に備える魚種がいる反面，ニシン目が備えない特徴を有する魚種もいる。このため，野外から得た様々な発育段階の数多のシラス型仔稚魚の中からニシン目を抽出する際には，本目への位置付けを肯定する形質と否定する形質双方の有無を確認した上で，総合的に判断することが肝要である。

目内の科や種の同定に際しては，各分類段階における特徴が分類形質となるが，これらは，共通根の中での差異であり，多くは微差に過ぎない。特に，計数形質においては，類似や重複が普通である。このため，目内の識別では，他目との識別以上に，複数の形質を組み合させての判断や可能性が低い要素の排除を重視する必要がある。また，黒色素など，体の背縁や腹縁に現れる形質は，側面からだけではなく，上面や下面からも観察することにより，より適格に特徴が把握できる場合がある。さらに，個体から得られる情報だけではなく，産卵期や分布域などの一般的な生態情報も検討材料とすれば，結論とするべき魚種の絞り込みが可能となり，同定における迷いが軽減できる。

なお，同定においては，既存の知見や手法に頼るだけでなく，当事者自らが工夫することも心がけてもらいたい。上述の判断材料の選択や組み合わせには，多分にその余地がある。大切なことは，自身にとって最も簡便に正確な結果が得られる手法を用いることである。それにより，サンプル処理の時間が短縮され，ひいては調査・研究の進展が図られる。

近年，日本産ニシン目においては，科のレベルで分類の見直しが進められている（畑・本村 2020a, b, 2021）。また，仔稚魚の形態に関する知見も充実しつつある（Ishimori & Yoshino 2013, 上原・立原 2016, Wang et al 2021a）。これらも踏まえた新たな視点での考察が進めば，本目の仔魚形態は，沖山（1979c）が示した共通根の下で，多様性や系統性がより詳細に把握されるものと思われる。

2.4.4 コイ目

酒井治己

1. はじめに－コイ目魚類とは

コイ目 Cypriniformes は，4,000 種以上を含む淡水魚の巨大グループだが，日本においては伝統的にコイ科 Cyprinidae およびドジョウ科 Cobitidae の 2 科に分けられることが多かった（中坊 2013, 沖山 2014a）。北米のサッカー科 Catostomidae や東南アジアのギリノケイルス科 Gyrinocheilidae など日本にいないグループが考慮外なのは致し方ない。

一方，加速的に発展する遺伝子解析技術に裏付けられて，分子系統解析はますます精緻化しそれに基づく分類も整理されつつある。Saitoh et al

(2006) はミトゲノム解析に基づいて従来のドジョウ科をいわゆるドジョウ類とアユモドキ類を含むCobitidaeとフクドジョウおよび山地渓流に棲むタニノボリ類(日本にはいない)を含むBalitoridaeに分け，コイ科と，それにサッカー科およびギリノケイルス科を加えて5科に分類した。Stout et al (2016) は，核ゲノムを広くカバーした219遺伝子座の塩基配列解析から，コイ目を9科からなるコイ亜目Cyprinoideiおよび8科のドジョウ亜目Cobitoideiに分けた。なお，サッカー科とギリノケイルス科はドジョウ亜目に置かれている。それまでの状況等を踏まえ，Nelson et al (2016) は2科を含むコイ上科Cyprinoideaおよび12科からなるドジョウ上科Cobitoideaに整理した。

サッカー科とギリノケイルス科は，ドジョウ亜目内では遺伝的に大きく分化した系統にあった (Stout et al 2016)。Tan & Armbruster (2018) は，その後の研究成果 (Hirt et al 2017など) も加えて，両科を亜目に格上げし，コイ目をコイ亜目13科約3,000種，ドジョウ亜目9科約1,000種，サッカー亜目Catostomoidei 1科約80種，およびギリノケイルス亜目Gyrinocheiloidei 1科3種に分類している (種数はNelson et al 2016による)。

系統phylogenyについては研究が進めば漸近的に過去の進化過程を正確に再現できるようになると予想される。いっぽう分類taxonomyはその系統をどの断面で切り取るか，その系統の共有形質をどう評価するかなど，研究者の哲学により異なりうる。しかし，上記4亜目すなわちコイ類，ドジョウ類，サッカー類，ギリノケイルス類が，種数の多寡はあれコイ目を代表する大きな括りであることは確かだろう。

ギリノケイルス類は，鰓孔が2列のスリットからなるなどきわめて特殊な魚類であるらしいが，種数が少ないうえ，植物食であること以外は生活史についてもほとんど分かっていない。それを除外して，この紙面ではコイ類，ドジョウ類，サッカー類の特に仔魚の特徴を概観する。ただし，コイ目4,000種のうちには多様な繁殖様式があり，しかも仔魚の報告例は種数に比して極めて少ないと言わざるを得ない。従って本稿が極めて乱暴なものに過ぎないことをお断わりしておく。

2. コイ類の仔魚

コイ類(コイ亜目あるいはコイ科)は多様なグループを含み，繁殖様式も多様なことは4.3に示した通りで，それらの個体発生についても図を含めて参照されたい。中村 (1969) の大著はさらに詳しい。

生きた二枚貝を産卵床とするタナゴ類(タナゴ亜科Acheilognathinae，以降，科とせず亜科表記とする)を除けば，卵は円形の沈性卵で，強弱はあれど基本的に粘着性である。ふ化仔魚は眼胞を除き色素を欠くものが多い(ウグイ等は眼胞の色素も欠く，4.3図2)。卵黄嚢は細首の瓢箪型（2段の瓢箪型ではなく，中村（1969）はコンマ状と表現している）でその末端（排泄口の直前）は全長の約3分の2のあたりにある。膜鰭が良く発達するが，腹部の膜鰭は後期仔魚期に特に大きく発達し，遊泳のための安定板の役割を担う。各鰭は尾鰭，背鰭，臀鰭，腹鰭の順に分化し，膜鰭の退縮と入れ替わる。特に腹部膜鰭と腹鰭は機能の交代も含めて顕著である。コイのように口髭のあるものでは，稚魚になる前後に出現する（4.3図4）。

ただし，カマツカ類（カマツカ亜科 Gobioninae）のうち発育を通して底生性の種では，安定板であるべき腹部の膜鰭もあまり発達しない（4.3図5）。また匍匐生活をするためか胸鰭の発達が尾鰭と同時か早く始まる。

タナゴ類では，二枚貝の鰓の中で発育する関係上，卵が大きく楕円形で，粘着性がない代わりに滑り止めの角状や鱗状の突起を備えている（4.3図7）。ふ化そのものはかなり早い段階に起こるため，多量にある卵黄嚢はほぼ体の末端まである。その後膜鰭も発達し，他の類と同様に各鰭を発達させ，稚魚になる少し前に二枚貝から浮出する。

3. ドジョウ類の仔魚

ドジョウ類（ドジョウ亜目あるいはドジョウ科）も多様なグループで，泥沼から山地渓流，はては地下水系まで広く生息するが，すべて複数対の口髭を持っている。

コイ類同様，卵は円形の沈性卵で粘着性がある。ふ化仔魚はふつう色素を欠くが，早めに黒色素胞が広がる。卵黄嚢もコイ類同様，細首の瓢箪型でその末端（排泄口の直前）は全長の約3分の2あたりから少し後方にある。仔・稚魚ともに全般的にコイ類よりも縦扁している。膜鰭が良く発達することもコイ類と同様だが，山地渓流に生息するタニノボリ類 Gastromyzontinae などでは腹部の膜鰭はあまり発達しない（Jhuang et al 2021 など）。各鰭は基本的に尾鰭，背鰭，臀鰭，腹鰭の順に分化するが，胸鰭の発達が少し早まる傾向にある。

ドジョウ類を代表するドジョウ亜科 Cobitinae では，ふ化後数日の前期仔魚のうちに口髭が出現し，特有の外鰓が大きく発達する（図1, Okada & Seiishi 1938）。一方アユモドキ類 Botiinae では，外鰓の発達は悪く，また口髭の出現も後期仔魚の晩期である（図2，中村・元信 1971）。

亜寒帯に分布するフクドジョウ類 Nemacheilinae や山地渓流のタニノボリ類も卵並びにふ化仔魚の形はよく似ている（ホトケドジョウ：Aoyama & Doi 2021, *Erromyzon*：Jhuang et al 2021 など）。前者では口髭の出現がアユモドキ類よりは早いものの後期仔魚になってからである。後者では，ふ化後数日の前期仔魚ですでに出現する。このグループのあるものでは稚魚以降に胸鰭と腹鰭が吸盤状に大きく発達し，ドジョウ類

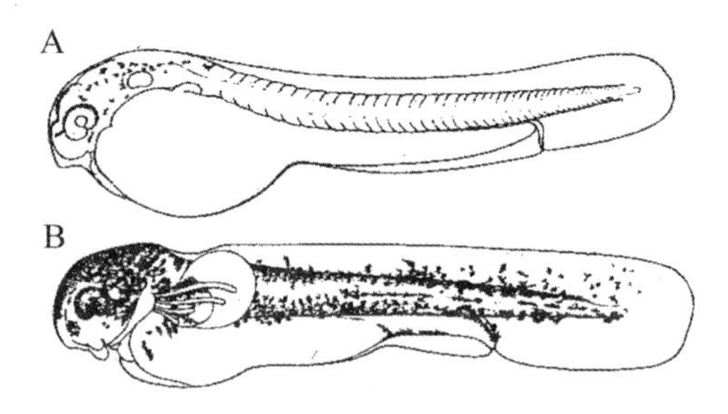

図1　ドジョウのふ化直後（A）および3日目の仔魚（B）
（Okada & Seiishi 1938を改変）

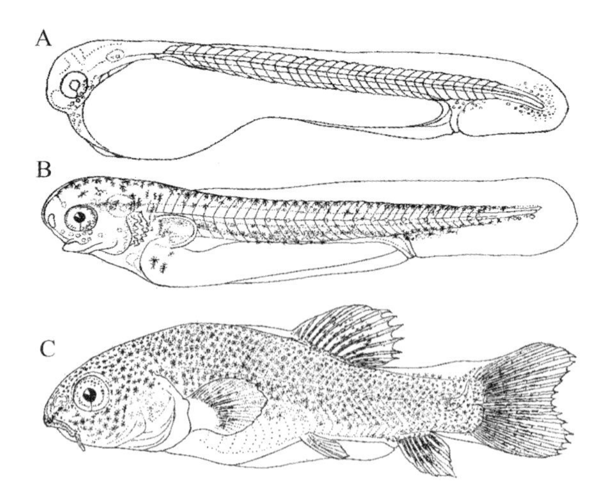

図2　アユモドキのふ化直後（A），2日目の前期仔魚（B）および21日目の後期仔魚（C）
（中村・元信1971を改変）

とは思えない形に成長するが，仔魚の発育初期では紛れもないドジョウ類であることがわかる。

4. サッカー類の仔魚

サッカー類は北米で放散したグループで，一見したところコイ類によく似ているが，上下唇が肥厚して乳頭突起に覆われ，サッカー（吸い付きの意味）という名の由来となっている（Scott & Crossman 1973）。下唇が左右に分断されていることも特徴である。前期仔魚もコイ類やドジョウ類とは様相を異にする（図3A, Snyder et al 2004）。色素胞に乏しいことはコイ類と同様だが，卵黄嚢の形が細首の瓢箪型ではなく，マメ類（ダイズなど）のようで，種によって単連，2連，3連あるいは4連の鞘のようである。卵黄量は多く，その末端（排泄口の直前）は全長の4分の3あたりにある。しかし，その後の発育は全体の形，各鰭の位置，出現順など，コイ類のうちのウグイ類（4.3図2）やオイカワ類（ハス類）（4.3図6）に酷似し，一見でコイ類と識別するのは困難である（図3B）。ただし，稚魚期に至ると上下唇が肥厚し始め，下顎中央に裂け目が入り下唇が左右二様に分かれてくる（Snyder et al 2004）ので，区別が可能になるだろう。

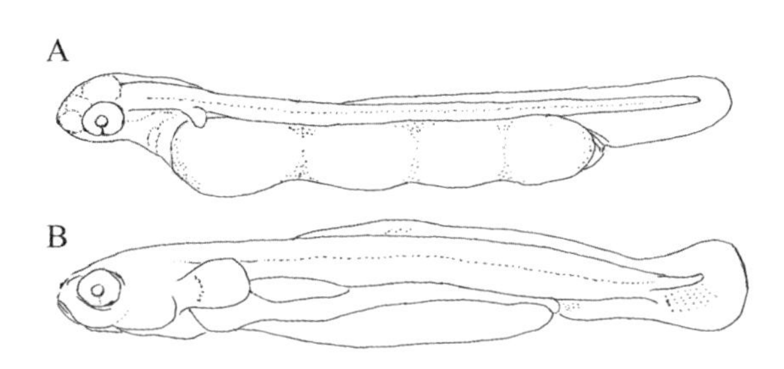

図3　サッカー類のふ化仔魚（A）および後期仔魚（B）の代表的スケッチ（Snyder et al 2004から改写）

5. おわりに―コイ目仔魚の類型と他の骨鰾類

コイ類とドジョウ類でコイ目の大多数を占める。わずかな例外がありながら卵が球形で沈性，粘着性で，ふ化仔魚の卵黄嚢が細首の瓢箪型（コンマ状），膜鰭が良く発達することなどが共通項である。一方でサッカー類はふ化仔魚の様相が異なり，このことは系統的にもコイ類，ドジョウ類とは遠縁であること（Stout et al 2016など）を支持しているだろう。

コイ目は骨鰾類（骨鰾上目）Ostariophysiの一群である（Nelson et al 2016）。他にはカラシン目Characiformes約2,300種，ナマズ目Siluriformes約3700種，デンキウナギ目Gymnotiformes約200種，及びサバヒー目Gonorynchiformes約37種があるが，前3目はウェーベル氏器官を持ち鰾前室が骨質膜に覆われ，真の骨鰾類と言える（Nelson et al 2016）。それぞれの仔魚は卵黄嚢の形や肛門の位置，膜鰭の形状などで互いに，またコイ目とも大きく異なっているようである（カラシン目：Mattox et al 2014, Santos et al 2016など，ナマズ目：Okada & Seiishi 1938など，デンキウナギ目：Alshami et al 2020など，サバヒー目：沖山2014aなど）。ただし，それぞれが淡水魚の巨大なグループで，種数に比して個体発生に関する多様性の情報が乏しいため，類型化は短絡的に過ぎないことを改めてお断りする。そしりの先は編者の埒内にある。

2.4.5 カサゴ亜目・カジカ亜目

永沢　亨

1. カサゴ亜目仔稚魚の特徴ー頭部棘要素と浮遊期

古典的な分類体系では第3眼下骨（涙骨を第1と数えた場合）が後方に伸びて形成される眼下骨棚（suborbital stay）を持つことを特徴としてカサゴ（カジカ）目（カジカ亜目，ダンゴウオ亜目，セミホウボウ亜目を含む）が置かれていたが（松原 1963），その後の研究により，カサゴ亜目はカジカ亜目と分離され現在はいずれもスズキ目の一部として扱われている（中坊 2013）。カサゴ亜目の仔稚魚の体型は中庸なものからずんぐり型のものまでで，発育に従って体高が増加するものが多いが，コチ科やハリゴチ科などでは頭部が著しく縦扁する。脊椎骨数は24～35で，消化管は旋回し，肛門は体の前方40％前後に開口し発育に伴って後方へ移り60～70％となる。一般に，頭頂棘，前鰓蓋棘などの頭部棘要素がよく発達する（図1）。カサゴ亜目の中でもメバル科にはメバル属，カサゴ属，キチジ属など水産資源として重要な種が含まれており，初期生態に関する知見も多い。

スズキ亜目にもハタ科魚類のように頭部棘要素が発達する仲間は少なくないが，スズキ亜目では後頭骨の正中線上に上後頭棘（supraoccitpital spine/crest）が発達する（カワリハナダイ属 *Symphysanodon* 等は例外的に左右1対の目立つ棘が発達）のに対し（Kendall 1979），カサゴ亜目における頭部棘要素は頭頂棘（PA）を含め左右1対発達するという違いがある。カサゴ亜目の頭部棘は仔稚魚に出現して成魚にも維持される要素と，成魚になると退縮する要素があり，各要素の消長様式は種によって異なる

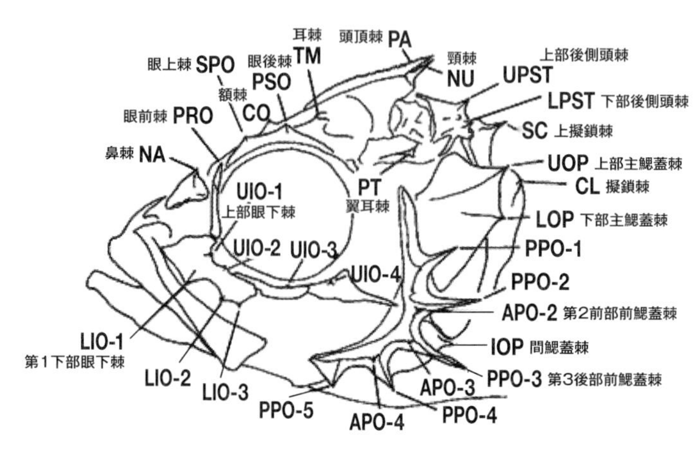

図1 カサゴ亜目仔稚魚期に出現する主な頭部棘要素
（永沢 2001a，永沢・小嶋 2014 を一部改変）

ことから，有効な分類形質となる。

メバル科では頭部棘要素の中でも耳胞周辺に出現する翼耳棘（PT）と一連の前鰓蓋棘（PPO-3, APO-2 など），眼後棘（PSO），頭頂棘が屈曲期に出現することが多いため，これらの棘に着目することにより他の分類群の仔稚魚と区別できることが多い。また，カサゴ亜目の代表的な分類群であるメバル科にはメバル属（*Sebastes*），カサゴ属（*Sebastiscus*）など胎生魚が多く含まれており，子供は前屈曲期あるいは屈曲期仔魚の状態で母体より産出される。メバル属仔稚魚の発育に伴う形態変化は漸進的で仔魚から稚魚への変態（移行：Transforming）は背鰭と臀鰭の最後部の棘が prespine と呼ばれる軟条状態から棘条へと変化する過程と捉えられ（Richardson & Laroche 1979），稚魚としての斑紋形成のタイミングはこれとほぼ一致する（図 2）。

日本列島周辺においてこれまで仔稚魚の形態が既知の種はいずれも浮遊期を有するが，成魚はいずれも底生生活を送る。したがって，浮遊仔魚も適当な段階で着底し底生生活に移行する。メバル属魚類は他の魚類に比べ一般的に浮遊期間が長く，多くの種が浮遊期稚魚（Pelagic juvenile）の段階を経るが（Washington et al 1984），沿岸性のメバル複合種群の一部やタケノコメバルなどのように稚魚期に入る以前に底生生活に移行する種も存在する。また，ウスメバルのように流れ藻に随伴することで浮遊期間を延長している種もある（永沢 2001a, b）。日本海におけるメバル属仔稚魚の浮遊期間は種によって異なるが，短いものでは 30 日以内，長いものでは 150 日程度と推定され，沿岸性の種は産出される仔魚のサイズが大きく浮遊期間が短く，沖合性の種では産出される仔魚のサイズが小さく浮遊期間が長い傾向にある。北東太平洋においてはより浮遊期間の長い種も多く，*S. diploproa* のように流れ藻等の浮遊物に随伴する期間を含め 1 年にも及ぶ例（Boehlert 1977）や *S. levis* のように胸鰭が著しく伸長する仔稚魚（Moser et al 1977）なども知られている。日本列島周辺では，胸鰭や頭部棘が著しく発達する種は知られていないが，ウスメバルに見られる流れ藻随伴のための黄褐色適応やアカガヤのように夏季表層の紫外線照射の強い環境下での黒色素胞の著しい発達と銀白色適応などの色彩変化による環境への適応が認められる（永沢 2001a）。カサゴ亜目の中でもフサカサゴ科の仔稚魚は浮遊期における頭部棘要素の発達が顕著で胸鰭が大きく黒色素胞の発達が乏しい。表層での出現が稀なことから中層での浮遊に適応していることが想定される。タイプ分けは可能であるものの種までの同定は困難なものが多い（小嶋 2014）。いくつかのタイプは秋季の対馬暖流域においては普通に採集されることから，筆者も日本海という地域特性を生かして，対象をフサカサゴ属（*Scorpaena*）に絞り，イズカサゴを切り口に形態発育史の記載を試み挫折した苦い思い出がある。このような分類群の正確な同定には，分子生物学的手法と組み合わせたアプローチが必要と思われる。

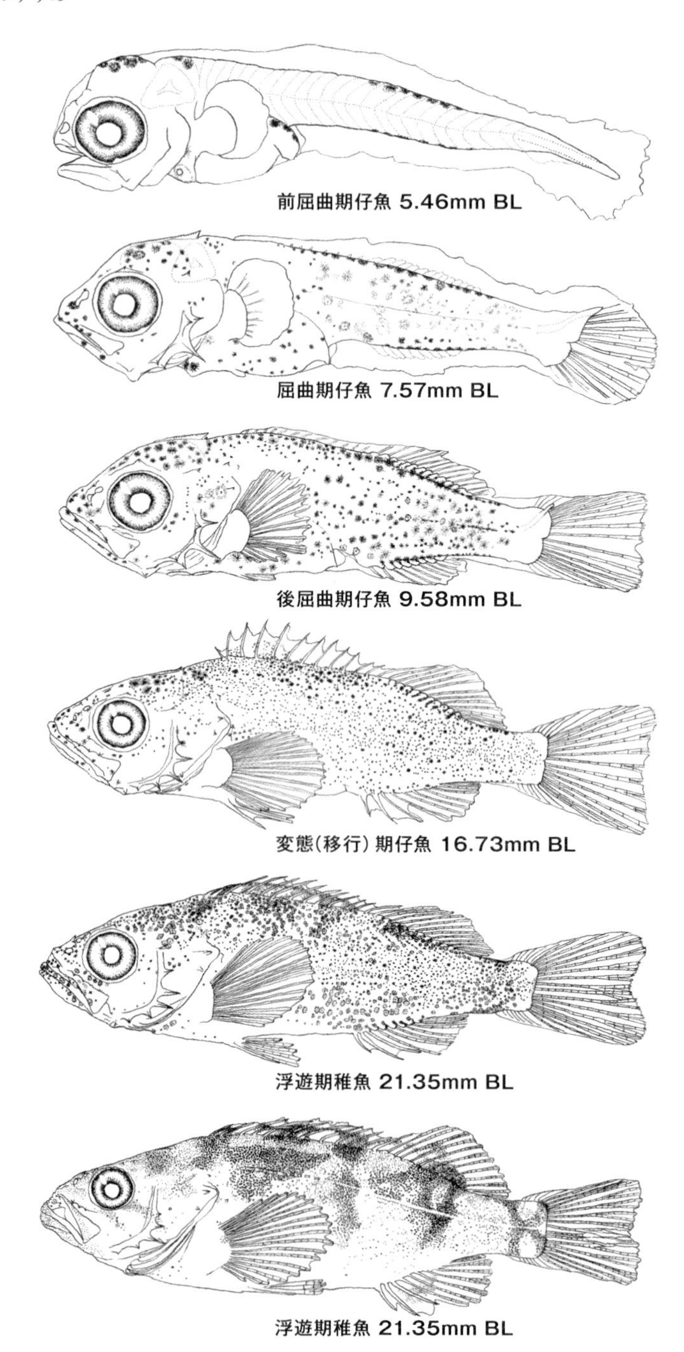

図2 クロソイの形態発育史
(Nagasawa & Domon 1997, 永沢 2001a, 永沢 2014)

2. カジカ亜目仔稚魚の形態の多様性と生息環境

カサゴ亜目の初期発育史が頭部棘要素と浮遊期というキーワードで一定の整理が可能なことに比べ，カジカ亜目はより複雑な状況を呈する。体型は細長く体高が体長比10％台のギンダラ科やアイナメ科仔魚から，体型がオタマジャクシ型のウラナイカジカ科やダンゴウオ科仔魚まで多岐にわたり（図3），脊椎骨数も23～86と極めて幅広い（小嶋・永沢2014）。

頭部棘要素についてもトクビレ科のように多くの棘要素が出現する科（Busby & Ambrose 1993）から，ダンゴウオ科・クサウオ科のように全く棘要素が出現しない科までを含み極めて多様性が大きい。頭部棘要素の中でも後部前鰓蓋棘（PPO）は比較的多くの科で認められるが，カサゴ亜目で発達する頭頂棘や眼後棘などは出現しない種も多い。また，直達発生であるダンゴウオ科・クサウオ科の仔稚魚において浮遊期を欠くことは，初期生活史における頭部棘要素の発達と浮遊期の関係性を改めて思い起こさせる。アイナメ科は大型の沈性粘着卵を産み，ふ化仔魚も大型で細長く，日本列島周辺に出現する種では頭部棘要素は出現しない（北東太平洋産の *Oxylebius* 属，*Zaniolepis* 属，*Ophiodon* 属には後部前鰓蓋棘などが出現）。また，表層生活が長いホッケ，クジメなどの仔稚魚は背面が青緑色，側面が銀白色となり，流れ藻に随伴するクジメはウスメバルと同様に黄褐色適応を示す。カジカ亜目を代表するカジカ科は日本産だけでも約90種を含む分類群であるが，属レベルでの仔稚魚期の特徴はかなり安定している（小嶋・塩垣2014）。頭部棘要素ではカサゴ亜目より少ない4本（例外有り）の後部前鰓蓋棘（PPO）と鼻棘（NA）が出現するほか，頭頂棘，眼後棘など多様な棘要素が出現する属もある。仔魚期の体型は中庸からやや細長い種が多く，脊椎骨数は27～51で30～40の種が多い。多くの沿岸性種は短めの浮遊期を有するが，淡水性のカジカ属の一部のように卵黄吸収後にすぐに底生生活に移行し，浮遊期を欠く種も存在する一方，沖合に分布するヨコスジカジカ

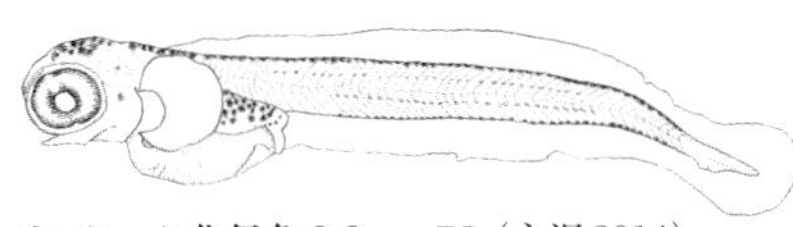

ホッケ　ふ化仔魚 **9.2** mmBL（永沢2014）

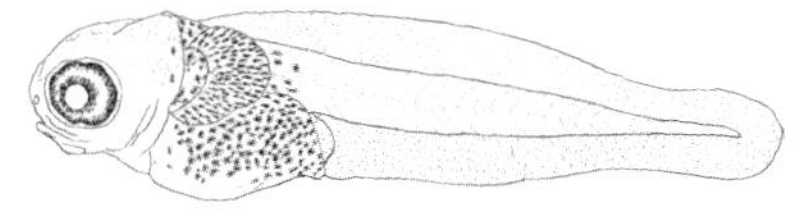

ヤマトコブシカジカ　ふ化仔魚 **6.6** mmBL（飼育）（永沢ら2014）

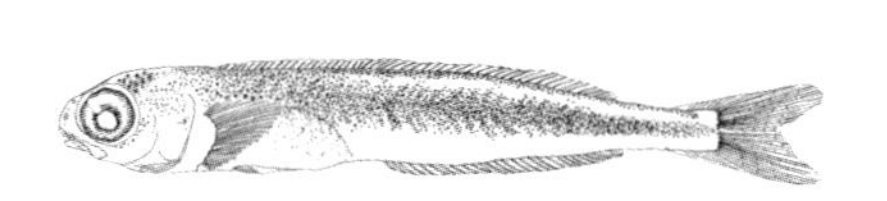

ホッケ　後屈曲期仔魚 **23.0** mmBL（永沢2014）

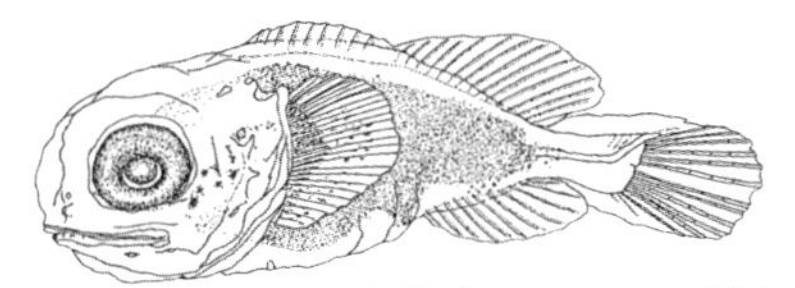

ヤマトコブシカジカ　屈曲期仔魚 **13.0** mmBL（沖山1983）

図3　ホッケ仔魚（アイナメ科）とヤマトコブシカジカ仔魚（ウラナイカジカ科）

属（*Hemilepidotus*）仔稚魚のように強い表層性を示す種も存在するなどカジカ科内においても初期生態の多様性が高い。春季（3～5月）の日本海の極前線以北沖合海域の表層には，ほぼホッケ仔稚魚とヨコスジカジカ仔稚魚のみが出現し（永沢 未発表），太平洋側の北海道道東海域の秋季から春季にかけての表層でも上記2種が卓越する（服部 1964）。夏季ベーリング海の表層でもカジカ科とアイナメ科が出現上位10分類群の半数を占めるなど（針生ら 1985），種組成は単純であるものの，量的にみるとカジカ亜目仔稚魚は亜寒帯海域の表層性要素として極めて重要である。ところで，図3に示したヤマトコブシカジカは日本海の300 m以深の陸棚斜面域における優占種の一つであるが，特徴的な形態を有する仔魚の採集例は極めて少ない。また，卵は沈性粘着卵で飼育環境下では産卵からふ化まで100～145日かかる（永沢ら 2014）。このように，カジカ亜目は初期形態のみならず生息環境も多様である。

3. 結びに

沖山先生の「稚魚分類学入門」では「カジカ目幼期と浮遊適応」という1章があり，初期形態の特徴とともに生息環境への適応戦略について含蓄に富む解説がなされている（沖山 1983）。本稿はカサゴ亜目・カジカ亜目の初期形態と初期生態について上記の部分的なアップデートを試みたが，扱えなかった内容も多い。カサゴ亜目，カジカ亜目とも分子生物学的データによって系統関係についてさらに整理が進むと思われる。詳細な系統関係を積極的に利用して初期形態情報や生態情報をマッピングすることにより初期生活史戦略への理解が発展することが期待される。

2.4.6 タラ目

高津哲也

タラ類について著者はこれまでに，タラ科に属するマダラ *Gadus macrocephalus* とスケトウダラ *G. chalcogrammus* の資源量変動の解明を目指してきた。ここではこれら2種とその近縁種の仔稚魚の同定で迷いやすい点を紹介する。

1. タラ目の分類

日本周辺に生息するタラ目 Gadiformes は現在，8科107種が記載されている（チゴダラ科 Moridae 16種，カワリヒレダラ科 Melanonidae 1種，メルルーサ科 Merlucciidae 2種，タラ科 Gadidae 4種，サイウオ科 Bregmacerotidae 9種，ソコダラ科 Macrouridae 70種，アナダラ科

Bathygadidae 4 種, バケダラ科 Macrouroididae 1 種）[脚注1)]。仔稚魚に関しては, 日本産稚魚図鑑第二版（沖山 2014a）に 5 科 26 種が記載されており, 沖合・深海域で産卵する種の記載は少ない。タラ目仔魚に共通する特徴は 2 つあり, 仔魚期の初期に肛門が右体側に開くことと, 細長い体形だ。タラ科は外見上, 背鰭が 3 つと臀鰭があるが, 実は解剖学的には背鰭 4 つと臀鰭 3 つであり, 各鰭の最後部 4 基と 3 基で鰭条 5 本ほどの真の尾鰭とともに外見上の尾鰭（擬尾）を構成している。いずれにしても, タラ科以外は背鰭や臀鰭が長く連続するが, 仔魚は鰭が未完成だから他の特徴で同定する。

2. タラ科の仔稚魚の同定

著者が 1989 年以来, 魚類の初期生活史を研究してきた海域は, 北海道と青森県の水深 200 m 以浅の水域だ。この海域で, タラ科以外のタラ目仔稚魚の採集経験はない。これはタラ科以外のタラ目仔稚魚が, 沖合の深海域や, もっと南方の水域で産卵しているためだろう。なお同定の苦労話は, すでに髙津（2022）に書いた。

タラ科仔稚魚の同定は, なるべく大型の稚魚から始めて, 次第に小型の仔魚へと時間を遡るように観察する方が理解しやすい。標準体長（SL）46 mm, 全長（TL）52 mm を超えるタラ科稚魚は, 基本的に成魚の同定形質を用いて肉眼で同定できる。スケトウダラは細身で受け口, マダラとコマイ *Eleginus gracilis* はずんぐりとしていて口が下位, 触髭が目立つ。体色はコマイがねずみ色, マダラは赤みを帯びた茶色, スケトウダラは両者の中間。なお, 釣り標本なら 3 種は独特の模様で見分けることが可能だが, 底曳網で採集された稚魚標本は鱗や皮膚上の模様が失われているので, 見分けがつきにくい。

マダラとスケトウダラはともに 22 mm SL（25 mm TL）で, コマイは 24 ～ 27 mm SL ですべての鰭条数が成魚と同じになって仔魚から稚魚へと名称が変わる（Haryu 1980, Dunn & Vinter 1984, Matarese et al 1989, Takatsu et al 1995）。これらの体長から 46 mm SL までの稚魚期は, 腹膜上の黒色素胞（以下本項では色素と略す）の並び方が種同定に一番有効だ（図 1）。腹膜上の色素は, スケトウダラでは喉に近い領域にはあるが肛門付近にはほとんどなく, マダラは喉から肛門にかけて散在する（Takatsu et al 1995）。コマイも 27.2 mm SL までの稚魚は肛門付近まで散在する（Dunn & Vinter 1984, それより大型の稚魚の色素分布は不明）。またスケトウダラとマダラの体幅は異なり, 肛門のすぐ後ろを指でつまむとマダラの方が丸太に近い断面であることから区別できる（髙津 2022）。コマイ稚魚は, 著者は過去に一度だけ標本を観察したことがあり, 澤村正幸博士（現, 北海道立総合研究機構水産研究本部）が持ち込んだ北海道函館市臼尻の水深 5 ～ 20 m 地点の小型底曳網標本だ（澤

脚注1　本村浩之. 2023. 日本産魚類全種目録. これまでに記録された日本産魚類全種の現在の標準和名と学名. Online ver. 23. https://www. museum. kagoshima-u. ac. jp/staff/motomura/jaf. html（2023年12月29日参照）

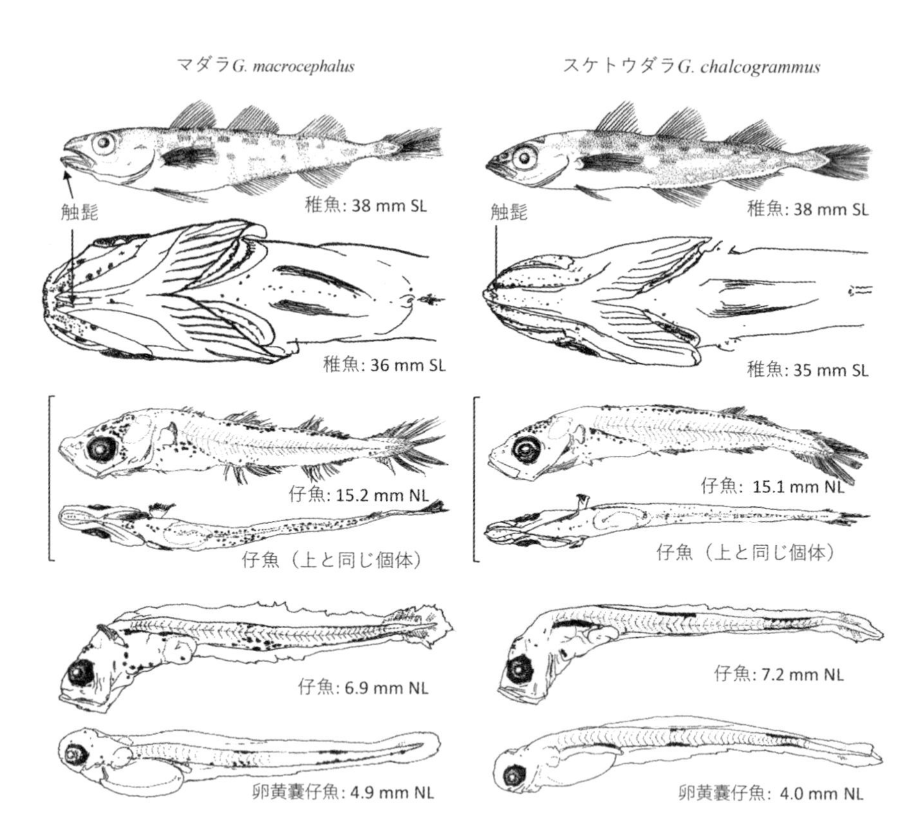

図1　マダラとスケトウダラの仔稚魚の形態変化
上から2段目の腹面図はTakatsu et al（1995）（©1995 公益社団法人日本水産学会），他は高津（2022）から引用。

村 2000)。コマイの産卵は，臼尻沿岸や道東海域の水深 200 m 以浅で確認されている（陳・桜井 1993)。コマイ稚魚は体色がねずみ色，触髭が明瞭なので一目でマダラやスケトウダラと区別できた。一方，上顎と下顎のいずれが突出しているかでは 3 種の判別はできず，稚魚期の初期には 3 種ともに下顎の方が突出している（コマイ：Dunn & Vinter 1984, 他 2 種：図 1)。なお触髭は顎に張り付いていることが多いので，柄付き針などで起こして実体顕微鏡の下で観察しないと長さや有無がわからない。成魚の触髭の長さは，マダラは眼径と同じくらいだがコマイは半分程度，スケトウダラはほとんど目立たない。一方稚魚期はこれらの基準のおよそ半分以下の長さしかない。その原因は，稚魚の形態は成魚と類似しているとはいうものの，稚魚の眼は成魚のそれよりも相対的に大きいためだ。

脊索長（NL）10 ～ 22 mm の仔魚の種判別は，腹膜上の色素の分布に加えて，肛門から尾鰭にかけての臀鰭の付け根の色素の列数も参考になる。コマイは臀鰭の付け根の左右にそれぞれ 2 列（Dunn & Vinter 1984, Matarese et al 1989），マダラは 1 列＋イレギュラーな色素，スケトウダラは 1 列で途切れがちだ（図 2）。ただしこの色素の列は，成長とともに臀鰭の付け根に接近して埋没してゆくので，同じくらいの体長の種間比較にのみ有用だ。10 ～ 18 mm NL では体側正中線上の色素がマダラとコマイは肛門の直下もしくは前から始まり，スケトウダラでは後ろから始まるという基準も示されているが（Dunn & Vinter 1984, Matarese et al 1989），著者がプランクトンネットで採集したマダラ仔魚の多くは，この体側正中線上の色素はまだ肛門前方から始まっていない（図 1 マダラ 15.2 mm NL 仔魚）。網擦れか，採集海域の違いが原因かもしれない。

小型仔魚（4.4 ～ 10.0 mm NL）の種判別も，腹膜上の色素で同定できる。3 種ともに 10.0 mm NL 以上の仔魚に較べると色素は喉側に多く，小型個体ほど肛門付近は少ない。コマイは 10 mm 未満でも喉から肛門にかけて色素が 2 列に並ぶ。マダラは列をなさずに肛門近くまで散在するが（図 1 の 6.9 mm NL），スケトウダラは肛門近くにはまずない（同 7.2 mm NL）。また約 4 ～ 6 mm NL の仔魚では，肛門より尾部側の「バーパターン」と呼ばれる背腹 2 対の色素の列の長さの違いが同定の鍵になる（Dunn & Vinter 1984, Matarese et al 1989）。コマイは肛門に近いバーと尾鰭に近いバーの両方とも背側に較べて腹側のバーが長い（図 3）。マダラは肛門側のみ腹側が長く，尾鰭側はほぼ同じ長さ。スケトウダラは肛門側の背腹がほぼ同じ長さ，尾鰭側は腹側が長い。肛門直後からバーパターンの腹側色素バーが始まる前までの筋節数も種同定の基準とされており，マダラが 1 ～ 3 節と少なく約 5 mm NL で肛門に接し，コマイは 4 ～ 6 mm NL で 4 ～ 6 節，スケトウダラが 4 ～ 6 mm NL で 5 ～ 6 節で距離が長いとされている（Matarese et al 1989）。しかし著者が採集した天然マダラ仔魚では 6.9 mm NL でも 4 節以上の個体が頻繁に出現するため（図 1），著者はこの基準を重視していない。以上の基準に従うと，木下（2014）が「海産仔稚魚のための科の検索」の P.53 でタラ科仔魚として示した“225”のスケッチは，マダラと同定できる。なお著者はコマイの仔魚については過去に 1 度だけ観察したことがあり，1990 年代の 4 月上旬に北海道襟裳岬のすぐ東側の水深約 30 m 地点で，プランクトンネットの鉛直曳標本中に見つけたことがあった。残念ながらその標本や写真は残っていないが，腹膜上の色素列が 2 列あることで，スケトウダラとマダラから容易に識別できたことを記憶している。

ふ化直後の卵黄嚢仔魚（3 ～ 4 mm NL）は最も種判別が難しい。ただし，浮遊卵であるスケトウダラとは異なり，コマイとマダラは沈性卵でふ化直後は浮上しないから，稀にしか採集されない。著者は陸奥湾で卵黄嚢がかなり小さくなって浮上したマダラ仔魚を採集したことがあるが（図1），コマイの卵黄嚢仔魚の採集経験はない。マダラ卵黄嚢仔魚とスケトウダラ卵黄嚢仔魚を比較すると，マダラの方が頭部周辺の色素が多く，尾鰭に近いバーの開始位置が背側と腹側で揃っている。一方スケトウダラ卵黄嚢仔魚はこの尾鰭側のバーが，背側に較べて腹側が尾鰭側にずれて始まる（図1，図2の4～6 mm NLでも同様な傾向がみられる）。またプランクトンネット中のスケトウダラ卵黄嚢仔魚は，ふ化直前で類似した形態を有する胚（浮遊卵）と同時に採集されることが多いため，卵黄嚢仔魚の出現の参考になる。

コマイ *E. gracilis* 10.1mm NL

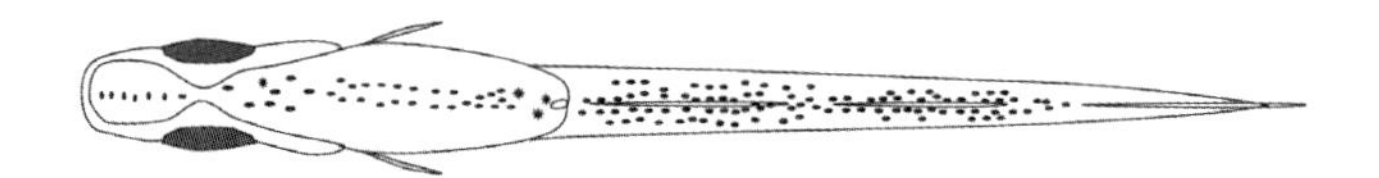

マダラ *G. macrocephalus* 15.2 mm NL

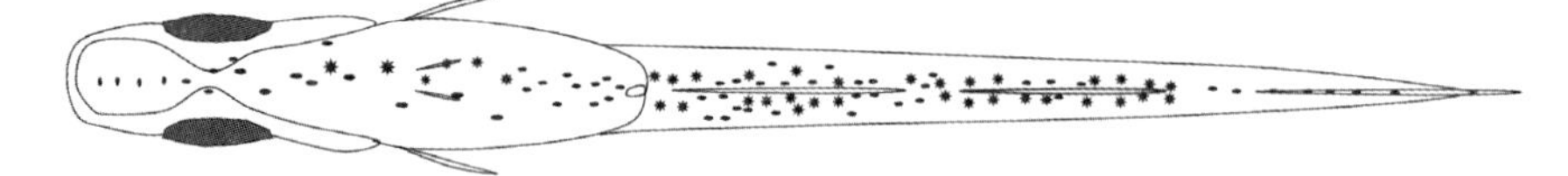

スケトウダラ *G. chalcogrammus* 15.1 mm NL

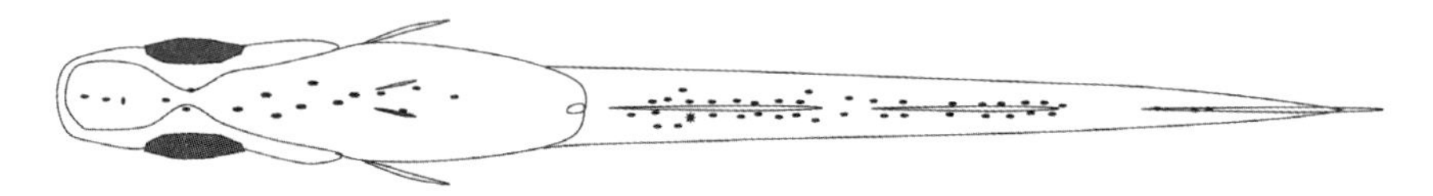

図2　タラ科3種の仔魚（10.1 ～ 15.2 mm NL）の腹面下顎から尾部にかけての黒色素胞の分布様式の模式図（触鬚は未形成）

コマイはDunn & Vinter（1984）とMatarese et al（1989），マダラとスケトウダラは髙津（2022）をもとにそれぞれ作図。

3. 飼育仔魚は黒色素胞過多

飼育仔魚は色素過多で，天然仔魚とは別物と考えるべきだ。著者は青森県水産増殖センター（当時）の早川豊氏と塩垣優博士から，研究開始当時の1989年にマダラの飼育仔魚の提供を受け，天然仔魚と比較した。しかし飼育仔魚は野外採集仔魚よりも色素の発現が早く，色素過多だ。また生残率を高めるために天然よりも高水温で飼育していたために，体長の割には体高が高かった。野外の方が低水温であるため，体高の低

コマイ *E. gracilis*

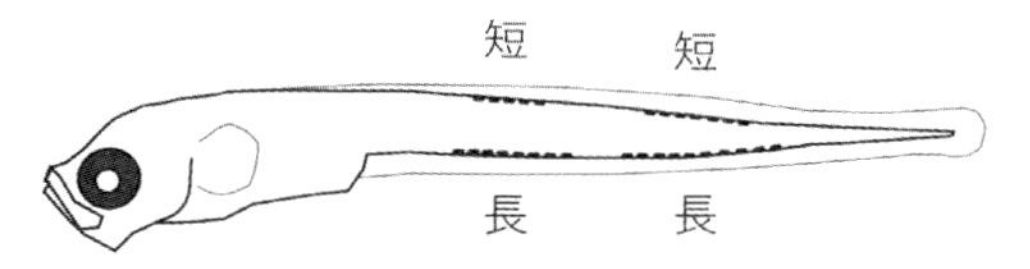

マダラ *G. macrocephalus*

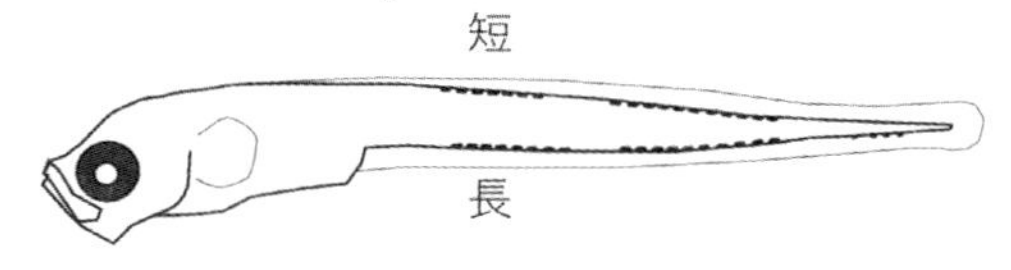

スケトウダラ *G. chalcogrammus*

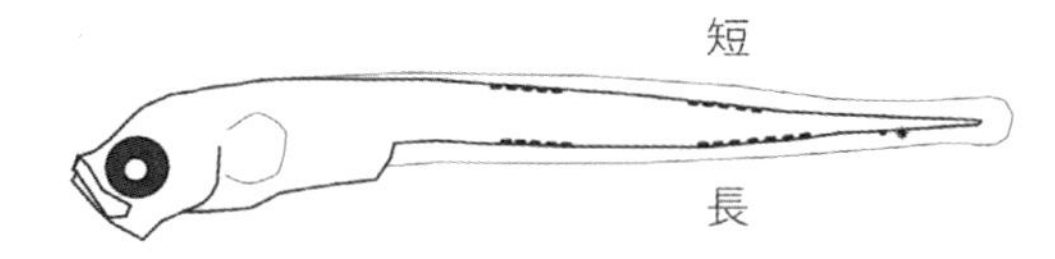

図３ タラ科３種の仔魚（4 ～ 6 mm NL）の肛門から尾部にかけての黒色素胞分布の模式図

"長"と"短"は色素の数に基づく列の長さの背腹間の比較。記述がないバーはほぼ同じ長さ。肛門より前部の色素は省略。Dunn & Vinter（1984）とMatarese et al（1989）をもとに作画。

い針のように低体高な仔魚も採集される。このように水温による体高の高さの差は，ヒラメ *Paralichthys olivaceus* の例が有名で（Seikai et al 1986），他種でもよくみられる現象だ。低温水ほど水の粘性は高いから，仔魚は遊泳速度の低下を防ぐためにひょろ長い体形になる。遺伝ではなく，環境に応じて形態が変化するこのような現象は，表現型可塑性と呼ばれている。

最後にスケトウダラを研究する上で注意すべき点として，学名の変更がある。本種は過去には *Theragra chalcogramma* と記述されていたが，現在では *Gadus chalcogrammus* だ。Carr & Marshall（2008）は佐渡島産のスケトウダラのミトコンドリアDNA配列は，マダラ *G. macrocephalus* よりもノルウェー産のタイセイヨウダラ *G. morhua* に近いことを示した。その後スケトウダラを同じ *Gadus* 属に含める見解が分類学者を中心に定着した。しかし過去の論文中の学名は変更できない。スケトウダラの論文を探す時には，古い学名でも検索することが必要だ。

2.4.7 ハゼ目

前田　健・原田慈雄・加納光樹・横尾俊博

ハゼ目魚類［本章での分類体系は基本的にNelson et al (2016) に従う］は世界で2,000種を超え，日本にも500を超える種が分布するにも関わらず，仔稚魚の形態が明らかにされている種はごく一部に過ぎない。日本産稚魚図鑑第二版で記載されている種（不明種含む）は日本に分布する種の1/4程度の約140種であり，このうち約50種は単一の発育段階に限定されている（森 2014）。ハゼ目仔稚魚の一般的な形態については，日本産稚魚図鑑第二版に詳述されている（塩垣・道津 2014）。浮遊期仔稚魚の主な特徴としては，①背面に黒色素胞を伴った大きな鰾をもつ，②肛門は中央付近に位置する（発育に伴い前方から後方へ移動する種が多いものの，発育が進んでもかなり前方に位置するアカウオ *Paratrypauchen microcephalus* のような例外もある），③口は斜め上方に向かって開く（成魚では口が腹面方向に開くツバサハゼ *Rhyacichthys aspro*, トビハゼ *Periophthalmus modestus* などにも当てはまる；図1），④頭部等に棘を欠く（一部例外有り；後述），⑤眼は発育に伴い上方へ移動するといった点が挙げられる。

このように種数が多く，仔稚魚の形態が未知である種が多い中で，ハゼ目仔稚魚を種レベルで同定するにあたって，どのようなことが勘所だろうか？種同定の手順としては，まずは採集地周辺に出現しそうな種の成魚の特徴を頭に入れた上で，後屈曲期仔魚や浮遊期稚魚の同定から開始し，シリーズ法により遡っていくことが基本となる。種同定には筋節数や鰭条数，黒色素胞の分布パターン，プロポーションなどが有効な形質である。例えば，筋節数が26よりも多く（ハゼ目のほとんどの種が26），鰭条数がほぼ定数に達しており，特徴的な黒色素胞が出現している個体であれば，稚魚図鑑などを使いながら種もしくは属まで同定できることも少なくない。一方で，鰭条がほとんど形成されておらず，筋節数が26であり，特徴的な黒色素胞が認められない個体の場合，同定

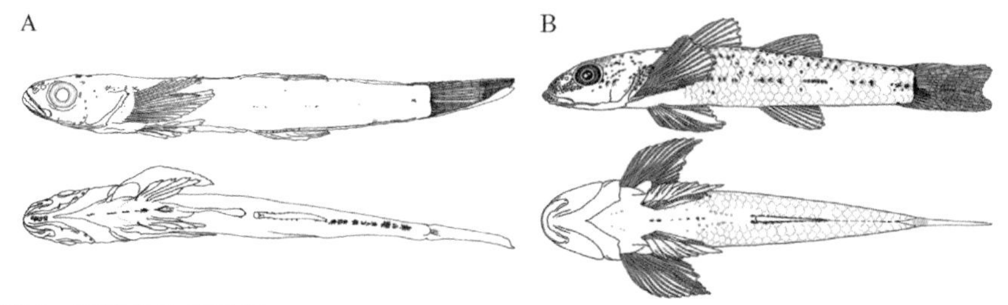

図1　ツバサハゼ稚魚

A：体長13.9 mm，インドネシアバリ島産（原田・加納未発表），B：体長19.5 mm，沖縄島産（前田 2014）。

の難易度が高く，種同定の決め手を欠く標本やスケッチがお蔵入りするか，ハゼ稚魚研究者のもとにストックされるかになる。しかし，そこであきらめると，いつまでも Goby problem（4.8 参照）は解けない。ここでは，著者らがストックしていたハゼ目仔稚魚不明種 について，意見交換しながら検討していく過程を紹介したい。

原田 図 2 は，マレーシアのボルネオ島北西部沖合で稚魚ネットにより採集された個体で，臀鰭棘が伸長しています。体型は細長く，肛門は中央よりやや前方に位置し，第 2 背鰭および臀鰭の基底長が長いです。後屈曲期仔魚 2 個体が採集され，腹鰭原基が出現していました。また，臀鰭第 10 軟条基部まで伸長した臀鰭棘をもつ個体（体長 13.1 mm）が土佐湾でも採集されており（原田 1998），他のハゼ類には認められない特徴を有しているため興味深いのですが，同定できていません。

前田 尾柄が短いことや，臀鰭の鰭条基底に黒色素胞が並ぶところが，サツキハゼ属 *Parioglossus* に似ていますね（図 3）。でも第 2 背鰭と臀鰭の鰭条数が少ないことと尾柄に黒色素胞がないことが気になります。サツキハゼ属やクロユリハゼ属 *Ptereleotris* は腹鰭が左右に分かれて 1 棘 4 軟条ですが，この個体は未発達でそこは判別が難しいでしょうか。

原田 サツキハゼ属とは異なります。前田さんの言うとおりサツキハゼ属より第 2 背鰭と臀鰭の鰭条数が少ないです。また，多くのサツキハゼ属と異なり，第 2 背鰭と臀鰭の第 1～3 軟条が相対的に短く，肛門の位置が体長に対して中央よりも前方（サツキハゼ属は後方）などの違いがあります。

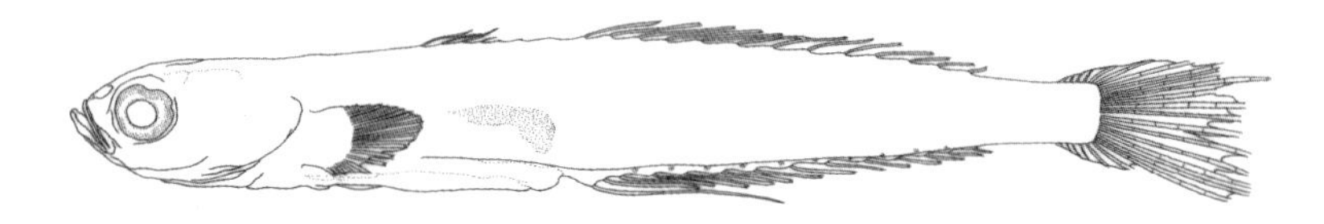

図 2 臀鰭棘が伸長したハゼ目仔魚（体長 8.3 mm，ボルネオ島沖合産）（原田描画）

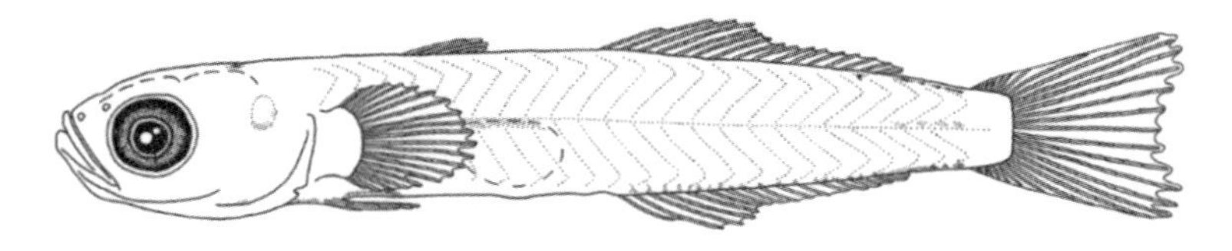

図 3 サツキハゼ属の仔魚（体長 10.3 mm，沖縄島産）（前田描画）

前田 サルハゼ属 *Oxyurichthys*（図4）やタネカワハゼ属 *Stenogobius* も似ているように思います。サルハゼ属やタネカワハゼ属の仔魚は生時に尾部に赤い色素が目立ちますが，そのあたりの情報はありますか？

原田 比較的沖合で採集されていたことから，湾奥や河川を生息域とするこれらの2属とは結び付けておりませんでしたが，言われてみるとサルハゼ属の特徴を満たしていますね。マレーシアで4タイプ，うち1タイプは鹿児島沖，2タイプは高知沖でも採集されていますが，どのタイプも第2背鰭軟条数12，臀鰭軟条数13（1個体のみ12）となっていて，これもサルハゼ属にぴったり合致します。ハゼ目の場合，分類学的に未整理の種が多く，未知の種もまだまだ多いと考えられるので，同定に当たっては慎重にならざるを得ませんが，これはサルハゼ属の可能性がかなり高いと考えて良さそうですね。なお，他の3タイプは臀鰭棘が伸長していませんでした。残念ながら黒色素胞以外の色素胞については，ホルマリン固定，エタノール保存により消失してしまった後の観察であったため分かりませんが，今後は情報を蓄積する必要がありますね。

前田 沖にいる時に臀鰭棘が伸長しているとは，とても面白いですね。私も最近採集した仔魚で正体不明なものがあるのですが（図5），何か分かりますか？クロユリハゼ科［注：Nelson et al（2016）ではハゼ科に含まれる］っぽく見えますが，臀鰭1棘10軟条でそんなに少ない種は心当たりがないです。

原田 見たことない仔魚ですが，ヤナギハゼ属 *Xenisthmus* の成魚に雰囲気が似てないですか？下唇の形状とか。臀鰭条数も一致しますし，

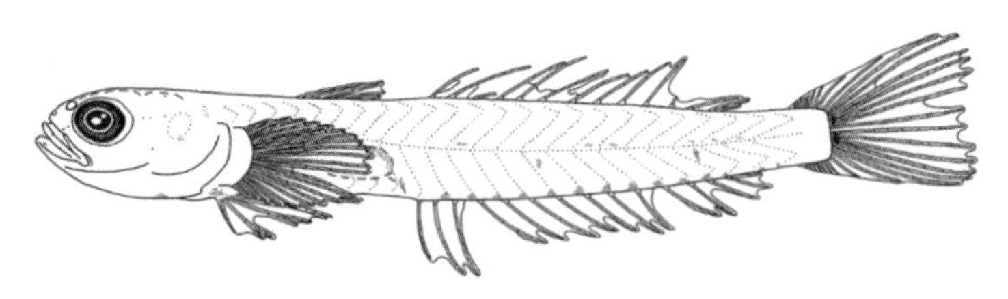

図4 サルハゼ属の仔魚（体長12.4 mm，沖縄島産）（前田描画）

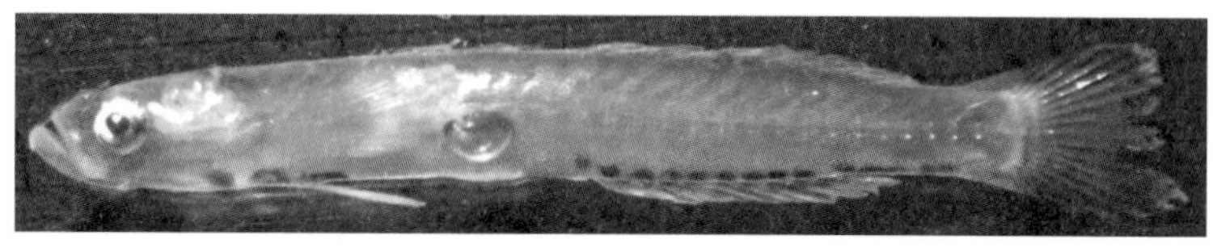

図5 未同定のハゼ目仔魚（体長12.3 mm，沖縄島産）（前田撮影）

クロユリハゼ科っぽいということは腹鰭も左右に分離しているでしょうから。これは大変興味深い個体です。腹鰭軟条数は4？5？頭部の棘や背・臀鰭基底の鋸歯状のブレードの痕跡は無いですかね？

前田 おお，確かに一致しますね！この個体は99％エタノールで固定してしまったので見づらいのですが，腹鰭1棘5軟条ありそうです。ヤナギハゼ属の仔魚は，Leis et al（1993）とLeis & Carson-Ewart（2000b）に記載されていますが，第2背鰭と臀鰭の基部の鋸歯状のブレードが特徴的すぎて，まさかそれとは思いませんでした。担鰭骨は普通で，ブレード状になっていた痕跡はありません。私が採集したものは，Leisらが記載したものよりだいぶ発達しているので，すでに消失しているようです。一つの特徴に囚われてはだめですね。原田さん，ありがとうございます。

原田 ヤナギハゼ属のブレードは本当に特殊ですよね。しかし，イソギンポ科ナベカ族でも同じようなブレードをもつ種が知られているのは興味深いです（Kubo & Sasaki 2000）。このような特徴的な形態もそうですが，サルハゼ属も成魚の生息環境の先入観から同定に至っていませんでした。仔稚魚の同定には，当然その前後のステージの形態を参考にしますし，出現場所や時期も参考にしますが，囚われてはいけない良い例になってしまいました。仔稚魚は時に大きく形態を変えますし，大回遊をしたり，海流によって流されて来たりもしますので。また，そこが面白いのですけど。ところで，ヤナギハゼ属はハゼ目の中では珍しく浮遊期に頭部棘を有することが知られていますが（Leis et al 1993），ノコギリハゼ属 *Butis* も眼上棘（supraorbital spine）を持っていましたよね？また，成魚が前鰓蓋棘（preopercle spine）を持つホシハゼ属 *Asterropteryx* ではどうでしょうか？

横尾 ノコギリハゼ属は，体長9 mm程度の着底後の稚魚には眼上に棘を備えた隆起がありますが，体長7 mm程度の着底前の仔魚では棘は形成されていません（図6）。

前田 ホシハゼ属の標本を確認したところ，体長10.0 mmの着底後の稚魚は前鰓蓋後縁に3つの棘を持っていました。一方，着底直前の

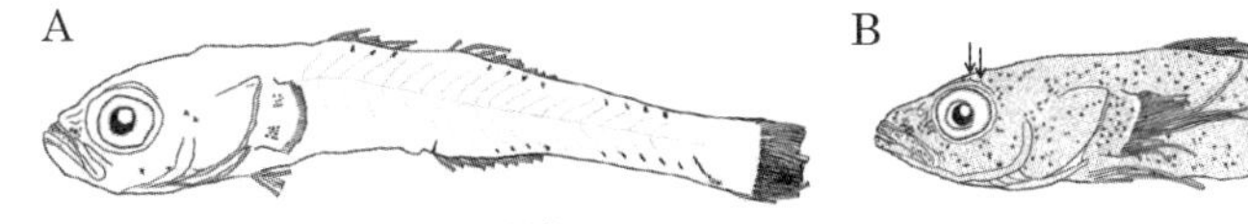

図6 ノコギリハゼ属仔稚魚
A：ノコギリハゼ属不明種　体長7.1 mm（横尾描画），B：ノコギリハゼ *Butis butis* 体長9.3 mm（Yokoo et al 2006）。図中の矢印箇所は眼上棘を示す。

仔魚（体長 5.7 ～ 6.6 mm の 9 個体）でははっきりした棘が見えませんでした。なので，棘は着底前後に発達すると考えられます。

前田 分からない仔稚魚といえば，これ（図 7）は何か分かりますか？第 1 背鰭の第 1 - 2 棘間に黒色素胞があり，ハゴロモハゼ *Myersina macrostoma* の成魚（図 8A）もその部分が黒いことから，私はその稚魚かもしれないと思っています。

原田 サンカクハゼ属 *Fusigobius*（図 8B）の可能性はないでしょうか？というのもスケッチを見て気になったのが，吻がシャープで口が小さめだなということと，尾柄がかなり長めだなということです。尾柄内部の黒色素胞もサンカクハゼ属成魚で顕著です（図 7 の個体の尾柄中央部に内部黒色素胞がある）。と言いましても，サンカクハゼ属の仔魚も見たことないので本当の思いつきに過ぎません。

前田 なるほど，さすがです。確かにサンカクハゼ属の可能性もありますね。この個体は胸鰭条数 17 ですが，魚類検索（明仁ら 2013）によるとハゴロモハゼは 15 ～ 16，サンカクハゼ属は 16 ～ 21 なので，サンカクハゼ属の方が可能性は高いかもしれません。今のところ決め手はないですが，いつか解明したいです。

加納 同定する時に属やグループを特徴付ける形質にどのように当たりをつけているかとか，種レベルの識別に役立つ色素胞はどういうものか。森（1988）が発見した腹鰭下の V 字斑や臀鰭基底の色素胞の配列は他の種でも参考になるのか。あるいは，何らかへの適応と考えられる形質などについて，もっと知りたいですね。例えば，

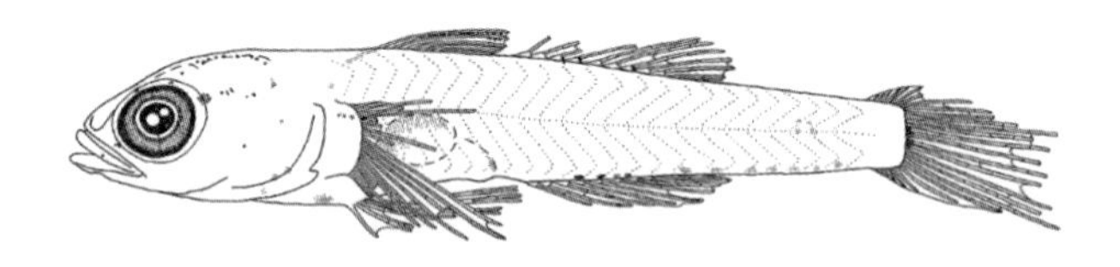

図 7　未同定のハゼ目稚魚（体長 6.4 mm，沖縄島産）（前田描画）

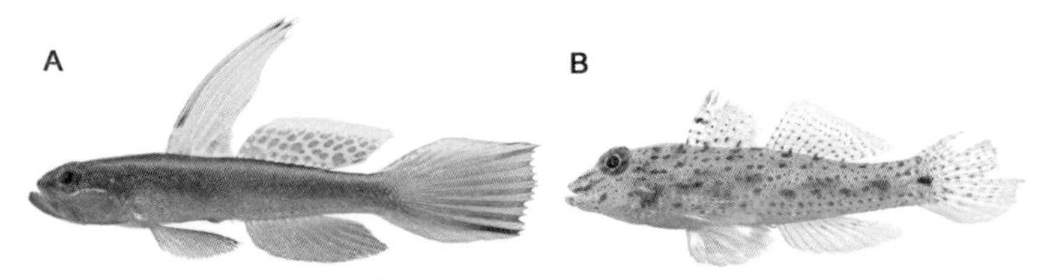

図 8　A：ハゴロモハゼ成魚（体長 26.1 mm），B：サンカクハゼ *Fusigobius neophytus* 成魚（体長 45.4 mm）（前田撮影）

クモハゼ属 *Bathygobius* の１種（シジミハゼ *B. peterophilus* ？ヤハズハゼ *B. cyclopterus* ？）（図９）の特殊な筋隔に沿った模様は何に役立つのだろうかとか。

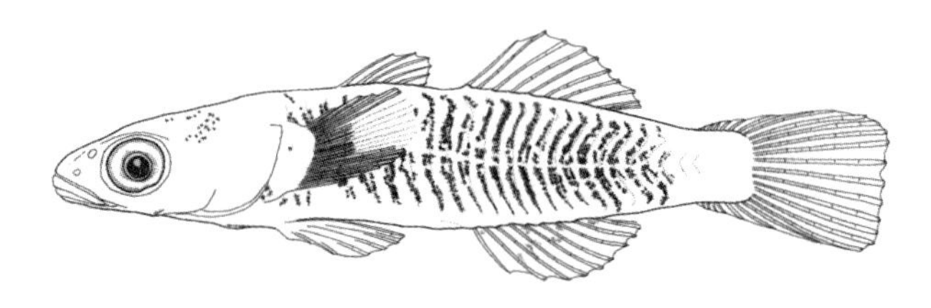

図９ クモハゼ属の１種の仔魚（体長 8.2 mm，バリ島産）（加納描画）

原田 私は，属などを特徴付けるのは，まずはプロポーションだと思っていて，同定の際には顔つきも重視しています。そのため，スケッチの際は出来るだけ正確に顔を描くように心掛けています。当然，筋節数や鰭条数等の計数形質は参考にします。第２背鰭や臀鰭の基底長，頭部感覚管や鰭の形状等も種や属などを絞り込むのに有効です。例えば，前述のツバサハゼ稚魚（図１A）は，形は成魚とかなり異なっているものの，第２背鰭や臀鰭の基底長が短いこと，胸鰭が大きく，基底が後方に傾斜すること，腹鰭の鰭条が太く，左右の基底が離れていること，形成途上の頭部感覚管が成魚の特徴を有していることにより，本種に同定されました。黒色素胞の分布様式は，近縁グループ内でほとんど同じ場合が多いですが，近縁種間で大きく異なる例もあるため，注意を要します。種レベルの同定においては最も有用な形質となるケースも多いのですが，識別に有用な黒色素胞かどうかは，発育に伴う変化や，種内変異の幅を把握して初めて分かることになりますので，詳細な観察が必要です。

原田 クモハゼ属の１種（図９）の黒色素胞分布様式は，広い分類群の仔稚魚にみられる典型的なパターンの一つです。図９のように筋隔に沿って規則正しく黒色素胞が並ぶと，非常に特徴的な模様に見えます。基本的には全体が黒色素胞に覆われますが，尾柄や尾鰭，胸鰭，第２背鰭，臀鰭などよく動かす部分には黒色素胞が分布しないケースが多いようです。一方で，比較的大きな胸鰭を持つホウボウ科，コチ科，トビウオ科などは胸鰭にも特徴的な黒色素胞をもつものが多く，さらにフサカサゴ科，イソギンポ科のように胸鰭に多くの黒色素胞をもつケースもあります。仔稚魚の形態や行動にマッチした被食回避のための模様があるものと思われますが，興味深いですね。

2.4.8 カレイ目

大美博昭

日本産カレイ目は8科（コケビラメ科，ヒラメ科，ダルマガレイ科，カレイ科，カワラガレイ科，ベロガレイ科，ササウシノシタ科，ウシノシタ科）からなり，日本産魚類検索では128種が知られる。このうち，日本産稚魚図鑑第二版に掲載されている種（種レベル）はコケビラメ科を除く7科77種であり，うちカレイ科では日本産33種のうち31種の仔稚魚について何かしらの情報が掲載されている（南 2014）。

カレイ目仔稚魚の形態の特徴については，沖山（1979a, 1984）および南（2014）にまとめられている。本分類群の最大の特徴である眼の移動による左右相称から不相称な形態への変化の他に，浮遊期仔魚については，細長い体と発育に伴う体高の増加による極めて側扁した体型への変化，頭部棘（ダルマガレイ科において最も顕著），背鰭前端の伸長鰭条（コケビラメ科，ヒラメ科，ダルマガレイ科，ベロガレイ科，ウシノシタ科）といった特徴が挙げられている。黒色素胞は一般には少ないが，体表に密に分布して斑紋を形成する種もある。カレイ科については，基本的に仔魚前期の黒色素胞の分布パターンが保存され，幼期の分類形質としてきわめて有効とされている。筋節数，鰭条数といった計数形質や各部位の相対成長も採集海域の親魚の情報と突き合わせることで種同定の際には有用となる。計数形質については，ヒラメ *Paralichthys olivaceus* では着底稚魚の鰭条数に地理的変異が認められ，個体群構造との関係性が示唆されている（Kinoshita et al 2000）。眼の移動についても，頭部背面を移動する種，背鰭始部に生じた切れ込みや孔を移動する種，頭部前面が張り出した吻嘴と吻の上方の間隙を移動する種など一様ではなく，眼が移動を開始してから完了するまでの時間や着底サイズも種によって様々である。劇的な形態変化を伴う初期生活期研究のため，眼の移動状況をベースとした発育段階の細区分が行われてきた（南 2001）ことも本分類群の形態研究における特徴といえる。

カレイ目浮遊期仔魚の形態的特徴の一つとして挙げられる伸長鰭条は浮遊適応形質とされ，発育に伴い伸長するが，変態し底生生活に移行していく過程で消失する。日本産ウシノシタ科のうちイヌノシタ属では1～2本とされ，種を分類する形質の一つとされてきた（南 2014）。イヌノシタ *Cynoglossus robustus* を卵から着底まで飼育した弘奥ら（2018）は，従来1本とされてきたイヌノシタ伸長鰭条が発育に従い2本となることの他に，第1伸長鰭条が全長の70％近くまでの長さになることを報告した。飼育個体とほぼ同じ特徴を有するイヌノシタ仔魚も天然海域で確認され（Omi et al 2020），さらに，イヌノシタだけではなく同属のゲンコ仔魚でも顕著な伸長鰭条を持つ個体が採集された（図1）。同じように背鰭伸長鰭条を持つヒラメ科浮遊期仔魚に比べるとかなり長く，ウシノ

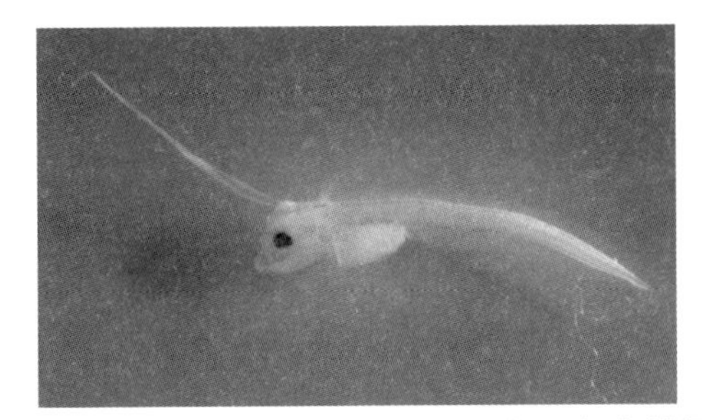

図1 顕著な伸長鰭条をもつウシノシタ科仔魚（大美ら 2019）
左：イヌノシタ（体長6.5 mm），右：ゲンコ（体長8.7 mm）。種同定は大美ら（2019）による。

シタ科浮遊期仔魚の一つの特徴となりうる。ただし，おそらくネットに入った際に，水流や網擦れによって伸長鰭条の一部が失われてしまうためと考えられるが，写真のような個体を沖合のネット採集サンプルで見る機会は少ない。ネット採集や飼育による形態記載，DNA による種判別のほか，昨今は目の前のキーボードを叩けば，仔稚魚に関する様々な姿が目の前に表示される。カレイ目に限ったことではないが，本来の仔稚魚の姿を明らかにするためには，既存の情報にしばられることなく，多面的なアプローチが必要である。

沖山（1984）は，カレイ目魚類は魚類の中でも最も知見が充実した仲間であるとする一方，カレイ目の中でもササウシノシタ科やウシノシタ科は知見が不足している種が多いことを指摘している。日本産稚魚図鑑第二版でもササウシノシタ科は日本産 19 種のうち 7 種，ウシノシタ科は 20 種のうち 8 種と，カレイ科に比べると仔稚魚の情報が得られている種の割合は低く，沖山（1984）の指摘以降，状況は大きく変わっていないようにも思われる。稚魚図鑑に掲載されていない種の形態（大美ら 2019, Shadrin et al 2023）の他，上のイヌノシタのように掲載種についても既報の形態とは異なる特徴が指摘される（Zhou et al 2017, 弘奥ら 2018, 大美ら 2019）など，新たな知見も得られており，ササウシノシタ科やウシノシタ科については，今後も知見の充実，精度の向上が期待される。

2.4.9 イボダイ亜目

岡本　誠

イボダイ亜目 Stromateoidei は，食道嚢という細かな歯を内包しているソラマメ状の器官を喉部にもつこと（トコナツイボダイ科 Amarsipidae ではない），口蓋骨に歯がないこと，円鱗をもつことなどの特徴により，スズキ目魚類の 1 グループとして認識されてきた（Haedrich 1967, Doiuchi et al 2004)。日本ではイボダイ科 Centrolophidae，エボシダイ科 Nomeidae，オオメメダイ科 Ariommatidae，トコナツイボダイ科 Amarsipidae，マナガツオ科 Stromateidae，ドクウロコイボダイ科 Tetragonuridae が構成科となる (Okamoto et al 2011)。一方で，分子系統学的研究ではそれまでのイボダイ亜目は多系統とされ，定義が曖昧となっているが (Harrington et al 2021)，本項目では前記の 6 科魚類を日本産イボダイ亜目として扱う。

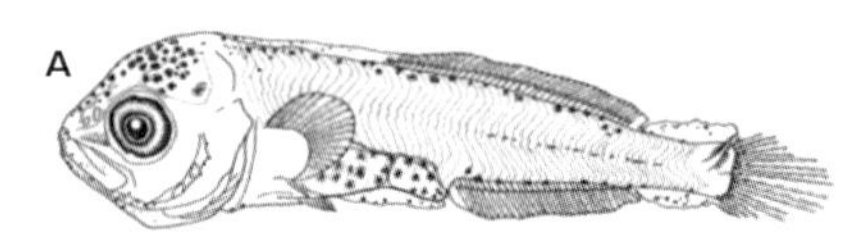

クロメダイ，体長 11.7mm（イボダイ科）

トコナツイボダイ，体長 96mm（トコナツイボダイ科）

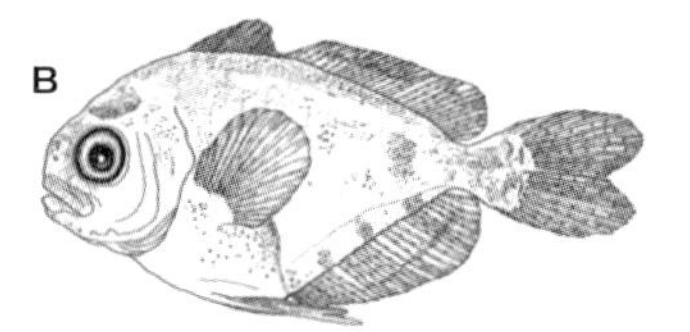

ハナビラウオ，体長 19.5mm（エボシダイ科）

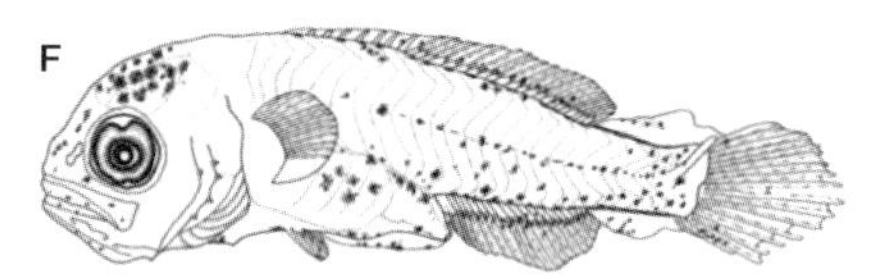

メダイ，体長 7.6mm（イボダイ科）

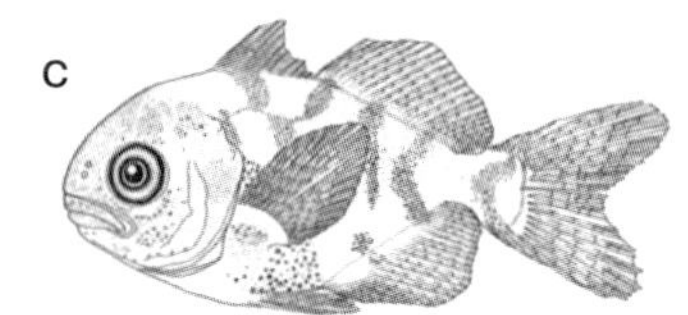

シマハナビラウオ，体長 19.0mm（エボシダイ科）

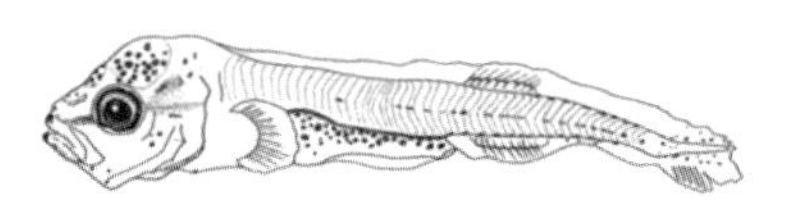

ドクウロコイボダイ, 体長8.3mm
（ドクウロコイボダイ科）

エボシダイ，体長 12.3mm（エボシダイ科）

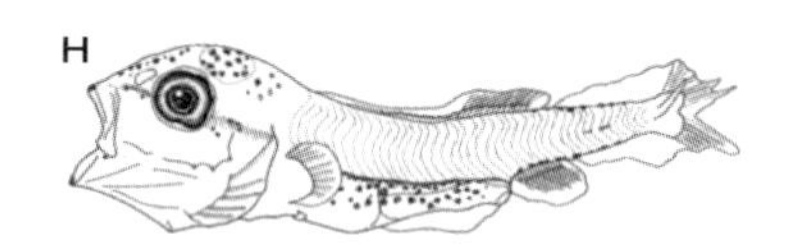

ツマリドクウロコイボダイ, 体長6.9mm
（ドクウロコイボダイ科）

図 1　日本産イボダイ亜目魚類の仔稚魚 (A ～ D，F ～ H：岡本 2014)

イボダイ亜目の仔稚魚の体型は細長い種から体高が高い種まで様々である (図 1)。細長いタイプとしては，ドクウロコイボダイ科，トコナツイボダイ科が挙げられ，体高が高いタイプはイボダイ科 (クロメダイ *Icichthys lockingtoni* を除く)，エボシダイ科，マナガツオ科が挙げられる。残るオオメメダイ科に関しては中間的な楕円形の体型をしている。イボダイ亜目のなかでマナガツオ科魚類は腹鰭がないため，他の魚類との識別は容易である。その他の種については，背鰭と臀鰭の基底が長いため，アジ科やその他のスズキ亜目の仔稚魚によく類似しているが，ほとんどのイボダイ亜目の脊椎骨数は30個以上ある（24～26個のメダイ *Hyperoglyphe japonica* とイボダイ *Psenopsis anomala* を除く）。よって24個の脊椎骨をもつアジ科やその他のスズキ亜目とは，筋節数で識別することが可能である。またイボダイ亜目の鰓蓋部には棘があるが，かなり小さく，吻部は短く丸いため，頭部全体が丸みを帯びた「かわいらしい」印象がある。この特徴はイレズミコンニャクアジ *Icosteus aenigmaticus* にも見られるが，体が薄い膜で覆われ，斑紋があることで，イボダイ亜目とは異なる（岡本ら 2002）。

体の模様については，イボダイ科，エボシダイ科およびドクウロコイボダイ科の仔稚魚の体側には，筋節に沿った「一」の字型の黒色素胞列が現れ，尾柄部付近にも黒色素胞が出現する（岡本ら 2001）。一方，類似するアジ科の多くは尾柄部に黒色素胞が無く，白く抜けた感じになっているため，識別形質として有効である。エボシダイ科のエボシダイ *Nomeus gronovii*，シマハナビラウオ *Psenes maculatus*，スジハナビラウオ *Psenes cyanophrys* は後屈曲期仔魚から体側に明瞭な縞模様（正確には横帯）が出現する。シマハナビラウオは近縁種であるハナビラウオ *Psenes pellucidus* と同時に採集されることが多いが，この縞模様は両種を識別する特徴として重要である。

イボダイ亜目の成魚は沖合の中層から底層に生息しており，産卵も沖合で行っていると推察される。そのため，卵や仔魚も沖合に分布し，沿岸で採集されることはほとんどない。しかし，稚魚になるとクラゲ類，大型のサルパ類，および流れ藻などの浮遊物に付随して遊泳するようになり，まれに沿岸の表層付近にも出現することがある。稚魚がクラゲ類に付随して遊泳するのは，クラゲ類自体を餌としているため，また，クラゲ類が捕食した餌をいわば横取りするためと考えられる。有毒な触手をもつクラゲ類は多くの魚類にとっては脅威な存在であるが，イボダイ亜目は特殊な表皮構造のおかげで無害なため，彼らと一緒にいることで捕食者から身を守ることができる。なかでも驚くべきことに，トコナツイボダイ *Amarsipus carlsbergi* の稚魚はサルパのなかで生活していることが観察されており，まさにシェルターとして利用している。イボダイ亜目はこのような生態をもつことから，クラゲ類を主食としているように思われがちであるが，実際は甲殻類や魚類などの多様な餌生物を捕食している。

イボダイ亜目の仔稚魚は前記の通り沖合に生息しているため，採集例は少ない。そのため，各種の仔稚魚の出現時期についてはまだ限定的であるが，少なくともエボシダイ科魚類の一部，ドクウロコイボダイ科は周年にわたって産卵している（岡本 2014）。これは季節変化の少ない沖合の中深層で生活しているからであろう。

COLUMN

コラム1　カレイの変態異常は魚たちからのレッドカード ～飼育屋の反省～

有瀧真人

光陰矢の如しと言いますが，ぼーっと生きているうちに60の齢を超えてしまいました。この原稿を書いていて今更ながら気づいたのですが，そのうちの半分以上を海産魚類の生産現場に飼育屋として身を置いてきました。そんな私が今改めて感じるのは，生き物を「ちゃんと」育て上げるのは大変難しいということです。

私は1985年，当時の(社)日本栽培漁業協会に採用され，石川県の能登島事業場へ配属となりました。海産魚類の飼育は学生時代にイサキで経験済みでしたが，実験規模で飼うのと大量放流用の種苗生産は全く次元が違いました。新人の私が初めて触った魚はマガレイというカレイでした。その頃栽培漁業は技術開発の最盛期で，全国各地でさまざまな魚種が新たなメニューとして加えられ，カレイ・ヒラメ類だけで12種類が対象となっていました。しかし，このグループには有眼側が白くなる白化や無眼側に着色する両面有色，黒化などの体色の異常に加え，目の位置がおかしい異常が多発して大きな問題となっていました。当時，この二つの課題は別々の事象と考えられ，それぞれ分けて飼育環境や餌料の質の改善という観点から取り組みが行われていました。中でもヒラメの無眼側の黒化は細胞学的な検討をもとに発現の機序を解明した上で，飼育水槽の底質を工夫することで大きな効果のあることが明らかにされていました。ただ，多くのデータが揃っているヒラメの黒化は着底以降二次的に現れますが，私が担当していたマガレイは変態完了時に異常が確認されることから，もっと前に原因があると考えていました。しかし，1年，2年と様々な要素を検討しましたが，解決の糸口さえ全く掴めない状況が続きました。そんな時，原点に帰って異常な魚と正常な魚の左右の形質を一つ一つ観察し，どんな現象が生じているのかまとめてみました。すると，白化は体色や眼位のみならず，歯の有無，両顎や胸鰭の大きさなど観察した左右の不相称形質全てが無眼側の特徴を，両面有色は逆に有眼側の特徴を示しました。すなわち異常魚は本来左右不相称であるべきものが左右相称に変態していることが明らかでした。その後，栽培対象種となっていたカレイ類8種のサンプルを取り寄せ同様の観察を行いましたが，どの魚種も同じ結論となりました。このグループで問題となっていた体色や眼位の形態異常は，変態の異常だったのです。このように現象は把握できましたが，防除の方法はわからないままでした。そんな中，これが最後と水温を2℃刻みで飼育した試験区では，18℃という比較的高い飼育環境で高率に正常な魚が得られました。また，白化や両面有色も一定の水温帯で出現する傾向が認められたのに加え，何度繰り返しても再現性の極めて高い結果となりました。その後マガレイの他に着底までの日数の異なるホシガレイやババガレイで同じく飼育水温別の正常，白化，両面有色の出現率を比較しました。その結果，正常な変態を進行させるにはその種が持つ至適な発育速度＝変態着底までのスケジュールの再現が重要であることを明らかにできました。おそらく，人間の都合で定めている飼育環境により，対象とする魚の発育スケジュールが許容範囲から外れた時，カレイ類の場合は変態異常が発現するのだと考えられます。これら一連の経験を経て，改めて感じたのは仔稚魚飼育というのは，その種の初期生活の過程をいかに健全に進行させるかにかかっているということです。先ほど飼育環境の最適化が改善策となることを示しましたが，対象種が生息する天然の環境条件をそのまま，水槽で再現することは不可能です。従って，仔稚魚にはどうしても「我慢」してもらうことになります。その我慢の限界を超えた時，彼らは形態異常や初期減耗，疾病というレッドカードを我々に突きつけ，間違いを示唆してくれていると考えています。今回は種苗生産について紹介してきましたが，仔稚魚飼育に現れる課題はこの時期だけが原因ではありません。特に最近感じるのは，卵の良し悪しが後々まで影響を及ぼし続けるということです。親魚も住み慣れた所から連れてこられ，日々飼育水槽で我慢を強いられています。その不満は卵の成熟や産卵行動にも大きな負担をかけることになります。事実うまく親魚が飼育できないと最終成熟に至らない，排卵しない，受精しない，発生しない，ふ化しないなど，成熟から卵発生まで順を追って問題が出てきます。おそらくその先の仔稚魚飼育にも関わることは間違いありません。もしこの考え方が的を得ているのであれば，我々飼育屋は親を含めた対象種の全生活史を「我慢」してもらえる程度に再現していかなくてはなりません。さてさて，ことほど左様に関われば，関わるほど，「ちゃんと」魚を飼育するって難しいと思います。

コラム2　チリモン観察のノウハウ　プロフェッショナル編

日下部敬之

本コラムのお題をいただき，書き始めようとしてハタと困ってしまった。同定の技術的なノウハウについて書きだすと個別論になってしまうし，許された紙面には収まりそうにない。そこで，筆者がチリモン観察会をおこなう中で発見したことや感じたことをいくつか述べたいと思う。これを読まれて「近所の子供を集めてチリモン観察会やってみようかな」と思う方がおられれば，この上ない幸せである。

特別製のチリメンジャコでブームに

「チリメンモンスター」略して「チリモン」とは，カタクチイワシの仔魚を主とする「チリメンジャコ（関東では「しらす干し」という呼称が一般的？）」の中に混じった，チリメンジャコ以外の生きものの総称であり，ジャコの中からチリモンを探し出して観察することを「チリモンさがし」とか「チリモン観察会」と呼んでいる。2004年に「きしわだ自然資料館」とその友の会「きしわだ自然友の会」によって名付けられた（日下部 2012）。普通にスーパーなどで売られているチリメンジャコは選別によってほぼイワシ類の仔魚だけにしたものがほとんどだが，加工業者に依頼し，取り除いた混ざり物を主体としたジャコを特別に用意してもらって観察会をしたところ，アジやタコ，カニの幼生からタツノオトシゴまで，さまざまな生き物が登場して大人気となった。それから20年経つが人気は衰えることなく，自然科学系ワークショップの定番となって各地で開催されている。

レアな稚魚が続々登場

さて，筆者がチリモン観察会を始めてまず驚いたことは，これまで目にしたことのない仔稚魚が出現することであった。筆者らがおもに使用する観察用ジャコは大阪湾や紀伊水道北部産であり，筆者は大阪湾でプランクトンネットを用いた仔魚採集調査を長年行ってきたので，それほどなじみのない魚は出てこないと思っていたのだが，鬼瓦のようなミシマオコゼ，体中に小棘の生えたアマダイ，吻がカジキのように尖ったイットウダイなど，稚魚図鑑でしか見たことのない種が出てきてびっくりした。また，すでに体表に鱗が形成されたマダイや，ほぼ成魚型のチョウチョウウオ類など，発育段階の進んだ個体も多く出現する。これは，チリメンジャコ漁で使われる漁具が調査用のプランクトンネットよりはるかに大きいために，水中での密度の低い種や遊泳力の強い個体も漁獲されるのであろう。この特性を利用して，チリモンからサワラの稚魚豊度を推定する試みもなされている（森岡ら 2019）。

チリモンは意外とカラフル

稚魚研究者はホルマリン固定標本を観察することが多いので，観察対象は白と黒の二色であり，参照する文献の図版にも黒色素しか描かれていないが，チリモンを観察していると赤や黄色の色素が特徴的な仔稚魚によく出会う。ベラやダルマガレイの仲間の仔魚は体の一部にピンクがかった赤色斑を持つものが多いし，チゴダラの仲間の体表は独特の赤褐色を帯びている。スズメダイも全体的にオレンジがかっているし，キハッソクは成魚と同じくきれいな黄色をしている。これらはチリモンを同定するための特徴となるし，なにより美しい。彼らが海中をヒラヒラと泳いでいる様子を想像するのは楽しい。

拡大して「モンスター」を実感

チリモンは，虫めがねか，できれば実体顕微鏡で拡大して観察してほしい。わずか甲幅2ミリほどのカニのメガロパ幼生が，すでにちゃんと親と同じようにハサミを持っていることも分かるし，タチウオの口には牙のような歯が並んでいて恐ろしい。ウオノエの仲間（等脚目）の脚の先は宿主にしがみつくために鋭いかぎ爪になっていて，映画「エイリアン」の場面を思い出してゾッとしてしまう。これらはまさに「モンスター」の名にふさわしいと思う。拡大することで，ちょっと大げさかもしれないが，初めて顕微鏡を作ったレーヴェンフックと感動を共有できる気がする。

参加者の言葉でリフレッシュ

あるチリモン参加者の「ヒラメやカレイの目は，最初は両側にあるものが移動していくのだと教科書で習ったけれど，チリモンでその移動途中の実物が出てきて感動した。単なる知識と，実物に触れることの違いを実感した」という感想が忘れられない。自分は研究対象として仔稚魚に接する中で，そのような感動を忘れがちになってはいないかと反省させられた。チリモン観察会では，単にチリモンの名前を教えるのではなく，ビックリや感動を参加者と共有したいと考えている。

第3章

どのように研究を行うのか
— 採集からサンプル分析までのノウハウ

3.1 採集方法

3.1.1 岸近くでの採集

加納光樹

ここでいう「岸近く」とは，船を使わず，人が立ち入れる範囲の水域のことを指す。砂浜海岸，干潟域，藻場，サンゴ礁，マングローブ域，人工護岸帯などが含まれ，一部の例外はあるものの，沖側の水域と比べてより発育が進んだ仔稚魚が出現する傾向がある。これらの生息場所で仔稚魚の生態調査を行うときに，環境水の透明度が高く，研究対象の稚魚が視認しうる大きさであれば，潜水による直接観察が有効である（例えば，Horinouchi et al 2005）。とりわけ，複雑な構造物があり調査用漁具が使いづらい所では観察が生態研究の唯一の手法となることもある。しかしながら，環境水の透明度が低かったり，対象が視認しづらい大きさであったり，そもそも標本を得ないと研究の目的が達せられない場合には，調査用漁具による採集が必要となる。今なお，稚魚学では標本ベースの研究が不可欠で，採集手法の習得は避けて通れない道である。もちろん，仮説に基づいて採集を繰り返し，まだ見ぬ稚魚を手に入れるところにこそ，稚魚学のフィールドワークの醍醐味がある。

まず，岸近くのそれぞれの生息場所で，どのような調査用漁具を使えばよいのか，という点であるが，これが簡単ではない。例えば，砂浜海岸や干潟域のように構造的な複雑性が小さな生息場所であっても，水の流れや底質の状態はさまざまである。また，種ごとに仔稚魚の鉛直分布は異なっており，例えば，木下（1998）は砂浜海岸に出現する仔稚魚を表層性と底生性に分類している。さらに，日周リズムや潮汐リズムなども一部の仔稚魚の出現量や摂餌行動などに影響を及ぼす。したがって，対象種の大きさや生息状況を予測し，調査対象の生息場所の環境特性に応じて，適切なタイミングで効率的な漁具を使わなければ，そこにいるのに採れない（あるいは，それすらわからない），ということが往々にして起こる。逆に，これまでに対象水域においてある稚魚が何年調査し続けても全く採集されないのに，卓越したフィールド経験を有する稚魚研究者によって瞬時に多数採集されることも起こってしまう。そういった卓越研究者の奥義の獲得には長い経験が必要で，わたしが持ち合わせているわけでもないため，本稿では岸近くでの仔稚魚の採集で，外してはならない基本のキ，つまりは，主要な調査用採集網とその使い方について概説していきたい。なお，岸近くでの稚魚採集で起きる危険な事故の事例とその防止策については千田（1998）に詳述されているため，そちらを参照されたい。

1. サーフネット

サーフネットは表層性仔稚魚を採集するための曳き網型採集具で，フィリピンでサバヒーやクルマエビ種苗を採捕するサギャップに魚取り部を付けるなどして改良したものとされる（木下 2003）。国内では1980年代以降，砂浜海岸の砕波帯（サーフゾーン）を中心に使用され，沿岸魚や通し回遊魚の初期生活史研究において幾多の成果をもたらしてきた。これまでに国内の仔稚魚採集でよく使われてきたサーフネットは，幅4～5 m，高さ1～1.3 mの網地（目合1×1 mm）の周囲をロープで補強し，その網地の中央に奥行き0.8～2 mの袋網（目合1×1 mm）が設けられたものであり，左右を支柱（塩ビパイプなど）に結び付けて用いる（Kinoshita 1986, Suda et al 2002, 木下 2003）。必要に応じて浮子やオモリを付加する。サーフネットのもっともシンプルな設計図は，曳網風景とともに，木下（2003）や木下（1993）に記されている。作成や使用時の留意点としては，①網目は1 mm前後にすべきであること（それ以下であると曳網時の水の抵抗を受けやすく，逆に，それ以上であると早期仔魚を通過させてしまう），②2人で左右の支柱を持ち，なるべく左右に張るようにして，海岸線に平行に網の上辺を空中に出し，底辺を底に付けないように曳くこと，③曳網水深はおよそ足首から胸までの範囲であることなどが挙げられている（木下 2003）。なお，国内外の砂浜海岸で仔稚魚だけでなく成魚も含む研究で用いられてきた調査用漁具については，井上（2017）を参照されたい。

2. 小型地曳網

表層性だけでなく底生性の仔稚魚も採集するために，漁業で用いる地曳網を調査用に小型化し網目を小さくしたものが原型である。干潟域やマングローブ汽水域など表層性・底生性仔稚魚の両者が多い水域で，いずれも効率的に採集できる。1990年代以降，東京水産大学（当時）の魚類学研究室で用いられてきた小型地曳網は，袖網の長さ4 m，高さ1 m, 目合2×2 mm, 胴網から袋網の長さ4 m, 目合1×1 mmで，浮子とオモリが付けられたものである（図1）（Kanou et al 2002）。袖網部両端につなげたロープを2名が持ち, 網の開口幅を4 mにした状態で，岸に平行に歩いて曳網する。遊泳力が高くない仔稚魚に対しては，小型地曳網の袖網の両端に4 mの張り竿（折りたたみ式の物干し竿で可）をつけ，さらに，そこから長いロープを繰り出すことで，1名で安定的に曳網する方法もある（Kanou et al 2004a）。底生性稚魚を効率的に採集するには網の底辺を底にしっかりとつける必要があるが，オモリが少ないと風波や潮汐流による影響で浮き上がり，逆に，オモリが多いと底質にめり込んで網内に大量の泥が入網し，まともな曳網ができない。

これらを防ぐため，予備的な曳網試験でオモリの数や総量を調整し定量的な採集法を確立してから，本調査をはじめたいところである。

なお，小型地曳網による稚魚の採集効率は，他の調査用漁具と同様に，稚魚の成長に伴う網口逃避能力の向上によって低下するため（例えば，Kanou et al 2004a，岩本ら 2008），その実態も加味して採集結果のデータを読み解く方がよい。事前に成長に伴う採集効率の変化が把握されていれば，ある生息場所で小型稚魚が採集されて大型稚魚が採集されない場合に，単にその場にいるのに網口逃避により採集されなくなったのか，成長に伴って他の生息場所へと逸出したのかを判断することができるようになる（Kanou et al 2004b）。

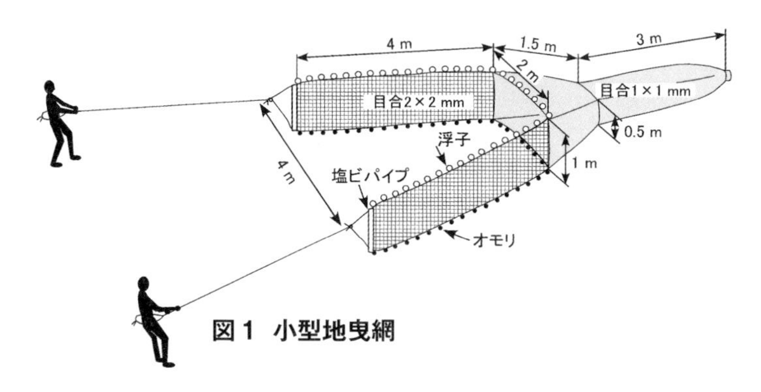

図1　小型地曳網

3. 桁網および押網

ヒラメやカレイ類などの底生性稚魚を定量的に採集する場合，長方形の金属製枠（幅約 1.5 ～ 2 m，高さ 30 cm で，底辺にソリ部あり）に袋網（長さ約 3.5 ～ 4 m，目合 2 mm）の網口を固定した桁網（sledge net）や押網（push net）が標準的な調査用漁具として使われている（Kuipers 1975, Amarullah & Senta 1989, 木下 2003）。これらの網の形状，曳網方法とその留意点については，木下（2003）に詳述されている。いずれも袋網の網口の底縁部が上縁部よりも後方に位置しており，底縁部の少し前に付けた脅し鎖（ticker chain）に驚いて浮上した稚魚が上縁部後方の天井に当たり，袋網へと入っていく。稚魚用の桁網は船舶で使用するように設計されたものだが，人力で曳く場合には，桁幅を 1.5 m にして，左右のソリ部に取り付けた長いロープを，２人で網口前方をあけるようにして曳くとよい（木下 2003）。なお，潜砂しないハゼ類の底生性稚魚などについては，脅し鎖を使わなくても十分に採集することができる。

干潟域においてハゼ類仔稚魚の着底過程を捉えるために開発されたのが二層式ソリネット（図 2）である（Kanou et al 2004c）。この網を用いることで，水深 1 m の水柱の底層（水底から 30 cm）と表層（30 cm より上）に分布する仔稚魚を別々に採集することができる。泥質干潟でも使用できるように，枠組みはすべて塩ビパイプで作製し軽量化されている。安定した曳網のため，初期型ではソリ部の塩ビパイプに現地で底砂を入れることで浮力調整をしていたが，その調整作業にも時間を要するため，後期型ではあらかじめ適量の鉄心を入れていた。仔稚魚の層別採集ができるソリネットは，波浪の影響を受ける砂浜海岸でのシロギス仔稚魚の遊泳層調査でも用いられており（荒山・河野 2004），この網では枠組みが金属で補強され，また，水深 1 m の水柱を 0.5 m ずつに分けられる構造となっている。

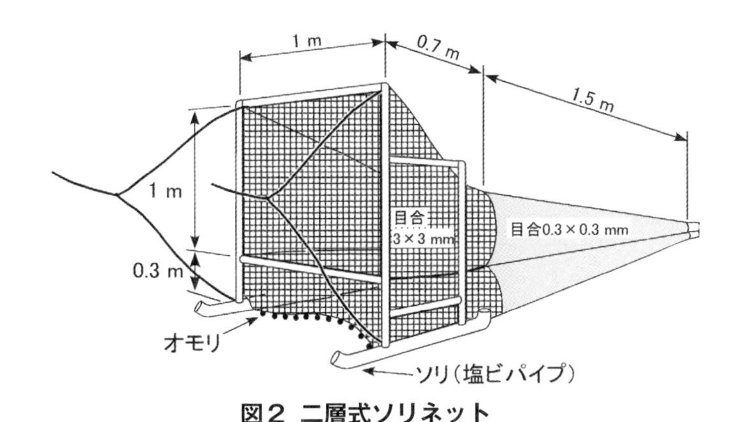

図2　二層式ソリネット

4. タモ網

内田恵太郎先生の「稚魚を求めて」の頃から変わらず，岩礁海岸の潮だまりや流れ藻などでの稚魚採集では，網枠に柄がついたタモ網が役に立つ。漁港の岸壁での稚魚採集でも役立ち，岸壁においてタモ網で得られた複数種の着底移行期や着底直後の標本に基づく記載とスケッチが日本産稚魚図鑑に掲載されている（小島 2001）。著者の研究室で岸近くの調査地で胴付長靴（ウェーダー）を履いて使用する稚魚採集用のタモ網は，網の開口部の幅 35 ～ 45 cm，深さ 45 cm，目合 1 mm（茶色のモジ網）で，網枠が金属でカバーされており，地域で懇意にして頂いている漁具店に特別に仕立ててもらっている。この網は岸壁採集や潜水採集のときには抵抗が大きく使いづらいため，より小回りの利くものを使用している。岸壁採集や潜水採集で使い勝手がよいタモ網の形状（口径や目合，柄の長さ）や使い方，さらには，採集時のマナーとルール，危険生物などについては，一般向けの複数の入門書（荒俣ら 2004，鈴木 2020）に記されているため，そちらを参照されたい。なお，タモ網による採集ではないが，垂直岸壁では四角錐型ネット（網の口径 1 × 1 m，目合 1 × 1 mm）を海底（水深 3 m）から鉛直曳きすることで仔稚魚を定量的に採集し，魚類の成育場としての垂直岸壁の役割を検討した事例（日下部 1998）もある。

一般にタモ網は定性採集に用いられることが多いが，近年では限定された生息場所において稚魚の定量採集でも用いられている。例えば，干潟に形成される小さな潮だまりでは，タモ網（目合 1 × 1 mm）で掃きとるように定量的に採集し，稚魚を主体とする魚類群集の季節変動（Okazaki et al 2012）や空間的変動と環境変量との関わり（Kanou et al 2018）が示されている。湖沼でもタモ網（目合 1 × 1 mm）でタナゴ類仔魚を定量採集し，生息環境特性を把握した事例がある（山本ら 2023）。また，北アメリカの塩性湿地内のクリークや池では満潮時に四角柱状の throw trap（底面 1 × 1 m，高さ 0.5 m のアルミ製枠の側面に目合 3 mm の網地を付けたもの）を底質に押し込むように設置し，その内部を大型のタモ網（幅 1 m，高さ 0.5 m，目合 1 mm）で掃きとるようにして，小型魚類が定量的に採集されている（Raposa 2003）。この throw trap と構造が似ているが，干潮時に干潟の潮だまりにコドラートネット（底面 1 × 1 m，高さ 15 cm，側面の網地の目合 1 mm）を設置し，その内部のハゼ類などをタモ網（目合 1 mm）で定量的に採集する方法も開発されている（Kunishima & Tachihara 2018）。なお，これらとはやや発想が異なるが，遠浅の砂浜海岸の潮間帯において，干潮時の砂中にコドラートネット（底面 70.7 × 70.7 cm，高さ 10 cm，底面と側面の網地の目合 3 mm）を埋めておき，上げ潮時に水中からネットを静かに持ち上げて砂をふるい，網内に残った着底直後のヒラメ・カレイ類稚魚を定量的に採集する方法もある（Senta et al 1990）。マングローブ林から供給され表層を漂流している葉や種子などをタモ網で掬い上げる定量採集によって，仔稚魚を主体とした魚類計 35 種が採集され，それらの漂流物が仔稚魚の生息場所として機能している可能性も示されている（Horinouchi et al 2020）。タモ網による定量採集では網口逃避が起こりやすく，囲い網を設置しない場合，この採集が適用できる対象種やその発育段階は遊泳力が低いものか基質に付随するものに限定される。しかしながら，小回りが利く点で，これまでに調査しづらかった微小な生息場所やごく浅所での採集に適用できるため，今後，さらなる検討の余地がある。

5. 定置型の採集具

河川や水路，発電所の排水口など一定方向の水流が生じる箇所において，円錐型もしくは四角錐型のプランクトンネットを設置し，流されてくる仔稚魚を採集する方法がよく用いられている。同様の手法であるが，沖縄島のサンゴ礁池と外海とをつなぐ狭い水路では，水路の流れが安定する満潮時から干潮時に，濾水計を付けた四角錐形プランクトンネット（網口が 1 × 1 m で，全長 4 m，前半部 3 m は目合 1.5

mm，後半部 1 m は目合 1 mm の網地）を設置して採集した多種多様な着底直前の稚魚を，礁池内でのサーフネット採集の標本と比較することで，サンゴ礁池における仔稚魚の加入機構を解明した事例（石原 2015）もある。一方で，河川下流域や湖沼などの岸際を移動する稚魚を定量的に採集するときには，利根川下流域やその周辺湖沼で漁業者がよく使っている小型定置網（袖網の長さ 3 m，高さ 1.2 m，目合 6.5 × 6.5 mm；胴網の長さ 1 m，高さ 1 m，目合 6.5 × 6.5 mm；袋網は筒形で，長さ 1.6 m，口径 0.4 m，目合 4 mm × 4 mm）やその規格がやや異なるものを園芸用支柱などで設置する方法が有効である（加納ら 2017）。さらに，著者の研究室では，河川に遡上するハゼ類やカジカ類の稚魚の採集には，小型定置網をさらに小型化した定置網（袖網の長さ 120 cm，高さ 50 cm，目合 2 × 2 mm；胴網の長さ 50 cm，高さ 50 cm，目合 2 × 2 mm；袋網は筒形で，長さ 130 cm，口径 16 cm，目合 2 × 2 mm）を用いている（図 3）（浜野ら 2022）。いずれの定置網も袖網部から胴網部には浮きとオモリがついており，そこを通過しようとする稚魚は移動を妨げられて，袋網部（2 か所の返しがあり，入網個体が逃げられない）へ誘導される仕組みとなっている。対象種が移動する時間帯のほか，天候やゴミ等による目詰まりの程度も加味して，設置時間を決める方がよい。

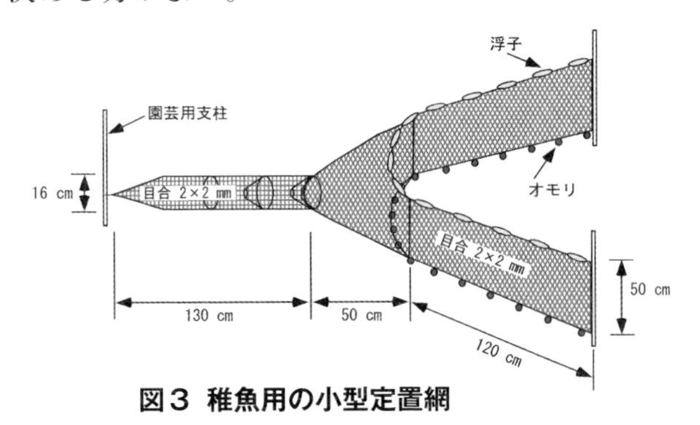

図 3　稚魚用の小型定置網

以上が岸近くでの仔稚魚の採集で役立つ漁具である。これらの調査用漁具の採集効率は調査地や季節，環境条件，対象種の生態などによっても大きく変化するほか，漁具の組合せによっても採集結果は異なる（加納ら 2017）。調査の計画段階から採集効率に関わりそうな要因を検討し，漁具の扱いに詳しい専門家や地元漁業者のアドバイスも参考にしながら，良い方法を模索することが望ましい。調査の実施に当たっては，関係法令に抵触しないための諸手続きも必要である。なお，自作の漁具を用いる場合には，その効率を事前にチェックし，取得されるデータの特性について説明できるようになっておくと，その後の調査が進めやすくなるだろう。

3.1.2 藻場や流れ藻における稚魚の定量採集と魚類成育場機能の評価

上村泰洋

レジャーなどで海に潜ったときやニュースの映像などで，藻場に多くの稚魚が集まっている様子を見たことがある人は多いのではないだろうか。藻場の魚類群集を調べた研究結果（布施 1962a, b）も，藻場に多くの仔稚魚や甲殻類が生息していることを報告していることから，藻場は「海のゆりかご」や「海中林」などと呼ばれ，魚介類の重要な成育場としてとりあげられることが多い。しかし，単に藻場にたくさん仔稚魚がいたというだけで，藻場が重要な成育場と言えるだろうか？藻場に多くの仔稚魚がいたとしても，それらが簡単に死んでしまうような環境であれば，その藻場の成育場機能は低いと言えるだろう。重要な成育場というのは，仔稚魚の現存量が多いだけではなく，それらが高成長・高生残で，親魚資源への加入が多い生息場，すなわち，魚類生産に高く寄与する生息場と定義される（Beck et al 2001）。この観点から，藻場の調査・研究結果を見てみると，実際に藻場の魚類生産力を推定した研究は少ない。魚類生産力の可視化は，各生態系の利用・管理・保全活動の意思決定に役立つと期待されることからも，定量調査に基づく藻場の仔稚魚成育場機能の評価は極めて重要である。本稿では，藻場の仔稚魚成育場機能の定量評価に関連する研究例を交えつつ，藻場や流れ藻における仔稚魚の定量的なサンプリング方法を紹介する。

1. 藻場と流れ藻の構成要素

藻場は，その構成種により，海草（うみくさ）藻場と海藻（かいそう）藻場の２つのタイプに大別される。海草藻場は，アマモ *Zostera marina*，コアマモ *Z. japonica* などの地下茎を持つ種子植物で構成される藻場で，主に砂泥底域に形成される（図 1）。一方，海藻藻場は，ホンダワラ類 *Sargassum* spp.，コンブ類 *Saccharina* spp.，アラメ *Eisenia bicyclis* などの大型褐藻類によって構成される藻場で，主に磯などの岩礁域や岩盤上に形成される（図 1）。藻場の魚類群集を調べた過去の研究事例は，海草藻場ではアマモ場，海藻藻

図 1　アマモ場（左），ガラモ場（中），流れ藻（右：山本昌幸氏提供）

場ではホンダワラ類によって構成されるガラモ場で多いようだ。波浪などの影響で，海草や海藻の葉や茎がちぎれたり，根が抜けることで，それらが表層に集まり，流れ藻が形成される（図 1）。流れ藻の主要構成種はホンダワラ類であり，その気泡が，「浮き」の役目を果たすことで浮遊し，そこに他の褐藻類やアマモなどが混在する（池原 2001）。流れ藻一塊あたりの重量は，一般的に 1 kg 以下〜数 kg だが，大きいものでは 100 kg を超える（千田 1965，山本ら 2021）。流れ藻も藻場と同様，多様な水産業上重要種の生息場であるほか，サンマやサヨリなどの産卵場であることも知られている。ブリやウスメバルの稚魚のように，藻場には出現せず流れ藻にだけ出現する魚種もいる（池原 2001）。流れ藻の魚類に関する知見は，藻場に比べて非常に少なく，出現魚類の個体数や種数などの季節変化についての報告がほとんどである。

2. 魚類サンプリングの前に－藻場の環境特性調査の重要性－

アマモ場やガラモ場の規模や三次元構造は，海底地形や波浪などの影響で大きく変化する。また，水温の変化に対応して，アマモやガラモが繁茂・衰退するため，三次元構造の季節的消長が大きい。これらは，干潟やサンゴ礁のような他の沿岸生態系とは異なる藻場生態系の特徴で，生息魚類の群集構造や個体群動態の季節変動特性と強く関連している。そのため，藻場で魚類採集調査を行う場合は，事前にフィールドとなる藻場の環境特性を把握しておくことが望ましい。

藻場の季節的消長と稚魚の個体群動態を研究した一例として，瀬戸内海中央部に位置する広島県竹原市沖の藻場で行われた調査研究を紹介する（Kamimura & Shoji 2013, 2023）。この藻場では，冬春季にガラモが繁茂し，シロメバル *Sebastes cheni* 稚魚が藻場の優占種となっていた（図 2）。シロメバル稚魚は，12 〜 2 月に生まれ，体長約 20 〜 60 mm の間，藻場に来遊・滞在する特性がある。この藻場で，1 〜 2 週間に 1 回の頻度でシロメバル稚魚を定量採集した後，耳石日輪解析によって稚魚の誕生日を推定し，それらを 1 〜 7 の誕生時期群（コホート）に分けた。コホートごとの藻場来遊日を推定し，藻場来遊以降に経験したガラモ被度（繁茂状況の指標値）と，各コホートの藻場での減耗率を推定したところ，早期に生まれ早くに藻場に来遊し，ガラモが複雑に繁茂した環境を経験したコホートは，後期に生まれ後から藻場に来遊し，ガラモが衰退した環境に滞在したコホートよりも減耗係数が低い傾向にあり，生残率が高かったと考えられた（図 2）。このように，藻場の繁茂状況が仔稚魚の生き残りを決定づける要因となりうることから，フィールド調査を計画する場合，対象魚類の生活史だけでなく，藻場の構成種の生活史を考慮した調査開始時期や調査頻度の設定が重要となる。

藻場の環境特性を把握する際，水温・塩分などの測定や藻場の規模・

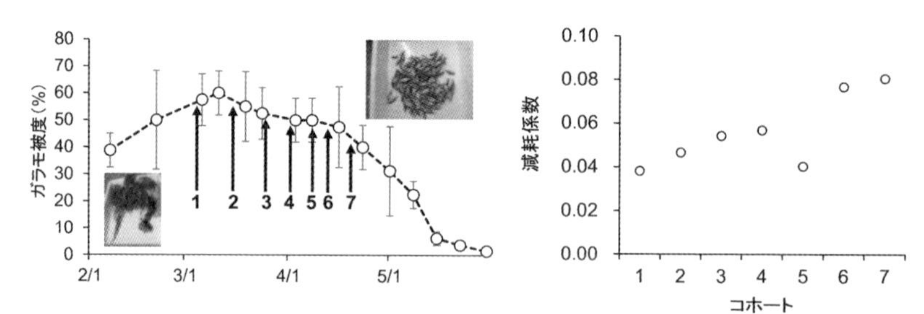

図２　瀬戸内海中央部の藻場のガラモ被度（繁茂状況）の平均値（バーは標準偏差）の推移（左図）と，藻場で採集されたシロメバル稚魚の誕生時期群（コホート）別の減耗係数（右図）（Kamimura & Shoji 2013を改変）

左図の矢印は，藻場で採集されたシロメバル稚魚の推定藻場来遊日をコホート別に示す。コホート番号は小さいほど早く生まれたことを表しており，減耗係数は高いほど減耗率（死亡率）が高いことを意味する。

構成種の調査に加え，海草や海藻の株密度を調査することが肝要だ。一般的に，株密度の調査には，方形枠（コドラート）を用いる（図3）。例えば，50 cm × 50 cmのコドラートを用意し，調査地の任意の複数地点でコドラート内のアマモやガラモの株数をカウントすることで株密度を記録する。調査地の藻場が海草藻場の場合は，株密度の記録と同時に，アマモなどの株を数本～10数本サンプリングし，株ごとに葉長や重量を測定する。海藻藻場は，海草藻場と比べて，非常に複雑な三次元構造を形成するため，藻場の繁茂状況の調査方法に工夫が必要である。株採集による海藻の葉長の測定や海藻重量の測定も可能であるが，大型褐藻類の株採集は藻場へのダメージが大きい。また，重量などの計測だけでは，三次元構造や繁茂状況を指標できない可能性もある。そこで，筆者らはガラモ場を調査する際，コドラートで囲まれた海底から表層までの四角柱を想定し（図3），目視観察によりその内を占める海藻の割合を記録することで，ガラモを採集することなく繁茂状況を調査する方法を採用した。観察空間を細分化すれば，より精密な三次元構造のデータを取

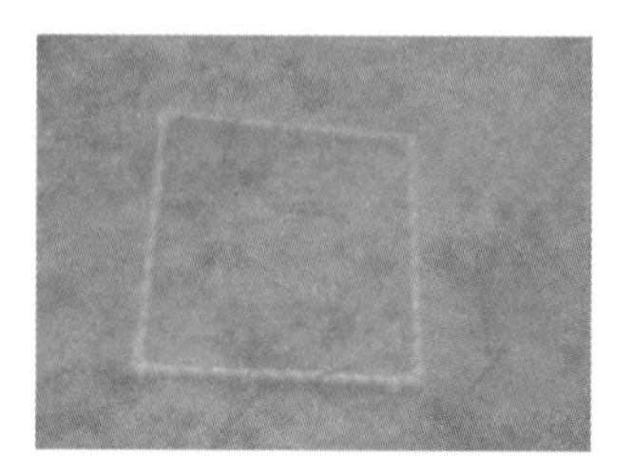

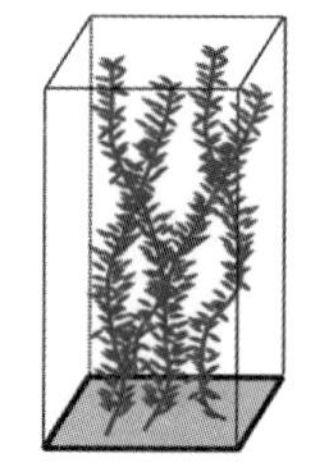

図３　コドラート（方形枠）（左）とガラモの繁茂状況調査の模式図（右）

得できるだろう。先に示した事例の通り，藻場の複雑性の指標値は，魚類群集構造や稚魚の生き残りの検討に重要なデータとなることがある。藻場の構造の観察方法やサンプリング手法については，先行研究の情報収集を行い，魚類サンプリングや調査内容と照らし合わせて，よく検討することを推奨する。また，研究内容によっては，魚類の餌環境を把握するため，袋網などを用いた小型甲殻類などの葉上生物採集やネットによるプランクトン採集も行う。

3. 藻場や流れ藻での魚類の定量採集法

藻場において定量的に魚類群集や個体数変動を調査する場合，スキューバ潜水や水中ビデオカメラを用いた目視観察と，漁具を用いた採集が汎用的な手法である。潜水による目視観察の詳細については，3.8を参照されたい。魚類採集を行う場合は，小型の地曳網やトロール網，サーフネットなどを用いる（図 4）。定性的な調査の場合は，刺し網，かご網類が用いられることもある。目視観察では，生息する魚類を採集することなく調査できるメリットがある反面，藻場など構造物が発達した環境や濁度の高い水域では，稚魚など小型個体の見落としなどによる過小評価の可能性が高まる。漁具による採集では，網を曳く場所や網に囲われる場所の稚魚を採集することになるが，その採集効率が高い場合には個体数を正確に把握することが可能だ。ただし，底生性魚類や大型魚類は，網から逃避する可能性があること，岩礁や岩盤上に形成されるガラモ場などでは，網が岩に引っ掛かり漁具の曳網が困難となる場合もあるので注意が必要である。

漁具を用いた定量採集を行う場合，調査地の藻場の複数カ所で魚類サンプリングを行う。曳網時に網口の長さおよび曳網距離の記録を行うことで調査面積を推定するか，藻場を囲い込む面積が一定となるように調査を実施する。最近では，GPS によって手軽に採集時の曳網距離を記録できることから，積極的に記録装置を利用すべきだろう。採集された魚類は，単位面積あたりに換算して，個体数･重量･種数などの結果を示す。

図 4　地曳網（左），サーフネット（中）による魚類採集の様子と採集された稚魚（右）

小型の漁具で魚類採集を行う際に，大型個体などの網口逃避が考えられる場合は，より大型の漁具で魚類採集を行い，採集サイズや個体数を漁具間で比較することで採集効率を計算し，個体数や重量を補正する。藻場の調査方法等に関する情報は，他の文献にもまとめられている（堀之内 2003，木村 2003，小路 2009）ので，それらも参照されたい。

流れ藻でも，タモ網などの漁具を用いた調査が主流である。最近では，GPS とインターバルカメラを用い，流れ藻と随伴する魚類を観測し，稚魚の群れ形成機構を明らかにした報告もある（Hasegawa et al 2017）。漁具による採集を行う場合は，流れ藻ごと魚類を採集する。単位時間あたりの流れ藻の発見数，流れ藻一塊の合計重量，流れ藻の構成種と種別重量等を記録することで生息場の定量データを集め（山本ら 2021），一塊あたりの魚類個体数・重量・種数等を示す。

上述のように，藻場において魚類の現存量や種数の定量調査を行う場合，調査方法によるメリット，デメリットがあるため，調査地の条件，対象の魚類，稚魚の調査項目，研究内容に合わせて適切な調査方法を選ぶことや，それらの短所を補うために，いくつかの調査方法を組み合わせることが有効である（French et al 2021）。流れ藻においても，ビデオカメラでの目視観察，タモ網・ニューストンネットによる魚類採集をうまく組み合わせ，流れ藻の出現種，行動などを多角的に観察した結果が報告されている（Casazza & Ross 2008）。

4. 夜間調査が明らかにした藻場の実態

藻場でフィールド調査を行う際，調査時間の重要性を示した事例を紹介する。瀬戸内海で行われた一連の研究結果は，藻場の様相が昼と夜でがらりと変わることを明らかにした。昼間はシロメバル稚魚が優占していた瀬戸内海の藻場で，夜間調査を実施したところ，昼間には見られなかったメバル類成魚やマアナゴなどの大型の魚類が採集され（図 5），それらが稚魚を捕食していたことが分かった（Kinoshita et al 2014）。その

図5 昼の藻場で採集された稚魚（左），夜の藻場で採集された魚類（中），夜の藻場で採集されたアカメバル成魚の胃内容物（右）

後，近隣のアマモ場において，メバル類成魚やマアナゴに小型の発信機を装着することで，捕食者の行動を追跡したところ，これらの捕食者が夜間にアマモ場を訪れていたことが明らかとなった（Shoji et al 2017）。これらは，仔稚魚の生き残りを評価する上で欠かせない被捕食関係のみならず，夜の藻場が捕食魚の摂餌場としても機能していることを提示した興味深い研究例である。

5. 魚類採集後の解析や研究方法

藻場や流れ藻での各種調査後，藻場の魚種組成を解析する際に，藻場や流れ藻に出現した魚類を，定住種，季節的定住種，偶来種などのように，出現する季節や藻場の利用状況から分類することが多い（Kikuchi 1966，池原 2001）。また，研究によっては，稚魚の個体レベルでの各種観察，例えば，稚魚の耳石を用いた日齢・成長解析による誕生日や成長履歴の推定，消化管内容物観察による食性解析を行うが，詳細については 3.6 や 3.7 を参照されたい。耳石は個体の誕生日が分かるだけでなく，個体の経験環境を反映して，輪紋間隔や耳石微量元素の含有量が変動することから，仔稚魚期の生息場の推定に応用されることがある。このような耳石の性質を利用し，漁獲された魚類の耳石解析から，稚魚期の生息海域を推定することで，藻場などの沿岸域生態系の貢献度を定量的に評価した研究例もある（Guido et al 2004，Fuji et al 2016）。

6. 藻場や流れ藻における稚魚研究の今後

地球上の生態系が有している機能のうち，人類に恩恵のある機能の価値を生態系サービスと呼び，その経済価値を試算することで自然の持つ価値が可視化されている。藻場の生態系サービスの経済価値は，地球上の全生態系の中でも，高い部類であることが示されている（Costanza et al 2014）が，現状の魚類生産（供給サービス）の評価事例は断片的であることから，長期的・総合的な研究が求められている（堀 2011）。また，藻場の生態系サービスを，様々な藻場や他の沿岸域生態系と比較し，生態系サービスの連関を調べることも必要とされている（Nordlund et al 2018）。ガラモ場など他の生態系が隣接することで，アマモ場の仔稚魚成育場機能が向上したことを示した研究は，藻場の景観と生態系間のつながりが，藻場の魚類生産に重要であることを示唆している（Olson et al 2019）。今後，藻場や流れ藻の魚類生産や仔稚魚成育場機能について，生態系間の比較研究や相互作用の検証，それらに対する藻場の規模や景観構造の影響の調査が益々重要となるだろう。

3.1.3 灯火採集

岡　慎一郎・揖　善継

1. 灯火採集の種類

灯火採集は，魚類の持つ走光性により光に集まった仔稚魚を捕獲する手法であり，古くから多くの研究で採用されてきた。比較的，閉鎖的な水域（内湾，河口域，潟湖など）で仔稚魚調査をする場合，通常の方法（稚魚ネット，曳網など）では採集困難な走光性を示す魚種または発育が進みネット逃避が活発になった稚魚を補填的に採取するために行われる。灯火採集には海面あるいは水中にて点灯したライトに集まってきた魚類をタモ網で直接捕獲する手法と，集まってきた仔稚魚をトラップして捕獲する手法がある。

まず，手軽にできる直接捕獲する手法を紹介しよう。一口に「灯火」といっても様々で，水銀灯，タングステンフィラメント，蛍光灯，LEDライトなどがある。水銀灯やタングステンフィラメントの光源は，かつては様々な調査で使用され（岡部 1996 など），発電機などを構えねばならないが，最近では，蛍光灯や LED のもの，さらに，乾電池式などコンパクトさを重要視したものや，防水加工により水中での点灯が可能なものもあるので用途に応じて使い分けるとよい。特にコンパクトな釣り用の乾電池式水中 LED ライトが安価で発売されており，初心者はこのような光源から始めてみるのもいいだろう。光源の設置方法も様々である。かつては防水仕様の光源がなかったことから，水上から水面を照射する方法が主体であったようだが，これでは水面の反射で魚が見えづらく，その上，魚から採集者や網が見え，容易に逃避されてしまう。また，上方からの照射のために水平方向に光が行き渡らず，仔稚魚の蝟集効果もあまり高くないと思われる。これが水中灯であれば，魚からは水面は鏡状になり，網を入れるまで逃げない。なお，任意の環境（岩礁，潮間帯など）特有の仔稚魚を採りたいときには，局所的な照射の方がよい場合もある。

筆者らは漁港などの岸壁で採集を行う場合，乾電池式水中ライトを岸壁から 1 m ほど離した水面下 10 cm ほどに設置することが多い（図 1）。この設置方法だとタモ網が届く範囲の仔稚魚はだいたい視認できるし，水平方向への光の広がりも大きい。波などで光源が激しくゆれると採集しにくいばかりか仔稚魚の寄りも悪くなるので，光源の種類に合わせてペットボトルなどのウキや重りなどを使用し光源の位置を安定させると良い。光源周りの仔稚魚には，一目散に光源に突っ込んでくるもの，光源から一定の距離を置くもの，光源からやや離れた見えにくい場所に定位するもの，素早く通り過ぎるものなどがいる。そういった仔稚魚の捕獲には，2 m ほどのグラスファイバー製の柄にシラスウナギ用の

図1 岸壁での灯火採集の状況

金属網を取り付けたものが非常に取り回しが良く，慣れればすばやい仔稚魚にも対応できる。また，よく出回っている布製の網だと，捕まえるたびに中身を確認し，バケツなどに収容する必要があるが，形状が固定された金属網だと，掬ってすぐにバケツの上に網を移動させ，ひっくり返すと同時にバケツのへりを「トン」とひと叩きすれば，掬い上げた1～2秒後には魚はバケツに落ちる。手返しも良く，魚を傷つけにくい点で非常に優れている。ただし，やや深いところにいるものや，サイズが大きいものに関しては，この金属網では捕獲が難しい。こういったものを狙うときはやや目が粗く口径の大きなタモ網を用意しておくと良いだろう。

仔稚魚群集の研究においては，先の「見つけ採り」的な採集よりも，光に集まってきた仔稚魚をトラップする仕組み，いわゆるライトトラップが用いられることが多い。夕方仕掛けて翌朝に回収すればそれなりの結果が得られるため，省力において非常に優れている。その大部分はプラスチック製の外壁内部に誘因用の光源が付される構造となっており，形状，光源の種類に関しては論文ごとに仕様は様々である（例えば，Doherty 1987, Brogan 1994, Gyekis et al 2006, Nakamura et al 2009, McLeod & Costello 2017）。しかし，それぞれの調査結果を見てみると，大部分で採集の質・量ともに大きなムラがあり，結果の解釈に苦慮している論文が多いように見受けられる。かつて，筆者は既存知見を参考に試作したライトトラップで採集を試みたことがある。ターゲットとする仔稚魚はある程度採れたものの，同じ場所で水中ライトとタモ網で直接捕獲した数よりも明らかに少なく，また場合によっては同時に入罠した甲殻類のメガロパによりサンプルが食い散らかされた状況にも直面した。こうなってしまっては採集数の定量的評価は難しい。いずれにしろ一見便利なライトトラップも使うときには様々な工夫が必要なようである。

2. 灯火採集の特性

仔稚魚研究のデザインにおいて灯火採集を取り入れる場合，本手法の特性をよく理解しておく必要がある。まず，光源を水中に設置する灯火採集は波あたりの強い場所ではあまり用をなさない。なぜなら，波によって灯火が激しく揺れることで，寄ってくるはずの魚をかえっておどろかせてしまうからだ。それだけでなく採集効率も著しく低下する。目視捕獲では魚が見えにくいし，トラップ採集においてもトラップが波で揺れてしまうと仔稚魚はその入り口にすら到達できないであろう。このため灯火採集は漁港の岸壁や内湾など，穏やかな海域を選ぶと良い。一方で，波浪のため水中光源が適応しにくい沖合などの海域でも，水面上からの照射により集魚することは可能である。ただし，経験上採集効率はあまり良くない。

灯火採集は採集数のムラが大きい。おそらくこれには，濁り，潮汐，天候などのわずかな環境の変化が複合的に関与していると考えられるが，その原因を特定することは難しく，仔稚魚の出現量の多寡の解釈に困ることが多い。また，空間を直接切り取ってくるような採集法である曳き網や稚魚ネットとは異なり，上のような複雑な環境要因が介在している中で，自発的に集まってくる仔稚魚の一部を捕まえるといった灯火採集はかなり選択性が強く，さらには定量性を欠くことから，得られた仔稚魚の数は実際の生息数と大きく乖離している可能性がある。実際に同じ場所，同じ時間帯に連続した2日間，河川の河口域の左右両岸で集魚灯採集を行った際に，1日目と2日目，もしくは右岸と左岸の採集で採捕されたりされなかったり，採捕量の多寡があったりする。また潮汐の影響を受ける特に河口域などで採集を行う際は，潮まわりによって全く環境が変わってしまう。このため，特に長期のモニタリングなどを行う際には，夜間通しての採集などの予備調査を行い，潮まわり，時間帯，設定日数など最も適した条件設定を検討しておけば（揖ら 2019），気持ちよく調査を行えるであろう。既往研究では，採集に要した時間やトラップの数などで定量化されているものが大半であるが（例えば岡部 1996，原田ら 1999，Takahashi et al 1999，鐘ら 2003，Nakamura et al 2009，岡・宮本 2014），採集量にかなりのムラがあることを理解した上で，複数回の結果を俯瞰的に見て大まかに解釈するにとどめておいたほうが良さそうである。

灯火採集で得られる仔稚魚は，もれなく正の走行性を持つものに限られる。既往研究を見る限り，カマス科，サバ科（Brogan 1994），フサカサゴ科（Hickford & Schiel 1999），ネズッポ科，ニザダイ科（Hair et al 2000）などは，同所的に行われた他の手法で一般的であった一方で，灯火採集ではほとんど得られなかったとのことである。これらのグループは沿岸ではごく一般的な魚種であるものの，我々の経験においても灯火採集で見られることはほとんどなく，正の走光性を持たない可能性が高い。つまり，灯火採集ではこういった魚種を取りこぼしてしまうことから，仔稚魚群集を網羅する手段としての灯火採集は適当な手法とは言い難い。仔稚魚群集の把握にあたっては，灯火採集の結果は曳き網や稚魚ネットなどの採集結果を補完するくらいに考えた方が良いという評価もあり（Hickford & Schiel 1999），筆者もこれに同意する。

同種内でも発育段階によっては異なる走光性がある場合も，当然ながら灯火採集での採集数に影響がでる（Gregory & Powles 1985）。キビナゴ，カタクチイワシ，ミズン，アユ，サバヒー，ナミノハナ，ムギイワシなどは，ごく初期の仔魚から稚魚までの様々な発育段階を得ることができる（Takahashi et al 1999，岡部 1996，岡・宮本 2014）。このような魚種については，耳石日齢による成長解析などの初期生活史研究を集魚灯のサンプルをメインに行うことができる（Takahashi et al 1999，Oka & Miyamoto 2015a）。その一方，カマキリはふ化直後（原田ら 1999），ウナギは河川遡上直前，ハゼ科やベラ科は着底直前，ボラ科は稚魚期といったように特定の発育段階でのみ灯火採集で得られるものも少なくない（岡部 1996，岡・宮本 2014）。このような魚種を対象とした集魚灯調査は，特定の発育段階での出現場所，時期，量などを調べる研究では非常に有用であるが，初期生活史を網羅するような研究には不向きであり，他の採集方法と組み合わせる工夫が必要となる。

以上のように，仔稚魚群集の把握や初期生活史研究において，灯火採集のみで対応することは難しく，一見メリットの小さい調査手法であると思うかもしれない。しかし，この採集方法は他の手法に比べて圧倒的に軽装備であることから，研究のデザイン段階での予備調査の手法としてはかなり有効である。さらに，曳き網などの手法で得られた仔稚魚は，取り上げの段階でかなりの物理的ダメージを受けるため，形態学的に重要な形質が損壊する場合がある。その一方で灯火採集（特に視認による直接捕獲）で得られた仔稚魚は，損傷がほとんどないために形態の観察に適している。著者は集魚灯で得られたサンプルは5～10％のホルマリンで固定し，翌朝に水洗後70％エタノールに移している。そうすることで直接エタノールに移したときに起こりやすい標本の収縮を防ぐことができる。また，短時間のホルマリン処理であれば，耳石の日齢解析やDNAバーコーディングによる同定にも大きな支障はない（Takahashi et al 1999，Oka & Miyamoto 2015a, b，Hanahara et al 2020）。

3. 調査の注意点

当然のことながら，調査は夜間に行われる。特に新たに調査を始める際には，明るいうちに危険な個所がないかなどよく現場を確認しておく。また，テトラポットの上など足場の不安定な場所は避け，ライフジャケットを着用するなど安全には十分な注意をはらう。河口域や漁港などは釣り人も多い。適度に距離をとったり，調査に入る前に一言挨拶をするなど，無用なトラブルを避ける心遣いも大切である。

集魚灯による採集は各県の漁業調整規則等によって制限されていることがあるため，調査の際はまずは都道府県に問い合わせすることが望ましい。また，特別採捕許可の必要性に関わらず，漁業者（漁業協同組合）や漁港の管理者等とトラブルにならないように地元関係者に調査の説明を行い，了解を得ておくことも重要である。また集魚灯で採集される魚類の中には，アユやニホンウナギなど各県の漁業調整規則等で採捕の大きさや時期などを制限されているものも多く，特にシラスウナギは令和5年12月より特定水産動植物となったため（水産庁）[脚注1]，違反者には重い罰則が科されることになる。これらについても許可を取るなどの法令遵守が必須となる。

3.1.4 着底期稚魚の餌となる近底性ベントスの採集

広田祐一

ネットの形状：ヒラメ稚魚は着底期に近底性のベントスとされるアミ類をよく摂餌している。このため，ヒラメ稚魚採集に使用されている桁網などを参照して，1983年にその餌生物の採集を目的としたソリネット（のちに広田式ソリネットとも呼ばれる）を作成した。

採集は1トン未満の小型船で行うことも多く，取り扱いやすさを考慮して，口部幅0.6 m，高さ0.4 m，濾過部網目幅0.76 mm（ニップ強力網＃30－破れにくいが，短所として目ずれを起こし易い），濾過部網側長2.0 mのネットとした（図1）。ネット濾過部の口部に奥行き0.5 mの金属枠ソリを取り付けた。曳網中，ソリ前面が浮上しないようにするため，ネットを曳くブライドルはソリ前面バーのやや上面に取り付けた。ソリ上面および側面は濾過網と網目幅5 mmの外網で覆った。ソリ底面部は枠を設けず，底面部前面に長さ0.8 mのチェーンを取り付けた。チェーンは曳網時海底を掃くことにより生物をやや浮き上がらせることを狙った。また濾過網口部下縁にもチェーンを取り付け，網口下縁が海底を掃くようにした。濾過網も保護するため網目幅5 mmの外網で覆った。さらに，多回数連続して採集を行う際，直ちに次の採集を行えるようにするため，濾過網口部から1 mのところにファスナーを取り付け，濾過網後半部を取り替えられるようにした。

採集する海底水深が深い時，ネット下降時や揚網時，特に揚網時にプランクトンが多く混入する可能性がある。このため，ソリ前面バーに閉鎖装置を取り付け，採集終了時にメッセンジャーを投入し，ネットを反転閉鎖したのち揚網することも可能とした（図2）。

脚注1　水産庁HP. 令和5年漁期におけるウナギの持続的利用のための資源管理の推進について：https://www.jfa.maff.go.jp/j/saibai/attach/pdf/unagi-40.pdf

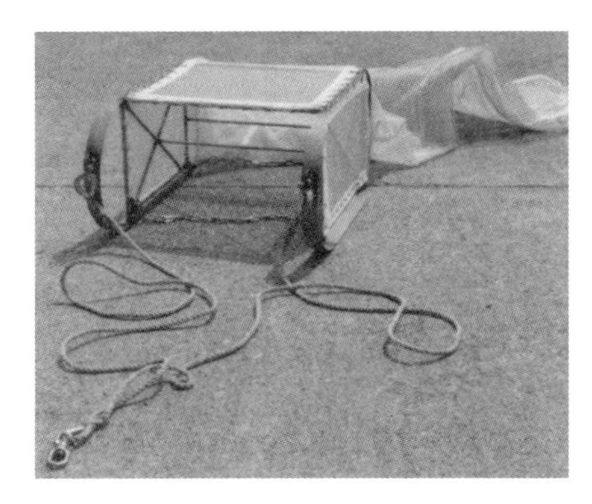

図1　近底層に分布する餌料生物を採集するソリネット

口部幅0.6 m，高さ0.4 m，濾過部網目幅0.76 mm，濾過部網側長2.0 m。網目幅5 mmの外網で覆われている。

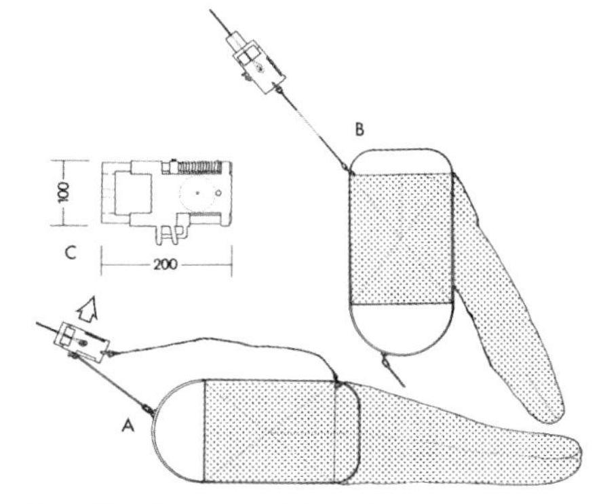

図2　閉鎖式のソリネット

A：海底を曳網しているとき，B：メッセンジャーにより曳網ロープを切り離し，ネットを反転閉鎖し揚収するとき，C：閉鎖装置。

曳網方法：船速1.5～2ノットで，ネットを投入する。着底時に上下逆にひっくり返らないように，金属枠ソリ上面左右に小さなアバ（浮子）を，また金属枠ソリ底面部バーに重しを取り付けてもよい。ネット投入後，曳網ロープは海底水深の3～5倍程度（海況やロープの比重により異なる）繰り出す。所定の長さまで繰り出したところを曳網開始位置とし，GPS距離計や測距儀を用いて曳網距離を測定する。揚網時は，できるだけ混入を少なくし，また網口からの採集物の逸失を無くすため，ロープに張力を少し掛けた状態で船をゆっくりと後進させ，ネットを揚収する。

1曳網でアミを数百個体以上採集するために，春季から夏季の沿岸では曳網距離100～400 mを目安とした。特定の海底水深における分布密度を知るため海岸線に平行に曳く方法，ないしは異なる海底水深における平均的な分布密度を知るため海岸線に垂直に曳く方法がある。

本ネットは汀線付近を人力で曳網する場合もあるが，沿岸域を船舶により曳網採集する場合はさらに以下のような点にも注意しながら調査を行う。1）ロープの張力が急に増す感じがある時は，大量の砂泥がネットに入っていることが多いため，ネットを引き上げる。ネットを船上へ揚収することが困難なときは，入網した砂泥を口部から廃棄するため，ネット尾端にアバ付きロープを取り付けても良い。2）底刺し網などの漁具が設置されている海域においては，漁具に取り付けるボンデンの形状やその旗の色の取り決めから，漁具入網状況をソリネット投入前に把握し，ネットの投入位置や曳網方法を決定する。3）うねりがあるときは，岸近くで波が高くなり波頭が砕けることもあるため，採集場所や操船にさらに注意を払う。

網口逃避：新潟県五十嵐浜において 1983 ～ 1985 年に底面から 0.2 m のところで上下 2 段に濾過網が分けられたソリネットを使用した（広田 1990）。9:00 ～ 15:00 に海底水深 2 ～ 10 m の海域において採集され，アミ類個体数密度が 1 個体 /m^2 以上の 105 試料では，1 曳網で採集されたアミ類個体の内，下層の網に平均 97.9％入網していた。このため，アミ類の多くの種は海底からその上層 0.2 m の間の近底層に分布し，上方向への網口逃避はほとんどないものと考えられる。

アミ類の横方向への網口逃避について検討するため，側面を連結した 3 つのソリネットにより曳網試験を行った。もしアミ個体の横方向への網口逃避が大きければ，真ん中のソリネットに比べ両側のソリネットで逃避するアミ個体数が多く，また逃避能力が大きいであろう体長の大きなアミも両側のネットから逃避する個体数が多くなると予想される。1987 年 8 月 19 日に五十嵐浜海底水深 6 m で 5 回の曳網を行った結果（広田 1992）では，中央のネットの平均採集アミ個体数に比べ右側のネットは 85.0％，左側のネットは 60.4％，平均 72.7％となり，（100 － 72.7）× 2 ≒ 55％近い個体が網口逃避を起こしていることになる。一方 2000 年 6 月 7 日に高知県甲殿沖海底水深 12 m 付近で行った 3 回の曳網結果では右側のネット 197.4％，左側 62.1％となった。これはアミ類が不均一な微細分布をすることを反映していると考えられ，網口逃避する割合を推定できなかった。また，先の五十嵐浜の試料においてナカザトハマアミ *Orientomysis nakazatoi* は，6 mm 以上の個体の比率は左＜中＜右のネットの順に高くなっており，体長による網口逃避の差についても明らかにできなかった。吉田ら（2005）は，5 月から 7 月にかけてソリネット（濾過部網目幅を 0.5 mm に変更）とドロップトラップ（底面積 0.5 m^2）による 4 シリーズの比較試験を行い，エビジャコ（主に全長 20 ～ 40 mm）についてソリネットの採集効率を，それぞれ 42, 36, 51, 68％と推定している。また平均全長 30.1 mm のマコガレイについての 3 シリーズの調査ではソリネットの採集効率を 16, 38, 8％と推定している。筆者も，網口面積 0.25 m^2 の閉鎖式ドロップネットを作成し，1989 年 6 月に海底水深 2 ～ 3 m の海域で，ソリネットとの比較試験を行なったものの，採集効率を出すまでには至らなかった。さらに同様の採集試験を実施したり，高解像度のビデオカメラによる直接観察を行うことにより，本ソリネットの採集効率を明らかにすることが必要である。

ベントスを曳網採集する際，口部幅 0.4 m，高さ 0.25 m，濾過部網目幅 0.494 mm の NUS ネット（東 1983）も多く利用されてきた。本ソリネットと NUS ネットによる採集量を比較するため，東幹夫氏と 1986 年 6 月 13 日に新潟県関屋浜および五十嵐浜の海底水深 4 ～ 15 m 域において両ネットの同時曳をそれぞれ 6 回行った。アミ個体は本ネットの方が数倍以上採集され，埋在性ベントスについては NUS ネットで多数採集され本ネットではほとんど採集されなかった。

網目逸失：ヒラメ稚魚は主に体長1.5 mm以上のアミ個体を摂餌するが，網目幅0.76 mmのネットでは体長5 mm以下のアミ個体に対して網目逸失を起こす可能性がある（広田1990，広田ら1990）。網目幅0.76 mmのネットから網目逸失する個体の割合を推定するため，口幅0.6 mのうち口幅0.1 mを網目幅0.35 mmの濾過網，残り口幅0.5 mを網目幅0.76 mmの濾過網を取り付けたソリネットを作成し，1987～1989年に新潟県五十嵐浜でその採集個体数，湿重量を比較した。9:00～15:00の間に海底水深2～10 mの海域においてアミ個体が1個体/m^2以上採集された172試料について検討した。0.76 mm網で採集されたアミに対する0.35 mm網で採集されたアミ密度の比率は，個体数で平均1.03 ± SD1.00，湿重量で平均0.67 ± SD0.50となった。0.76 mm網で湿重量が多いことより，大きな個体が0.35 mm網から網口逃避を起こしていることが推測される。またそれでも0.35 mm網の個体数が3％多いことは，逸失割合は明らかでないものの0.76 mm網では小さな個体で網目逸失が起こっていることを示している。

体長2 mm以下のアミ個体の一部は網目幅0.35 mmのネットからも網目逸失する可能性があるため（広田ら1990），体長2 mm以下のアミ幼体が多い時期（概してアミ類密度が急増する春季から夏季）は，ヒラメ稚魚の餌量を充分に捉え切れていない場合もあると考えられる。本ソリネットの濾過部をさらに細かい網目幅にするとネットに砂泥が多く入りネットの揚収が困難になり，採集物を得ることができない可能性が高くなる。このため体長5 mm以下のアミ個体を，網目逸失がなく採集するためには，網口幅0.3 m，高さ0.2 m，網目幅0.2 mm程度のソリネットを別途作成し使用することが望ましいと考えられる。

※本ソリネットの名称については，“日本海区水産研究所（日水研）型餌料用ソリネット”とすることが望ましいであろうと考えていたが，組織改編に伴い日本海区水産研究所の名称が無くなったこともあり，“広田式ソリネット”の名称（山下ら1999）でも良いと考えている。なおこのネットの製作にあたっては主に，海洋測器の渕野弘氏（東京－現在は廃業），入沢商店（新潟－現イリサワ），長崎天幕（長崎）からご協力，ご助言をいただいた。

3.1.5 沿岸域での船舶を用いた採集

木下　泉

陸棚までを沿岸，それより以深を沖合とされている。その境界は底深約200 mで，陸棚はおおよそ距岸10 nm（ノーティカル・マイルの単位，海里，浬，1 nm = 緯度の1分，1.852 km）未満までだが，その間，底深40 m辺りにバンクがある水域が多い。本稿では，この40 mまでの空間での浮遊生活から浅海域・成育場での底生生活までの動態の把握を概念とした調査を紹介する。

まず，測線・測点を決めねばなるまい。海図（Chart）（Mapは地図）を広げよう。できたら，等深線の入った海底地形図がいい。一般的な沿岸では，測線は等深線に対して，ほぼ鉛直に引く。その上に測点を打つのだが，きりのいい底深（m）もしくは距岸（kmもしくはnm）に沿って定点を決定し，GPS（Global Positioning System，全地球測位システム）で正確な位置情報（緯度・経度）を記録しておく。対象物の水平分布を把握したい時，浮遊期が中心ならば後者，底生期ならば前者にそれぞれ沿った定点を設定して置けば，後の報告書でまとめやすい。測線と測点の数は，調査目的のみならず，予算と人力によっても左右されることは否めないが，もし，成育場への輸送・接岸・加入状況を特定の範疇に限るならば，複数の測線を用意していた方がいい。例えば，河口前面浅海域が要望する成育場の場合，主要測線を挟んで，その東西もしくは南北にそれぞれ1測線，計3測線を設ける。そうすることによって，あてが当たっても外れても，結果としてまとめやすい。

次は船である。各々の所属先が5～10トン級の船を所持しているならば，それに越したことはないが，傭船する時には，対象水域に精通した船頭（船長）さんは必須である。さらにロープを巻上げるローラー（図1）を備えている船が望ましい。ローラーを擁していないと，採集方法が相当限られ，調査目的も縮減せざるを得ない。有明海では，同海特有の5

図1 有明海河口域での稚魚ネット（図3）の傾斜曳の際，ローラーで徐々に巻上げている風景

リングに備え付けた垂下用の浮子は左舷に隠れて見えない。

図2 有明海で用いた弥生丸

のり養殖漁特有の仕様になっており，艫（とも）は狭く，舳（おもて）が広く，ローラーは舳と艫に備えられている。舳のローラーを使って，後進しながら曳・揚網し，その後の作業も広い舳で行う。水温・塩分などの観測機器は艫のローラーを使い，それらは艫に待機させておく。

トン未満の船を使用している（図 2）。艏(おもて)が広く艫(とも)が狭いため，曳網・揚網は後進して行い，艏で作業するが，風や波が強い場合は舵が切り難い。一般的な水域での通常の船舶を運用する場合では，前進して網は艫から投入（レッコ）し作業は広い艏で行った方がいいだろう。曳・揚網時は，原則，船は風上にたて，船速は約 2 kt（knot, $nm \cdot h^{-1}$）に保つ方がいいらしい。これは，固定されたプランクトンが沈降する速度と何かの本で読んだ憶えがある。さあ，各採集方法に入って行くことにしよう。

1. 稚魚ネット

稚魚ネットとは，小型浮遊生物，特に魚類プランクトンを採取するための比較的大型のプランクトン・ネットの 1 種である。主に口径 1.3 m，網目 0.33 mm の円錐型のネット（通称，丸稚ネット）を用いるが，開口比（網口面積に対する網地の濾過面積）を向上させるために円筒＋円錐型（図 3）を筆者は使ってきた。網目は対象魚種，さらに発育段階により異なってくる。卵の採集では，最小径 0.5 mm（水戸 1960, Ahlstrom & Moser 1980）を考慮して，網目 0.33 mm を使うが，沿岸域では植物プランクトンなどにより即目詰まりを起す。多くの真円卵の径は 0.7 ～ 1.2 mm の範囲に入るので（水戸 1960, Ahlstrom & Moser 1980），我々はなるべく混濁物を避けるため，網目 0.5 mm をもっぱら採用していた。しかし，カタクチイワシ類などの楕円形卵およびふ化仔魚は通過し易いため，個体数密度を過小評価する可能性がある。網口には濾水計を装着し（図 3），その回転数からはじき出された曳網距離（m）と網口面積（m^2）から濾水量（m^3）を計算し，それで採集個体数（n）を除して個体数密度を求める。この個体数密度（$n \cdot m^{-3}$）の他にその表示法にはもう一つ，面積当りのもの（$n \cdot m^{-2}$）がある。これは，1 × 1 m 断面の水柱（Column）にどれだけ分布するかを示し，次のように $n \cdot m^{-3}$ を積分して求め，より生物量（Biomass）に近い。この場合，正確な水深範囲が必要なので，時間（秒）毎に水深を記録できる Depth recorder（Data logger）をネットに装着して欲しい（図 3）。

$n \cdot l(m) / m^3 = n \cdot l / m^2$ （l = 曳網水深範囲）

例えば，網口面積 =1.3 m^2 で，水深 20 m から表層まで傾斜曳して，濾水計から得られた曳網距離は 300 m として，カタクチイワシが 15 尾採取され，100 m^2 当りに換算すると次のようになる。

［15（尾数）・20 m（曳網水深範囲）・100］/［1.3 m^2（網口面積）・300 m（曳網距離）］= 77尾・100 m^{-2}

曳網方法は鉛直曳，傾斜曳，層別曳に大別される。鉛直曳は，口径 25 ～ 45 cm の網を使って，主に卵の分布を調べる時に用いられる。カタクチイワシ楕円卵の短径最小 0.5 mm を考慮すると，網目は 0.33 mm の方

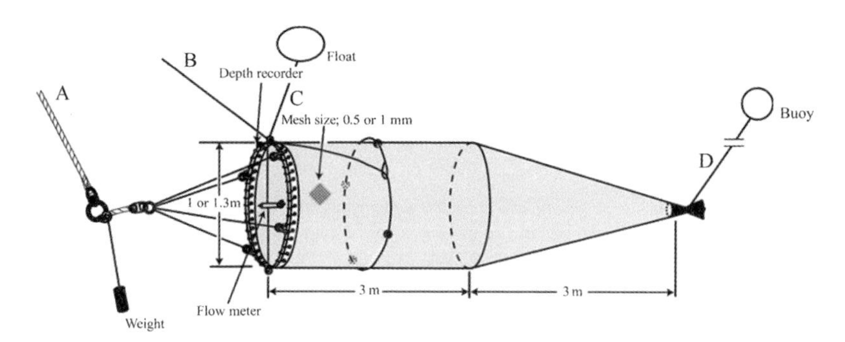

図3 稚魚ネットによる傾斜曳および層別水平曳・概念図

A：曳網ロープ，B：層別水平曳時のネット閉鎖ロープ，C：ネット着底回避のための垂下ロープ，D：水底を掻き，Aでは船上に揚げれなくなった時に，網口から砂泥などを排出させるためネットを倒立させるロープ。

がいいだろう。

傾斜曳：魚種によって鉛直分布層は異なり，表在性，表層性，中層性，底層性のものとまちまちであり，さらにそれらは昼夜によっても変化する。これらをまんべんなく把握でき，群集または標的の魚種の水平分布を調べる場合に行い，曳網法の中では採集効率が最も高い。さらに，ある標的の魚種の発育・成長に伴う接岸回遊を把握するために傾斜曳を測線に沿って行っていく訳だが，イワシ類，アユ，スズキやイサキなど多くの魚種はその傾向は示さず，むしろ成育場直前まで分散傾向を示唆していた（大美 2002，木下 2006，八木ら 2006，鐘 2006，布部ら 2008）。

任意の定点に着いたら，魚探（魚群探知機，Fish finder）によって，正確な底深を把握し，浮子（あば）（Float）ロープ（図3中C）をネット・リング上部に装着する。底深ギリギリから曳網したい気持は理解できるが，ネットが底を掻くのを避けるため，浮子ロープは底深よりも1 m老婆心ながら短くしたい。その際，任意の水深を決めるのに，浮子を着脱できる「さつま編み」の輪っかを20 mのロープに1 m毎に作っておくと便利である。20 m以浅の沿岸域では，ネットをレッコ後，ゆっくり航走しながら曳網ロープ（図3中A）を50 m程繰出す。その際，ローラーに一巻しておくと，急な出来事に対応できる。投網後，一旦，停船し浮子が立つことによりネットが任意の水深に到達したことを確認した後，ローラーにロープをもう二巻し，ゆっくり航走しながらロープAを巻上げる（図1）。

底深20～40 mの定点では，風上に向って停船し，近底深までネットを降ろすが，底深が20 m以上，それ以浅でも風や波が比較的ある場合では，10 kg程度の沈子（いわ）（Weight）を図3中の曳網ロープAとブライドルの間に付け時間の短縮を図る。決して沈子はリングには付けない。停船中の投・揚網では，船を風上に立てると，ネットが船底の下に入り込んでしまうので要注意！いずれにしても，網が底を掻き，ロープAでは揚網・回収が困難になった時のために，浮漂（Buoy）を付けた救助ロープ（図3中D）をコッドエンドにしっかり結わえておく。その長さは，50 m ほどでいいが，浅所での曳網時は余分な部分は巻いておく。筆者は，事実この救助ロープDで何度となく助けられた。この救助ロープDは，稚魚ネットの表層曳以外の稚魚ネット，近底層ネットおよび桁網でも必須な装置である。

層別曳：魚類プランクトンの鉛直分布を知るために，異なる層間の混合を避ける方法である。前述の水平分布調査では，発育・成長に伴う接岸回遊は必ずしもみられなかったが，層別採集による鉛直分布では，顕著な発育段階による違いがみられる。すなわち，多くの魚種で発育に伴って，表層から中層に，または中層から底層に移る傾向にある（大美 2002，鐘 2006）。昼夜間で比較した過去の研究例では，夜間，仔稚魚たちは表層に集積するともっぱら言われているが，筆者はそうではないと密かに考えている。すなわち，昼間，中層もしくは底層に好みの照度に合わせて分布していた仔稚魚たちは，夜間暗くなることにより定位を失い，鉛直的に分散しているに過ぎないのではないか？（Kinoshita & Tanaka 1990，Paraboles et al 2019）。これを昼夜提灯現象と呼びたい。底深 40 m 以浅の沿岸では，表層，中層そして底層での曳網で十分であろう。表層曳は層別採集時の一環で行うのは間違いないが，最も楽で安心できる方法である。ロープB～D，沈子全て不要だが，停船時，ネットが沈降しない程度の浮子はリングに直接装着する。この安易な方法が，戦後 1970 年代までの各水産研究所や各県水産試験場の調査で採用されたため，偏った魚類プランクトンの分布生態の情報を招くことになった。一般的な沿岸性魚類は，中層に分布することが多い。表層を中心に分布するアユ仔魚ですら，水塊の鉛直混合時，表層から底層まで分散してしまうので（八木ら 2006），単独での表層曳は，必然的な表在性仔魚，例えば背縁に濃い黒色素胞叢を持つサンマ，アイナメ類，ボラ類などを対象にするべきである。この場合，リングを水面から半分出した方が，これら表在性仔魚のより正確な個体数密度（濾水量は半分で計算）を把握できる。また，流れ藻などの漂流物はなるべく避ける。それを曳いてしまうと，蝟集していた仔稚魚を採取してしまい，別の性格の標本になってしまう。

中層曳と底層曳の方法は，基本的には傾斜曳のものと同様であるが，水平曳を保つため沈子を曳網ロープAとブライドルの間に付ける。さらに，曳網水深維持と着底回避のための垂下ロープ（図3中C）を装着する。閉鎖ロープ（図3中B）により閉網後，揚網中，濾水計を網口に付けていると余計に回転してしまうので，やや奥に付けた方がいい。投網後，曳網ロープAを緊張させながら 50 m 程繰り出す。同時に閉鎖ロープBを弛ませながらロープAより十分長く繰り出す。この際，ロープAとBが縺れないよう注意する。5～10 分の曳網後，今度はBに緊張をかけ網を閉じさせ，ローラーで巻上げて行く。逆にAを弛ませBと絡まないよう手で揚げて行く。揚網後，閉網前部の付着物は惜しい気もするが洗い流し標本にはしない。苦心した層別採集物を船上で混合してしまうからである。開口したままの降網では，任意の層までに混合するという懸念を聞くことがある。筆者は，航走中のロープを繰り出しながらの降網において，濾水計は無視できるほどの回転であったことを実験的に確かめている。よって，閉口して任意の層に到達後の開口の失敗を考えると，むしろ述べてきたように開口のままの投網を勧める。

底深 40 m 以深での層別採集は，木下 (2018) の細いロープを断切する方法を参考にされたい。この方法はバイカル湖調査で考案したが，今まで述べてきた閉鎖ロープ法はタンガニイカ湖調査で編み出したものである。このように，調査環境が不十分な処で，最小限の目標達成のための方法論を考えることも重要であることを付言しておく。

2. 近底層ネット

土佐湾の砕波帯では普通に出現していたスズキとカマキリの仔稚魚が，若狭湾の砕波帯ではほとんど全く採集されなかった (木下 1993, 2002, Kinoshita et al 1999)。ところが，若狭湾由良川河口沖の底深 5 m の浅海域で，これら 2 種は大量に出現したのである (原田ら 1999，大美 2002)。これらを採ったのは“近底層ネット”(図 4) であった。これは，元京都大学・舞鶴水産実験所の上野正博さんが考案したもので，次節で紹介する Kuipers (1975) の異体類稚魚用の桁網の幅を 50 cm 縮め，網

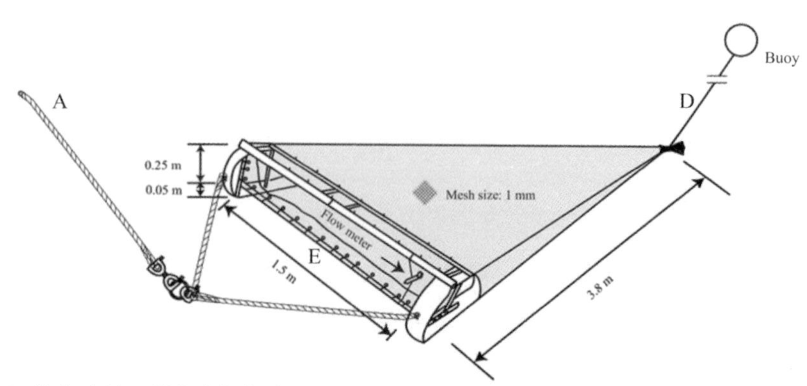

図4 着底寸前の稚魚を把握するために考案された”近底層ネット”
(Aljamali et al 2006)

桁は図5のものを使い，上桁と鉛直平行に底面から5 cm程浮かせて下桁 (E) を架け，上・下桁に網口1.5×0.25 mのプランクトンネット(目合1 mm) を装着する。A, Dは図3参照。

口下部に底から 5 cm 離して金属パイプを渡し，上部桁との間に，底曳網ではなく網目 1 mm の方形プランクトンネットを装着したものである。これで採集される発育段階は，接岸もしくは着底したいが，海底直上で躊躇している主にいわゆる移行期のものであった。この土佐湾と若狭湾の違いは，両湾間の干満差の違いに起因していると推測している（木下 2002）。

有明海のエイリアン：ワラスボ（実は筆者らが先唱）では，眼が巨大な浮遊仔魚は稚魚ネットで，痕跡眼の着底稚魚は次節の桁網でそれぞれ数多採れるのに，その間の眼が退縮しつつある個体が両具でほとんど採集できなかった。半ば諦めかけていたが，試しに近底層ネットを曳きバケツにあけたところ，驚くほど大量のこの段階の個体が泳いでいた。これらの成功例は，人が調査困難な空間に多くの仔稚魚のある発育段階の個体が分布していることを暗示している。このネットで採集された仔稚魚の個体数密度は網口に取付けた濾水量から求め，計算法は稚魚ネットの場合と同様である。ただ，ネット閉鎖の操作は不可能なので，揚網時，底から水面までの多少の混合は否めない。

3. 桁網

着底した底生性の稚魚を把握する採集具である（図 5）。桁網には先人たちが工夫を凝らし様々な様式があるが（中央水産研究所水産研究官 1999），Kuipers（1975）の最も優れている処は，網口の上縁と下縁の間に時間差を設けたことであろう。すなわち，嚇し鎖（Tickle chain）に驚いた稚魚たちは舞上って天井にぶつかり，そのままコッドエンドに入って行く仕組みである。この他，筆者らは，調査効率をあげるため，網の底面の破損を防ぐため Ground sheet と大量の土砂や貝を投棄するため

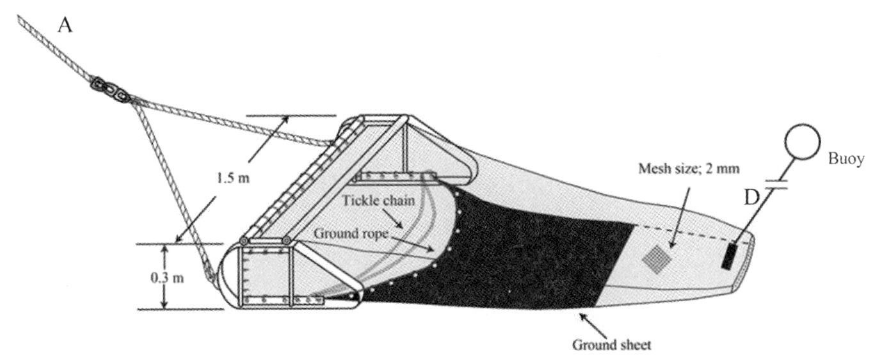

図 5　着底稚魚を採取するための典型的な桁網（Kuipers 1975 を改良）
前桁と脅し鎖の時間差をつける天井の設定，ネットの底面の破損を軽減するためのGround sheet（テント生地）は重要。A，D は図3参照。

の救助ロープを取付けた。曳網ロープ長（ワープ）は，底深5 m以浅ならば，重りを付けずに底深の3～4倍程度でいいだろう。それ以深の時は，10 kgほどの重りをブライドル結索部に直接付け，ロープ長も4～5倍出した方が確実に海底を掻ける。桁網採集の最大の問題点は，個体数密度を算出する際の曳網距離である。過去，より実際に近い方法が考慮されてきたが（中央水産研究所水産研究官 1999），近年，携帯のGPSの性能が大幅に向上し，船上で曳開始から曳終了までの距離まで示してくれる。海底での網の着脱を正確に行えば，GPSでの計測が最良であろう。

桁網および稚魚ネット，いずれの調査においても，規格された方法をとる場合は中央水産研究所水産研究官（1992, 1999）がよき参考書となる。

最後になるが，調査の際，各定点の少なくとも水温と塩分の鉛直分布は絶対に観測せねばならない。できたらADCP（Acoustic Doppler Current Profiler）による流向・流速も計測したいが，この器機が極めて高価なので無理も言えない。いずれにしても，物理データの無い採集物の標本価値は著しく低下することを確言して筆を置きたい。

3.1.6 沖合域での大型調査船を用いた採集

広田祐一

ネットによる採集は，試料を直接手に入れることができることやサンプルサイズが大きいことが，長所である。図1に，停船させて鉛直曳きするネット（図1a）と，船を航走させながら傾斜曳きするネット（図1b）の各部名称を示した。

卵仔稚魚調査における採集具，測点位置，測点数，水深，時期（季節），採集時間間隔，採集時間帯（昼夜），曳網時間などの決定は，それまでに得られた生態的情報に基づいて行うことになる。しかし野外における生態的情報が無い場合，測点間隔や時間間隔などを拡げておおまかな生態的情報の把握に努めることになる。また時間に余裕があれば，採集されないことが予想される海域，時期や深さで調査を行う事も必要である。卵仔稚魚の採集は，数トンから数千トンの調査船が利用される。おおまかには，数トンから数十トンの調査船では，調査海域は海岸から100 km以内，調査日数は1日から数日，調査時刻は昼間中心となる。一方数百トンから数千トンの調査船では，日本周辺海域ばかりではなくさらに沖合や遠洋でも，日数は母港を出港して帰港するまで10日以上数カ月，昼夜を分かたず調査を行う。調査船により装備や乗組員数も異なり，使用できる採集具も異なってくるため，調査方法について船側を含めて充分に相談しておくことが必要である。

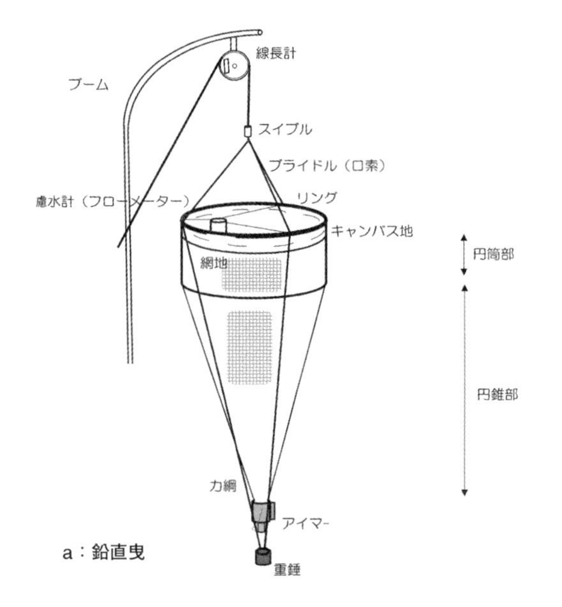

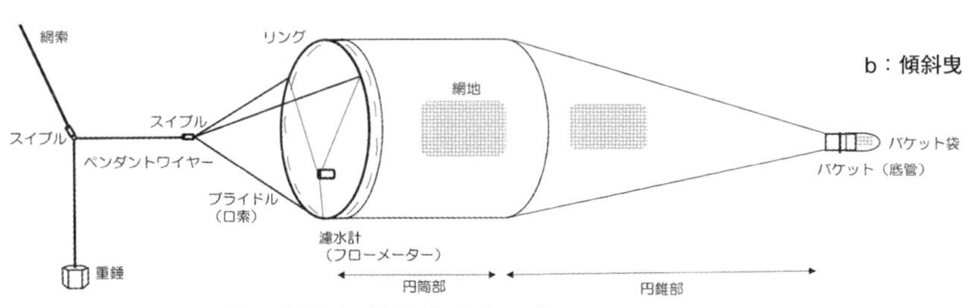

図 1 採集に使用するネット

1. ネット採集における網口逃避と網目逸失

ネット採集においては，近づいたネットの口に入るのを生物が逃れる網口逃避と，ネットに入った生物が体より小さな網目より抜け出てしまう網目逸失が起こる。これらを無くし，併せてネットを通過した水量（濾水量）を正確に把握することにより卵仔稚魚密度の把握が可能となる。

1) 網口逃避

網口逃避には，生物が採集ネットの接近を感知して入網から逃れる能動的な逃避と，生物がネットの目詰まりにより採集されなかったり，波浪やうねりなどにより一度入網したものが網から出てしまったりする受動的な逃避がある。これらの逃避は，成長に伴う仔魚の感知能力や運動能力が大きく影響するが，ネット口径，口部の構造などの採集具の形状や，曳網の対水速度，採集時刻，表層曳きでは船からの距離などの採集方法が，複合して関係していると考えられる。

仔魚の成長：魚卵は能動的な網口逃避は無いが，仔魚は成長に伴い網口逃避能力が増大することが知られている（中村 1994 など）。

対水速度：ネットの対水速度は，調査船の航走速度，曳航索の繰り出しないしは巻き上げ速度，海水の流向流速により大きく変化する。対水速度が大きくなると網口逃避は少なくなるが，対水速度が大きくなりすぎると，海水の濾過が不十分となり網口逃避が大きくなる可能性がある（中村 1992 など）。

採集時刻：視覚的な逃避を行う仔魚は夜間に比べ昼間に網口逃避が大きくなり，昼間の採集密度が夜間に比べ低くなる（中村 1994 など）。

調査船の影響：通常は船尾から曳航索を出してネットによる採集を行うが，表面付近の調査では，調査船の網口逃避への影響を少なくするため船の横や前にネットを設置し採集を行う。船の横で曳く場合は，ネットをできるだけ船から離して曳くほうが良いとされる。

目詰まり：濾過部網目の間に生物が詰まり充分な濾過ができなくなる現象で，網口逃避を起こしやすくする。一方，網目の間に生物が詰まることにより，更に細かいフィルターが形成され，網目より小さな生物の捕集が行われる現象も起こす。鉛直曳き採集においては，ネットを上昇させている途中から目詰まりが起こり，深い層の生物が相対的に多く濾過されることになる。またネットに一度入った試料が網口から出てしまう場合は，すでに濾水計は回転しているため，卵仔魚の密度を低く計算してしまうことになる。ネットの目詰まりは，ネットの形状が大きく関係する。円筒円錐型ネットの円筒部は，曳網時振動して付着物を自動的に振り落とす作用があるとされる（Tranter & Smith 1968）。また，濾過効率（実際に通過した水量 / 海水に対するネットの相対的移動距離から計算される口部を通過した水柱量）や開口比（濾過部網地における網糸間のすきまの総面積 / 網口部面積）が高いネットが目詰まりを起こしにくいとされる。濾過効率 85％以下では目詰まりが起きているとされ，開口比 3 以上で 85％の濾過効率，開口比 5 以上で 95％の濾過効率が得られるとされる（元田 1974）。現場では鉛直方向の曳網による濾過ばかりでなく，調査船が風で流されることや，表層と下層の流れの違いの影響を受けた濾過も起こるため，実際の濾過量は曳網距離×濾過効率による濾過量より多くなる。黒潮域におけるその濾過量は濾過効率を 1 とした場合と比較し，平均で丸中 A ネット 0.98 ± SD0.41（n = 7,108），丸特 B ネット 0.77 ± 0.28（n = 37,313），ノルパックネット 1.09 ± 0.43（n = 2,565），改良型ノルパックネット 1.04 ± 0.27（n = 73,816）であった。濾過効率は採集機関，採集月，採集海域などにより大きく変動するが，ノルパックネット試料の大部分は，本邦潮岬より西の海域で南西海区水産研究所により得られたものである。

濾過効率はネットの形状ばかりでなく，対水速度，現場の生物量などによっても大きく変化するため，口部に濾水計を取付け採集時の濾水量を把握する。ネット口部の水流速度は，曳航索の位置などにより，中央と縁では異なることがある。このためネット口部中心と口輪縁の中間が平均的な流速を示す位置とされ，この位置に濾水計を取り付けることが推奨されている（Fraser 1968）。離合社濾水計は，針の軸を痛めないために，採集開始前に針を0へ戻さず，採集終了時回転数と開始時回転数の差を採集時の回転数とすることが勧められている。しかし筆者はネット採集開始時に濾水計針を0にして，採集時の回転数を求めていた。これはネット揚収時に採集時の濾水計回転数がすぐわかるため，採集時のトラブルの有無が判断しやすいためである。濾水計軸への針の締め付けをやや弱く調整しておくと，手で針を0に戻しやすく，長期間の使用でも軸が破損することはほとんどなかった。

2）網目逸失

網目逸失は，いったんネットに入った生物が網目より大きい体型であるにもかかわらず網目より抜け出て失われる現象で（元田 1974），生物体の柔らかさ，曳網速度，網地や織り方などが関係する。Smith et al（1968）は，網目の対角線長より生物の最大断面径が大きい場合に，入網した生物が網目に保持されるとしている（対角線の法則）。従来，ネットの網地は織られていたため目ズレが起き易かったが，現在は，縦糸と横糸を熱接着した網地が多く使用され，目ズレは起きにくい。

なお，採集した仔稚魚の消化管内容物を調べる際は，ネット内摂餌（仔魚が入網した後ネットの中で摂餌をおこなうこと）を起こさない網目幅のネットを使用する必要がある。ネットの網目幅が細かいと仔稚魚の餌となる動物プランクトンなどもコットエンド付近に集められ，仔稚魚が能動的または受動的にネット内で摂餌を行う。仔魚の消化管内容物解析時，消化管の部位別に内容物組成の変化を注意深く観察しておくことが必要である。

2. ネットによる採集方法

筆者が行っている調査方法は，一般的に行われている採集方法と異なっているところがある。正確で，安全でやりやすいと思われる採集方法を，そのときの状況に応じて検討することが大切で，その際の参考になれば幸いである。

1）ノルパックネット（鉛直曳き）

ノルパックネット（北太平洋標準ネット：North Pacific Standard Plankton

Net）は円錐型，口径 0.45 m，濾過部側長 1.8 m，網目幅は 0.33 mm。以前網地規格 NGG54（NBC 工業ナイロン）が網目幅 0.334 mm であったが，現在 NGG52（Nytal ナイロン）が網目幅 0.335 mm となっている。入網前に調査用具の点検を行うが，ステンレス製品の点検は難しい。イオン化傾向が異なる材質の製品を接続しているとき，電食（異種金属接触腐食）が起こりやすいが，電食は製品の内部でも起こるため外見だけでは安全確認が難しく，一定期間使用したら交換するのが望ましいとする意見もある。

ネットをリングへ取り付ける際，口部リングにネット口部キャンバスの1列の鳩目に沿ってロープで巻き付ける，ないしは2列の鳩目を取り付けるため幅広くしたネットキャンバス地をリングで折り返し鳩目のみロープ通す，以上の2つの方法が通常行われる。後者の方が，口部付近の隙間が少なく，口部へのネット網地の取り付けも楽であるが，両者とも取り付け時毎に口部面積がわずかに異なる可能性がある。このためボンゴネットのように円筒形口部リングに，ネットをステンレスホースバンドで締め付けて取り付ける方法が最も良いように思われる。ネット底管部は，ゴム管をピンチコックで止めるものないしは金属製のコック付きアイマーが使用されている。ゴム管式はピンチコックが採集中に外れることがあり，一方金属製アイマーは下部の穴が小さいため生物が詰まりやすくコックが廻りにくくなる短所がある。筆者は，水道の PP 樹脂製ボールバルブを改造し，下部の穴を大きくした（内径 20 mm）アイマーを使用していた。この際，ボールとボディの間の隙間をシリコンゴムで埋め，ハンドルの取付け方向を 90° 変えていた。

入網時，ネット口部が海面上にあるときに線長計の値を調整したのち（例えばネット口輪部が海面上 1 m のときに線長計を−1 m にする），海面付近でも繰り出しを止めずにネットを降下させる。ネットの水深を水深計でモニターしない場合，ワイヤー長とワイヤー傾角により目的水深までネットを降下させることが多い。ネットが目的水深近くまで降下したとき，ワイヤーを繰り出しながらワイヤー傾角を測定し，傾角補正表により目的水深までのワイヤー長を確認する。目的水深までネットを降下させたら，ただちに巻き上げを開始し，海表面上まで止めずに 1 m / 秒程でネットを上昇させる。海況が悪いと，曳網ワイヤーがキンクしたり，すでにネットに入った試料が逆流しネットの外に出てしまうことがあるため，ワイヤーにたわみを生じる場合はネット網地の破断などに注意しながら，巻き上げ速度を変更する。

傾角によるワイヤー長の補正では，補正したネット深度より実際のネット深度は深くなる傾向がある（元田・大沢 1964）。このためバウスラスターなどを利用した船の操船や重錘を重くすることによって，傾角や繰り出し線長を小さくすることが望ましい。しかし土佐湾における調査では繰り出す線長が目的水深の 10% 以下（傾角 25° 以下）で曳網できた割合は，100 m 水深まで降下させたとき 77%，200 m 水深まで降下させたとき65%にとどまった。傾角が大きいと，目的より深い層の採集を行うだけでなく，表層付近の濾水量が大きくなってしまう不具合もある。

2) ボンゴネット(傾斜曳)

ボンゴネット(口径0.7 m，網目幅0.505 mm)は，口部前面に曳網索やブライドルがなく，傾斜曳き採集に多く使用されている。現在口径0.2〜0.9 mまで，網目幅は0.035〜1.0 mmまで様々なものが使用されている。傾斜曳きは，ネット降下中，上昇中それぞれ，各水深層を同じ割合(濾水量)で曳網することが望ましい。通常水深をモニターし，ネット降下速度，上昇速度それぞれを一定になるように曳網する。

ボンゴネットの投入位置や曳網する方向は，風向風速，表層の流向流速，さらに下層の流向流速，海底水深，設置されている漁具の種類やその位置などを考慮して決める。船速2 kt(ノット)のとき，曳網しているワイヤーを0.7〜0.8 m/秒で繰り出す。ネットが所定の水深に達し，すぐに巻き上げ開始を始めると急速にネットが上昇することが多いため(会沢ら1965)，所定の水深にネットが達するとワイヤー繰り出しを止め，1分程待つ。このときネットはゆっくりと上昇することが多く，上昇を確認後巻き上げを開始する。巻き上げ速度は0.3〜0.4 m/秒で，ネット上昇速度が一定になるようにする。もしネットがさらに下降するようであれば，ただちに巻き上げを開始する。

土佐湾で30 kgの重錘を使用したボンゴネット(口径0.7 m，網目幅0.315 mm)傾斜曳き採集では，傾角から推定した水深より実際の採集水深は浅いことが多かった。曳網ワイヤー傾角30°から60°までの場合，0〜100 m層の採集で，実際の水深が浅かったのは曳網409回の81%，両方の水深がほぼ一致したのは10%であった(図2)。また0〜200 m層の採集では64%で，0〜500 m層の採集では50%で実際の水深のほうが浅かった。

ボンゴネットは最初，4層程を同時水平多層曳き採集もできるネットとして製作された(McGowan & Brown 1966)。入網時口部をキャンバスで覆い，所定の層に達すると第1メッセンジャーによりキャンバスを外し，採集を行う。採集終了時に第2メッセンジャーにより口部リング枠からネットを外しネットの途中を綴じ紐で絞って揚収する方法である。以前多層曳き採集を試す機会を得たが，メッセンジャーによるネットの開閉が行えなかった。筆者の目には開閉装置部の構造に問題があるように感じた。しかし同時多層曳きしたボンゴネット試料による研究もいくつか発表されている(Brinton 1979など)。

3) MTD水平ネット(閉鎖式多層同時水平曳き)

口径0.54 m，円筒円錐型(円筒部0.62 m，円錐部1.1 m)，網目幅

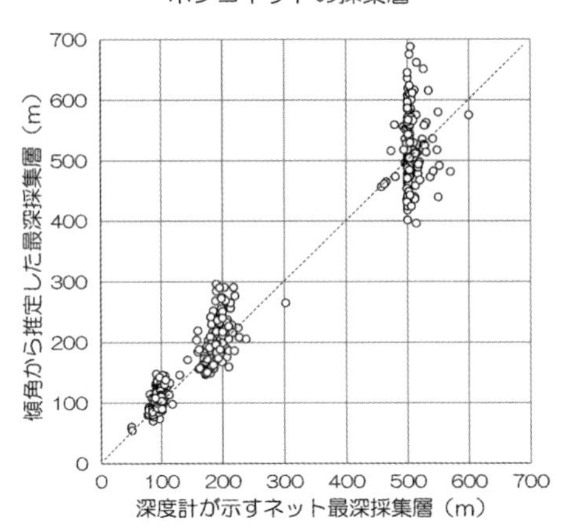

図2 土佐湾でのボンゴネット傾斜曳き（635回）における採集層

0.33 mmのネット数個を同時に曳網する閉鎖式ネットである（Motoda 1971）。筆者がこれまでに1回の曳網（1キャスト）で取り付けたMTDネットの最大数は，3 mmワイヤーで3個，6 mmワイヤーで8個，9 mmワイヤーで13個である。

現在使用されているMTD水平ネットの使用法は，Motoda（1971）が示した方法と以下の2点で異なっている。1）閉じワイヤーは網地外側から絞って閉じる，2）濾水計は三角枠の濾水計板に取り付けずロープなどを使用して濾水計板から離れた位置に取り付ける。通常のMTDネットの三角枠，ワイヤークランプやメッセンジャーは径9 mmまでの曳網ワイヤーに取り付け可能であるが，10 mm以上のワイヤー径では事前に確認しておく必要がある。またネットを曳網ワイヤーに取り付けるさいの補助用具（例えば張出し足場など）の有無も確認しておく必要がある。

MTDネットは同時に多層を曳網するため，波浪やうねりが大きくなるとネットにセットしたメッセンジャーがネット曳網開始前に落下し，ネットが閉じるトラブルが発生する。これを防ぐために以下の2点に注意してネットの準備を行う。1）三角枠のレリーズの先に掛けた2本のリングブライドルを，レリーズの受け穴にやや張った状態でセットする，2）三角枠下部にあるメッセンジャーを掛ける十手の鉤の長さが10 cm程のMTDネットを使用する（この鉤が5 cm程のものが多く製作されている）。土佐湾において10～70 m層6層の同時水平曳き採集195キャスト（曳網）を行った結果では，メッセンジャーが関係した採集のトラブル（入網時のメッセンジャーの落失，付け忘れ，閉鎖不良）が3キャストあり，1,170試料のうち2.1％の試料が網破れ，底袋落失，底管部の損傷などのため，1回目のキャストで得られなかった。

ネットを曳網ワイヤーに取り付ける作業は停船して行う。取り付けた後，ネット底管部が曳網ワイヤーや三角枠に引っ掛かっていないことを確認しながら，ネットを降下させる。降下の際は，リング口部背面から水流が来るため試料の混入は少ないとされるが，ワイヤー繰り出しを止め次のネットを装着する際に試料が混入しやすい。曳網する全ネットをワイヤーに取り付け後航走を開始し，傾角 45° で目的層を曳網する。このときネットは曳網開始時の水深から傾角 45° の水深まで上昇する際に海水を濾過するため，目的層より深い層の試料の混入がおこる。

MTD ネットは水平曳きによる採集が多いが，ネットを等間隔に曳網ワイヤーに取り付けて傾斜曳きする場合もある。曳網終了時，メッセンジャーを投入してネットを閉鎖する。メッセンジャー投入後，曳網ワイヤーを通してメッセンジャーが MTD ネットに当たる振動を感じることができる。ワイヤー長 200 m 程度までは充分にメッセンジャーの当たりが分かるので，曳網しているネットの数だけ当たりがあれば，停船し揚網を開始する。メッセンジャーが曳網ワイヤーを落下する速度は 3 ～ 6 m / 秒程度であり，ネットに当たる振動がわからないときは，1 分間で 100 m 降下すると仮定して，ネットの揚網を開始した。

MTD ネット採集は，網口逃避や試料の混入などの問題があるものの，アーマードケーブルを必要とせず，同時に多層を簡便に曳くことができるため，卵仔魚の大まかな分布層を把握するためには適した方法と言える。

4) ORI ネット（開閉式水平曳き）

ORI ネット（Omori 1965）は，口径 1.6 m，側長 7.5 m，網目幅は 0.33 mm から 1.97 mm までである。口径が大きいため船上での扱い難さがあるものの，濾過量が多く，開閉装置を用いない傾斜曳き採集が行われることも多い。開閉装置を用いる場合，開閉装置と閉じワイヤーをつなぐ閉じロープ（スロットリングロープ）が関係した失敗が度々起きるため，入網前に閉じロープをテープで軽くまとめておくと良い。

約 2 kt で航走しながらネットを投入，所定の水深まで降下させる。第 1 メッセンジャーにより閉じロープを延ばして，ネットを開かせ，30 分ないし 1 時間曳網する。第 2 メッセンジャーの投入により，ネットのペンダントワイヤーと曳網ワイヤーの間を切り離し，閉じロープと閉じワイヤーを効かせてネットを閉じた後，揚網する。曳網ワイヤー長の繰り出しが長くなると，ネット閉鎖の失敗が度々起こる。曳網ワイヤーの自重によりネットに近い部分のワイヤーが弛むためワイヤー傾角が大きくなり，メッセンジャーの下降がネット近くで停止したり，下降速度が低下したりする。このことにより開閉鎖装置への打撃が小さくなり，開閉装置の閉鎖レリーザーがはずれないためと考えられる。このためワイヤー傾角が大きいときは，ネットは所定の水深を保ちつつ，船速を落としワイヤーを巻き上げてワイヤー傾角を小さくした後，メッセンジャーを投下する。

5) モクネス（MOCNESS：環境センサー付き多段開閉式ネット）

モクネス（Wiebe et al 1976）は，ネット枠上端にブライドルが取り付けられ，アーマードケーブルで曳網する。モクネスはダブルモデルやハイブリッドモデルなど様々な型があり，筆者が使用経験のあるモクネス（口面積 1 m^2，網目幅 0.33 mm，一度に 9 個のネットを取り付け，仕様書での重量 150 kg）では投入準備，投入，揚収などの作業に数名の人員が必要で，アーマードケーブルや起動式ガントリーなどの調査船の装備も求められる。またアーマードケーブルなどの接触不良によるトラブルも多い。しかし，ネット水深や濾水計回転数，水温などの環境データを船上局でモニターしながら，ネットの開閉を任意の層，任意の時にできるため生物の鉛直分布の把握に有効なネットである。

航走しながらモクネスを投入し，1 層目のネットを開いたまま，ネット口部傾角 45° 前後を保ちながら所定の水深（採集する最も深い層）まで降下する。1 層目の試料は傾斜曳き試料として利用できる。この際，船速，曳網ワイヤーの繰り出し速度と繰り出したワイヤー長，流向流速，ネットの深度と降下速度，ネット口部の傾角などを検討しながらネットを降下させるが，さながら海中を凧下げしている気分になる。船速 2 kt 前後，ワイヤー繰り出し 0.5 m / 秒前後で曳網した場合，ワイヤー繰り出し長はネット深度に対して 1.3 倍から 2.9 倍まで大きく変動した。目的の深度に達したらワイヤーの繰り出しを止め，船上局のトリッガーボタンを押し 1 層目のネットを閉じる。このとき，1 層目のネットの上端と 2 層目ネットの下端は同一のバーであるため，1 層目のネットが閉じるときに 2 層目が開く。目的の深度に達したのち巻き上げを直ちにせず，1 分間程ネットの挙動をみる。以降ネットをゆっくり巻き上げながら各層の採集を行う。各層の曳網時間は想定される生物の密度にもよるが，筆者の調査では，各層 5 ～ 15 分間曳きを行い，平均毎分濾過量 41 m^3（n = 1,258）であった。採集時ネットの口部上端や下端となるバーが完全に落ちきれずに，口部が完全に閉じていないトラブルが発生することがあるので，採集終了後甲板上に揚収する際，ネット口部バーの状態を確認しておくと良い。

3. 日本の水産研究における仔稚魚調査

第二次世界大戦後間もなく，マイワシの不漁のため卵仔稚魚の分布について国や都道府県の研究機関による調査が開始された。仔魚の生き残りが資源量に大きく影響すると考えた中井甚次郎は，統一したネットを使用し卵仔魚の定量的把握を目指した。水産研究所（1947 年調査開始時は“水産試験場”，現水産研究・教育機構）は丸中ネット（口径 0.6 m，濾過円錐部側長 1.5 m，網目幅 0.33 mm －絹 GG54）を使用し，都道府県の水産研究機関は口径のやや小さい丸特 A ネット（口径 0.45 m，濾過円錐部側長 0.8 m，網目幅 0.33 mm －絹 GG54）を使用し，鉛直曳き採集を行った。1952 年より口部円筒部がもじ網であった丸特 A ネットに替えて，口部円筒部がキャンバス地の丸特 B ネットを使用するようになった（Nakai 1962）。採集層は黒潮域沿岸（沿岸定線）においては三重県以東の東海区で 150 m 以浅，和歌山県以西の南海区で 50 m 以浅であった。沖合（沖合定線）では両区とも 150 m 以浅での採集が行われた。

1956 年米国，カナダおよび日本三国の標準採集に，調査における操作性が良いことや製作費が廉価であるネットを用いることとなった。しかし操作性が良い丸特ネットは，米国やカナダで使用しているプランクトンネットに比べ口径が小さく，側長も短いため，開口比が小さく，採集効率が悪いことが考えられた。このため丸特ネットと口径が同じ，側長を 1.8 m にしたノルパックネットが作成された（元田 1957）。

1963 年（昭和 38 年）異常冷水を契機として，水産庁水産研究所と各都道府県研究機関により漁況海況予報事業において一斉調査が開始された。この事業の中では丸特 B ネットが引き続き使用され，採集層も従来通りであった。1978 年から卵仔稚調査は，200 カイリ水域内漁業資源調査の一環として実施されるようになり，従来と同様丸特 B ネットが使用され，採集層はすべての海域において 150 m 以浅となった。また東海および南西海区水産研究所は丸中ネットも引き続き使用した。ノルパックネットは日本海のスルメイカの卵仔稚の調査や南西海区水産研究所の一部調査で使用された。

元田（1974，1994）は，ノルパックネットの口部に円筒状の濾過部（側長 0.65 m）を追加し，開口比を 6 に上げた改良型北太平洋ネット（remodelled NORPAC net）を提案した。また，上野（1988）は，丸特ネット，ノルパックネットは，開口比が小さく（それぞれ 1.6, 3.7）すぐに濾水率低下が起こるため，ネットとして不適切とした。1987 年，各都道府県研究機関および水産研究所の卵仔稚調査において，丸特ネットや丸中ネットに替わり，開口比が大きく濾過効率の良い改良型ノルパックネット（LNP）を使用することが提案された（森 1992）。これ以降，極沿岸域の調査（浅海定線）において一部丸特 B ネットは使用されているものの，日本海側を含め 2000 年頃までに改良型ノルパックネットに替わっていった。

丸特ネットによる卵仔稚魚鉛直曳き採集と並行して，第二次世界大戦前より使用されていた丸稚 A ネット（口径 1.3 m，円錐型，口部から 3.0 m は網目幅 2 mm，コットエンド近く 1.5 m は網目幅 0.33 mm）を使用した表面付近の稚仔魚採集も行われた（Nakai 1962）が，濾過部前部と後部の網目幅が異なるため定量採集ネットとしては適当でないとされた（元田 1974，渡邊 1992）。

このため渡邊（1992）は，円筒円錐形（円筒部 2.5 m，円錐部 3.0 m），濾過部網目幅 0.45 mm（Nytal 42GG），開口比 5.3 の新稚魚ネットを提案し，このネットは1993年頃より都道府県の水産研究機関でも使用されるようになった。さらに大関ら（2001）は，改良型ニューストンネット（網口幅1.3 m，高さ0.75 m，網目幅0.45 mm）をサンマ仔稚魚の定量採集のため新たに提案し，新稚魚ネットに替わり導入が図られている。

本文における土佐湾でのネット採集に関するデータは，1995年3月竣工時から2011年10月福島県に貸与されるまでの間に5代目（宮崎県所有時代を含める）こたか丸（59総トン，1,000 ps）で行われた調査で得られたものである。鉛直曳きでは径3 mm，傾斜曳き，水平曳きでは径8 mmのステンレスワイヤーにより曳網採集した。この他，しらふじ丸，みずほ丸，開洋丸，照洋丸，蒼鷹丸，俊鷹丸，白鳳丸，淡清丸，青鷹丸，若潮丸での調査，都道県の調査で得られた結果も参照した。

3.2 標本の作り方

猿渡敏郎

野生生物の調査研究において，採集物の迅速かつ適切な処理は，その後の研究活動に大いに影響する。魚類の初期生活史研究において，ネットサンプルの選別（ソーティング）と固定は，採集後に欠かすことのできない重要な作業である。現在，卵仔稚魚を対象とした研究は，外部形態の観察と記載に主眼を置いた稚魚分類学的研究から，DNA分析による種の同定や集団遺伝学的研究，安定同位体比の分析，耳石に含まれる微量元素の分析など，多岐にわたるようになった。このため，採集調査に出かける際には，採集されたサンプルを，どれだけ，どのように処理するか，事前に十分に検討し，研究目的に合致した固定や保存に必要な試薬類や標本瓶などを準備しなければならない。本稿では，筆者の経験をもとに，採集物の選別，固定，標本管理までの一連の流れを紹介していく。

1. 採集調査の心得

稚魚研究は，採集調査から始まるフィールドワークである。設備の整った実験室内で完結する研究ではない。水辺での作業であり，危険も伴う。事前に所属機関に調査計画を提出し，救命胴衣の着用など自身と同行者の身の安全の確保を行う。特別採捕許可の申請など，関係法令も遵守しなければならない。採集方法は，対象魚種に合わせて，岸辺からのタモ網採集や，漁船や調査船を用いた研究航海まで，さまざまである。事前に採集方法，採集物の量と大きさなどを考慮して，標本瓶，ビニール袋，コンテナ，試薬類を準備して出かけなければならない。水温計一本であれ，ビニールテープ一巻であれ，採集調査の際の忘れ物は致命的である。先輩研究者の意見を聴くなどして必要物品の一覧表を作成したうえで準備を進め，採集調査に出かけなければならない。また，乾電池を用いる機器では，調査の都度，電池を新品に交換すべきである。わずかのお金をケチって，データが取れないなど，それこそ愚の骨頂である。

調査中の記録を記す野帳として，耐水紙のレベルブックが良く使われるが，表紙がボール紙でできており，濡れるとふやけてきて最悪壊れてしまう。私は，表紙がプラスチック製の野帳を愛用している（図 1）。登山で使われる携帯型 GPS 受信機も，リアルタイムで位置情報を記録してくれ，調査後 PC につなげてカシミール３D のような地図ソフトを用いれば，地図上に位置情報を映し出せるので便利である（猿渡 2006）。

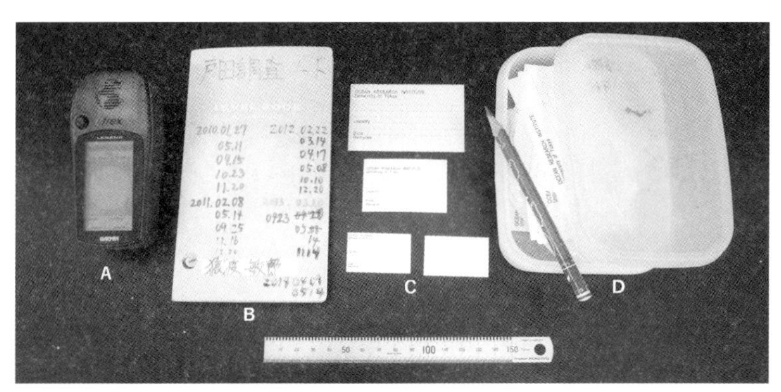

図 1　採集調査の際に愛用している品々

A：携帯型GPS，B：耐水紙野帳，C：耐水紙ラベル３種，D：ラベル入れのタッパーウェア。

2. ネット採集物の取り扱い上の注意点

海藻，流れ藻，デトライタスからは色素が溶出して仔稚魚標本を着色してしまう。クラゲ類からは水分が溶出して固定が不十分となり，標本を傷める。そのため，採集物を固定または冷凍保存する前に，これらの異物は取り除くべきである。オキアミやユメエビなどの小型遊泳性甲殻類からは，自己消化酵素が出るので，固定後瓶を何度か攪拌して固定液がまんべんなくいきわたるようにする。そうしないと，2 L 標本瓶の中で，上下で標本の色が異なり，下半分が固定され，上半分は腐敗しているという事態が起きる。一次ソーティングを急ぐべきゆえんである。

夏場や南方での調査の際には，採集後の標本と固定液の温度上昇にも気を付ける必要がある（松浦，国立科学博物館ウェッブサイト）[脚注2]。可能であれば，固定液は事前に十分に冷やしておき，大型のクーラーボックスに氷水を用意して固定後の標本を冷やすなどの措置が必要である。ホルマリン漬けの腐敗した標本ほど，悲しいものはない。

脚注2　松浦啓一. 標本に関すること　標本作成方法. 国立科学博物館
　　　ウェブサイト: https://www.kahaku.go.jp/research/db/zoology/uodas/collection/how_to_make/index.html

3. ソーティング作業

採集から卵仔稚魚がデータとなるまでは，選別作業（ソーティング）の繰り返しである。採集直後にゴミ，海藻類，クラゲ類などを除去する一次ソーティング，卵仔稚魚やその他の分類群を選別する二次ソーティング，科，属，種のレベルまで同定作業を進める三次，四次ソーティングである。選別作業は，仔稚魚研究において修行と称してもよい，集中力，忍耐力，持久力を求められる重要な作業である。選別作業が進むにつれ，標本を保存する瓶の数は増加し，小型化していく。

卵仔稚魚標本は繊細である。ソーティングの際の取り扱いには注意を要する。使用するピンセットも，タートックスや竹ピン，スプーンなど，各々工夫して道具を用意し，利用すべきである（図2）。卵を拾う上で，竹ピンは非常に重宝する。制作方法を，和歌山県立自然博物館の揖善継氏に紹介していただいたので，Box 1の記事を参考にしていただきたい。

ソーティング作業は，双眼実体顕微鏡を用いる場合が多い。標本観察中，顕微鏡の倍率を変えるつど，ピント合わせを行っている人を見かける。これは，顕微鏡の使い方を知らない証拠である。眼精疲労も蓄積し，作業効率も下がる。Box 2で，双眼実体顕微鏡の調整方法を紹介した。本文を読んで心当たりのある方は，ぜひ一読し，実践されたし。

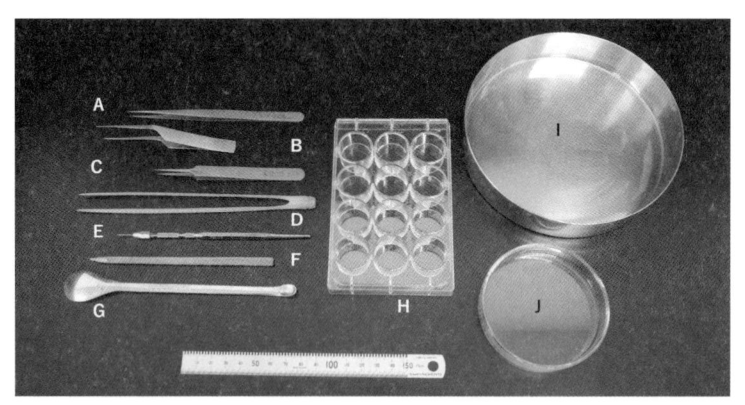

図2 ソーティングに愛用している器具

A：細口バイアル瓶の底まで入る細めのピンセット，B：タートックス，C：耳石を取り出すときに使用するピンセット，D：竹ピン，E・F：柄付き針，G：スプーン，H：多孔シャーレ，I：ステンレス製シャーレ，J：平底ガラスシャーレ。

4. 標本ラベル

採集した標本には，忘れずに耐水紙でできたラベルを入れる。ラベルには，採集年月日，水域，採集定点番号，採集方法，採集者などの情報を鉛筆で記入する。標本瓶を利用した場合は，瓶のふたにも同様の情報を油性マジックで記入する（図3）。標本瓶やビニール袋の表面にマジックで記した情報は，固定試薬に侵されて消えたりするので，鉛筆書きのラベルは忘れずに入れなければ，後々標本の素性がわからなくなり，研究に支障をきたすことになる。耐水紙の野帳を使えば，必要事項を記入後ちぎって標本瓶に入れることができ便利である。標本ラベルは，ソーティング作業が進み標本瓶の数が増えるつど，正確に内容をコピーし，分類群名など必要な情報を追加したものを忘れずに入れていく。

図３ 一次サンプルの入った標本瓶とラベル

5. 保存容器

標本を保存する容器に求められるのは，密閉性と気密性である。理想は，ガラス製の二重蓋構造で，外蓋がねじ込み式のいわゆるマヨネーズ瓶である。ガラスは重たく割れるので，スチロールなどでできた樹脂製の容器が広く使われている。蓋がはめ殺し式の樹脂容器も安価なためによく使われているが，ホルマリンであっても蒸発し，標本が乾燥して使い物にならなくなるので，推奨しない。スチロール製の容器は大きさも様々で，筆者はIKMT, Neuston, ORI, 丸稚ネットといった大型ネットのサンプルには2L, 1Lのものを，MTD, NORPACネットなどの中・小型ネットサンプルには500 mLのものを愛用している（図4）。これら標本瓶は，コンテナ容器に入れて運搬，保管している。選別作業が進み，分類群単位の標本となった場合には，小型バイアル瓶で保存している。

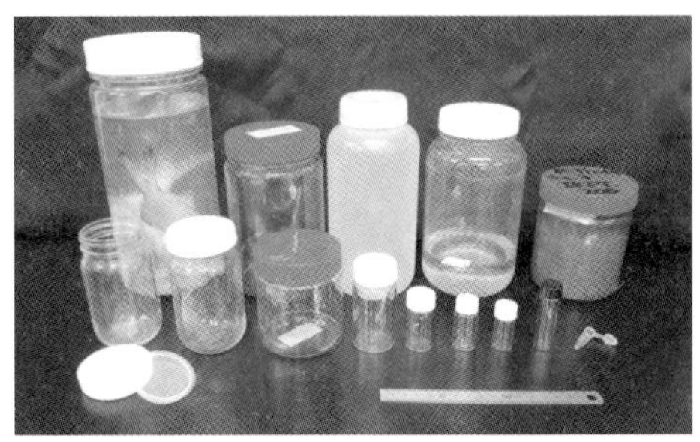

図４ 実際に利用している標本瓶類
容量は3 mLから2 Lと様々。

6. 標本の固定液と保存液

生物は，死んだ瞬間から腐敗が始まる。そのため，採集した卵仔稚魚を研究用の標本として利用するには，採集直後から冷却，冷凍あるいは薬品による固定ないし保存する作業が必要である。仔稚魚研究で一般的に使われている保存方法と固定液，そしてその用途を表1にまとめた。近年，プランクトン研究者の間でルゴール液を用いた固定法が普及しているが，使用したことがないので，本章では割愛させていただく。表1の上から順に紹介していく。

表1　各種固定液と使用法（卵・仔稚魚標本　処理方法の適合性一覧）

固定・保存方法	一時保存	固定	長期保存	外部形態	色素	骨格系	組織切片	電顕	核酸	染色体	アイソザイム	DNA	安定同位体
生鮮状態	△	×	×	◎	◎	×	×	×	◎	◎	◎	◎	◎
冷凍	○	×	×	◎	◎	×	×	×	◎	◎	◎	◎	◎
10%ホルマリン	○	◎	○	◎	○（黒色素のみ）	○	△	×	×	×	×	×	△（Nのみ）
10%中性ホルマリン	○	○	○	◎	○（黒色素のみ）	◎	△	×	×	×	×	×	△（Nのみ）
無水エタノール	×	×（脱水のみ）	×	×	×	×	×	×	×	×	×	○	△（Nのみ）
70%エタノール	×	×（脱水のみ）	◎（固定後）	○（固定後）	○（黒色素のみ）	◎（固定後）	○	×	×	×	×	△（未固定の場合）	△（Nのみ）
50%イソプロパノール	×	×（脱水のみ）	△	○（固定後）	○（黒色素のみ）	◎（固定後）	○	×	×	×	×	不明	△（Nのみ）
ブアン固定液	△	○	△	×	×	×	◎	×	×	×	×	×	△（Nのみ）
カルノフスキー固定液	○	○	△	×	×	×	×	◎	×	×	×	×	△（Nのみ）

生鮮状態：採集直後の生鮮状態で研究に必要な標本を選別し，観察，計測，解剖するのが理想である。卵仔稚魚の黒色素以外の色素は，固定により消失するので，生鮮状態で観察する必要がある。組織学，核酸，染色体，安定同位体比の研究には，生鮮ないし冷凍標本が必要である。しかし野外調査の現場では，研究室の整った大型調査船や臨海実験所でない限り生鮮状態で標本を扱うのは困難である。保冷した状態で実験室へ運び，タイムリーにソーティングを行い，冷凍保存するか，次の作業へと移行すべきである。

冷凍：冷蔵ないし冷凍状態で標本を保存し，その後設備の整った研究室で解凍して研究を続けるのが理想である。組織学的研究を除けば，たいていの研究に標本を利用できるからである。私は調査航海では，極力船上で一次ソーティングを済ませて卵仔稚魚を抜き取り，冷凍して持ち帰るようにしている。

10%ホルマリン：ホルマリンは，使用の歴史も古く，安価で蒸発しにくく，長期保存にも利用可能な一般的な固定液である。ホルマリンによる標本の固定は，たんぱく質を変性させる不可逆的な反応である。一般にホルマリンの原液として市販されているのは，パラホルムアルデヒドの35%水溶液である。これを真水で10倍に希釈したものが，10%ホルマリンである。パラホルムアルデヒドの濃度は3.5%となる。海水魚の場合は，濾過海水で希釈すれば，海水が緩衝液として作用し，標本の脱灰を抑制する作用が期待できる。プランクトン研究者は5%ホルマリンを使用するが，私は10%ホルマリンのみ使用してきた。

ホルマリンは刺激臭が極めて強く，発がん性があり，安衛法では特化則 特定化学物質（特定第2類），変異原性物質に，PRTR法では特定第一種指定化学物質に指定されている。使用する際には十分注意をし，換気の良い部屋で作業をし，ゴム手袋，保護メガネ，ガスマスクを着用するなど所属機関のルールに従う。使用済みの廃液の処理も関係法令を遵守し，所属機関のルールに従う。

10%中性ホルマリン：卵仔稚魚標本の固定，特に二重染色透明標本を作製する場合や，硬組織の観察を行う場合に使われる。中性ホルマリンの作り方と注意点を，Box 3で紹介した。未中和のホルマリンと比較すると，中性ホルマリンは固定力が弱く，固定後筋肉組織が少し柔らかく感じる。このため，しっかりと固定された標本を必要とする，神経線維をSihle法で染色する透明標本の作製には向かない（Freihofer 1966）。逆に，DNA分析に利用する場合は，固定力が弱いゆえに固定後短期間ではあるがDNAの断片化が抑えられることから，中性ホルマリン（緩衝ホルマリン）の使用が推奨されている（田口ら 2009）。未中和のホルマリンと比べると作業量も若干増え，最悪標本を研究に不向きな状態へ変質してしまうこともあるので，どちらのホルマリンを利用するかは研究者本人の判断である。

無水エタノール：エタノールは濃度に関係なく標本の脱水のみ行うので，標本は固定されない。そのため，長期保存には利用できない。主として耳石分析用とDNA分析用の標本作製に使われる。卵仔稚魚を丸のまま浸漬するか，個体ごとの組織片を浸漬する。

70%エタノール：ホルマリンなどで化学固定した標本の保存に用いる。固定後標本を70%エタノールへ移せば，硬組織の脱灰が防げる。エタノールは蒸発しやすいので，定期的に保存液の量を確認する必要がある。ホルマリンと比較すると高価で必要とする濃度も高いので，大量または大型標本に利用する場合は，費用の負担が大きい。さらに，大量の標本をエタノールで保存し管理すると，消防法の規定に引っかかる場合がある。

50%イソプロパノール：標本の保存用に用いられる。エタノールよりも安価で，低濃度で利用可能なために，費用対効果は高い。しかし，イソプロパノールで保存した標本からグアニンが溶出し，発光器の観察ができなくなるなどの現象が報告されており，近年はあまり使われなくなった。

ブアン：パラフィン包埋切片を作製する際に古くから使われている固定液である。ピクリン酸飽和水溶液750 mL，ホルマリン原液250 mL，氷酢酸50 mLを使用当日に調合する。標本を24時間固定後，70%エタノールへ移して保存するのが一般的である。標本が黄色く染色され，10%ホルマリン固定よりも脱水されるので，ブアンで固定された標本を他の用途に利用するのは困難である。ピクリン酸は爆薬なので，購入後は全量を飽和水溶液にすることを推奨する。

カルノフスキー固定液：体表にある遊離感丘，卵門の構造観察といった電子顕微鏡を用いた観察に広く使われている固定液。パラホルムアルデヒド，グルタールアルデヒド，リン酸緩衝液を調合して作る。処方は，標本の浸透圧とも関係するのでさまざまである。一例をあげると，８%パラフォルムアルデヒド25 mL，25%グルタールアルデヒド10 mL，0.2 Mリン酸緩衝液（pH7.4）15 mL。

7. 固定時と保管中の注意点

標本を固定する際には，ゆとりを持った大きさの標本瓶に入れ，固定液や保存液の種類に関係なく，標本がゆったりと浸かるだけの固定液を使用しなければならない。そうしないと，固定液が十分に標本全体に行き渡らず，初期固定に失敗する。外部形態の詳細な観察と計測を目的とする場合は，可能であれば固定を行う段階で使用する標本を抽出し，体がまっすぐに固定されるよう標本瓶を寝かせるなどの工夫をすべきである。前述したとおり，固定液の温度にも留意すべきである。固定後の標本は，冷暗所に保存する。直射日光は標本の温度を上げるばかりか，標本を漂白してしまう。たとえホルマリンで固定しても，氷点下となれば凍り標本瓶を破壊しかねない。標本にした段階で安心せずに，常に適切な場所で管理し定期的に固定液の蒸発などがないか確認するよう心掛ける必要がある。

標本庫や実験室でホルマリンがこぼれた場合は，犬猫用のペットシーツを用意しておくと便利である。ペットシーツはすぐにホルマリンを吸収し，その後の処理も楽である。

8. DNA分析用組織片の作製

DNA分析技術の進歩により，仔稚魚をまるまる一尾用いなくても，少量の組織片からDNAを抽出できるようになった。塩基配列のデータベースも充実し，日本産魚類のほぼ全種の塩基配列データがデータベース上で公開されている。DNA分析による種の同定が当たり前のようになってきた。これは，稚魚分類学にとって極めて有益なことである。集団遺伝学的研究は言うに及ばず，DNAフィンガープリント法などで，親子鑑定も可能となっている。稚魚の同定よりもはるかにきめ細かい研究が可能となっている。その分，DNA分析用標本を作製する際には，コンタミネーションを防がなければならない。個体ごとの情報を扱うという意識を持つ必要がある。組織片を採取する都度，使用するピンセットなどの先にエタノールを付け，火をつけて付着した組織片を焼却する方法が確実で簡便である。アルコールランプがあると重宝する。組織片は，無水エタノールに入れ，冷蔵庫で保存する。

9. 標本管理

成魚の分類では，博物館や大学で登録・保管されている標本群が，科学としての魚類分類学の再現性を担保する知的公共財として機能している。残念ながら，仔稚魚分類学では，日本産稚魚図鑑　第一版，第二版（沖山 1988, 2014）で記載されている卵仔稚魚標本も含め，標本のほとんどが個人所蔵で，体系だって登録・保管されていない。いわゆる，キュレーション（Curation）の欠如である。外洋性仔稚魚の分類にとって重要な『ある』モノグラフで記載された標本のほとんどが廃棄処分されてしまったことも確認されている。価値ある学術資産の継承が行われず，残念なことである。卒業，転職，定年などにより研究に用いた標本を手放さなければならなくなった時には，博物館へ標本を寄贈していただきたい。特に！仔稚魚の発育段階の記載に用いられた標本は。採集データのある標本は，その個体が採集時にその水域に生息していた貴重な物的証拠である。

有効な標本管理を行うには，多大な労力と研究費が必要であり，決して簡単なことではない。成魚で行われている標本管理の方法を紹介し，今後仔稚魚標本を扱う方たちへの参考としたい。

標本番号の割り振りと標本台帳の管理が，標本管理の基本である。

標本番号：通し番号で標本を管理するために，個体ないし同種のロットごと，例えば同じ日に同じ場所で採集された標本ごとに標本番号を付ける。仔稚魚に成魚で使われている布製の標本番号タグをつけるのは非現実的なので，標本番号と採集データなどを記したラベルを標本ともども標本瓶に入れるのが有効である。標本瓶の蓋に標本番号と種名を記しておくと，標本探しの際に助かる。

標本台帳：実際に私が沼津市戸田（へだ）の駿河湾深海生物館の標本管理に利用している標本台帳の一部を表2に示した。標本番号，標準和名，

表2　駿河湾深海生物館（ミュゼ ヘダビス）の標本管理に利用している標本台帳の一例

標本台帳		展示 75 種 110 個体			採集データ						
標本番号	種名	学名	科	目	採集年月日	海域	採集法	船名		網番号	画像
1001	アオメエソ	*Chlorophthalmus albatrossis* Jordan and Starks, 1904	アオメエソ	ヒメ	2017/3/20	戸田沖	深海トロール	日之出丸	おいしい−4	2	
1002	サンゴイワシ	*Neoscopelus microchir* Matsubara, 1943	ソトオリイワシ	ハダカイワシ	2017/3/20	戸田沖	深海トロール	日之出丸	発光 横	2	
1003	ミドリフサアンコウ	*Chaunax abei* Le Danois,1978	フサアンコウ	アンコウ	2017/3/20	戸田沖	深海トロール	日之出丸	美−30	2	
1004	アカギンザメ	*Hydrolagus mitsukurii* (Jordan and Snyder, 1904)	ギンザメ	ギンザメ	2017/3/20	戸田沖	深海トロール	日之出丸	サメ	2	
1005	アカムツ	*Doederleinia berycoides* (Hilgendorf, 1879)	ホタルジャコ	スズキ	2017/3/20	戸田沖	深海トロール	日之出丸		2	○
1006	キララギンメ	*Polymixia longispina* Deng, Xiong and Zhan, 1983	ギンメダイ	ギンメダイ	2017/3/20	戸田沖	深海トロール	日之出丸		2	
1007	ヤナギムシガレイ	*Tanakius kitaharae* (Jordan and Starks,1904)	カレイ	カレイ	2017/3/20	戸田沖	深海トロール	日之出丸		2	○
1008	ヤナギムシガレイ	*Tanakius kitaharae* (Jordan and Starks, 1904)	カレイ	カレイ	2017/3/20	戸田沖	深海トロール	日之出丸	おいしい−7	2	○
1009	ヤナギムシガレイ	*Tanakius kitaharae* (Jordan and Starks, 1904)	カレイ	カレイ	2017/3/20	戸田沖	深海トロール	日之出丸		2	○
1010	ヘリダラ	*Coryphaenoides marginatus* Steindachner and Doderkeub,1887	ソコダラ	タラ	2017/3/20	戸田沖	深海トロール	日之出丸	エントランス	2	○
1011	ハナナガソコホウボウ	*Pterygotrigla macrorhynchus* Kamohara, 1936	ホウボウ	スズキ	2017/3/20	戸田沖	深海トロール	日之出丸	美−24	2	○
1012	ヨロイイタチウオ	*Hoplobrotula armata* (Temminck and Schlegel,1846)	アシロ	アシロ	2017/3/20	戸田沖	深海トロール	日之出丸	美−28	2	○

学名，採集年月日，水域，採集方法，採集者名などを記入してある。ラベルに記入しきれない情報も台帳に記載してある。

標本の保管：仔稚魚も成魚も，標本の大きさが様々なために，標本瓶の大きさを統一することはできない。標本番号順に標本を保管するのも一般的ではない。仔稚魚標本であれば，科ないし目単位でコンテナなどの容器に標本を入れ，コンテナごとに収められている標本の標本番号を記したメモなどを入れておけば，後日標本を探し出す際に便利である。個人レベルでは労力的にも困難かもしれないが，仔稚魚標本を後世まで残し，有効に利用できるようにするうえで価値のある努力である。

以上，経験に基づき，卵仔稚魚標本の作り方を紹介してきた。これから魚類の初期生活史研究を行う方々の一助になることを切に願っている。標本の作製と管理についてより詳しく知りたい方は，『標本学　自然史標本の収集と管理』（松浦 2003）を参照されたい。

魚類の一生は，卵，仔魚，稚魚，未成魚，成魚と成長，変化していく。そんな魚類の一生のなかで，卵仔稚魚期は著しい形態変化を伴う変態や，生息水域の変化を伴う最もダイナミックな時期で，研究を通して生命の営みを強く感じられる時期である。ぜひのめりこんでいただきたい研究分野である。

COLUMN

Box 1 竹ピンセットの作り方

揖　善継

壊れやすく小さな仔稚魚標本の取り扱いには，適度な摩擦を持ち，ソフトタッチなものが作れる竹製ピンセットが適している。しかしながら市販品では求められる性能のものはなく，各研究者が自作している。研究者や，研究室ごとにその形状にはこだわりがあるが，一例として，私の竹ピンセットの作り方を紹介する。

使用する材料，工具

- 竹　よく乾燥したもの。直径5 cm以上のマダケがその形状，性質ともに適している。
- 瞬間接着剤　低粘度のもの。
- 切り出し小刀　よく切れるもの。
- ノコギリ　目の細かいもの。
- サンドペーパー　#120，#240，#400
- 輪ゴム　・ガラス板
- ほかに定規，鉛筆など

作り方

材料のカット

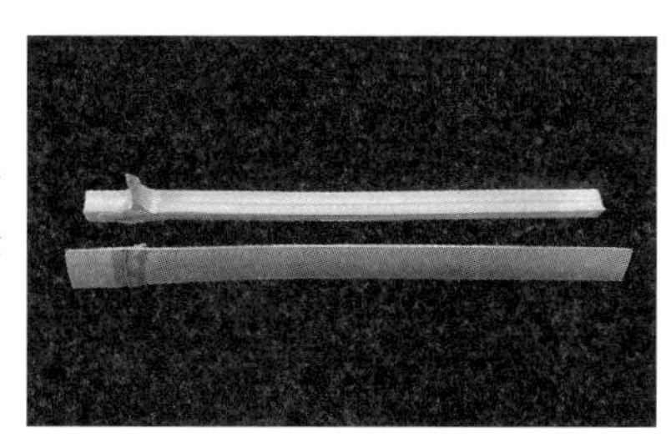

節の部分が肉厚で連結部を作るのに都合がよいため，節から1.5 cmを残し，全長18 cm，幅1 cm強となるようノコギリと小刀を用いて切断する。

＊ポイント
同じ竹でも表と裏で反り方が異なるため，ピンセットに適したカーブのところを使用する。

接合部とブレードの削り

小刀を用いて連結部となる節の裏を，合わせた時の角度を確認しながら大まかに削る。ガラス板に乗せたサンドペーパーの上で，接合面を綺麗な平面に削る。#120→#240と番手を変え，隙間なく合わさるように調整する。

連結部の接合面を3 cm残し，ブレード部を薄く削る。連結部側を少し薄く，挟持部側をやや厚めに残すよう削る。連結部に近い場所の硬さが曲がりの硬軟に，挟持部に近い場所は対象物を挟んだ後の挟持力に影響するため，好みの曲がり具合や硬さになるよう調整する。

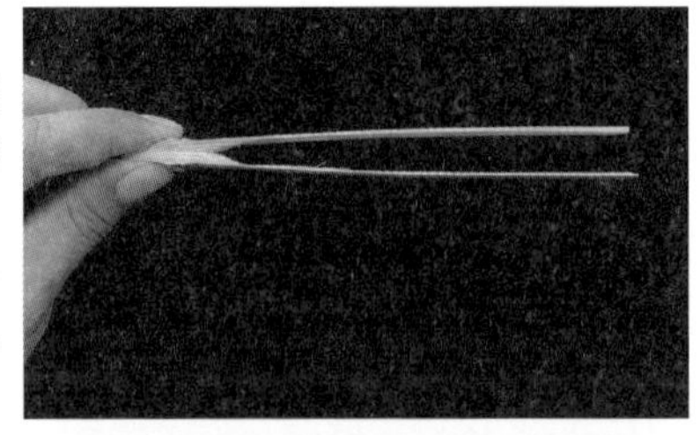

先端部6 cmを小刀，サンドペーパーで，先の中心を2 mmくらい残して細くなるよう成形する。時折，輪ゴムを巻いて仮組みし，ブレードの硬さや曲がり具合と，先端がピンポイントで接するかを確認しながら削る。

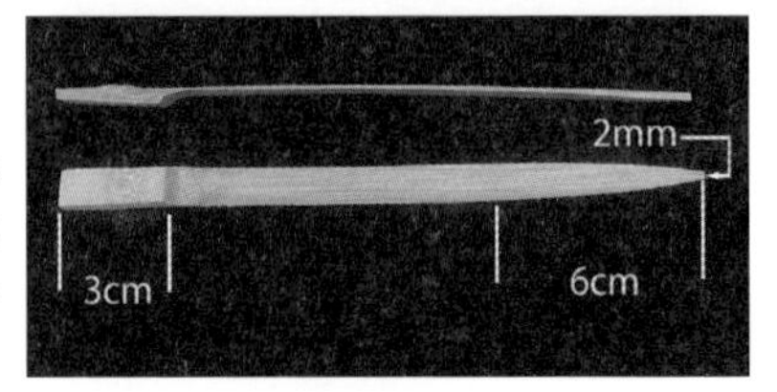

連結部の接着

好みに合うよう調整できたら，接合部を合わせて輪ゴムを巻き，先端の合わせ具合を確認し，輪ゴムの隙間から接合部の合わせ目に瞬間接着剤を流し込む。

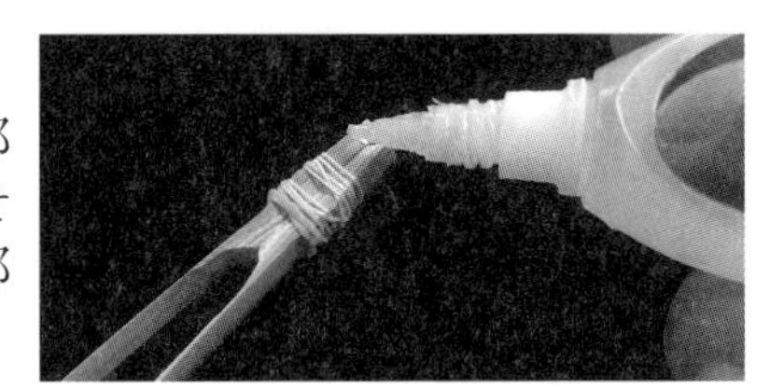

最終成形

接着剤が固まったら，輪ゴムを取り除き，ブレードの側面や連結部，挟持部の外側をサンドペーパー（#240 → #400）で削り成形する。幅を残していた先端も尖らせ，点で接するよう調整する。挟持部の先はあまり細く，薄くするとすぐに摩耗してしまうため，ある程度の幅と厚みを残しつつ削る。

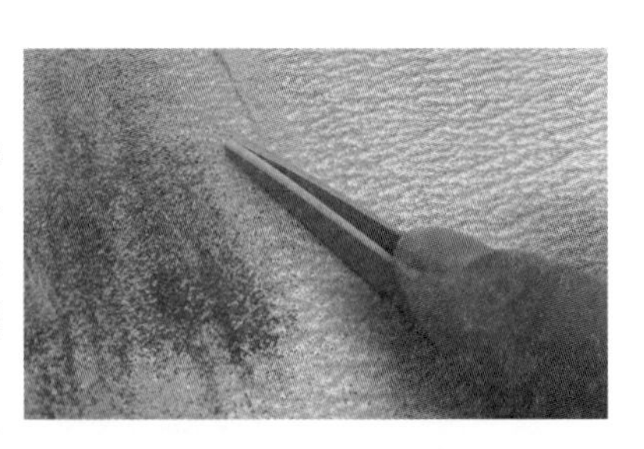

＊ポイント

挟持部先端を調整する際，削るのは必ず外側のみで，ブレードの内側は削らない。内側を削ると，接点が先端にならず使いにくくなってしまう。

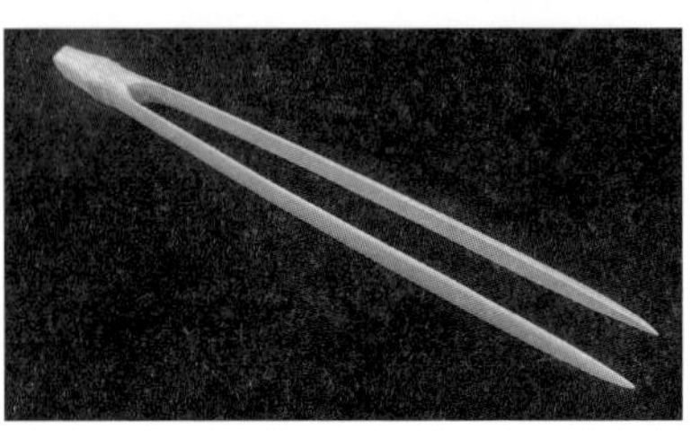

ホチキスの針が無理なくつまめる精度になれば，仔稚魚の標本を扱うことができるであろう。

ここに示したのはあくまでも一例なので，皆さんの手になじみ，使いやすい大きさや形状のものを作っていただきたい。

Box 2 双眼実体顕微鏡の調整方法

猿渡敏郎

ここで紹介する方法は，双眼実体顕微鏡に限らず，光学顕微鏡にもあてはまる。正しく調整すれば，ソーティング，形態計測，スケッチなど双眼実体顕微鏡を利用するあらゆる作業で眼精疲労を防ぎ，作業効率が向上する。

1．左右の接眼レンズの視度調整を0にする。
2．対物レンズの倍率を最低にし，ピントを合わせる。効き目のほうで合わせるとよい。
3．対物レンズの倍率を最高にし，ピントを合わせる。
4．ピントはそのままで，対物レンズの倍率を最低にする。
5．接眼レンズの視度調整リングを回して，片方の目ずつピントを合わせる。
6．倍率を上げ，ピントに変化がなければ調整終了。ピントが合わなくなる場合は，1からやり直し。

Box 3 中性ホルマリンの作り方

猿渡敏郎

私が実践している中性ホルマリンの作り方を紹介する。アンモニアを用いて中性化する方法もあるが，経験がないのでここでは割愛する。

ホルマリン原液（パラホルムアルデヒド35％溶液）18 Lに対し，Borax（四ホウ酸ナトリウム）250 gを入れる。ホルマリンの一斗缶に直接入れると効率的である。一週間ほど放置し，一斗缶の底にBoraxが沈殿していることを確認する。これで，ホルマリンのBorax飽和溶液が完成。これを中性ホルマリン原液とする。最初にBoraxを入れた容器にホルマリン原液を継ぎ足すようにすれば，Boraxの節約になり，さらには容器の廃棄も楽である。

中性ホルマリン原液の透明な上澄み液を用いて，10％中性ホルマリンを調合する。希釈には，真水，濾過海水などその時の状況に応じて調整する。原液を分注する際には，こし網を用いて，Boraxの結晶が混入しないように注意する。10％中性ホルマリンの完成。大型プランクトンネットの採集物のように，大型の標本瓶で固定を行う場合は，固定用の瓶の中で中性ホルマリン原液を希釈しても問題ない。

上述でできた10％中性ホルマリンを，標本を固定，保存する瓶へと分注する。この時も，Boraxの結晶が瓶に入らないように注意する。Borax

の結晶が混入すると，瓶の中の固定液のpHがアルカリへ傾き，筋肉組織を溶解し，黒色素とグアニンも脱色してしまう。意図せずして透明標本が出来上がるので，Boraxの結晶の混入には細心の注意を払うべきである。これは私自身の手痛い失敗に基づいた経験談である。

3.3 スケッチを描く

加納光樹・原田慈雄

1. なぜ画像ではなくスケッチなのか？

仔稚魚の形態記載を伴う研究では，手描きのスケッチ（図1）を使用することが多く，デジカメなどで撮影した画像はあまり使用されない。これは，仔稚魚の体が小さく半透明の3次元の立体構造であり，その体表あるいは内部にみられる複数の重要な形質のすべてに同時にピントを合わせて，2次元の画像として撮影することが難しいためである（Sumida et al 1984）。デジカメの性能向上により，被写界深度合成で仔稚魚の立体構造の全点にピントが合った画像も撮影されるようになってきたが，そのような画像でも形質の細部までは確認しづらい。さらに，種同定に役立たない内部構造や陰影が画像に写り込んでしまい，黒色素胞などの重要形質が見づらくなることもある。これらの撮影画像の問題に対して，仔稚魚スケッチの基本的な考え方としては，仔稚魚の3次元の体を2次元に表現する過程で，記載文や計数・計測値だけで示しづらい，同定に役立つ形質（例えば，顎や眼の形状，頭部の棘要素，鰭条の形成，筋節数，消化管，黒色素胞の分布パターン，脊索末端の屈曲など）を強調し，種間や発育段階間での形態的差異を比較しやすくすること，一方で，単にコントラストを出すための陰影や点描，ほかの内部形質の詳細は省くもしくは強調しないことが挙げられている（Sumida et al 1984，木下 1987）。つまり，スケッチを描く過程で形質の省略と強調が行われることになるが，科学的なスケッチであるがゆえに，正確さや一貫性が求められる。このようにしてスケッチを自身で注意深く描いていくと，各形質への理解が深まり，分類技能が高まっていく（Trnski & Leis 1992，小島 2001）。

なお，仔稚魚の形態記載では，スケッチしか認められないというわけではない。体が側扁しており，鰭条が定数に達し，体表面に複雑な色素が分布している稚魚では，鮮明に撮影された画像の方が正確なこともある。

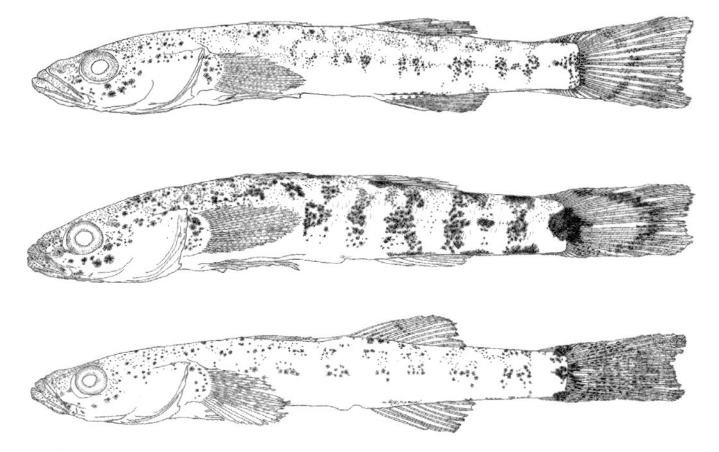

図1　ウキゴリ（上），スミウキゴリ（中央），シマウキゴリ（下）の稚魚のスケッチ
＊原田慈雄が描画し，日本産稚魚図鑑（沖山 2014）より転載したもの。

2. 先達のマニュアルやスケッチから学ぶ

仔稚魚スケッチは顕微鏡下で行われ，独特のルールもあり，成魚の場合とはだいぶ異なる。世界の稚魚研究者の間で，スケッチの技法が統一されはじめたのは，実体顕微鏡用の描画装置が広く普及した 1980 年代のことである。例えば，名著「Ontogeny and systematics of fishes」の一節「Illustrating fish eggs and larvae (Sumida et al 1984)」で，スケッチの基本的な考え方と技法が記されている。この数年後，国内でも「海洋と生物」の連載記事「海産魚類　初期生活史研究の手法」のなかで，「稚仔魚スケッチの実際（木下 1987）」が掲載された。この報告には失敗談や具体例も含めて実践的な描き方が詳述されており，筆者らが学部生であった頃によく参照したものだが，今なお仔稚魚の形態記載に取り組む初学者に読んでほしい内容である。さらに，オーストラリアの著名な研究者による初心者向けスケッチ描画ガイド（Trnski & Leis 1992）や，稚魚図鑑で初学者を魅了する精緻なスケッチの製作者の小島先生による採集から描画までの概説（小島 2001）も大変参考になる。

筆者らは，自身の師匠からスケッチの細かな手ほどきを受けたことはない。たまに雑談で教わる程度であった。基本的には，上述の報告を読んでから，国内外の稚魚図鑑のスケッチ（Neira et al 1998, Leis & Carson-Ewart 2000, 沖山 2014）を見本に試行錯誤し，慣れてくると独自のやり方も加えていった。同世代のほかの仔稚魚研究者に聞いても似たり寄ったりであり，後進にも同じやり方で伝えている。仔稚魚スケッチの描き方は，一定のルールを守りさえすれば，それ以外は描き手の裁量に任されている。コツをつかめば絵の上手さに関わらず，誰でも適切に描くことができる。ここでは，筆者らの経験も踏まえながら，先達によって確立されたルールや技法，トレースや墨入れのコツなどを紹介していきたい。なお，本稿をまとめるにあたり，木下泉先生，前田健氏，田和篤史氏からさまざまなコツについてアドバイスを賜った。ここに記して感謝申し上げる。

3. どのような標本を選べばよいか？

まず大切なのは，良好な標本を選ぶことである。体や各部位（とくに，折れやすい頭部棘要素）の破損がなく，黒色素胞が正常に保持されており，体が湾曲しておらず，鰭条が起きている状態のものがあると，より少ないストレスと時間，労力で描くことができる（小島 2001）。また，スケッチの標本は，5～10％中性ホルマリンで保存されていたものが適している。仔稚魚標本の保存でよく用いられる70％エタノールは，体や膜鰭などの収縮や黒色素胞の縮小が起こりやすいため，使わない方がよい。１つの魚種のスケッチ数は利用できる標本の質と量にもよるが，卵黄吸収後であれば上屈前仔魚，上屈中仔魚，上屈後仔魚，稚魚の４段階のシリーズは必要であり，これらに加えて，その種の特徴的な形質や黒色素胞をもつものが必要なこともある（木下 1987）。なお，論文で記載された仔稚魚の標本は，将来的に他の研究者が参照することも考慮し，適切な管理体制を備えた博物館に登録・保管することが望ましい（Leis 1993）。

4. 顕微鏡下に標本をどのように置くか？

顕微鏡下でスケッチするとき，小さな標本がわずかな振動で動いてしまわないように，標本の置き方にもさまざまな工夫がある。まず側面図を描くが，小さな仔魚を側面から描くには，上面に高さ１mmの金属枠を貼り付けてあるスライドグラスに，少量の水を入れて標本を置き（魚の向きは成魚の慣例に従って左向き），その上からカバーグラスをかけて位置を固定する方法がある（木下 1987）。ニシン目やハゼ目などでは背面や腹面の黒色素胞の分布パターンが種同定に有効な形質であり，この背・腹面図を描くときにはゼムクリップの溝に標本を立てると見えやすい（木下 1987）。背面や腹面などを観察するために，仔魚をはさんで固定するLarval fish clampも開発されている（Saruwatari & Kaneko 1996）。

加納 どうやって標本を置いていますか？

原田 スライドグラスの枠は，木下先生に教わって，アクリル板をくりぬいて作成した数タイプを使っています。薄い標本用はアクリル板１枚，厚い標本用はアクリル板２枚重ねとし，さらに，標本ごとに最適な厚さになるように枠の中にカバーガラス片を入れて厚みを微調整しています。

加納 何タイプか準備すると便利ですね。私は，水が入った透明タッパーの底に接着してある発泡スチロール上に，微針でやぐらを組んで標本の位置を仮固定し，随時，標本の傾きを調整しながら側面・背面・腹面を観察しています。卒論生の頃，研究室の先輩の渋川さん（現，ふじのくに地球環境史ミュージアム）が顕微鏡下で微針を使って小さなハゼ類の鰭立てをよくされていて，その背中を見ているうちにそうなりました。

5. 下絵を正確に描くコツは？

下絵の作り方としては，実体顕微鏡のアダプターである描画装置を使って下絵を描く方法と，顕微鏡用デジカメなどで撮影した画像をそのまま下絵として使う方法の主に2つがあるが，ここでは稚魚研究者によく用いられてきた前者について説明していく。下絵を描くといっても，標本の形質をただトレースする（なぞる）だけだが，トレースする形質としない形質があり，その正確さがスケッチの出来に関わる。この技法については，稚魚図鑑や論文に掲載されている見本のスケッチを参照しながら何枚か描いて経験を積めば，誰でもすぐに身に付く。

描画装置は実体顕微鏡の鏡筒部分から右側（右利きの場合）に分枝した筒型の構造とその内部もしくは外部に組み込まれた複数の鏡からなり，描画装置先端の真下に置いたスケッチ用紙と手元のペン先の「描画像」と顕微鏡の「観察像」を同一視野内で重ねて見ることができる。この説明だとややこしいが，要は，顕微鏡の視野のなかにペン先が見えている状況である。この状況下で仔稚魚を観察しながら，その体の輪郭やすべての形質をトレースしていけば，下絵ができあがる。実践的な描画装置の使い方やトレースの方法については既存の報告（Sumida et al 1984，木下 1987，Trnski & Leis 1992，小島 2001）に詳述されており，そこからとくに重要な記述を拾い上げると，次の通りである。

- トレースは，描画装置と対応している単眼のみで行う。
- 光源には，顕微鏡に備え付けで標本を下から照らす透過光，標本の形質の極部を照らせる落射光（以前は高価なファイバー式がよく用いられていたが，最近は安価な LED 照明でも効果的），スケッチ用紙を照らすスタンドの3つが必要で，それらの明るさを調整しつつ見やすさを確保する。
- トレースする紙は顕微鏡の透過台の横（描画装置の鏡の下）にテープで固定し，普通紙でもよいがA4版のブルーの方眼紙だとピンボケに気付きやすく，スケッチの大きさも分かりやすい。
- 標本の全長にも左右されるものの，印刷時の1.5～2倍くらいの大きさに描いて（A4用紙におさまるサイズ），印刷段階で縮小するとシャープなスケッチになる。

・トレースには鉛筆やシャーペンを用い，用紙には採集地，採集日，標本番号のほか，各部位の計測値や鰭条数，筋節数などをメモしておく。

・内部形質（脊索，消化管，鰓など）は種同定に役立たない場合には描かないが，脊索末端は屈曲程度を示すために描く。

・トレースはまず体の輪郭，次に背・臀・腹・尾鰭や肛門の位置を正確に把握しながら行う。

・黒色素胞は大きさや形状（点状，星状，樹枝状など），位置を正確にトレースし，外部色素と内部色素は色鉛筆で区別しておく。

・黒色素胞以外の色素胞（例えば，黄・橙・赤色素胞）は，基本的には描かない（ホルマリン固定してから短期間のうちに消失してしまい，種同定では用いないことが多いため）。

・顎骨や鰓蓋骨の構成を理解しておくと，顔を正確に描ける。

・頭部の棘（骨質隆起）は重要な形質のため，ある場合には形状と位置を細心の注意を払ってトレースする。

・鰭条は棘条と軟条を識別して正確な本数を描き，軟条については前縁をトレースし分節・分枝も描く。

・鱗や筋節，体表のしわ等は，基本的にはトレースしなくてよい（ただし，レプトケパルスなどでは，重要な分類形質である筋節は描くことが多い）。

加納 マニュアルにあまり書かれていないコツ，何かありますか？ご専門のハゼ類の場合も含めて。

原田 0.3 mm のシャーペンで，A4 横向きに収まるようにトレースしていました。最初に前半分を，次にずらしてから後半分を描いています。その際，前・後半をつなぐ目印になる形質はおさえておくのも大切です。一通りトレースを終えたら，倍率を上げてから細部（棘や黒色素胞など）を微修正して，墨入れする線を明確にしています。

加納 私も 0.3 mm ですし，A4 サイズに収めて，拡大してから細部を描いています。当然ですが，下絵のできが，スケッチのうまさに関わりますよね。

原田 ハゼ類の場合，稚魚でも頭部感覚管の開口は重要で，なるべく描きますが，孔器列は黒色素胞との区別が難しくなるため描きません。それと，線をスムージングしすぎると，模式図みたいで特徴がわかりにくくなるため，できるだけ標本に忠実に線を描くように心掛けています。とくに顎付近などの頭部が大事ですかね。

加納 頭部は顔の印象にも関わりますよね。前田さんや横尾さんもよく言っているように，顔の印象はハゼ類稚魚を同定するときに大事ですね。

6. 頭部構造，鰭条，筋節などは，どうやって観察するか？

半透明の白っぽい仔稚魚については，頭部の棘要素（骨質隆起），顎や鰓蓋の構造，鰭条，筋節，膜鰭，各鰭の基底部などが見づらい。そのまま検鏡しても，稚魚図鑑のスケッチのように，細かな形質を確認できないことがある。このようなときには，標本をサイアニンで染色するとよい。サイアニン入りの70％エチルアルコール溶液に標本を数分間浸して染色すると，観察したい部位が薄く青色に染まり，細部まで鮮明に見えるようになる。浸す時間は適宜調整するが，長過ぎると濃く染色されてかえって見づらくなり，また，標本も収縮してしまう。サイアニンが便利なのは，使用後にエチルアルコールでほぼ脱色できる点である。なお，骨要素の染色にはアリザリンレッドも役立つが，脱色はできない。染色以外には光の当て方も大事で，透過光と落射光の強さや角度をうまく調節する。とくに筋節は落射光を横から当てると，陰影ができて観察しやすくなる。

7. 墨入れではどんな道具を使うか？

墨入れで使う道具は好みのものを使えばよいが，ここでは稚魚研究者によく用いられてきた道具とその用法について簡単に紹介しておく。これらについても，既存の報告（Sumida et al 1984，木下 1987，Trnski & Leis 1992，小島 2001）に詳述されており，そこからとくに重要な記述を拾い上げると，次の通りである。なお，最近では，パソコン画面上にイラスト作成ソフトで下絵となるデジカメ撮影画像を重ねて表示し，ペンタブレットで最初から墨入れしていく方法もあるが，それらは一般に広く普及しており解説書も多いため，ここでは取り上げない。

- 下絵の上に，インクがにじまない「厚口のトレーシングペーパー」か「ドラフティングフィルム（マイラー）」をのせ，製図用テープで固定する。
- 墨入れにはさまざまな太さの線が描ける規格品の製図ペン（黒色の防水性インクのもの）を使用し［例えば，木下（1987）では 0.1 ～ 0.3 mm の 3 種類，Trnski & Leis（1992）では 0.18 ～ 0.7 mm の 5 種類，小島（2001）では 0.18 ～ 0.4 mm の 3 ～ 4 種類］，鰭・鰭基底を除く体の輪郭は太い線，鰭や黒色素胞は細い線にするなど部位によって使い分ける。
- 線の太さが一定となるようにペンは垂直に近い角度で使い，長い線は線が震えないように一気にひく（手ではなく，紙の向きを変えることが大切）。

加納 墨入れ時の紙や製図ペン，何を使っていますか？

原田 初めはトレーシングペーパーでしたが，途中からマイラーを使うようになりました。やはり線がシャープです。それと，ロットリングの製図ペンの 0.1 mm の細と極細（同じ製品だがわずかな個体差があった 2 つ）と 0.2 mm を使用し，体の輪郭を 0.1 mm（細）または 0.2 mm で，それ以外を 0.1 mm（極細）で描いています。最近では ISO 規格の 0.13 mm というのがあって，一般規格の 0.1 mm よりも細いようですね。

加納 私は厚口トレーシングペーパー派だったのですが，今度，マイラーを使ってみようと思います。私もロットリング派で，最近は体の輪郭を 0.2 mm，それ以外をその 0.13 mm で描いています。墨入れしたスケッチをスキャナーで画像として取り込み［線画スケッチのスキャンと加工については，河野（2001）で解説されている］，その後にも微修正しています。

8. 墨入れ線の種類の意味―生きた眼と死んだ眼があるのはなぜ？

このあたりには稚魚スケッチならではのルールや慣習がある。既存の報告（Sumida et al 1984, 木下 1987, Trnski & Leis 1992, 小島 2001）から，大切な記述を拾い上げると，次の通りである。

・線の太さや種類（実線，破線，点線）には意味をもたせ，そのスタイルを描き手は一貫して用いる。

・眼には陰影を入れ，描き方には固定状態（死んだ眼）と生時状態（キラキラした生きているような眼）があり，好みの方を選んで一貫して使う。

・形成中の鰭条は点線で描くほか，形成後の鰭条のうち棘条は実線で描き，軟条の前・後縁をそれぞれ実線と点線で描く場合と前・後縁ともに実線で描く場合があり（通常，軟条では分節・分枝も示す），どちらかを選んで一貫して使う。

・黒色素胞のうち外部色素については点状・星状・樹枝状の区別を意識しながら実際通りの形状で描き，内部色素については標本を特徴づけるものだけを明るい点描などで描いて，それ以外は省略する。

加納 墨入れの線の雰囲気で，誰が描いたスケッチかわかりますよね。眼の描き方もそうで，沖山先生や水戸先生は固定状態の眼を描かれていますが，小島先生は生時で瞳孔に 2 つの輝き（上の輝きが大きい）が入る眼，木下先生は前向き斜め 45 度に光が入る・・・といった感じです。とくに生時の眼は，国内外で描き手の隠れたサインのようになっています。

原田 そうですね，そういうところで描き手がわかります。私の場合は，最初から，固定状態の眼を使っています。

加納 何に気を付けていますか。

原田 顕微鏡で標本を何度も見直して墨入れしています。とくに黒色素胞は，質感を忠実に再現したり，内部と外部を明確に区別したりしています。

加納 確かに原田さんの描く樹枝状の黒色素胞は，一枝のひとつひとつに至るまで，標本を精査して描いた雰囲気がにじみ出ています。そういう積み重ねが，ウキゴリ類の種同定で口腔内の色素が役立つ発見にもつながったのですね。院生のころ原田さんから「頭をカパっとはずしてみると，種間で口腔内の色素の分布パターンが違う」と聞いて，形質探しで迷走しておかしくなってしまったかも…と心配しました。数年後に疑念を感じつつ自分で見てみると，本当にそうで，驚かされました。

原田 些細なことですが，鰭の開閉具合に応じて，軟条の描き方も変えています。一貫して描くルールには反していますが，わかりやすさを優先した結果です。大きく開いている場合は前・後縁とも実線で描いていますが，両方を実線で描くスペースがない場合は後縁を破線で描いています。さらに閉じていてスペースが無い場合は一本の線で描きます。とくに鰭に小さい黒色素胞が分布する場合は，鰭条の破線と区別できるように注意しています。

加納 標本の大事な形質を示すために，柔軟に描き方も変えている，ということですね。

原田 稚魚スケッチは，なるべく標本に忠実に描き，かつ，識別形質を明確に示したものであることが，何よりも重要だと感じています。その結果として私のスケッチは，案外，沖山先生に似ているかもしれないと，勝手に思っています。

加納 確かに…。以前，ある先達が「芸術ではないので，一定のルールを踏まえて，客観的に描かれたものが優れている」とおっしゃっていました。最近，技法を伝える側として学生のスケッチを見るようになって，つくづくその通りだなと思います。

3.4 二重染色透明骨格標本の作り方

河野　博

1. 骨格系の観察と二重染色透明骨格標本

魚類の骨格系の観察は，カツオブシムシ法やお湯かけ法，軟X線法，あるいは透明骨格標本法などを用いて行われてきた。これらの方法には一長一短があるが，仔稚魚研究では透明骨格標本法以外はほとんど適用できない（魚体が大きい稚魚の場合には軟X線法も利用できる）。

生物標本を透明にして硬骨をアリザリンレッドで染色する方法は1900年前後から，また軟骨（メチレンブルーやトルイジンブルー，あるいはアルシアンブルーで青に染色する）と硬骨の染め分け方法は1940年ごろから開発されてきた。後者は二重染色透明骨格標本（以下透明標本とする）法で，文字通り，生物の体を透明にして軟骨と硬骨を青と赤に二重に染め分けて骨格系の観察に供する標本のことである。

ここでは，透明標本の作製方法とその活用例について紹介しよう。

2. 透明標本の作製方法

現在使われている仔稚魚の透明標本の作製方法は，Dingerkus & Uhler（1977：以下Ⓐとしよう）とPotthoff（1984：Ⓑ）が基本で，さらに河村・細谷（1991：Ⓒ）の改良法もある。ここでは，私の研究室でおこなっていたⒷを基本にした方法を紹介する［河野ら（2011）でも写真をつけて紹介している］。さらにⒶ～Ⓒの相違点や作製上の注意点も簡単にまとめておく。

透明標本作製の主な流れは固定→水洗／脱水→（漂白）→軟骨染色→中和→脱色／透明化→硬骨染色→脱色／透明化→（脱脂）→保存である（表1）。大きさによって所要時間が異なってくるので，各個体を別々のガラス瓶（スクリュー瓶）に入れて処理をすすめるのが理想的である。もちろん用途によっては，大きさの同じような複数の個体を同時に処理することも可能である。

1）固定から水洗／脱水

ホルマリンで保管されていた標本はともかく，生鮮状態やアルコールで保存されていたものはホルマリンによる固定あるいは再固定が必要である。常法どおり，魚体の大きさによって3～10％ホルマリン溶液（40％弱のホルムアルデヒド水溶液0.3から1に対して水9.7から9の体積比）に1，2日～1週間ほど浸けて固定する。

ホルマリンを洗い流すために，大きさによって1～数日の水洗をおこなう。

表1　二重染色透明骨格標本の作製方法
［Ⓐは Dingerkus & Uhler (1977), Ⓑは Potthoff (1984), Ⓒは河村・細谷 (1991)］

本文の番号		私たちの方法	おすすめ/参考
1)	固定	・3～10%ホルマリン (1, 2日～1週間)	
〃	水洗と脱水	・水洗 (1～数日) ・無水アルコール (数時間～1, 2日)	・脱水 Ⓑでは重視　ⒶとⒸではなし
2)	漂白	・なし	必要であれば中和の後に実施 (詳細は本文)
3)	軟骨染色	・無水アルコール7, 80 mL＋氷酢酸2, 30 mL＋アルシアンブルー 8 GN 20 mg (2, 3時間～半日)	
〃	中和	・飽和ホウ砂水溶液 (1～数時間)	漂白は3%過酸化水素水15 mL＋1%水酸化カリウム85 mL (体長80 mmSLまでは20～40分, 大きくても1時間半まで)
〃	脱色/透明化	・飽和ホウ砂水溶液30 mL＋水70 mL＋トリプシン1g (魚体の6割ほどが透明になるまで)	・トリプシン溶液はTaylor (1967) の方法 ・Ⓒでは2～4%の水酸化カリウムで透明化
4)	硬骨染色	・0.5～1%水酸化カリウム水溶液＋アリザリンレッド (溶液が濃い紫色になるまで) (数時間～数日間)	ⒸではHollister (1934) の方法 (テキスト参照) に従っている
〃	脱色/透明化	・飽和ホウ砂水溶液30 mL＋水70 mL＋トリプシン1g (透明になるまで)	Ⓐでは, ここを省略して, 次の段階で漂白をする
〃	保存	・0.5%水酸化カリウム水溶液：グリセリンを2：1→1：1→1：2→100%グリセリンと移動 (それぞれ標本が十分に沈むまで)	Ⓐでは, 最初の2液に100 mLあたり3%過酸化水素水を3, 4滴加えて漂白する Ⓒでは, 脱色の後に脱脂を行っている

さらに脱水のため, 水洗の後に仔稚魚であれば数時間, 大きい魚であれば1, 2日, 無水アルコール (99%エタノール：以下, 単にエタノールとする) に浸ける。これはⒷによると「重要なステップで, 少しの水分でも残っていると軟骨の染色を妨げる」が, ⒶとⒸは採用していない。またⒷの方法はエタノール：水を1：1 (50%エタノール) に1～5日, エタノールに1日から1週間とかなり念入りである。私の研究室では数mmの仔魚の場合はサッとエタノールに浸けるだけであるが, とくにこれまで軟骨の染色が悪いということはなかった。

2) (漂白)

私の研究室では, 漂白はしていない。これは, 対象が仔稚魚で, あまり大きな個体を透明標本にしていないことや, 黒色素胞が密な個体をこれまであまり扱っていなかったためである。黒色素胞が目立つ個体の場合は, 適度に陽の当たる場所において紫外線による脱色をしている。

しかしⒶもⒷもⒸも漂白をしている。漂白液は過酸化水素水で, Ⓒでは仔稚魚1%, アユ成魚3%, スズキ成魚5%溶液で2時間から半日浸ける。その後流水に1日浸けて過酸化水素水を完全に取り除く。

Ⓐ とⒷではこの段階ではなく，最後の保存の前（Ⓐ）あるいは軟骨染色後の中和の後（Ⓑ）におこなっている。方法は，Ⓐでは3％の過酸化水素水を水酸化カリウム－グリセリン溶液100 mLに3，4滴，あるいはⒷでは1％の水酸化カリウム85 mLに3％過酸化水素水15 mLで体長20 mmまでの個体は20分，20～80 mmの個体で40分，200 mmまでの個体で1時間，それ以上の個体は1時間30分である。なお，Ⓑでは漂白をan optional stepとしている。

3）軟骨染色から中和，脱色 / 透明化

軟骨染色液はエタノール70か80 mL＋氷酢酸30か20 mLの溶液に100 mLあたり20 mgのアルシアンブルー8GNを加えたもので，仔稚魚であれば2，3時間，大きな個体で半日くらい浸ける。鼻にツンとくる氷酢酸はかなり強い酸で，あまり長い間浸けていると，骨の主成分である燐酸カルシウムを脱灰してしまう。また，「鼻にツン」がなくなると染色が悪くなるので，使い置きはあまりお勧めしない。

続いて飽和ホウ砂水溶液に1時間から数時間浸けて中和する。Ⓑではもともと漂白のための中和であるが，私たちは漂白をしないので，中和させるとすぐに次の脱色と透明化にすすむ。なおⒶとⒸでは軟骨染色液の反応を止めるために，50％エタノールに2日間浸けたり（Ⓒ），エタノールから75％－40％－15％エタノール，さらに蒸留水へと，標本が沈むのをまって移動させたりする（Ⓐ）。

脱色と透明化はトリプシン水溶液（飽和ホウ砂水溶液30 mLと水70 mLにトリプシン1 g）でおこなう。溶液が青くなってきたり濁ってきたりしたら液を交換する。完全に透明にするのではなく，魚体の6割ほどが透けて見えればよい。ただし，透明化に要する時間は，体長数mmから20 mmのシラスの仔稚魚で1日から1週間ほどでかなり差があり，しかも対象種の魚体の厚さや肉質などによっても所要時間が大きく異なるので注意が必要である。なお，Ⓒではトリプシンが高価ということで，2～4％の水酸化カリウム水溶液で透明化をしている。

4）硬骨染色から脱色 / 透明化，（脱脂），保存

硬骨染色液は0.5～1％水酸化カリウム水溶液にアリザリンレッドの粉末を濃い赤紫色になるまでいれたもので，数時間から数日間浸ける。この染色液は，きちんと蓋をして冷暗所に置いておけば使いまわしができる。なお，ⒸではHollister（1934）の方法にしたがって，2％水酸化カリウム水溶液に染色原液（アリザリンレッドを飽和させた氷酢酸にグリセリン，泡水クロラールを1：2：12の体積比で混合したもの）を濃紫色になるまで加えた染色液に約2時間浸けるという方法をとっている。

この方法の方が硬骨の染まりはよく，色褪せも少ないという。

染色を終えると，ふたたびトリプシン水溶液（飽和ホウ砂水溶液 30 mL と水 70 mL にトリプシン 1 g）に浸けて，筋肉に付着したアリザリンレッドを脱色し，さらに透明化もおこなう。ほぼ完全に透明になったら，0.5％水酸化カリウム水溶液とグリセリンの 2：1，1：1，1：2 の体積比溶液に順次浸けて，最終的に 100％グリセリンにいれて保存する。

Ⓐでは，トリプシン水溶液を使わずに，0.5％水酸化カリウム水溶液とグリセリンの 3：1，1：1，1：3 の体積比溶液に浸けて，脱色と透明化をおこない，最終的には 100％グリセリンで保存する。

Ⓒでも 1％水酸化カリウム水溶液でまずは脱色するが，その後に脱水から「脱脂」という作業をおこなう。脱水は 50％エタノール溶液に 2 日間浸け，さらに 50～100％エタノール溶液に 2 時間ほど浸ける。次いで脱脂は標本を 100％キシレン溶液に 30 分から 2 時間浸けることでおこなう。その後 70％エタノールに 1 日浸けてキシレンを抜く。さらにエタノールとグリセリンの 2：1，1：1，1：2 の体積比溶液に 1 日ずついれ，最後に 100％グリセリンで保存する。

私の研究室では脱脂をしたことはない。これは，あまり大型の個体や淡水魚を扱わないことに関係している。淡水魚では魚体に黄色く脂が残って透明になりにくいことが多い。

5）作製にあたっての注意点など

ここで紹介した方法は主に Potthoff（1984）にもとづいている。これは私自身がもっともフィットした方法であると感じたからであるが，Potthoff の論文は魚類学の本で発表されたため，他の分野ではあまり知られていないようである。

また，これまで私の研究室では主に海産仔稚魚を対象にして行ってきたため，私たちの方法には少し偏りがあるかもしれない。例えば脱脂である。海産魚，しかも仔稚魚となると，魚体が脂分のために黄色く濁るということはほとんどないため，脱脂をする必要はなかった。また，すでに記したように，黒色素胞が密に分布している魚種というのもあまり扱ってこなかったので，漂白という作業もほとんどしたことがない。漂白と脱脂については，Ⓒの論文でその方法を丁寧に説明しているので，参考になる。ただしこれらの処理に使う過酸化水素水もキシレンも，標本にはかなりキツイ薬品である。使わなくてもよい場合には使わないほうが無難であるし，使用する場合も短時間の使用に制限したほうがよい。

標本が壊れやすいという点では，水酸化カリウムも同じである。とくに仔稚魚の場合は，Ⓐが指摘した「トリプシンで透明化した方が水酸化カリウムよりも，よりしっかり（firmer）としている」というのは重要で，逆にいえば体長数 mm の仔魚を水酸化カリウムで透明化するとテロテロになってしまう。それでも水酸化カリウムは硬骨の染色や最後の保存の際に使用するが，私たちはその濃度を 0.1%とかなり低濃度にして使っている。

3. 二重染色透明骨格標本を仔稚魚研究にどのように活用するのか

1) Thomas Potthoffさんの業績と私たちの研究室

二重染色透明骨格標本を使った仔稚魚研究となると，まずは Potthoff の一連の研究があげられる。Potthoff (1975) でタイセイヨウクロマグロの体長 5.1 mm の仔魚の尾骨の図で軟骨の下尾骨などが描かれているのを見たときには少々驚いたが，観察に用いたのは二重染色ではなく硬骨だけをアリザリンレッドで染めた標本で，それをグリセリンの中で観察し，アリザリンで染色されていない骨格を軟骨としたことには，もっと驚かされた。しかしその後すぐに Potthoff さんは，Dingerkus & Uhler (1977) の方法によって二重染色透明骨格標本を作製して論文を出しているが，これを改良した本人の方法は 1984 年に発表している。Potthoff の研究の目的は，とにかく透明標本を作製したかったという欲求からはじまって，骨格の形成過程の詳細な記載や系統類縁関係の類推である。

東京海洋大学（当時は東京水産大学）の魚類学研究室でも，1979 年ごろに沖山宗雄先生から，Potthoff さんが透明標本についていろいろと考えを巡らしていた（であろう）タイプ打ちの原稿に手書きのメモが入ったもののコピーや Potthoff さんのサインが入った Taylor や Dingerkus & Uhler の論文のコピーなどをいただいてきた。沖山先生がこれらのペーパーをどういう経緯で手に入れたのかは不明で，また Potthoff さんがこれらのペーパーによってどういった考えの道筋で透明標本の作製方法を考案したのかもわからない。しかしとにかく私たちは，これらのペーパーを参考にして，当時研究室にあった魚類の尾部だけを切り取って片っ端から二重染色透明骨格標本を作製した。その流れで私自身もマダイの論文を出した（Kohno et al 1983）が，これは透明標本を作製してみたいという欲求を満たすためでもあった。

2) 系統類縁関係からさまざまな分野への発展

マダイの標本は神奈川県の水産試験場からいただいたものなので，種苗生産の現場に有用な情報を提供するために，骨格系を中心とした機能的発育について議論した。日本ではじめて二重染色透明骨格標本を使って仔稚魚研究を行った松岡（1982）も，マダイ仔稚魚の脊柱と尾骨の発育過程を明らかにしているが，目的としているのは飼育個体の骨格異常である。

一方，透明標本を材料にして仔稚魚を分類したり，あるいは相同性や進化の方向性 Polarity を決定したりすることに関する議論は，早い段階で Dunn (1983) が総説を書いている。私もその後，仔稚魚の形態や分類，あるいは系統類縁関係を導くために仔稚魚の透明標本を利用した。透明標本をふくめた仔稚魚の情報によって系統類縁関係を構築する研究例は，私自身の博士論文を含めて多くの論文が発表されている。しかし，系統を推定するためのアルゴリズムが開発され，さらに分子系統学の進歩によって，それぞれの形質の Polarity を決定する必要はなくなった。現在では，形態学的データの一つとしての仔稚魚，とくにその骨学的情報は有用で，Hilton et al (2015) が指摘しているように，透明標本に基づく新しい手法やアプローチ (相同性を含む)，分子系統樹における形態形質の進化的・個体発生的比較，あるいは行動や生態学的側面から保全学への展開などが期待されている。

私自身もここ 20 数年ほどは，透明標本を種苗生産学的あるいは系統学的アプローチから生態学的あるいは環境保全学的アプローチへと研究の比重を移している。その結果，最近では，飼育個体ではなく野外 (とくに東京湾の内湾) で採集した標本を材料にして，主に遊泳と摂餌に関連する骨学的形質の発達によって発育段階を設定して実際の生息場所と関連付け，東京湾内湾の多様な環境が魚類にどのような場を提供しているのかということを明らかにしている〔例えば Kanou et al (2004b) や最近では Angmalisang et al (2020) など〕。

さらに環境教育の材料としての透明標本は，さまざまな生物でいろいろな提案がされているが，魚類でも近畿大学名誉教授の細谷和海先生たちが干物や「ちりめんじゃこ」(例えば，朝井・細谷 2012) を材料にして理科教育や水産分野への応用の可能性を示している。私たちもここ数年，透明標本を ESD (Education for Sustainable Development：持続可能な開発のための教育あるいは持続発展教育) 活動に利用しているので，以下ではそれを紹介しよう。

4. ESD への活用という思わぬ展開

1) ESD，SDGs，東京海洋大学江戸前 ESD 協議会とは

ESD は，環境教育だけではなく開発教育や貧困教育，ジェンダー教育などを含んだあらゆる分野を統合するような社会の創り手を育む教育で，ここ数年政府が音頭をとっている SDGs [Sustainable Development Goals (持続可能な開発目標)] の一部 (目標 4 のターゲット 4.7) であるとともに，SDGs を達成するために不可欠な，質の高い教育の実現に貢献するものでもあるとされている。

東京海洋大学では，2006 年の平成 18 年度環境省事業「国連持続可能な開発のための教育の 10 年」に応募・採択されたことで，教職員や学生が緩やかに連携して協働する東京海洋大学江戸前 ESD 協議会を結成

した。同事業が終了した後も，日本生命財団や科研費などの助成を受け，活動を続けている。その目的は，江戸前の海を舞台にして，その恵みを持続的に享受することが可能になるような仕組みをつくるために，「江戸前の海 学びの環」を形成することであり，同時に学生と地域の「ESD リーダー」を育成することである。

結成以来，これまでに300回近くのイベントを実施し，のべ1万人以上の人たちと協働した。イベントの内容は，一方的に「気づき」を提供する講演会から，本書でも日下部さんが紹介している「気づきと理解」をしてもらう参加型イベントの「ちりめんモンスターをさがせ」，あるいは「気づきから理解，さらに評価」までを求める参加体験型のワークショップなどである。学生リーダーの育成はこれらのイベントを通じて実施できるが，地域リーダーの育成にはさらに「行動」をともなうためのアクション・リサーチを取り入れた「みなと塾」などを開催した。

2) 透明標本を使ったESD活動

こうした一連の活動の中で透明標本を利用したのは，小中学生や高校生，一般の人たちを対象にした参加型イベントや，小中学校の教員やインタープリターの人たちを対象にした体験型ワークショップである。さらに，東京海洋大学の海鷹祭（学園祭）やオープンキャンパス，あるいはサイエンスミュージアムでの特別展などでも透明標本を利用したイベントを開催した。

透明標本を使った参加・体験型のイベントの具体的なテーマは
①『海の生き物の「食う・食われる」を調べよう』（図1），
②『透明標本を使って魚と私たちの関係を知ろう』，
③『アユの歯を観察して生態との関係を知ろう』（図1），および
④『運河の護岸の魚たちを透明標本で見てみよう』
の四つで，実施回数はそれぞれ28回，8回，6回，2回である。これらのイベントでは事前と事後のアンケートをお願いして，透明標本

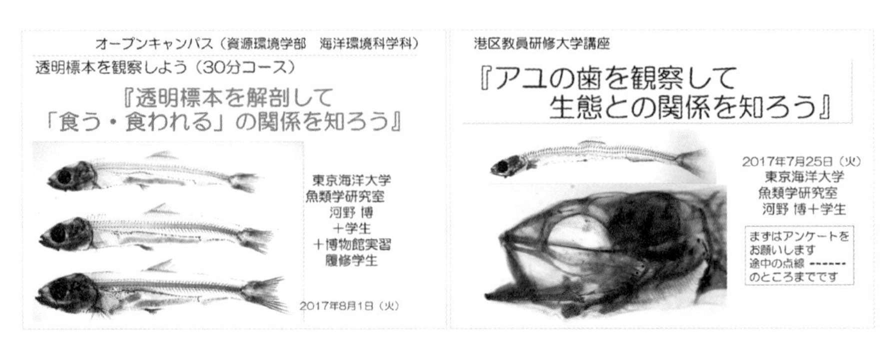

図1 透明標本を使ったESD活動の例（テキストの①が左，③が右）

をこうしたイベントで利用することにどのような効果があり，またどのような問題があるのかを明らかにした。すでに①〜③については論文という形で報告し，実際に使用したアンケート用紙や説明用のパワーポイントなども紹介している（河野ら 2016，2018，河野・植原 2017）。ここでは，最初に実施した①の結果を簡単に紹介しよう。

まず，事前と事後のアンケートから，透明標本を教材として利用することの有効性は示され，学習の効果は十分にあったと判断された（これは②と③でも同じ結果であった）。とくに多くの参加者が，これまで「透明標本」をしかも「顕微鏡」で観察したことはなかったようで，透明な体に赤と青に染まった骨格を拡大して観察するというのはかなり衝撃的であったようである。自由記述では，単純に「魚の骨格がきれいだった」から「実際に顕微鏡を使って観察できた」，「こんなに拡大して見たことがなかった」という意見があった。少し詳しい意見を書かれている人では，「さばいていないそのままの状態で魚の内部構造が見れて興味深かった」とか「自分でお腹から出して見ることができた」，「胃の中を実際に生で見ることができておもしろかった」と，「食う－食われる」という関係を透明標本で見てみようというこちらの思惑どおりに感動してくれた参加者も多かった。

「わかりやすいパワポで解説をして，とても良く理解できた」とか「講義も楽しく，大変勉強になりました」といった意見から，単に観察だけではなく十分に準備された解説などが重要であると考えられた。なかには，「出来れば PPT（パワーポイント）をハンドアウトで頂ければさらにありがたかったです」という意見もあった。

その一方で，「知人をさそったところ，解剖は苦手とことわられました。私も大きな魚を解剖するのかと思っていました」といった，事前の説明不足が感じられた。参加者を募集する段階で，透明標本を前面に出して「これを解剖することで食う・食われるの関係を明らかにします」といった説明が必要かもしれない。さらに顕微鏡を使用するために，大学にきてもらって開催するのは数十人でも問題はないが，出張する場合はせいぜい 10 台から 12 台を運ぶのがやっとで，参加者も最大で 10 組（× 2 名としても 20 名）ほどとなってしまう。

「透明標本は美しい」という意見は多かった。しかしこれは一つ間違えば，主催者の意図した学習の効果はまったく得られなかった，という結果に陥る危険性をはらんでいる。それを回避するためにも，明確な目的をもって，科学的な根拠に裏打ちされた観察項目などをきちんと提示する必要がある。そのためにも，透明標本の特性を考慮したプログラムの策定が重要である。

3.5 写真を撮影する

荒山和則

稚魚の写真撮影の特徴は，小さな稚魚に近づいて撮影することができるマクロレンズを取り付けた一眼レフカメラやミラーレスカメラ，あるいはマクロ機能をもつコンパクトカメラを使用することである。ただし，これらのカメラも得手不得手な場面がある。ここでは，稚魚撮影の各場面について概要を紹介してみたい。なお，魚類をはじめ生物の写真撮影に関するガイドブックはいくつか出版されており（本村 2009，峰水 2013，福井 2018，日本自然科学写真協会 2017，2018），技術論として優れた解説がなされているので，参照することを勧める。

1. 稚魚の撮影と機材：どのような写真を撮りたいか

稚魚の撮影には，1）ホルマリン等で固定した標本（死んだ稚魚）を撮影したいのか，2）生きた稚魚を撮影したいのか，という2つの方向性がある。

まず，1）であれば，目的は概ね採集記録や形態記載になると思われるが，最低限必要な機材は，マクロ撮影ができるカメラに三脚（コピースタンド含む），左右から光を当てるためのライト2台，標本を入れる小型水槽や容器である（図1）。使うカメラは一眼レフカメラでもコンパクトカメラでも，三脚等に固定し，タイマーやレリーズを用いて手振れを防いだ撮影ができれば，ピントの合った写真を撮ることができる。ただし，コンパクトカメラに関しては，マニュアルで被写界深度を調整する絞り機能や写真の明るさを調整する露出機能，ピントの位置を任意設定できる機能を持つ機種にした方がよい。また，よりよい標本写真を撮るには，無反射ガラスやバックスクリーン等の資材も使い，撮影時にカメラの絞りや露出，標本への光の当て方等を細かく設定していく必要があるが，ガイドブック（本村 2009，福井 2018）に詳細な解説があるので，そちらを参照いただきたい。

図1　標本写真の撮影機材例
これに左右から光を当てるライトやストロボを設置し，容器の下に無反射ガラスを置いて，容器を少し持ち上げるようにすれば，よりよい撮影機材一式となる。

稚魚標本の撮影で留意すべきことは，成魚でも同様に注意しなければならないことであるが，稚魚の色彩は固定すると速やかに失われるということである。生時に観察できる黄色素胞や赤色素胞等は消失速度が速く，黒色素胞はかなりの時間残存する。また，死亡後は無色透明な体が白色不透明に変化する。稚魚の記載に用いるのであれば，固定直後と，色素胞の消失が一通り終了した時点の両方を撮影すると後々困ることはないだろう。

次に2）である。この目的はさらに区分することができ，自然環境下での生態写真（水中写真）を撮りたいのか，自然な姿にできるだけ近づけた生時写真（水槽写真）を撮りたいのかで使用機材が変わってくる。水中写真の撮影は，一言でいえば防水機能に優れたコンパクトカメラか，ハウジングと呼ばれる防水ケースにカメラを入れて行う。そして水中は陸上に比べて光・明るさが減衰するので，ごく浅所でなければ十分な光量を持つ水中ライトも必須となる。いずれにせよ，陸上とは大きく異なる撮影技術であるし，そもそも撮影には潜水技術が不可欠であるので，撮りたい写真（稚魚）をどのようにすれば撮れるのか，その種の生態的知見から可能性を検討するとともに，峰水（2013）や坂上（2016）等の解説書を参照しながら水中写真の経験者に技術を学ぶとよいだろう。

残る水槽写真であるが，そのメリットは大きいと著者は考えている。撮影対象となる稚魚を生かして採集し，かつ状態よく生かしておく技術は必要であるが，水中写真よりも撮影コストは少なく，じっくり撮影する時間を確保できる。撮影後に標本として，標本写真を撮ることもできる。そして何より標本写真とは両立できないが，飼育を継続することで，その個体の成長を観察し続け，生態学的な研究で有益な気付きを得られることがある。

水槽写真の撮影場所は光が十分ある日中の屋外でも，ライトやストロボで光を制御できる屋内でもよい。屋外撮影に最低限必要な機材は，一眼レフカメラ（ミラーレスカメラでもよいかもしれない）と標準マクロレンズ，コンパクトタイプの三脚，小型の水槽，竹串や筆，小さな網であり，屋内撮影ならば，水槽の上方から光を当てるライトも必要になる。

水槽写真で一眼レフカメラを勧める理由は稚魚の動きにある。経験上，撮影がやっかいな稚魚（撮影に時間がかかる稚魚）は，普段から水槽内で俊敏に泳ぎ，たまにあるいは一瞬，定位するような動きをするものである。こうした稚魚を撮影するには，光学式ファインダーと位相差AF（オートフォーカス）機能とMF（マニュアルフォーカス）機能を有するカメラが使用に値する。光学式ファインダーはレンズが捉えた稚魚の像をそのまま見ることができるため稚魚の動きに追従した撮影を行いやすい。位相差AFはフォーカス速度が速く，カメラを手持ちして光学式ファインダーで稚魚の動きを追従しながら撮影するのに有効である。また，位相差AFでもピントが合わないときにはMFでピントを合わせる必要がある。動きが激しい稚魚をMFで撮影するのは，稚魚を追いながらでは困難であるため，撮影したい空間（場所）にピントを合わせておき（置きピンという)，稚魚の動きを予想してその空間に稚魚が泳いできた瞬間に撮影するとよい。それでも，小さい稚魚ゆえになかなかピントが合った写真が得られないことも多いが，デジタルカメラの最大の利点である撮影枚数に制限がかからないことを活用し，何枚も撮影することでよい写真にたどり着けるだろう。なお，マクロ機能を備えたコンパクトカメラでは，ほとんど動かない稚魚であれば撮影することができたが，AF性能やレリーズタイムラグ（カメラのシャッターを押した瞬間から実際にシャッターが切れるまでの速さ）の関係もあってか，著者は一眼レフカメラ並みに満足できる撮影を多くの魚種でできたためしがない。

2. 水槽写真の撮影細々

水槽写真は生時写真であるから，被写体となる稚魚にはできるだけ自然な姿を見せてもらいたい。そのためには，その稚魚が生息していた環境をできる限り模倣した水槽を準備することが望ましい。浮いている稚魚であれば，水槽の底面に敷く素材はなくてもよく，背景の色や写り込みに意識を払うとよい。着底間際や着底後の稚魚であれば，採集した場所の底質を持ち帰って水槽に敷く方法があるが，できない場合には準備していた砂利や砂を用いる。撮影したい着底稚魚が黒っぽい色合いの砂地に生息しているにも関わらず，サンゴ砂のように白色度が強い砂を用いてしまうと着底後でも体色は薄くなってしまい，本来の色彩を見せなくなるので，底質の色合いや明るさには留意すべきである。

水槽の大きさは魚の大きさや撮りたい構図に合わせればよいが，撮影時間が限られ短時間で済ませる必要があるときや，稚魚が活発に動きすぎてしまう場合には，アクリル板で自作した奥行きのない水槽や市販の観察ケースを用いることで，稚魚が泳げる範囲を狭くしておくとよい。水槽の背景には青や水色，灰色，白などのフェルト生地等を置いたり，透明な体色のために背景色に溶け込んでしまうような場合は背景を設けず，水槽と後ろの物までができるだけ離れた空間を背景として撮影したりするとよい。個人的には水槽の後ろが離れた空間で撮影すると稚魚の鰭の輪郭や鰭条がはっきり写るので気に入っている。

水槽に入れる水は，その稚魚が濁り水に生息するとしても，できるだけ濁りがないものがよい。わずかな濁りでもカメラのピント合わせを遅らせがちにするし，稚魚の体色が霞んだようになり撮影後に不満を持つことになる。また，水槽の汚れには留意し，水槽内側に気泡ができた際には竹串や筆，歯ブラシ等でつついて除去する。ごく小さな網があると撮影時に見つかったゴミを除去したり，被写体を水槽から出したりするときに便利である。

撮影時間であるが，屋外での撮影は概ね9～10時以降13時くらいまでがよいように思う。朝早くや午後15時以降であると，太陽の位置が低いために明るくても赤味を帯びた光が強く感じられるようになり，魚の発色が自然な感じにならない。また，晴天よりも薄曇りで全体的に光が柔らかく拡がっている状態の方が魚の発色はよいようである。屋内でライトを当てて撮影する際は，近年のライトはLEDが主流で発熱量が小さいことから心配無用であるが，大光量のレフランプ等を用いると発熱量が大きく，水面付近の水温が高温になり，稚魚が水面付近に泳いでいった際に急死させる羽目になる。

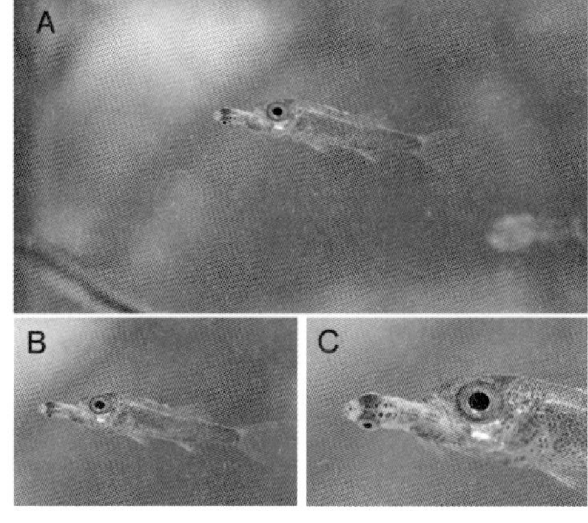

図2 トリミング例

また，細部までピントがあった写真を撮影しようとすると，カメラの絞り値を大きくし，被写体を画面全体に映るようにしがちである。しかし，水槽内で定位してくれる稚魚ならまだしも，なかなか定位せず動きも速い稚魚をそのように撮影するのは難しい。そこで，一眼レフカメラであれば高解像度で撮れることを利用し，あえて被写体を小さく撮影し(図２A)，撮りたかった構図にトリミングする方法がある(図２B，C)。4K画質で動画を撮れるのであれば，ピントは甘いことが多いものの，動画から静止画を切り出す方法もある。

最後に，著者の経験では，生きた稚魚の撮影機会は一期一会と述べておきたい。着底前で体色が発色していないハゼやウシノシタ，ニザダイ，コチの仲間は一晩でさえ待つべきではない。採集日の夕方，調査から研究室あるいは自宅に帰り，疲れて撮影を行わなかった結果，翌朝に魚をみて『ああっ！着底しちゃった!! 昨日は透明で浮いていたのに…』と前日の自分を恨むことになる。体力的・精神的に大変でも頑張り処である。

3.6 耳石から誕生日や成長を探る ｜

―耳石の取り出しから研磨，観察のノウハウ

飯田　碧・斉藤真美

1. はじめに

魚類以外の分類群を対象として生活史や生態の研究をしている研究者から「魚類には耳石があって良いですね」と言われることがある。生まれてからの履歴を蓄積している耳石は研究の大きな助けになり，他の分類群ではそのような器官は少ないであろう。ふ化以前，あるいは生まれて

からの履歴を記録する器官として，耳石は，日齢･年齢からの成長の推定，海と川，また湖沼と流入河川間の移動を推定するなど様々な研究に利用される。耳石を用いた研究手法についてはこれまで魚類学関係などの書籍でも多数紹介されており，特に片山（2021）で詳しくまとめられている。本書は，稚魚学として，生まれてから仔魚・稚魚期までの成長，移動回遊履歴の推定方法に焦点を当てて紹介する。

2. 耳石とは

耳石は魚類をはじめとする脊椎動物の内耳にある炭酸カルシウムを主成分とした硬組織で，平衡感覚を司る器官である（図1）。魚類の場合，耳石の形成はふ化以前から始まり，その初期から周囲の環境水を取り込む。ふ化後は多くの種で1日1本，周期的に輪紋を形成する。すなわち日周輪（日輪）である。耳石の成長はおおむね体成長と比例する。そのため，成魚の大きさに近くなり，体成長が停滞する段階になると，耳石の成長も小さくなる。このような時期になると，日輪は判別しにくくなり，1年に1本形成される年輪が見えるようになる。このため，日齢査定に適するのは概ねふ化後1年以内と考えてよいだろう。耳石の特性については，大竹（2010）に詳しい説明があるので，興味のある方は参照されたい。

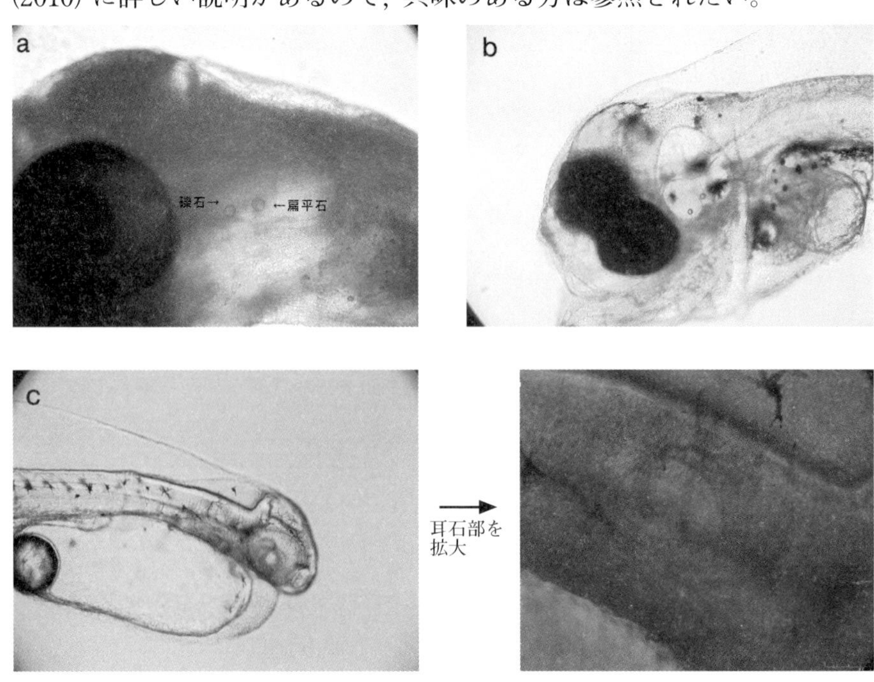

図1　耳石の例
a：ふ化直後のアユ，b：ふ化直後のゴマサバ，c：ふ化直後のマサバ。

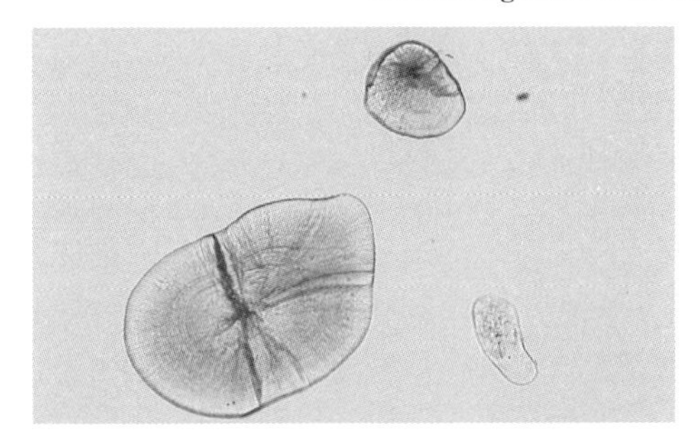

図2 体長40 mmのサンマの耳石３種
左：扁平石，上：礫石，右：星状石。

耳石は左右に３対，計６個からなる。大きな扁平石，そして礫石，星状石である（図2）。耳石の解析にはサイズが大きく扱いやすい扁平石を用いることが多いが，魚種によっては輪紋の見えやすさから礫石や星状石を用いる場合もある。以下，特に断りがない場合は，扁平石を耳石と称する。

3. 耳石の摘出と試料作成

耳石は魚類頭部の内耳に収まっている。摘出は魚体の大きさや魚体の損傷をどの程度許容するかによっていくつかの方法があり，小型の解剖鋏と精密ピンセット，柄付き針を用いる。最も簡便な方法は，頭部を胴体から切り離し，頭部を垂直方向に左右に切断すれば，露出した部分から脳を取り除くと，そこに耳石が見つかる。この方法は簡便だが，魚体は大きく損傷する。その他の用途のために外部形態をある程度残す方法としては，下顎側から喉部や鰓をはずして耳石を摘出する。また，小型の個体については鰓蓋の隙間からピンセットを用いて摘出する方法などがある。

耳石は，小型の個体であれば，魚種によっては比較的容易に観察が可能である。例えば，ふ化直後の仔魚であれば，耳石をスライドグラスに載せて，水（蒸留水が良いが水道水でも可）を１滴たらし，光学顕微鏡下で観察できる。ただしこのままの状態では水の蒸発によって観察しにくくなったり，風で飛ばされるなど試料が紛失する可能性がある。そこで様々な封入剤を使ってスライドグラス上に封入する。例えば，ユーパラルやバルサムなどの他，接着用ボンド，透明マニキュアなどでも代用できる。大きさが１mm 未満程度の小さな耳石であれば，封入しそのまま検鏡すれば輪紋が確認できる場合もある。耳石に厚みがあると光学顕微鏡では充分に光が透過せず輪紋が観察しにくい。その場合は，耐水研磨紙，ラッピングフィルムなどで研磨し，表面に傷が残っているようであれば，研磨剤やコンパウンドなどで研磨する。

包埋の際には耳石の表裏方向の向きに気をつける。耳石の形状は様々だが，多くの場合，サルカスと呼ばれる溝状の構造がある（図3）。これをスライドグラスに対して垂直になるように上向きで包埋して研磨すると輪紋がきれいに見える場合が多い。

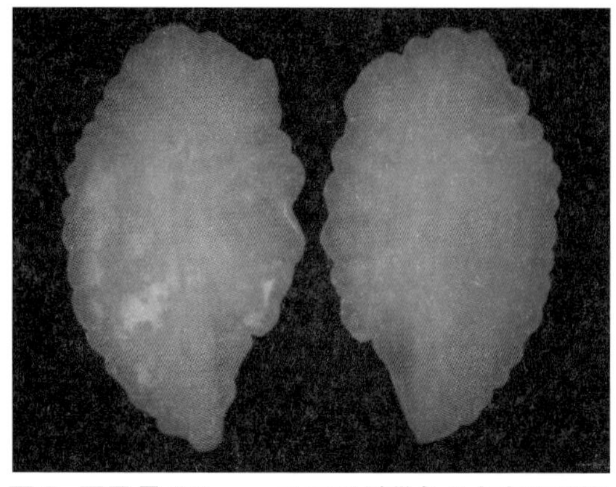

図3 尾叉長80 mmのマアジ稚魚の左右の耳石
中央に見える溝がサルカス。

5. の微量元素分析などに供する場合は，試料面が水平で，耳石以外の部分の成分が一定である必要がある。そのような場合には，樹脂を用いて包埋する。様々な方法があるが，鉱物試料作成などでも使用される樹脂に耳石の向きが一定になるように包埋して，ダイヤモンドカッターで切断して水平面をみる他，研磨機を用いて水平になるよう研磨していく。このようにして得られた試料を観察や分析に使用する。

4. 観察，日齢査定

試料の準備ができたら，観察を行う。日齢査定には光学顕微鏡を用いる。顕微鏡下で耳石のおよそ中心部にある核とそこから同心円状に広がる輪紋が見えれば，試料作成は成功している。見えにくい場合は，両面から研磨してより薄い切片を作成したり，包埋する向きを変えると観察しやすくなる場合もある。仔稚魚の場合には，検鏡して核の外側にある輪紋を計数すれば，その本数がおおよそ日齢を表している。輪紋数から日齢が査定できれば，それから逆算することでふ化日（誕生日）を推定できる。

一方，日齢査定には輪紋の計数のみでは不十分な場合もある。例えば，アユなど産卵からふ化までの経過日数が多いいくつかの魚種については，ふ化の前から輪紋の形成が始まっていることが知られており（大竹 2010），その数を計数結果から差し引く必要がある。この場合，ふ化時の耳石径（大きさ）が分かっていることが望ましい。また，実際に輪紋が1日に1本形成されているかは，厳密には飼育実験を行って確かめる必要がある。卵やふ化仔魚が得られる場合は，ふ化からの飼育日数と輪紋数が一致していることを確かめるのが望ましい。稚魚について輪紋形成の日周性を確認したい場合は，耳石に取り込まれて標識の役割をする溶液に1日浸漬し，10日間程度飼育して再度浸漬すれば，2本の標識が耳石に刻まれる。その間の輪紋数を数えればよい。標識にはアリザリンコンプレクソン，テトラサイクリンなどが有用である。これらは蛍光標識のため，標識の確認は蛍光顕微鏡にて行う。

上で述べたように，耳石の成長は体成長を反映する。そのため，輪紋間の幅（輪幅）から体成長の推移を検討できる。輪紋間は1～数マイクロメートルと小さいため，多くの場合は，輪紋5本程度をまとめて写真から輪紋幅を計測する。それを折れ線グラフとして表せば，成長の推移となる。

ふ化日（誕生日）や成長が分かると何が良いだろうか？例えば，水産資源として重要な種の場合，産卵期の推定に用いることができる。それらは資源管理にも有効となる。また，成長の推移を複数の個体群・系群・季節間などで比較したり，それらと環境要因を併せて解釈すれば，成長の善し悪しの検討を行うこともできる。水産資源に限らず，ふ化日や仔稚魚期の成長パターンが分かると，その種の生態や成長の変動幅を推定することができ，生態や生活史を明らかにする上で重要である。

ここでは，5月31日に河川で採集された，体長79.3 mmのアユ稚魚の例について述べる。体長測定後の稚魚から，前述したように耳石を摘出し，スライドグラス上にサルカス（溝状の構造物）を上向きにして耳石を樹脂で包埋し，耐水研磨紙，ラッピングフィルムを順に用いて，輪紋が明瞭に観察できるまで耳石を研磨する。輪紋が観察できるようになったら，生物顕微鏡下200倍程度で輪紋を計数する。アユの場合，ふ化時の耳石半径は15マイクロメートルであることが分かっているので，それよりも外側の輪紋を計数する。耳石解析ソフトがあると計数は容易であるが，無い場合はデジタルカメラやCCDカメラで耳石輪紋をいくつかに分けて撮影し，印刷物上からの輪紋計数も比較的容易である（図4）。

輪紋計数の結果は205本で，採集日から205を引いた前年11月7日がふ化日と計算される。計数した輪紋の幅が計測できていれば，Biological Intercept法（渡邊 1997）により耳石と体長の関係式を求めることができ，ふ化日の11月7日に数ミリだった個体が205日後に採集されるまでの体長を推定することができる（図5）。

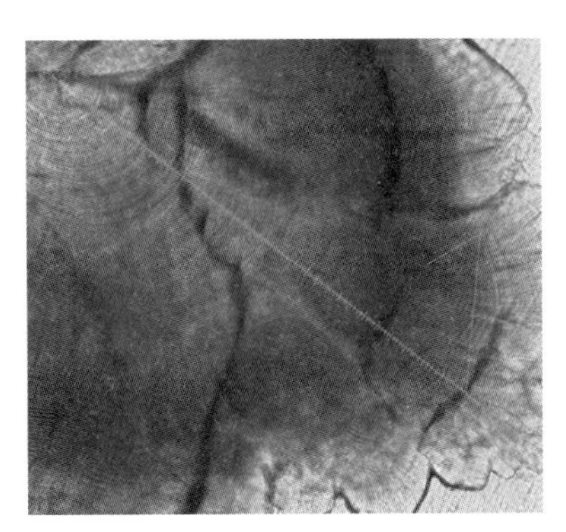

図4　輪紋計数を行ったアユの耳石

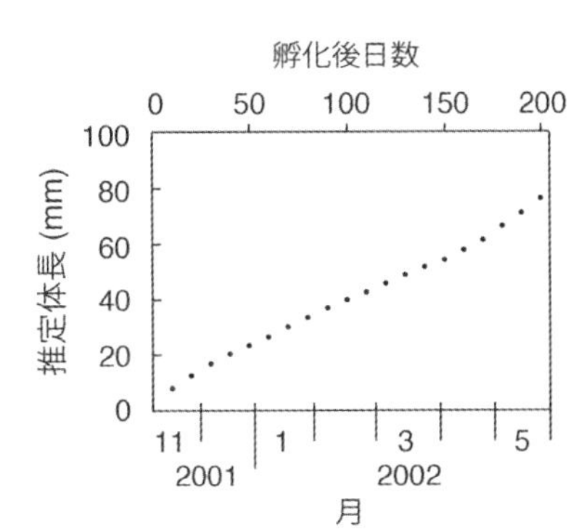

図5　Biological intercept法により求めたアユ稚魚の10日ごとの推定体長

5. 微量元素分析

耳石は，生まれてからの履歴を蓄積するという特性を生かし，ふ化日や成長の推定以外に，生息してきた水域の環境を推定することにも使われている。対象種がある程度異なる環境間を移動・回遊する場合，採集以前にどのような環境に生息していたのかは生態や生活史を知る上で大切である。耳石は，特に海と川を行き来する通し回遊魚の移動を推定するのに使われる。最もよく用いられるのは，ストロンチウム（Sr）である。ストロンチウムは海水には約 8 ppm 含まれており，河川の水には場所により異なるものの通常はその 100 分の 1 程度とごく少量しか含まれない。その相違を利用して，耳石のストロンチウム量を定量すると，ある時期にその個体が海と河川のいずれに生息していたのかを推定できる。耳石の薄層切片に白金コーティングを施して電子線マイクロアナライザで電子線を照射することで，耳石に含まれているストロンチウム量を定量分析する。耳石の主要な構成成分はカルシウム（Ca）であるため，カルシウムも同時に定量し，カルシウムに対するストロンチウムの比（Sr/Ca 比）で表すのが一般的である。分析の精度はおよそ 3 ～ 30 マイクロメートルに 1 点で，対象種の生活史や必要な精度にあわせて分析の精度を決める。核から縁辺に向かって線状に分析する線分析や，耳石全体から移動を推定する面分析がある。

Sr/Ca 比を用いた研究例を紹介する。ここでは佐渡島のルリヨシノボリ *Rhinogobius mizunoi* について述べる。耳石の核から縁辺に向かって，ストロンチウム，カルシウムを線分析した結果（図 6）から，生まれてから採集されるまでの海・淡水の移動の履歴を推定した。横軸は核からの距離，縦軸は Sr/Ca 比を示している。核から約 250 マイクロメートルまでは 7 ～ 9 と高値を示した後，急激に値が低下し，それ以降は 1 前後の低値を示している。このことから，この個体は生まれてすぐに海へ移動し，一定の期間を過ごした後に，海からただちに淡水へと移動し，その後は再び海で生息することはなかったことを示している。このように，河川で採集された成魚の耳石から，仔稚魚期の生息域を確認することができる。また Sr/Ca 比の高値の部分について，仔・稚魚期の耳石の輪紋計数は可能であり，海洋での生活期間（日数）についても，成魚の耳石からも推定することができる。

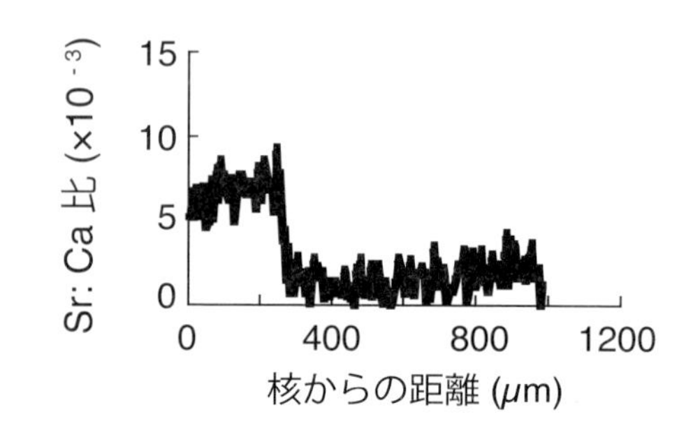

図6 佐渡島のルリヨシノボリのSr/Ca比

なお，卵塊の観察状況から

本種の産卵は海ではなく淡水で行われるものの，微量元素ではふ化直後に淡水での滞在履歴が検出されなかった。これは，産卵が下流域で行われるため，ふ化仔魚がただちに海へと降り，淡水を取り込む時間がなかったためと考えられる。環境水の取り込みや耳石への反映にどの程度時間を要するのかは魚種により異なると考えられ，より詳細なデータを必要とする場合には飼育実験による確認が有効である。

比較的多く用いられているストロンチウム以外に，バリウム（Ba）やマグネシウム（Mg）など，より微量の元素を複数用いて，それらの構成比から生息していた水域を推定する手法もある。微量元素分析など耳石を用いた回遊に関する研究については，横内ら（2017）にまとめられているので，興味のある方は参照されたい。

6. おわりに

本稿では，耳石解析やそれによって分かることを主に仔稚魚期に焦点をあてて概説した。耳石は頭部にある小さな組織だが，その個体について様々な情報を得ることができる有用なものである。また，5. では微量元素分析について概略したが，近年は元素だけでなく安定同位体比を用いる方法など，多様な手法が開発されている。例えば，酸素同位体比を用いて経験水温の履歴を調べることや，ストロンチウム同位対比から生息していた水系を推定することなども可能になってきている。耳石を用いた研究は，さらなる発展がみられるであろう。

3.7 食性調査

3.7.1 消化管内容物の観察

高津哲也

1. 海産魚類の消化管内容物を調べる意義

動物が何を捕食しているか調べることは，その種の餌料基盤と生態系内における位置づけを解明するために不可欠だ。海洋で生産される有機物はすべて植物によって生産されるが，その後魚類などの高次捕食者への流転経路は異なる。例えば海産仔魚の多くは，かいあし類ノープリウス幼生を捕食する種が多いが（田中 1980），陸奥湾や噴火湾のイシガレイ仔魚はふ化直後こそノープリウスを捕食するものの，その後の主要餌生物は尾虫類に転換する（Takatsu et al 2007，橋本ら 2011）。海洋浮遊性のかいあし類は，分類群によって様々な食性を示し，植物プランクトンや動物プランクトン，尾虫類とそのハウス（包巣），渦鞭毛藻類，かいあし類の卵や幼生とその糞など，1 ～ 10 µm 以上の様々な餌粒子，動物プランクトンの体液等を捕食する雑食者だ (大塚・西田 1997)。しかし尾虫類は，ハウスを使ってこれらの餌粒子よりも小型の，0.2 ～ 100 µm 未満の繊毛虫や渦鞭毛虫類，珪藻類，粒子状有機物粒子（コロイドや原核緑藻類，シアノバクテリアなどの細菌類，ナノ鞭毛虫類）を捕食できる (Deibel 1998)。つまり，かいあし類はどちらかというと春季や秋季のブルーム期に発達する生食食物連鎖 grazing food chain への依存度が大きいのに対して，尾虫類は周年存在する微生物ループ microbial loop (Azam et al 1983) にほぼ依存することがわかる。

また魚類の資源量変動は，卵期や仔稚魚期の生残率の年変動が大きく影響を及ぼす (本書 1.3 参照)。仔稚魚の食性研究は，この魚類の資源量変動の仕組みの解明を試みる際にも，重要な調査項目になる。直接的には，摂餌開始期の仔魚の摂餌の成否が年級群強度に大きな影響を及ぼすと考える「クリティカル・ピリオド仮説 (Hjort 1914)」と，産卵期の年変動は小さいのに，環境中の餌豊度のピーク期の年変動は大きく，両者のタイミングが重要と考える「マッチ・ミスマッチ仮説 (Cushing & Dickson 1976)」を検証する際，餌生物を特定するために必要となる。また年級群強度は仔稚魚の成長率 (成長速度) が影響を及ぼすと考える「成長仮説」を検証する上でも，環境中の餌密度は成長率を左右するため，考慮すべき重要な要因となる。一方，被食頻度が初期生残に多大な影響を及ぼすと考える「被食仮説 (Hunter 1981)」の検証でも，捕食者の食性研究が必須となる。

2. 胃内容物の分類群を判別するための準備

仔稚魚の消化管内容物を判別するためには，まず環境中に出現するプランクトンやベントスの種や分類群を判別できるように訓練しなければならない。そのためには，仔稚魚を採集した場所で，プランクトンのネット採集や採水器試水のろ過，採泥器やソリネット，コドラートによるベントス採集で，消化されていない完全個体を採集し，図鑑や出現種のリストを参考にして種・分類群が判別できるようにしておく必要がある。しかし，生半可ではない。図鑑に書いてある種分類のキー（確実に判別できる形態部位）は，非常に微妙な違いが多いので，種同定ができる専門家に習った方が速い。出現種のリストは，種同定を完全に保証するものではないが，種を絞り込むのに大いに参考になる。さらに完全個体の各部位をよく観察し，消化管から体の一部が出現しても種同定ができるとなお良い。

餌生物の染色は，種判別を助ける。例えば薄めたメチレンブルーを，プランクトン標本や消化管内容物に数滴加えると，かいあし類等は青く染まるが，尾虫類の包巣原基（展開する前のハウス）は，赤紫色

(*Oikopleura* 属）や青紫色（*Fritillaria* 属）に染まる（Takatsu et al 2007)。仔稚魚は包巣原基を消化する酵素を持たないので，尾虫類の捕食を見落とすことがなくなる。

消化管内容物は，冷凍か，5～10％ホルマリン溶液（薬品名「ホルマリン」の成分のうち，重量で約37％がホルムアルデヒドだから，2～4％ホルムアルデヒド溶液と同義）中や，70％以上のエタノール溶液中に保存することが多い。ホルマリンは安価であるが，有毒だし原液の保管に手間がかかるようになったため，最近は避けられる傾向にある。一方，エタノール溶液は高価だが，消化物中の骨などが脱灰しにくいこともあって，使用することが多くなってきた。ただしエタノール溶液は，保存対象を全体の溶液中の20％くらいまでに抑制しておかないと，腐ることがある。またエタノールを90％以下に抑制した代替薬品「病理染色用溶剤エタノール」を用いると，酒税法の対象外になるのでエタノールの3分の1程度の値段で購入できる。保存能力に差はない。

顕微鏡やデジタルマイクロスコープは，仔稚魚や小型の未成魚の消化管内容物を観察する場合に必須となる。実体顕微鏡下で消化管を解剖して，餌生物を同定・計数するが，例えば摂餌開始期の海産仔魚の消化管から頻繁に出現する，かいあし類ノープリウス幼生の同定や，発育段階の判別には400倍くらいまで拡大できる生物顕微鏡が必要となる。

餌生物の体サイズは，ノギスや顕微鏡用のマイクロメータ，マイクロスコープ画像を映したソフトウェアを用いて測定する。

3. 食性解析の数値表現法

消化管内容物の量的な傾向を表現するための，最も一般的な方法を紹介する。

個体数組成：Numerical composition；$N\%$, $N_i\% = n_i \times 100/\sum n$。ここで n_i は餌 i 種の個体数，$\sum n$ は全餌種の個体数（合計)。

重量組成：Composition by weight；$W\%$, $W_i\% = w_i \times 100/\sum w$。ここで w_i は餌 i 種の重量，$\sum w$ は全餌種の重量（合計)。

体積組成：Volumetric composition；$V\%$ もしくは $Vol\%$，上記の「重量」を「体積」に置き換えたもの。体積は，大型魚の場合はメスシリンダーに餌を沈めて増加した水の体積で測定するが，仔稚魚の場合は餌が小さすぎて精度よく測定できないので，円柱や円錐，角錐，球などに見立てて，体長・体幅・体高から推定することがある（例：Takatsu et al 2007)。また最小の餌を1ポイントと設定して，重量や体積をポイントとして積み上げる方法もある（ポイント法)。

出現頻度：Frequency of occurrence；$F\%$ もしくは $FO\%$, $F_i\% = (m_i \times 100/M$。ここで m_i は餌 i 種を捕食していた魚の個体数（胃の数)，M は胃を調べた魚の個体数（全体の胃の数)。

%*F*（%*FO*），%*N*，%*W*，%*V*（%*Vo1*）のように%を先に表記する場合もある。個体数組成*N*%や重量組成*W*%，体積組成*V*%は単純な割合であるが，*F*%は調べた魚の数だけで計算するため，消化管の中に1種類の餌が1個体出現しようが100個体出現しようが，その餌を捕食していた魚が1個体と評価して計算する。調べた魚の個体数が少ないと*F*%は信頼性に乏しいが，他の方法（*N*%，*W*%，*V*%をまとめてバルク法 bulk method という）は，少ない魚の個体数でも推定しやすい。しかしバルク法は魚の個体間の偏りや計数・計量誤差が大きいし，消化管から数個体しか餌が出現しない場合，信頼性が低下する。もし，十分な魚の個体数が確保できれば（標本サイズが大きければ），*F*%は頑健性が高く，最も信頼できる数値表現法と考えられている（Baker et al 2014）。

魚にとって重要な餌を，これらの数値で判定する場合，研究目的に応じて*F*%，*N*%，*W*%のいずれを重視すべきか，考える必要がある。獲得した餌から得られるエネルギーを重視するなら，エネルギーに比例する*W*%を重視したほうが良い。餌との遭遇確率や捕食成功率を重視するなら，捕食行動の回数に関係する*F*%と*N*%だろう。一方，主要餌生物の判定に困る場合がある。たとえば，すべての稚魚が捕食しているが重量割合は低い餌A（高*F*%で低*W*%）と，稀にしか捕食していないが大型で重量割合が高い餌B（低*F*%で高*W*%）が混在していたら，AとBのどちらが重要な餌か判定できないだろう。そのような場合には，栄養係数“*Q*”（the dietary coefficient “*Q*”; Hurean 1970）や，相対重要度指数IRI（Pinkas et al 1971）とその割合*IRI*%（もしくは%*IRI*）を用いることがある。これらは単純に*F*%，*N*%，*W*%を足したり掛け合わせた数値で，算出された数字の大小のみを論じるが，$Q \geqq 200$で主要な餌，$200 > Q \geqq 20$で二次的餌，$20 > Q$で稀な餌などと，研究者が独自に定義することがある。式は以下。

$$Q = F\%_i \times W\%_i,$$
$$IRI_i = F\%_i \times (N\%_i + W\%_i),\ IRI\%_i = IRI_i \times 100/\sum IRI$$。

4. 餌の体サイズによる捕食制限

多くの魚類は丸飲み捕食者で，ついばみ捕食者とは異なり，大口を開けて餌を口器に入れなければ捕食できない。一方，口器よりもかなり小さい餌や，鰓（えら）の隙間から抜けてしまうような餌ならば，捕食行動に費やした運動コストは無駄になってしまうから，魚は成長とともに，相対的に小型になった餌は，目の前を通過してもスルーするようになる。では，口に入る最大体サイズや，無視する最小サイズは，餌のどの部分の大きさを測ればよいのだろうか。

魚が飲み込める最大サイズは，口器の高さと幅の狭い方によって，餌は3次元的長さのうち2番目に長い長さが制限要因となる（Pearre 1980；図1）。捕食者の口の奥行きはあまり関係しないようだ。噴火湾のキュウリウオ *Osmerus dentex*（キュウリの匂いがするのでキュウリウオ）は，スケトウダラ *Gadus chalcogrammus* の稚魚を飲み込んで，口からその尾部がはみ出たまま採集されることがよくある（図2左）。キュウリウオの上あごには鋭い歯があるので，飲み込まれた稚魚は吐き出されることが少ない。この稚魚を静かに引きずり出すと，頭は胃に到達しているため，消化が始まっているが，尾部はまだだ（図2右）。つまり餌であるスケトウダラ稚魚の一番長い方向の長さである体長は，キュウリウオが捕食するのに制限要因となっていないことの証拠だ。従って，捕食者の口幅か口高の狭い方の長さに対して，餌の2番目に長い長さが何パーセントになっているかを比較してやればよい。

事例として，陸奥湾で2月から4月に採集されるハダカオオカミウオ *Cryptacanthodes bergi* 浮遊仔魚の体長（脊索長または脊索屈曲後の標準体長）と，その餌の2番目に長い長さの関係を図示する（図1）。ハダカ

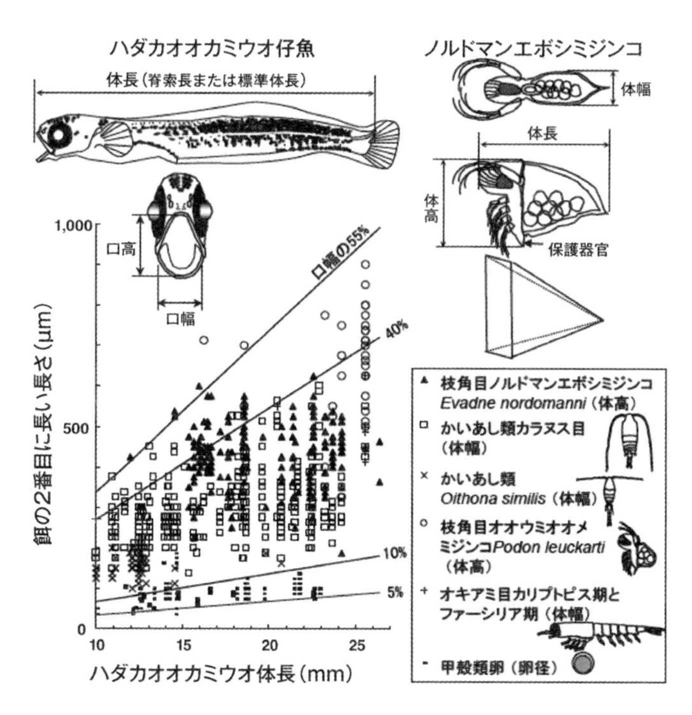

図1　ハダカオオカミウオ *Cryptacanthodes bergi* 浮遊仔魚の体長（脊索長または標準体長）と，消化管内容物中の餌の2番目に長い長さの関係

図中の直線は，以下の回帰式から作図。口幅（mm）= 0.069 × 体長（mm）− 0.017（n = 72, r^2 = 0.77）。

図２ 丸飲みしたスケトウダラ稚魚が，口からはみ出しているキュウリウオ（左）と，その稚魚を引きずり出した様子（右）
2021年12月16日北海道大学練習船うしお丸噴火湾着底トロール採集。

オオカミウオは口高よりも口幅の方が狭いから，この図に仔魚の体長と口幅の回帰式から推定した相対サイズ直線を重ねた。すると口幅の5～55%のサイズの餌を捕食していることがわかり，仔魚が大型化するほど大型餌に転換する様子がわかる。食われる方の動物プランクトンも，むざむざと食われるわけにはゆかないので，棘などを発達させている。例えばハダカオオカミウオ仔魚が頻繁に捕食する枝角目（ミジンコ類）ノルドマンエボシミジンコ *Evadne nordmanni* は，3次元方向のうち，2番目に長い体高方向にあたる下部に，保護器官である棘が発達しており（図1），被食回避に一定の役割をはたしているようだ。

5. 餌選択性の解析方法

採餌理論（Foraging theory；Stephens & Krebs 1986）は，動物の摂餌生態に経済学にも通じる数理理論を提唱し，採餌（＝摂餌）によって得られるエネルギー［kJ］を，採餌（＝摂餌）にかかるコスト（時間［秒など］）で割った値を利益性 profitability［kJ ／秒］と定義し，常に利益性を最大化するように餌を選ぶと考えた。つまり質の高い餌とは，発見しやすく（探索時間が短い，遠くからでも目立ちやすい），逃避能力が低くて短時間で追跡と捕食が完了する餌である。この利益性を推定するには，自然状態での動物の行動観察が必要であり，餌を発見してから追跡を決断し，捕食に成功して，さらに捕食が完了するまでの確率と時間，餌に含まれる熱量を計測する必要がある。しかも，採餌に成功したか，それとも失敗したかの経験は，学習結果として記憶し，次の餌を襲うかそれとも見送るかに影響を及ぼす。しかし海産の仔稚魚は，その小ささや水中という制約から，天然での行動観察は非常に難しい。現状では消化管内容物組成と餌密度，仔稚魚の栄養状態などの年変動などを比べて，状況証拠から，利益性を最大化できているかどうか判断するしかない。

一方，魚類の食性研究では，伝統的に摂餌選択性指数が計算されてきた。例えばイブレフの摂餌選択性指数“*E*”（イブレフ 1965），統計検定できるオッズ比“L”(Gabriel 1978), 異なる餌生物環境で比較しても問題が生じにくいチェソンの“α”(Chesson 1978) などがある。式はそれぞれ以下である。

$E_i = (r_i - p_i) / (r_i + p_i)$, $-1 \leq E_i \leq +1$, $E_i = 0$ で中立。
$L_i = \ln O_i = \ln\{r_i (1 - p_i) / [p_i (1 - r_i)]\}$, $-\infty \leq L_i \leq +\infty$, $L_i = 0$ で中立。
$\alpha_i = (r_i / p_i) / \sum (r/p)$, $0 \leq \alpha_i \leq 1$, $\alpha_i = 1/n$ で中立 (n は餌の種類数)。

ここで, r_i は消化管内の餌 i の個体数組成 (すなわち $N_i\% / 100$), p_i は環境中 (例えばプランクトンネットで採集した標本中) の餌 i の個体数組成だ。E_i と α_i は中立の値より大きいと正の選択性 (環境中よりも消化管内のほうが比率が高いこと) を, 小さいと負の選択性を意味する。L_i は有意に正または負の選択性を示すか否かの棄却域を, 以下の式で求める。

$Z_i = L_i / S.E.(L_i) = L_i / \sqrt{1/[n_r r_i (1 - r_i)] + 1/[n_p p_i (1 - p_i)]}$。

ここで, n_r は消化管内におけるすべての餌の個体数 (合計), n_p は環境中の計数したすべての餌の個体数 (合計) で, Z_i が 1.960 以上 ($p < 0.05$), 2.576 以上 ($p < 0.01$) もしくは 3.291 以上 ($p < 0.001$) で有意に正または負の選択性と判定する。1.960 未満では中立と判定する。

6. 環境変動に対する食性と栄養状態の変化

事例として, 再び陸奥湾のハダカオオカミウオ仔魚の食性を紹介する。4 月採集個体は, 1991 ～ 1996 年の 6 年間のうち, 1991 年のみノルドマンエボシミジンコが個体数組成 N% で 81%, 体積組成 V% でも 81% を占め, かいあし類カラヌス目コペポダイト (主に *Paracalanus orientalis*, *Pseudocalanus newmani* と *Centropages abdominalis* の 3 種) は N%, V% ともに 17.0% と低かった (図 3)。他の 5 年間はカラヌス目が高い割合を占め ($N\% = 40 \sim 94$, $V\% = 50 \sim 99$), ノルドマンエボシミジンコは相対的に低かった ($N\% = 4.0 \sim 36$, $V\% = 0 \sim 21$)。仔魚 1 個体あたりの餌捕食体積の中央値は年によって有意に異なり (クラスカル・ウォリス検定, $p < 0.001$), 1991 年に最も大きかった (1991 年 : 1.98 mm^3/ 仔魚, 他 : 0.50 ～ 1.59 mm^3/ 仔魚)。

仔魚採集と同時に行った NORPAC ネット湾内 9 地点鉛直曳による餌生物の個体数組成を用いて, オッズ比“L”とチェソンの“α”を計算した (表 1)。カラヌス目は一定の傾向がみられ, *P. orientalis* は 1996 年のデータはないが一貫して有意な正の選択性を示し, 環境中よりも消化管の中で出現する割合が高かった。それよりも大型な *P. newmani* と *C. abdominalis* は, 1996 年を除いて負か中立の選択性を示し, 消化管内では環境中よりも割合が低いことが多かった。一方, 枝角目ノルドマンエ

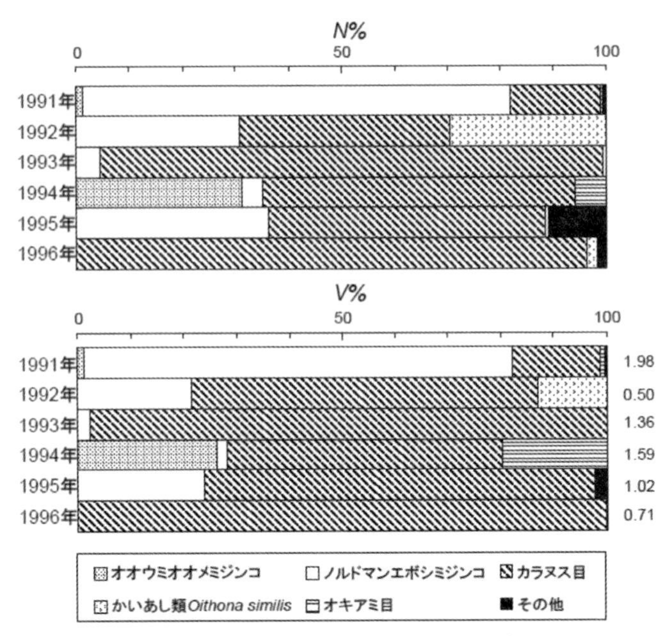

図3 青森県陸奥湾1991～1996年4月のハダカオオカミウオ浮遊仔魚の消化管内容物組成

上段：個体数組成（*N*%），下段：体積組成（*V*%，餌の形態を円柱や円錐，角錐，球などに見立てて，体長・体幅・体高から推定）。右側の数値は，仔魚1個体が捕食していた餌の体積の中央値［mm^3/仔魚］。

表1 陸奥湾4月のハダカオオカミウオ仔魚の摂餌選択性

上段：オッズ比"*L*"，下段：チェソンの"α"。正の選択性はゴシック体で表記。下段の"α"の中立は，1/6＝0.17。

餌種 / 年	1991年	1992年	1993年	1994年	1995年	1996年
枝角目 *Podon leuckarti*	−1.17*** 0.07			**+1.69***** **0.42**		
枝角目 *Evadne nordmanni*	**+0.90***** **0.27**	**+0.65*** **0.23**	−2.54*** 0.00	−0.84* 0.05	**+1.13***** 0.15	
カラヌス目 *Paracalanus orientalis*	**+0.54***** **0.35**	**+1.80***** **0.65**	**+4.74***** **0.93**	**+1.00***** **0.27**	**+2.49***** **0.74**	
カラヌス目 *Pseudocalanus newmani*	−1.24*** 0.07	−2.39* 0.02	−0.01 0.02	−0.31 0.09	−0.26 0.06	−0.89** 0.09
カラヌス目 *Centropages abdominalis*	−0.02 **0.21**		−2.17*** 0.00	−1.29*** 0.04	−1.44*** 0.02	**+0.85**** **0.26**
その他の カラヌス目	−2.33*** 0.02	−0.52 0.10	**+0.87***** 0.04	+0.20 0.13	−0.76* 0.03	**+1.51***** **0.65**

*: $p < 0.05$, **: $p < 0.01$, ***: $p < 0.001$.

ボシミジンコは有意に正の年が3年（αは2年），負の年が2年（αは3年）と変動しており，選択性指数の解釈は難しい。

そこで環境中のカラヌス目とノルドマンエボシミジンコの密度（NORPACネット標本）を比較してみると，1992～1996年はカラヌス目の環境中密度がノルドマンエボシミジンコよりも高く，仔魚もカラヌス目を多く捕食していた（図4）。一方1991年には，両者の密度が逆転していただけではなく，カラヌス目の密度が最も低い年だった。ノルドマンエボシミジンコの密度だけで言えば，1991年よりも1993年や1992年のほうが高かった。つまり仔魚は，相対的に遭遇確率が高い餌の方を，環境中の割合よりもより多く，摂餌選択性が正になるように捕食する「日和見捕食者」ではあるが，主要な餌の転換は，ノルドマンエボシミジンコの密度ではなく，カラヌス目の密度が支配していそうだ。ハダカオオカミウオ仔魚は本質的に，カラヌス目のほうが良い餌であり，ノルドマンエボシミジンコは劣る餌と判定しており，質の低い餌に仕方なく転換するか否かは，良い餌であるカラヌス目との遭遇確率だけが作用し，質の悪い餌の密度には影響しないのだろう。同様な現象は，他の動物でも指摘されている（伊藤ら1992）。翻って本稿の摂餌選択性は，形態的に類似性の高いカラヌス目の中での嗜好性を，ある程度反映しているようにみえる。しかし，カラヌス目より質の悪いだろう枝角目の選択性は年によってバラバラで解釈が難しい。したがって摂餌選択性指数は，慎重に用いる必要がある。

ところでハダカオオカミウオ仔魚の体長と体重の関係をプロットすると，体長17 mm以上では，ノルドマンエボシミジンコを多く捕食していた1991年4月だけ相対的に体重が軽かった（図5，傾き：F検定，$p = 0.35$；切片：共分散分析，$p = 0.0012$；体長20 mmと25 mmでそれぞれ体重－8.8％と－14％）。これは1991年4月には，質の高いカラヌス目を諦めて遭遇確率の高いノルドマンエボシミジンコに転換した結果，餌探索時間は節約できたものの，高い栄養状態を維持するには不十分だったことを意味しており，「質の低い餌」説を裏付けている。また仔魚は見た目では餌に含まれるエネルギーの多寡を判別できないことも，質の低い餌を選んでしまっていた原因の一つだろう。

なお，1991年4月にカラヌス目の密度が低く，ノルドマンエボシミジンコの密度が相対的に高かった理由は，陸奥湾の海水密度と湾外津軽海峡の海水密度が拮抗して，湾外との海水交換が不十分になり，内湾性のプランクトンしか増加しなかったためだろう（Takatsu et al 2002）。

このように摂餌選択性指数は，環境中と消化管内の餌の割合を計算するだけなので手軽なのだが，解釈は慎重さが必要だ。本稿のようにむしろ様々な環境条件や食性転換後の栄養状態から，成長に貢献する餌の質を総合的に判断することをお勧めする。

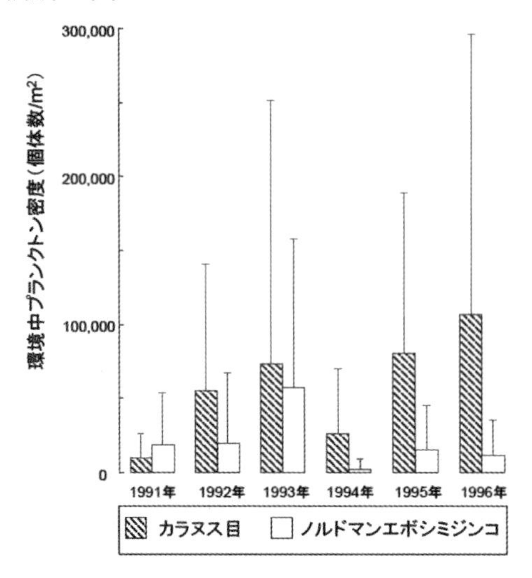

図4 陸奥湾1991～1996年4月に口径45 cmのNORPACネットで採集した，かいあし類カラヌス目とノルドマンエボシミジンコ*E. nordmanni*の平均密度（個体数/m^2）
エラーバーは＋標準偏差。

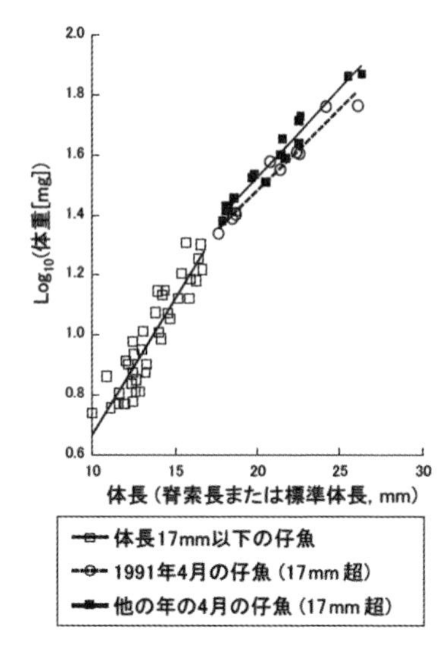

図5 ハダカオオカミウオ仔魚の体長と体重の関係
体長17 mmを超える仔魚では，1991年4月の仔魚が痩せていた。

COLUMN

コラム1　食性と生残との関係 ～土佐湾でのアユ仔魚の事例～

八木佑太

我が国の内水面漁業における重要魚種であるアユ*Plecoglossus altivelis altivelis*の初期生活史については，秋季に体長5 mm前後で海域に流下，10 mm前後で砕波帯に接岸し始め，50 mm前後になると遡上という大まかな回遊経路など，かなりの部分が明らかにされてきた（Senta & Kinoshita 1985など多数）。アユ資源の変動を左右する要因もまた，初期生活史にあるとされている（川那部1970）が，海域での生残もしくは減耗については情報が少なく，それらに関与する流下直後の食性についても断片的な知見しか得られていなかった。ここでは，土佐湾に流下したアユ仔魚の食性を分析するとともに，その摂餌状態と仔魚の生き残り群である砕波帯での仔稚魚のふ化日組成とCPUE（尾/曳網）に基づき，生残もしくは減耗要因の把握を試みた事例（八木ら2006）を紹介する。

2000～2003年の各年10月から翌年2月にかけて，土佐湾中央部の仁淀川河口前面海域において稚魚ネットによるアユ仔魚の分布調査を行い，2002年と2003年では餌生物となる動物プランクトンの採集と仔魚の食性分析も併せて行った。その結果，アユ仔魚は *Oithona* 属等の環境中に多いカイアシ類のノープリウス幼生を主に摂餌しており，摂餌率は卵黄を有するごく初期の発育段階においても約50%程度あることがわかった。また，仔魚の発育段階が進むにつれ，摂餌率と1尾あたりの餌生物数が増加することや消化管内容物ではコペポダイト期以降のカイアシ類の割合が高くなり，組成はやや多様となるなどの特徴が明らかとなった。さらに，環境中のカイアシ類密度が高い月に採集された仔魚ほど，その摂餌状況（平均摂餌率と1尾あたりの餌生物数）が良好である傾向が2カ年を通じて認められ，アユ仔魚の摂餌は餌環境に強く影響を受けると考えられた。

調査海域において，2002年では12月にアユ仔魚の分布密度が圧倒的に高かったが，仔魚の生残りと考えられる仁淀川周辺砕波帯では11月生まれのアユ仔稚魚が最も多く12月生まれは少なかった。一方，2003年ではごく沿岸において11月に仔魚の分布密度が高く，砕波帯でも11月生まれが主体となっており，砕波帯でのCPUEは他の年と比べると著しく高い値を示した。海域における仔魚の摂餌状況をみると，環境中のプランクトン密度の多寡を反映し，両年ともに他の月と比べ11月においてより良い傾向にあった。以上のことと，海域における仔魚の分布の集散を加味すると，海域で仔魚の出現が多くても餌環境に恵まれなければ多くが減耗すること，海域で仔魚の出現が多く，餌環境にも恵まれればより卓越して生残する可能性が考えられた。

上述の通り，仔稚魚の食性解析には餌生物に関する訓練と，微小な生物を相手に根気を要する作業を伴うが，水中での仔稚魚の暮らしぶりや生きる術に想いを馳せながら行う消化管内容物の観察は刺激に満ちており，魚類の初期生活史研究には欠かすことの出来ない重要な項目である。

3.7.2 メタゲノム分析

児玉武稔

1. メタゲノム分析とは

メタゲノム分析は「高次の・超越した」という意味の接頭語のメタに「遺伝情報全体」を示すゲノムがくっついているように，従来の遺伝子分析を超越した分析をおこなうものである。本稿ではメタゲノム分析としているが，人によって，「メタバーコーディング分析」や「環境DNA網羅的分析」という言葉を利用しており，厳密な使い分けはない－あるのかもしれないが混乱している―のが現状である。サンガーシーケンス法と呼ばれる従来の遺伝子分析を超越していると言われる所以は，従来分析が1つの試料から1つの遺伝子配列しか読めないのに対して，メタゲノム分析では同時に複数（数百万単位）の遺伝子配列を並列的に読めることにある。このように並列で複数の配列を読むことができるハイエンドなシーケンサーを次世代シーケンサー（Next Generation Sequencer: NGS）と呼んでおり，NGSを利用すれば，複数の配列が混ざった試料であっても，1つずつ配列を読むことができる。すなわち，メタゲノム分析は，NGSを利用して，1つの試料から多量の塩基配列を並列的に取得し，それをもとに複数の生物種などを特定する手法である。

メタゲノム分析は21世紀に入って急速に発展した。21世紀初頭に遺伝子の網羅的な分析はヒトゲノム計画（Human Genome Project）と呼ばれる国家的な研究レベルだったものが，現在（2021年）では巷で個人の健康状態を検査するレベルまで普及している。このような分析の普及には計算機やNGSの発展などが背景にあり，現在も日進月歩の進歩を遂げている。したがって，ここで紹介する方法も5, 10年後には，使われなくなっている可能性もあるが，それはそれとしてお付き合いいただきたい。

2. メタゲノム分析による食性調査のメリット・デメリット

魚の食性調査には様々な手法がある。メタゲノム分析は数ある手法の1つであり，他の方法を超越し，問題を一気に解決する方法ではない。食性調査で最も古典的だが最も用いられているのは顕微鏡観察である。メタゲノム分析は網羅的な被食者の記載が可能なため，顕微鏡観察の上位互換と考えられる節もあるが，現状は顕微鏡観察を補完する分析手法であり，メタゲノム分析の結果だけから食性を結論づけることは避けたい。すなわち，稚魚の食性を明らかにするにあたっては，本当に知りたいことは何なのか，どのような状態の試料を扱うのか，という点を先に明確にし，手法の選択をするようにして欲しい。

メタゲノム分析の大きなメリットとして2点あげることができる。1つはDNAが残っているならば，餌生物の形態が残っていることは問われない点，もう1つは生物種の分類・同定に不慣れでも信頼性の高い結果が得られ，客観的な比較ができる点である。

形態が残っている必要がない点は顕微鏡分析と比較して有利であると言える。と言うのは，水圏，特に海洋にはクラゲ類に代表されるような体が柔らかい生物が多数生息しており，それらが被食された場合，形態分類による種同定はほぼ不可能である。しかし，メタゲノム分析では，消化管内に残された形態に関係なく被食生物を検出することができ，結果として，顕微鏡観察よりもさらに網羅的な餌生物の記載が可能となる。また，稚魚が空胃であっても消化管内に残っている糞様消化物さえあれば胃内容物を明らかにすることができ，稚魚の採集時間に影響されず，食性を明らかにすることができる。

2つ目の生物種の分類・同定に不慣れな場合でも信頼性が高いデータが得られる点は，熟練した研究者であっても，水圏に生息する全ての生物を同定することはできないため，顕微鏡観察と補完的にデータの信頼性を高められる点で重要である。ただし，遺伝子データベースの種査定が間違っている可能性もあり，顕微鏡観察が必要ないわけではない。また，顕微鏡観察には観察者の主観的な判断が入ってしまうため，他の研究者の結果との比較が困難な場合がある。そのような場合，メタゲノム分析を利用した遺伝子配列は客観的データとして扱え，食性の比較などを容易にする。

一方で，メタゲノム分析では，顕微鏡観察と比較し定量性が乏しいことと共食いが評価できないことが代表的なデメリットである。メタゲノム分析では，それぞれの生物の遺伝子配列数が出てくるため，定量的なデータに見える。しかし，そもそもの生物が持っているDNA量，そのDNAの保存状態，PCR（ポリメラーゼ連鎖反応）における複製のされやすさなどにより強いバイアスがかかる（Pompanon et al 2012）。また，理論的には1配列でもあれば，生物種が出現してしまうため，試料の汚染も結果に強いバイアスを与える。また，胃内容物や糞様物を分析する上で，対象となる捕食者のDNAは必ず含まれ，捕食者と被食者が同じ生物の場合，検出されたDNAが捕食者のものか被食者のものか判別することはできない。定量性については将来的に内部標準物質などにより解消される可能性があるが，共食いについては，原理的に解決が難しく，特に魚食性の魚類において，メタゲノム分析の結果は顕微鏡観察のサポートがないと解釈ができない。以上のメリットとデメリットの整理から，メタゲノム分析は顕微鏡分析と相補的に扱うべき分析手法と考えており，今後もその相補的な関係が続くと予想している。

3. メタゲノムを利用した食性調査の方法

ここからは，実践的な方法に移りたい。しかしながら，上述したように，新しい分析手法，新しい試薬，新しいNGSが次々と開発されている現状なので，実際の作業時には最新の知見を確認してほしい。

手順を簡潔に記すと，①試料を保存し，②試料からDNAを抽出・精製する。③DNAをPCRにより増幅，④PCR産物を精製した上で，⑤NGSを利用してDNA配列を読む。⑥読んだ結果をコンピューター上で統計解析し，⑦得られた配列を既存のデータベースに照合し，生物種を特定していく，ということになる。

試料の保存については，基本的には－20度以下で保存する。また，DNAの断片化を防ぐため，脱水処理した方が良いので，－20度以下にする前に水分をエタノールで置換したい。エタノール中での常温保存は早期に分析するなら問題ないが，徐々にPCRでの増幅が確認できなくなる。例外的に，常温保存可能な保存液もあるが，費用の問題もあり，エタノール内での－20度以下での保存が最も良い。また，ホルマリンによる保存は，DNAの断片化が進み，分析が難しくなるため，メタゲノム分析を予定している場合は避けたい。

DNAの抽出・精製について，遺伝子実験の教科書にはエタノールやフェノールを使って抽出と書いてあるが，現在はキットが市販されている。各メーカー，各キットで特徴は異なるものの，統一見解は現時点ではないため，PCRの増幅が確認できれば強くこだわる必要はない。ただし，DNA量が少ない場合は，回収率が高く，精製物のDNA濃度が高くなるようなキットや抽出・精製が望ましい。また，抽出・精製されたDNAについては，濃度測定をした方が良い。専用の蛍光光度計を用いた方が簡単に，感度よく，少量の抽出物で測定できる。ここでDNA濃度が低すぎて検出できない場合，かなりの確率で次のPCRで増幅しないか，増幅しても汚染が強く疑われる結果となる。逆に濃度が高くても増幅しない場合，PCRの失敗が考えられる。この抽出・精製のステップから，確実に増幅する試料およびDNA濃度が0の超純水などをそれぞれポジティブ，ネガティブのコントロールとして試料に含めておく。

PCRはNGSを用いてメタゲノム分析を行うためには少なくとも2回必要である。1回目ではターゲット領域を増幅させると同時に，2回目のPCRで各サンプル識別用の配列を付加させるために，そのベースとなる配列を付加させる。2回目はサンプル識別用の配列を付加させることを目的とする。これは各試料でプライマーが異なる。

PCRにはプライマー，ポリメラーゼと抽出したDNAを用いるが，特にプライマーの選択は事前に必須である。プライマーによって増える生物群や種解像度が異なるため，目的ごとにプライマーを選択する必要がある。メタゲノム分析では多くの種類の生物が増えるようにプライマーが設計されている。このような生物非特異的なプライマーをユニバーサルプライマーと呼ぶ。代表的なユニバーサルプライマーとターゲット生物について表1にまとめた。対象の稚魚の食性に何も情報がない場合や網羅的に調べたい時は，リボソームDNA（リボソームRNA遺伝子）のうち18S RNAをコードする（18S rRNA）遺伝子がよく用いられている。この遺伝子は幅広い生物群を増幅することができるが，種分解能が高くなく，特に魚類は同定できない。18S rRNA遺伝子の分解能の低さを補うために，ある程度の生物群（カイアシ類，魚類，頭足類など）をターゲットにしたユニバーサルプライマーがそれぞれある。ユニバーサルプライマーも今後，さらに選択肢が増えることが期待される。利用する予定のNGSとのセットで，近年出版されている論文数が多いプライマーや，比較したいデータセットと同じプライマーを選択したらよい。

反応に用いるポリメラーゼも様々な種類が市販されており，増幅効率・正確性が変わる。ポリメラーゼは当然，正確性が高く，増幅効率が良いものを選んだ方がよいが，そのような酵素は高価である。ただし，正確性が低い酵素だと，最終的に生物名を決定できない配列が増えるため，注意したい。

PCR産物について，プライマーを含む短いDNAが多いと，NGSでの結果が期待したほど得られないため精製をおこなう。サンプル識別用の配列を付加させた試料については，混合し精製を進めた方が，手間が省ける。この時の混合は各試料のDNA濃度を測定し，等量となるようにした方がよい。電気泳動しゲルから切り出しても，市販されている専用のキットを利用してもよい。

ここまでは普通に遺伝子を扱う実験室（器具）があればできるが，NGSによるDNA配列の読み取りについては，NGSが非常に高価なこともあり，各個人が自由に利用できる機器は少ない。したがって，共有機器のものを利用する，もしくは外部に分析を委託することが多い。NGSは本体だけでなく1回分の試料で使う消耗品も高額であり，外部に委託してもさほど値段が違わないため，身近に機械がない場合，外部委託も積極的に検討したい。NGSについても利用する機種とその特性は実験前（特にプライマー選択前）に確認する必要がある。

ここからは，計算機を利用した作業となる。NGSにより読まれた配列は数百万配列あるので，従来の方法と同じようにやっていると時間がいくらあっても足りない。したがって，情報科学分野の知見を利用したバイオインフォマティクスと呼ばれる過程を経ることになる。NGSデータからデータを精製・集約していくアプリケーションとして，QIIME2やMothurがある。他にも様々なプログラム言語を利用したパッケージを組み合わせ，解析していくこともできる。具体的なプログラムについては，ここでは取り上げない。各アプリケーションやそれらを利用した

表1　ユニバーサルプライマーの代表例

対象生物	領域(引用文献)	配列
真核生物	リボソーム18S V9領域 (Amaral-Zettler et al 2009)	F:5′-TTGTACACACCGCCC-3′ R:5′-CCTTCYGCAGGTTCACCTAC-3′
原核生物	リボソーム16S V4領域 (Caporaso et al 2011)	F:5′-CACGGTCGKCGGCGCCATT-3′ R:5′-GGACTACHVGGGTWTCTAAT-3′
魚類	ミトコンドリア (Miya et al 2015)	F:5′-GTCGGTAAAACTCGTGCCAGC-3′ R:5′-CATAGTGGGGTATCTAATCCCAGTTTG-3′
カイアシ類	リボソームLSU D2領域 (Hirai et al 2015)	F:5′-AGACCGATAGCAAACAAGTAC-3′ R:5′-GTCCGTGTTTCAAGACGG-3′
頭足類	ミトコンドリア (Kim et al 2019)	F:5′-GAYATYTGNCCYCADGG-3′ R:5′-ATTTGYTAYTAYTGTGANGG-3′

論文で公開されていることもある補助資料などを参考にされたい。

最終的に得られた配列については，データベースで照合する。ここで出てきた結果が消化管内に入っていた生物種であり，被食者の候補として考えられる。データベースについてはNIHやDDBJにあり，そこでBLASTをすることで照合できる。BLASTはオンラインでも可能であり，データベースを計算機に移植もしくは自身で構築することで，オフラインでも可能である。遺伝子の相同性に基準を設けて，生物種を特定する。

以上，メタゲノム分析の一連の作業を簡単に紹介したが，初学者がメタゲノム分析を独力でおこなうにはハードルが高い。論文や教科書で学べない情報が多く，試料が限られていることや，NGSの利用が高額のため，気軽に失敗できない。メタゲノム分析は食性分析だけでなく，様々な分野で利用されていることから，メタゲノム分析の経験者と一緒に進めるのが好ましい。

4. メタゲノム分析の適用例

ここでは，メタゲノム分析を通じて分かってきたことを簡単に紹介したい。筆者はマグロ類仔魚を中心に食性分析を進めている。マグロ類仔魚は顕微鏡観察から，カイアシ類や海産枝角類を中心に摂餌していることが見て取れたが，体が柔らかい尾虫類や鞭毛虫・繊毛虫なども積極的に捕食している可能性があった。したがって，クロマグロ（*Thunnus orientalis*）仔魚の食性解明に18S rRNA遺伝子のV9領域をターゲットとしたメタゲノム分析を導入した（Kodama et al 2017, 2020）。その結果，メタゲノム分析では顕微鏡観察からは視認できなかった多くの尾虫類が検出された。また環境水中のプランクトン組成と比較すると，尾虫類と枝角類は胃内容に含まれる割合が高く，カイアシ類は低かった。このことから，尾虫類と枝角類はクロマグロ仔魚にとっては食べやすいことが示唆された。また，日本海で採集されたクロマグロ仔魚は，消化管内の餌生物数が少なく，十分な摂餌を行えていなかった。環境水中にはカイアシ類が十分に存在しているが利用が限られていることから，クロマグロ仔魚が逃避能力に優れたカイアシ類を摂餌できるほど俊敏ではない可能性があると考えられた。また，筆者の研究ではないが，タイセイヨウクロマグロ（*Thunnus thynnus*）において，胃内容物がほぼ空だった未成魚についてメタゲノム分析が適用され，地中海ではクラゲなどの動物プランクトンが多く含まれており，場当たり的な摂餌を行っている可能性が示唆されている。一方で，顕微鏡観察の結果から，タイセイヨウクロマグロ，クロマグロともに共食いをしていることが知られている。先にも述べた通り，メタゲノム分析では共食いは評価できないため，メタゲノム分析だけで食性を把握するのではなく，顕微鏡観察なども取り入れることが大事であることがわかる。筆者の関わった研究以外にも，シロザケ（Sakaguchi et al 2017）やマンボウ（Sousa et al 2016），ウナギ類レプ

トケパルス幼生 (Ayala et al 2018, Chow et al 2019, Watanabe et al 2021), イワシ類仔魚 (Hirai et al 2017) などの食性解明にもメタゲノム分析が適用されており, 今後, 適用例は増えていくものと考えている。

5. 今後の展望

最後に, メタゲノム分析による食性解析について, 今後の展望について考えたい。先にも述べた通り, 分析技術は進歩が続いている。現在は150 ～ 250 bp の短い DNA 配列を読むことが多いが, 将来的には, より長い配列も読まれ, 1 つのプライマーで種解像度が高くなると考えられる。ただし, 消化管内容物であることから, DNA も断片化が進んでおり, 長い配列を読むことが食性の解明にどの程度寄与するかは疑問も残る。また技術の発展とともに金銭的な負担が減少していけば, メタゲノム分析は他の食性分析の補助的な分析手法として必須となっていくだろう。また, 餌料生物だけでなく, それに付随するような生物組成, 例えば腸内細菌叢など, を分析することで, 間接的な食性の推定や対象生物の生息場所なども解析可能になると考えられる。

同時に, メタゲノム分析の大きな弱点である定量性を求める意見は強くなると考えられる。得られた各生物の DNA 配列数の解釈についての議論が成熟するとともに, 内部標準としての人工 DNA 配列の開発なども進み, 定量性についての解釈が進むものと期待される。この先に発展があったとしても, メタゲノム分析の結果が顕微鏡観察の結果と完全な互換性ができるとは思えないが, 今後のデータの蓄積により, メタゲノム分析はメタゲノム分析として長期的な変動の解明や種による違いが解釈されるようになるとも予想される。特に, メタゲノム分析の結果については, 論文発表時に公的な遺伝子配列データベースへの生データの投稿が義務付けられており, 顕微鏡観察のように生データが発散し, 解析しにくいという事態が起きにくい。このようなことから, メタゲノム分析は今後もさらに重用されていくと考えられ, その分析手法を一通り身に付けておくことは分子生物学を専攻としないものでも必須になっていくだろう。

3.8 潜水観察

堀之内正博

1. 潜水観察とは

稚魚の生態研究に用いられる方法の一つに潜水観察がある。潜水観察とは潜水器材を着用した観察者が SCUBA 潜水, 素潜り, スノーケリングといった手法により調査地の水中に入り, 魚類や大型無脊椎動物などの水棲生物を肉眼で直接観察してその生態に関連したデータを収集することをいう（図 1）。SCUBA 潜水では自給式水中呼吸装置（Self Contained Underwater Breathing Apparatus）を用いて水中で呼吸する。素潜りでは水面で肺に空気をためてから潜り，水中では無呼吸の状態になる。スノーケリングでは表層にいる観察者が頭部に装着したスノーケルと呼ばれる管状の器具の一端を口に咥え，もう一端を大気中に出し，それを介して呼吸する（観察者が完全には水没しないスノーケリングは厳密には“潜水”ではないが，便宜的に潜水観察の手法の一つとする）。観察時間の長さは SCUBA 潜水では基本的にタンクの容量に規定され，長くて 1 回 2 時間程度である。他 2 つの手法は併用されることが多いのだが，観察者の体力次第で相当長時間連続して行える。ただし安全面の観点から，十分余力のある段階で終了することが望ましい。

1） 事前の注意点

業務で潜水観察を行う者は，民間ダイビング指導団体発行の認定証 C カード所持の有無に関わらず国家資格の潜水士免許を取得しておかねばならない。

現在日本では，二名以上で潜水することや陸上に監視員を配することなど，様々な手段により安全を確保した上で潜水観察を行うことが求め

図 1　潜水器材を着用した研究者（左）と データ記録中の研究者（右）

られている。研究者の所属機関が労働安全衛生法等に則り定めた野外活動安全管理の規則に基づき，無理のない野外活動計画を立てるとともに，必ず緊急連絡体制等を確認する。また，密漁と間違えられないよう調査地を管轄する漁業協同組合に話を通しておく。種同定等のために採集が必要になる場合には，事前に調査地所在の都道府県から特別採捕の許可を得ておかねばならない。

2. 潜水観察による稚魚の生態研究

研究手法として潜水観察を用いようという者は事前に十分な潜水技量と安全に関する知識を身につけておく必要がある。筆者の場合，SCUBA潜水による観察を手法とする研究を始める前に，当時ご指導いただいていた東京大学農学部水産学科の佐野光彦先生から“タンク 100 本分の自主訓練”というノルマを課され，それをこなした後に初めて海に出て潜水観察を行うことを許された。自分で納得のいくデータが取れるようになった（と，その当時は思えた）のは，それからさらに 1 年ほどたってからであった。

1）データの記録について

水中で観察したデータはその場で白色のプラスチック板（下敷きなど。コーティングされている場合は，あらかじめサンドペーパーなどで表面を軽く削っておく）あるいは耐水紙に鉛筆で書き込み，記録する（図 1）。

現場ではこれらの小物類を小さなメッシュバッグに入れて持ち運ぶと便利である。筆者は洗濯ネットにロープでつくったリング状の取っ手を付けたものを使用している。

鉛筆は木材でできているため，うっかり手を離すとすぐに浮いてしまう（浮いていく鉛筆を追って急浮上すると，肺の損傷や減圧症，船舶との衝突などの重大なトラブルが起きる可能性があるので注意）。そこで，鉛筆には適当な長さの紐をつけ，その一端をメッシュバッグなどに結び付けておくとよい。なお，水中では鉛筆の芯が折れやすいので，ナイフは必携である。ナイフは水中拘束が起こった際にも必要となるので，必ず身に着けておく。

2）稚魚の見つけ方

潜水観察によって稚魚の個体数をカウントするにしても行動を記録するにしても，まずは水中で魚を見つけなければならない。以下は筆者の経験則に過ぎないが，読者の方々にとって何か少しでも参考になる点があれば幸いである。

魚を探索中は諸事ゆっくり行うようにする。慣れないうちは見つけようという気持ちが強すぎて不自然な動作をしがちであり，また，魚を見つけるとつい顔を急激に振り向けてしまうことがよくある。そういった動きは魚の隠れる / 逃げるといった行動を引き起こし，さらにそれが他個体の逃避行動を誘発する場合もしばしばある。水中を移動する際もフィンワークを工夫してなるべく静かに動き，魚を撹乱しないようにすることが肝要である。

意識を1点に過度に集中させず視野全体も見るようにすると，魚のシルエットが見えてくる場合がある。魚を見つけたら凝視し過ぎないように少し視線をずらすぐらいの気持ちで観察するほうが良いことがある。凝視するとなぜか相手に感づかれやすい。

観察中は目を必要以上に大きく動かさないほうが良い。目が大きく動くと相手に自分の存在を感づかれやすい。逆に，魚をその目の動きあるいは目の存在そのものによって見つけることがしばしばある。例えば，身体が底質に似た隠蔽色あるいは半透明のカレイ科やハゼ科などの稚魚が，底質上あるいは底質に半分身体を埋め静止した状態で出現することがある。そのような稚魚でも目が動けば見つけられる。また，身体は背景に溶け込んで見えにくくても，目は特徴的な同心半球状の形状と色彩パターンを持つので，慣れればかなり容易に背景から識別できる場合が多い。海草の葉などの基質表面にいる稚魚や，構造物の陰や隙間に潜む稚魚などについても，目は魚を見つけ出すポイントの一つである (図2)。

初めのうちは，得られるデータの正確性に拘らずにともかく何本も現場に潜って観察を試みることである。そうすると，そのうち観察中の動作全般が洗練されてくるし，また，どういう場所に魚が居るのか予想する能力や実際に潜んでいる魚を見つけ出す眼力なども養われてくるものである。

3) 種同定はどのようにして行うのか

初めて調査を行う場所で予備知識無しにいきなり潜水観察を行って稚魚を見つけたとしても，余程の普通種でもない限りその場で種同定できることはほとんどないであろう。もしも調査地あるいはその周辺の魚類相について詳しい情報があるなら，文献を基に記載された各種稚魚の形態的な特徴を調べておけば，現場での種同定の一助にはなる。ただ，やはり写真やスケッチと水中で出会う生きた魚とでは多くの場合，見え方が大きく違う。そこで，可能ならば潜水調査を行うエリアの近くで魚を採集するか，あるいは近くで操業している漁業者の漁獲物を利用するなどして，各種について様々なサイズの個体が生きた状態あるいはそれに近い状態ではどのように見えるのか記憶しておくとよい。そのうえで現場に繰り返し潜り，観察中に見つけた魚の種同定を試みる。その場で種同定できなかった魚については，可能であれば採集するかまたは画像として記録し，後で種同定する。そのようにして各種の大小様々な個体

図2 海草 *Halophila ovalis* の葉（草丈10～20 mm程度）の陰に潜むフエフキダイ類稚魚

について水中での姿の記憶を蓄積していくと，そのうち，潜水観察中に出会った小さな個体がなんという種の稚魚なのか，その場でわかることが多くなってくる。

このような作業を繰り返し行い，現場の魚類相について十分な知識を得て初めて魚類の生態研究の手法として潜水観察を用いることができるようになる。特に海草藻場やマングローブ域など構造が複雑なハビタットにおいて各種網類を用いてセンサスを行う場合，漁具の選択性や漁獲効率などの制約から体の小さな稚魚の個体密度を推定することは非常に困難である。一方，熟練した研究者が行う潜水観察では，そういったハビタットにおいても信頼性が十分に高い個体密度の推定値を得ることができ，さらに，稚魚が示す様々な行動に関する重要なデータなども収集することが可能である。

4）定量的な種数や個体数の求め方

潜水観察で，あるハビタットにおける魚類の種組成や単位面積当たりの種数，各種の個体数を調べる場合に用いられる代表的な方法の一つにベルトトランセクト法がある。この方法では，観察者があらかじめ長さを決めておいた基準線上を移動しつつ，基準線から左右一定距離の範囲内を観察し（ただしマングローブ支柱根が密生した場所などでは左右どちらかのみを観察する場合もある），出現個体の種名および体サイズを記録していく。このトランセクトの長さと幅は調査を行うハビタットの構造的複雑性や水の透明度等の魚の発見効率に影響を及ぼすファクターを考慮して設定する（佐野 2003）。魚を見落とす確率は魚の位置が自分から遠いほど，また，魚のサイズが小さいほど高まるが，この傾向は複雑な構造を持つハビタットにおいて特に顕著である。稚魚の成育場として重要な海草藻場やマングローブ域などの物理構造は概して複雑なので，それらのハビタットで体の小さな稚魚を対象に調査を行う場合には特に慎重に幅を設定せねばならない。筆者は海草藻場で潜水観察を行う場合，基本的にトランセクトの幅を1 m（基準線から左右50 cm）としている（Horinouchi et al 2005）。

ベルトトランセクト法では前もってトランセクトの中心線（基準線）あるいはその外郭に沿ってロープを張るなどして目印を付け，その作業に伴う撹乱の影響がなくなるまで待機したのちに観察を行う場合と，目印を設けずに基準線の起点から観察者が巻き尺あるいは目盛付きのロープなどを伸ばしながら一定距離を移動しつつセンサス範囲内に出現した魚の計数等を行う場合がある。前者は待機時間が必要であるが，観察中にトランセクトの長さあるいは幅を一定に保つための労力は少なくて済む。一方後者では待機時間は必要ないが，観察中は移動距離に気を配るとともにトランセクトの幅をあらかじめ設定した長さに保つ工夫も必要になる。潜水観察中に大型の定規やメジャーなどを使ってトランセクトの幅をチェックすると，その間は出現する魚を記録できないし，またその動作が魚を撹乱する可能性もある。したがって，潜水観察を始める前に，まずは水中で定規やメジャーなどを使いながらトランセクトの幅に対する感覚を身に付ける訓練を行い，最終的にはそれらを使わずとも目測で幅を一定に保つことができるようにしておく。自分の肩幅，両肘あるいは両手を広げたときの長さを把握し，目測する際の基準にするとよい。このような訓練を重ねれば，トランセクトの幅に対する感覚を身に付けることができるはずである。出現個体の体サイズについても事前にある程度の精度で目測できるようにしておく（ただし，実際の観察時には邪魔にならない大きさの定規を常に携帯する）。サイズを測定しておいた魚型の模型（ルアーを利用すると良い）を水中に持ち込み，魚体のサイズを目測する練習をすると良いだろう。

5）マイクロハビタットの利用パターン

一般に稚魚の成育場として重要な海草藻場などのハビタットには，様々なマイクロハビタットが含まれており，稚魚はある特定のマイクロハビタットに選好性を示す場合がある。そこで稚魚がマイクロハビタットをどのように利用しているのか調べる方法の一つを簡単に紹介する。上記のベルトトランセクトの観察を行う際，その起点から一定間隔でセルに分割し，各セルにおける各種稚魚を計数すると同時にセル内部のマイクロハビタットの種類を記録しておく。この各セルにおける稚魚の個体数とマイクロハビタットの種類のデータから，対象種の稚魚がどのようなマイクロハビタットに多く出現しているのかを明らかにすることができる。

稚魚があるマイクロハビタットに多く出現することがわかったら，どのような理由でそこを利用しているのかを調べることが次のステップとなる。例えば，そのマイクロハビタットとその周囲において集中的に潜水観察を行い，稚魚が示す各行動の生起頻度や継続時間などを調べて各行動間で比較することで，稚魚がそのマイクロハビタットを利用する理由について仮説をたてることができる場合がある。さらに，例えば捕食者あるいは潜在的競争者の存在の有無といった条件の違いによって行動パターンに変化がみられるか等についても調べれば，より質の高い仮説を立てることも可能になろう。

ただし，“単なる”潜水観察でできるのは，多くの場合，収集したデータから仮説を立てるところまでであり，それを検証するためにはさらに作業を行う必要がある。十分に練られたデザインのもと行われる野外実験は仮説を検証するうえで非常に有効な手法の一つである（水圏での野外実験については例えば Kon et al 2020 を参照）。ただし多大な努力量が必要であり，また実行可能性が低い場合も多い。例えば，条件間で捕食リスクを比べる糸つなぎ実験は身体の小さな稚魚を対象に行うには非常な努力量を要するだけでなく（例えば Horinouchi 2007），現在では動物実験の倫理原則の観点から実施すべきではないと考えられている。野外実験の実施が困難な場合には，室内実験で検証できないか検討してみるとよい（例えば Horinouchi et al 2009）。

なお，潜水観察を行う際，水の流れに逆らう姿勢をとると身体が安定して観察しやすくなる。また，出来るだけ自分の影が自分自身よりも先行しないように気をつけるとよい。種同定や食性調査などのために稚魚を手網で採集する際も同様である。

3. 潜水観察に伴う危険性

潜水観察には，様々なリスクが伴う。以下に筆者が経験したトラブルをいくつか紹介しておく。

SCUBA 潜水を用いた研究を始めたばかりのころ，潜水に十分慣れたと慢心し，また調査場所が浅い水域であったこともあって，エア残量がほぼ 0 になるまで観察を続ける悪い癖がついてしまった。ある時，いつものようにエア切れになってから浮上し始めたところ，中層に張ってあった漁業用ロープが背部のレギュレーターとハーネスに絡まり，浮上できなくなった。苦しかったが平常心は保てていたので何とかハーネスを脱いで浮上することができた。しかしもしパニックになっていたら，単にハーネスを脱ぐだけで拘束から脱出できることに気が付かなかったかもしれない。もっと深い場所であったら，ハーネスを脱ぐことはできたとしても，浮上の途中でブラックアウトを起こしていたであろう。

岩礁域での潜水観察中に，放置された磯釣りの頑丈な仕掛けに身体が絡まってしまった。携帯していたナイフになんとか手が届いたので仕掛けを切って脱出できた。ナイフを持っていなかったら，脱出できなかった。

狭い水路の砂泥地で底生ハゼ類の潜水観察を行っているうち，つい夢中になって航路に出ていた。突然急速に近づいてくる漁船のスクリュー音に自分が航路内に居ることに気付いたが，水中では音の来る方角が分からず，また潮が引いて水深がごく浅くなっていたため，もはや逃げられなかった。そこで少しでも助かる確率を上げようと海底にへばり付いて顔を底質に埋めた次の瞬間，身体のすぐ上を漁船のスクリューが通過していった。そのとき後頭部の至近を通り過ぎていくスクリューの感覚はいまだに忘れられない。

船着き場の岸壁についている稚魚の観察に夢中になっているうち，接岸してきたクルーザーと岸壁に挟まれて潰されそうになった。

こういったトラブルの多くは，自分の潜水技術に対する過信や慣れによる気の緩みに起因している。どんなに経験を積んでいても，しょせん水中は本来の生活圏ではないことを常に意識し，基本的な安全対策を忠実に守ったうえで潜水観察を行う必要がある。

4. 終わりに

潜水観察によって稚魚の生態に関するデータを収集するには非常な努力量が必要である。また，例えば稚魚を見つける能力をどの程度早く身につけられるかといったことなどは，個人のセンスによるところも大きいかもしれない。さらに，潜水観察には様々な危険が伴う。それでもなお，稚魚の生態を自分の目で見てデータ化できる潜水観察は，魚好きにはたまらない魅力を持った研究手法である。これから稚魚の生態研究を行おうという人たちに，ぜひこの手法の導入を検討していただければと思う。

第4章

稚魚から見える世界

4.1 ウナギ目：レプトケパルスとは何か

4.1.1 レプトケパルスという名称の由来

望岡典隆

外洋域で大型の中層プランクトントロールネットを曳くと，仔稚魚，クラゲ類，イカ類，ミジンコ類，オキアミ類，エビ類，遊泳性の貝類などさまざまな形態と色彩の生物が採集される。魚類では深海魚のハダカイワシの仲間，沿岸性のベラやニザダイの仲間，表層性のカツオやマグロの仲間，底生性のカレイやヒラメの仲間など多種多様であるが，その中で通常のシャーレに収まらないほど大きく，一度見たら忘れられないのがレプトケパルスである。カライワシ目 Elopiformes，ソトイワシ目 Albuliformes，ソコギス目 Notacanthiformes，ウナギ目 Anguilliformes はレプトケパルス幼期をもつ。

レプトケパルスは初めて報告された時には，その特異な姿から，ウナギやアナゴ類の幼生であることに気づかれることなく，独立した魚類の１グループと誤解され，Gronovius (1763) によって新属 *Leptocephalus* が提唱された。lepto はギリシャ語由来の「小さな，薄い」の意，cephalus は同じくギリシャ語由来の「頭」の意である。その後，プランクトンネットでしばしば採集されるこの奇妙な形の魚はすべて *Leptocephalus* 属として記載され，約 140 種が新種として報告された。しかし，Gill (1864) は *Leptocephalus morrisii* として記載された魚類はアナゴ類の幼生ではないかとする論文を発表し，Delage (1886) は水槽内でこれらの幼生がアナゴ類の稚魚に変態する様子を観察し，Gill の説が正しいことを証明した。ウナギ類については，イタリアの動物学者 Grassi と Calandruccio (1897) が，メッシナ海峡で採集した *Leptocephalus brevirostris* を水槽飼育したところ，やがて変態を開始し，体高が低くなって筒状になり，ヨーロッパウナギ (*Anguilla anguilla*) のシラスへと変態したことを明らかにした。この発見は四半世紀後，Schmidt (1922) による大西洋のウナギ産卵場発見という歴史的偉業を導くことになるのである。

以上のように，*Leptocephalus* 属として記載されてきた魚類はウナギやアナゴの仲間の仔魚であることが解明されたが，leptocephalus はその後もこれらの仔魚期の名称として使われている。名前の由来に基づき，古典ラテン語発音に基づいた日本語表記としては「レプトケパルス」，英語読みでは「レプトセファルス」や「レプトセファラス」と表記される。ここでは原典に対するリスペクトを込めて「レプトケパルス」と表記する。

1. 特異な形態がもつ適応的意義

レプトケパルスは現生の魚類のなかで，もっとも怪奇な幼期と言われ，多くの魚類学者や海洋生物学者の関心の的となってきた。ここではそのなかでも，代表的な2つの特異な形態，すなわち，名前の由来となった「小さな頭」および前方を向く「大きな歯」を取りあげ，これらの形態がもつ機能について考察する。

1）小さな頭

レプトケパルスの特異な形態，すなわちゼラチン様物質（ムコ多糖類）からなる大きな体は浮泛適応（内田 1937a, b）と考えられてきたが，神田（1992）は麻酔下で鰓蓋運動を止めた状態でも平常時の約80％にあたる酸素を消費していることを明らかにし，呼吸に対する適応でもあることを示した。体表面でガス交換をすることによって，鰓を含む頭部は小さくてすみ，鰓蓋運動に多大なエネルギーを費やさずにすむ。生きた組織は体表面に薄く分布しているので体の中心部に酸素を送る必要がない。一方で皮膚呼吸のため体表面積が必要となり，大きな体をもつことになったと考えられるのである。もともと，浮泛適応は浮遊した状態を維持するためのエネルギーを節約するためのものである。レプトの特異な形態の一つ，「小さな頭＝大きな体」がもつ最も重要な役割は消費エネルギーの節約と考えられる。

2）大きな歯

透明度の高い外洋域での仔稚魚調査は，稚魚の網口逃避を避けて，主に夜間に実施され，昼間は観測場所間の移動にあてることが多く，これまで研究者は夜間に採集したレプトケパルスの消化管を観察していた。夜のレプトケパルスの消化管中にはドロドロした内容物はみられるものの，形あるものは発見されないことから，レプトケパルスは経口的に餌を食べず，前方に向く大型歯（図1）で他の生物の体液を吸っている，あるいは体表から直接栄養を取り込んでいる等の推測がなされていた。「前方を向く大きな歯」の機能については，昼に採れたレプトの消化管を位相差顕微鏡で観察することによって，解決の糸口が開けた。

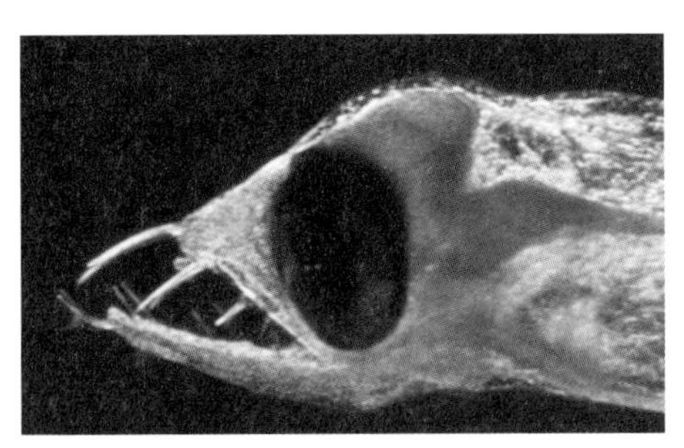

図1　ニホンウナギ（*Anguilla japonica*）のレプトケパルスの頭部

延岡湾のシラスバッチ網で混獲されたハモのレプトケパルスを水槽飼育し，イカのペーストを与えたところ，活発な摂餌行動がみられ，飲み込むことが困難な大きさのペーストを頬張った際には何回かモグモグと噛む動作をした後に勢いよく吐き出す行動を示した（Mochioka et al 1993）。これは，レプトケパルスが経口的に餌を食べることを明らかにした瞬間であった。そして，勢いよく吐き出せるのは，歯が前方にむいているからだと思いながら観察した。

延岡湾ではシラスバッチ網の運搬船に乗せてもらい，イワシ類のシラスに混じって採れたアナゴ科，ウツボ科，ハモ科，ウミヘビ科などのレプトケパルスを氷冷して，宮崎大学の水産実験所に運び，鮮度が良い状態の消化管内を観察した。実体顕微鏡の透過照明装置のミラーを動かしながら観察すると，腸管内から透明な袋状のものや粒状物が見いだされた（図２）。スライドグラス上で腸管を解剖し，トルイジンブルーで染色して観察すると，透明な袋状のものは異調染色され（図３），酸性の粘液多糖類を含むこと，すなわち生物由来であることが判った。しかし，刺胞細胞などは観察されず，クラゲ類では無いことが判った。これを位相差顕微鏡で観察するとメッシュ構造を持つことが判った（図４）。これはいったい何であるのか，どこかでみたことがあると思いながら，悩む日々が続いた。ある日，ふと，学部３年時の多部田修先生の輪読会テキストの N. B. Marshall(1954) の“Aspects of Deep Sea Biology”を思い出した。輪読会は序盤の章で時間切れとなり，あとはそれぞれ読んでおきなさいと言われた中盤の章に類似するメッシュ構造が描かれたオタマボヤ類のハウス（包巣）のスケッチがあった。それからはオタマボヤ類のハウスに関する文献を収集し，読む日々が続いた。延岡湾のレプトケパルス腸管内の袋状の物体は，オタマボヤのハウスの特徴を備え，さら

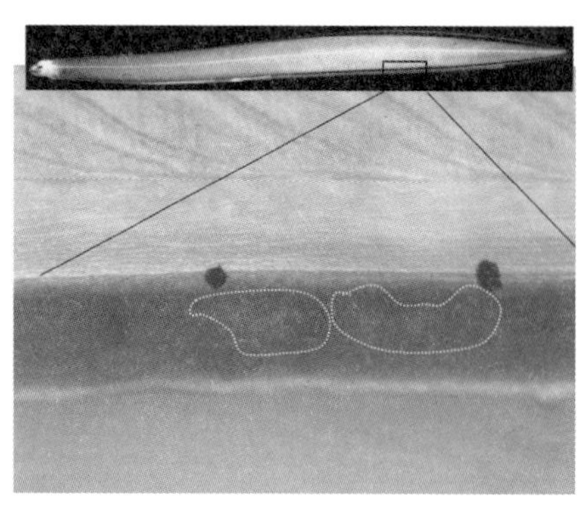

図２　マアナゴ（*Conger myriaster*）のレプトケパルスの腸管
白点で囲った部分はオタマボヤ類のハウス。

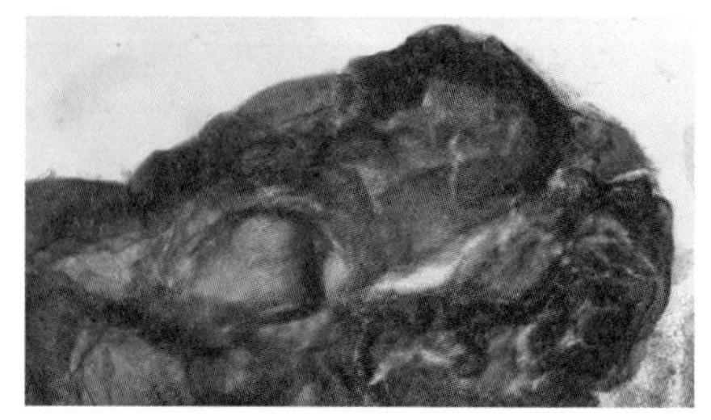

図３　レプトケパルスの消化管から取り出した袋状のもの（Mochioka & Iwamizu 1996）
トルイジンブルー染色。

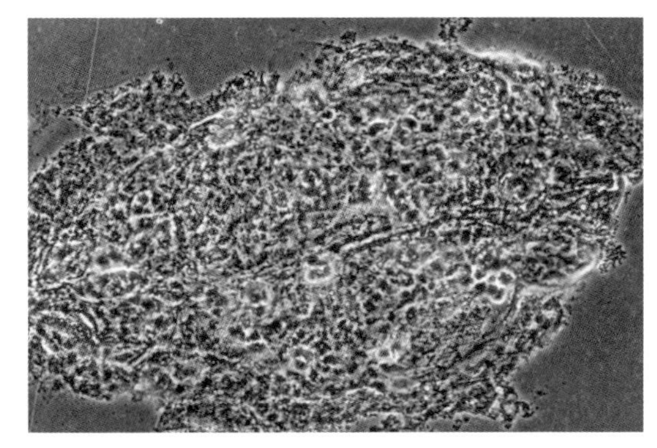

図4 レプトケパルスの消化管から取り出した袋状のもの
位相差顕微鏡像。

に入水口にフィルターをもたないものはオナガオタマボヤ（*Oikopleura longicauda*）のハウスであることが判った。本種はバッチ網漁場で曳網したプランクトンネットサンプルのなかで，*Paracalanus parvus* に次ぐ優占種であった。オタマボヤ類はフィルターが目詰まりすると，1日に数回，多いものでは十数回脱ぎ捨てて，作り替えることが知られている。放棄されたハウス内には有機物が多量にふくまれ，ハウスはレプトケパルスのまわりに豊富に存在する餌と考えられた。また，ハウス内にはオタマボヤの糞粒が含まれており，レプトの消化管からハウスに隣接して観察された粒状物は主にオタマボヤ類の糞粒であることもつきとめられた（Mochioka & Iwamizu 1996）。

この発見によって前方に向く大きな歯は明らかに摂餌に関与し，オタマボヤ類のハウスのようなゼラチン様のものを把握するために使っていることがわかった。消化管からみいだされたハウスの大きさは尾虫類がつくるもののなかでは最小サイズであり，レプトケパルスは飲み込めないようなハウスを摂食したときは，前方に向く鋭い歯で把握しながら，ハウス内に含まれる豊富な溶存有機物などを飲み込み，その後，ハウスを吐き出している可能性も否定できないと思われた。容易に吐き出すには歯は前方に向いていた方が好都合なのである。これまで数え切れない程のレプトケパルスの消化管内を観察したが，オタマボヤの虫体は見いだされなかった。レプトケパルスは虫体が入っているハウスをさけているのか，あるいはオタマボヤはレプトケパルスにアタックされたときに，ハウスを放棄して逃げ出すのか，いつか水槽実験で観察してみたいと思っている。

レプトケパルスの特異な形態，すなわち，小さな頭（＝大きな体）と前方に向く大きな歯の役割がわかってきた。鰓は未発達だから頭は小さくてよい。平たくて大きな体は沈みにくくするためと体表からの酸素摂取を有利にするためで，皮膚呼吸は鰓でのガス交換より低コストである。そして，体中心部のゼラチン様物質（ムコ多糖類）は体の比重を軽くしている。さらに，かれらの大きな歯で，低栄養であるが豊富に存在し，追いかけるコスト不要の餌を食べていたのである。上述のように，レプトケパルスは他の仔稚魚がほとんど利用していないオタマボヤ類のハウスを選択的に利用し，浮遊，呼吸に加え，摂食に関しても省エネルギーに特化した仔魚であり，これらの戦略を駆使し，他の仔魚に比べて桁違いに長い浮遊生活を可能にしたと考えることができる。

4.1.2 レプトケパルスの変態過程

田和篤史

1. レプトケパルスの変態

ウナギ目魚類の最大の特徴の一つとして，仔魚期にレプトケパルス期を経ることが挙げられる。レプトケパルスの外部形態の特徴を簡潔にあげるとすると，体に対して明瞭に小さな頭，真に透明で柳の葉のような体形，前方に向かう大きな幼歯，他の仔魚に比べて大型化すること（10 cm を超えることも珍しくない）といったところである。そして何といってもこの特徴的な姿が所謂ウナギ型の姿になるまでのダイナミックな変態過程は，もはや芸術的であり，これまで多くの仔稚魚学者の興味を引いてきた。そこで本項ではこのレプトケパルスの変態について説明したいと思う。

魚類における広義の意味での変態という現象は，未熟な状態で生まれてきた仔魚が成長に伴って，ある時期に姿を変え成体の形に近づくことである。狭義の意味では短期間の内に著しく姿を変えるものに対して変態という言葉を使う。ウナギ目レプトケパルスは，後者の中でも特に劇的かつダイナミックな形態変化をみせることから，魚類の変態の典型的な例としてしばしば紹介される。ではレプトケパルスが姿を変える理由は何なのか。それは生活環境への適応ということが最もしっくりくる説明である。一般的にウナギ目魚類の大多数は岩場や砂泥底，藻場，河川など，様々な環境で底生生活を送る一方，そのレプトケパルスは沖合域で浮遊生活を送る。透明で著しく側扁した体形のレプトケパルスは浮遊生活に適しており，変態後の細長い体形は様々な環境の底生生活に適している。このような生活環境の変化に合わせて変態が起こると考えられている。

2. 変態に伴う形態変化

レプトケパルスの変態期にみられる特徴的な形態変化は，体長の著しい収縮や肛門·背鰭始部の前方への移動である。しかし，実際にはもっと様々な細かい変化が起こる。ここでは著者が学生時代に行ったウツボ科レプト

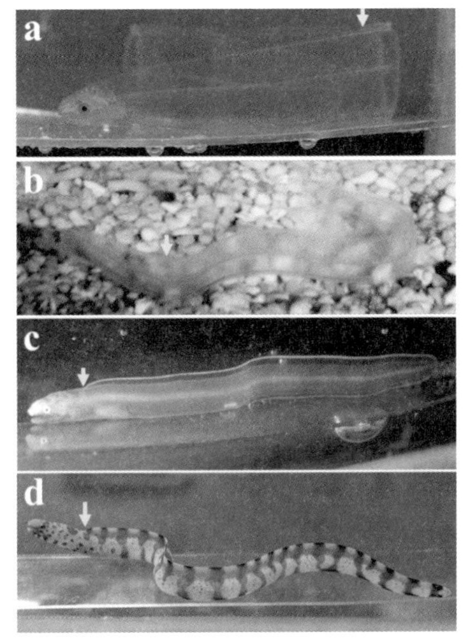

図1 アミウツボの変態過程の写真

矢印は背鰭始部の位置を示す。a：変態期初期（全長 77.0 mm，最大体高7.4 mm），b：変態期中期（65.0 mm，4.8 mm），c：変態期後期（59.4 mm，3.7 mm），d：稚魚期。

ケパルスの変態過程の研究（Tawa et al 2009，2012）を例に，その形態がどのように変化していくかを紹介する。

レプトケパルスの変態期初期の形態的変化として，体や頭の肥厚と幼歯の消失がみられる。この幼歯は変態が始まる最初の段階で消失するのだが，これが体に吸収されるのか，抜け落ちるのかは未だよくわかっていない。ウツボ科ではこの後，やや遅れて前鼻腔が管状になり，胸鰭も消失する。ウツボ科の成体では胸鰭がないことが特徴であるものの，そのレプトケパルスには小さいながらも胸鰭がある。さらに，鰓も発達し始め，血中にはヘモグロビンが生成されやや赤く色づき，胆嚢や肝臓といった内臓器官もうっすらと色づき始める。この段階ではまだ体の収縮は起こらないが，体高はやや低くなる。次の段階（変態期中期）では，頭や尾は極端に丸くなり，体はほぼ円筒状になる。背鰭始部と肛門の位置が前方へと移動し始め，頭部は大きくなり，体高も著しく低くなる。透明であった体は白濁し始め，血液は完全に赤く色づき，血管の位置や心臓などがはっきりと確認できるようになる。体は変態期初期と比較すると約 1 cm（約 16％）収縮する。最終段階である変態期後期では体が成魚とほぼ同様の形状になり，背鰭始部と肛門の位置も成体と同じ位置に達する。胆嚢は濃い緑色となり，肝臓は濃い肌色で大きくなる。心臓や鰓も大きくなり，すべての内臓器官がよく発達する。体長は変態期初期から約 1.5 cm（約 23％）も収縮し，体表面全体に成魚期と同じ模様が出現し始める。レプトケパルスにみられる黒色素胞は，形態変化に伴って深く埋没することはあっても消失することはなく確認できる。ここまでの形態的な変化は変態期初期から１週間ほどの短期間に起こるが，体長の収縮が終わった変態期後期以降は，体表面の模様が数週間程度の時間をかけて徐々に形成されていく。それと同時に，成体と同様の歯が生えてくることで，初めて摂餌し始める。そのため，変態を開始してから数週間は餌を食べずに体構造の作り替えに全力を尽くしていると考えられる。

3. 変態のタイミング

レプトケパルスの変態が上記のように短期間で劇的に起こるといっても，最短でも１週間程度はかかる。この期間は体色や体形の変化により浮遊生活にも底生生活にも適応できていない状態となるため，外敵に対する抵抗力が乏しい危険な状態といえる。それでは，レプトケパルスはいつどこでこの危険な変態期を乗り越えているのか。これには生活史の違いにより少なくとも２つのパターンが認められる。一つは外洋表層域で変態を完了してから着底するというもので，ウナギ科がよく当てはまる。もう一つは着底してから変態を完了するというパターンであり，ウツボ科やウミヘビ科などが当てはまる。ウナギ科のニホンウナギは陸域から遠く離れたマリアナ海域に産卵場があり，そこで生まれたレプトケパルスは北赤道海流と黒潮を乗り継いで日本近海までやってくる（Shinoda et al 2011）。そして台湾や沖縄の沖合域で浮遊生活中に変態し（Fukuda et al 2018），日本の河川に入ってくるころには，変態が完了した後のシラスウナギとなって河川を遡上する。一方，沿岸域に生息するウツボ科のアミウツボやタケウツボでは，そのレプトケパルスは変態が始まる直前に沿岸域に接岸しており，変態が始まると着底して底生生活を送り始める（Tawa et al 2009，2012）。興味深いことに，外洋で変態するニホンウナギでは，変態後も体は透明な状態をキープし続けるのに対して，ウツボ科では変態期中にすでに体が白濁し始める。この違いはおそらく，変態するタイミングの環境に適応した結果であると考えられ，この微妙な変態過程の違いが生死を分けているのかもしれない。

ウナギ目には 19 科 930 種以上の種（Nelson 2016）が含まれており，形態・生態学的にも多様性に富んだグループであるため，変態過程にももっと様々なパターンがあると考えられる。しかし，詳細な変態過程の研究はウナギ科やアナゴ科の一部の種に偏っており，多くの種でわかっていないのが現状である。レプトケパルスのダイナミックな変態は，美しく芸術的であるだけでなく，ウナギ目の初期生残にも影響する生態学的にも重要な現象と考えられるため，今後のさらなる研究の進展に期待したい。

4.1.3 外洋域におけるレプトケパルスの分布様式

高橋正知

外洋域に出現するレプトケパルスの分類とその分布特性の把握は，産卵場も明らかになっていない多くのカライワシ上目魚類の生活史を解明するために極めて重要な情報となる。またレプトケパルスは長距離分散戦略として，長期の浮遊生活を経るため，海洋環境の影響を強く受けるものと考えられ，その分布様式が各種の生態特性の一端を捉えている可能性もある。本稿では外洋域における分布様式の一例として，本邦東方沖に広がる黒潮前線と親潮前線に挟まれた黒潮親潮移行域（以下移行域）を中心に得られたレプトケパルスの分類と分布特性，および環境との関係について紹介する。

1. 調査海域と採集方法

レプトケパルスは1998～2002年の各年5～6月に本邦東方沖（図1）で実施された浮魚資源調査の際に得られた個体を用いた。調査では表中層トロールネット（ニチモウ製Model JP-1，開口面積約700 m²，全長89 m）を用い，各調査点の表層から30 m層を船速3.5ノットで30分間水平に曳網した。また，各調査点では表層から水深約500 mにおけるCTDによる鉛直水温と塩分の観測を行った。亜熱帯水域，黒潮系暖水域，親潮系冷水域，亜寒帯水域の区分は100 m深の水温構造の定義に従った（Hata 1969，川合 1972，Kawamura et al 1986，小達 1994，Susana & Sugimoto 1998）。

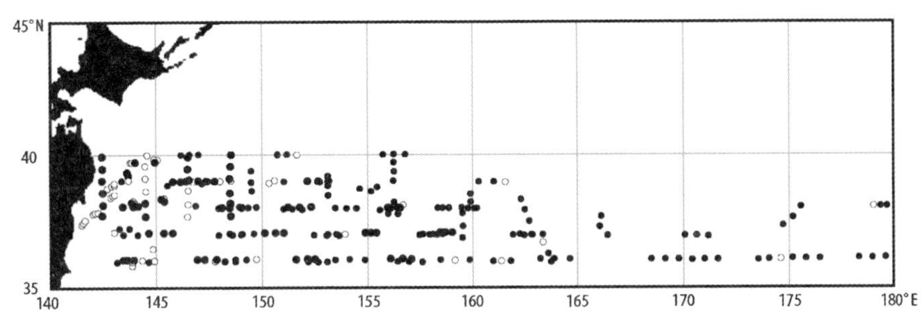

図1　本邦東方沖の調査点

●：レプトケパルスが得られた調査点，○：レプトケパルスが得られなかった調査点。

2. 調査点の座標付けとクラスタリング

調査で得られたレプトケパルスは計40種［タイプを含む；分類は高橋(2007)，望岡(2014)，Kurogi et al (2015)に基づく］3,336個体で，ギンアナゴ，ギス，ニセギンアナゴ，シロアナゴ，オキアナゴ，オオシロアナゴなどが優占種であった。レプトケパルスが得られた全197調査点の座標付けとファジイクラスター解析による群集解析（品川 1984，品川・多部田 1998，Takahashi et al 2008）を行ったところ，A～D区の4区に識別された（図2①～③）。A区は出現個体数，多様度指数ともに高く，その大部分が黒潮系暖水域から亜熱帯水域にかけて分布する調査点で構成された。また環境変数（表層～30 m水温と塩分の平均）と群集変数（各グループの個体数）の間で正準相関分析を行なったところ，原点付近から正の方向に広く位置したことから（図2④），A区は高水温・高塩分である黒潮の影響が大きい亜熱帯水域から黒潮系暖水域にかけての水塊と区分することができる。C区もほとんどの調査点が亜熱帯水域から黒潮系暖水域にかけて分布する調査点で構成された。また正準相関分析ではA区に比べてより正の方向に位置したことから（図2④），A区より

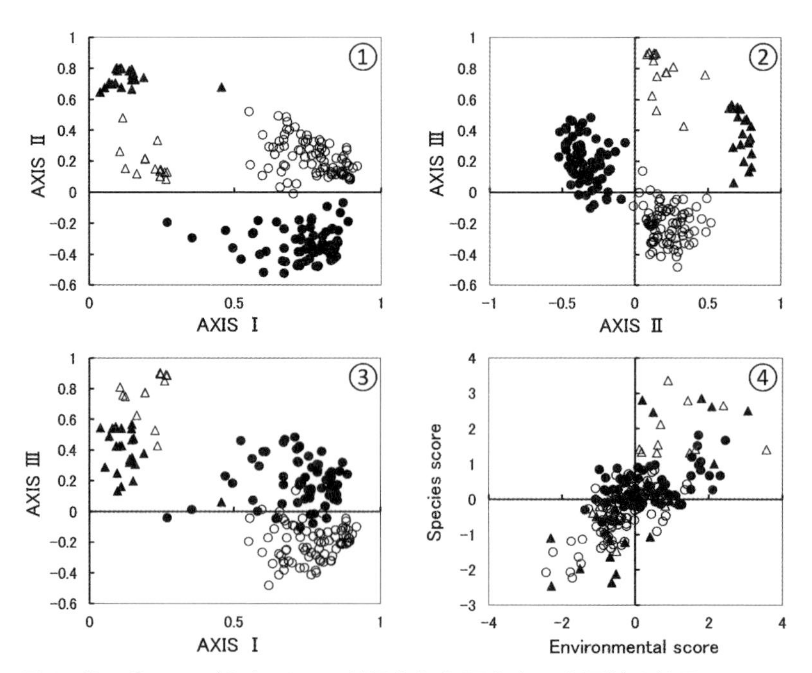

図2　①～③：レプトケパルスが得られた調査点の座標付け結果
④：環境要因（水温，塩分）に関する正準相関分析の結果

●：A区，▲：B区，△：C区，○：D区。

も高水温・高塩分の水塊の影響を受けているものと考えられる。D 区は黒潮系暖水域から親潮系冷水域に分布する調査点で構成された。表層〜30 m の平均水温は A・C 区に比べて有意に低かった。また正準相関分析の結果から低水温・低塩分の影響を強く受けることが示唆された (図 2 ④)。B 区は亜寒帯水域から亜熱帯水域まで幅広く分布する調査点で構成され，正準相関分析においても座標全体に分布していた (図 2 ④)。このことから B 区は水温と塩分では識別が困難な調査点群と考えられる。

3. 出現種の座標付けとクラスタリングおよびその分布様式

2 調査点以上で出現するレプトケパルス 18 種 (タイプ) を，調査点の場合と同様のクラスタリングを行ったところ SP−1 〜 4 の 4 グループに識別された。各種群に含まれた種を所属率の高い順に並べたものを表 1 に示す。SP−1 は個体数の多かったギンアナゴ 1 種のみで構成されるグループである。SP−2 はギス，クズアナゴ属の 1 種，オオシロアナゴ，シロアナゴ，オキアナゴ，不明種−3，ギンアナゴ属の 1 種の 7 種で構成され，構成種数の最も多い種群である。SP−3 はシギウナギ，ゴテンアナゴ属の 1 種−5，クロアナゴ，ホソイトアナゴ，ゴテンアナゴ属の 1 種−3 の 5 種で構成された。SP−4 はゴテンアナゴ属の 1 種−4，クロアナゴ亜科の 1 種−V，マアナゴ，ゴテンアナゴ属の 1 種−6，クロアナゴ亜科の 1 種−2 の 5 種から構成され，その出現は散発的であった。

表 1　識別された種群と構成種

SP-1	所属率
ギンアナゴ	0.990

SP-2	所属率
ギス	0.921
クズアナゴ属の 1 種	0.893
オオシロアナゴ	0.866
シロアナゴ	0.793
オキアナゴ	0.774
不明種 -3	0.685
ギンアナゴ属の 1 種	0.625

SP-3	所属率
シギウナギ	0.897
ゴテンアナゴ属の 1 種 -5	0.890
クロアナゴ	0.727
ホソイトアナゴ	0.596
ゴテンアナゴ属の 1 種 -3	0.585

SP-4	所属率
ゴテンアナゴ属の 1 種 -4	0.977
クロアナゴ亜科の 1 種 -V	0.972
マアナゴ	0.891
ゴテンアナゴ属の 1 種 -6	0.851
クロアナゴ亜科の 1 種 -2	0.658

4. 各調査点群および種群と海洋環境との対応

A区に出現が多く見られたのはSP−1とSP−4であり，その中でも出現傾向が顕著であったギンアナゴ，マアナゴ，クロアナゴ亜科の1種−2のレプトケパルスはいずれも黒潮流域から報告されており（Miya & Hirosawa 1994, Miller 2002, 望岡 2014），本調査点群は主に黒潮によって輸送されてきた種の出現により識別されたものと考えられる。C区の出現種を検討すると，SP−1のギンアナゴとSP−3のクロアナゴやホソイトアナゴの出現傾向が大きく，特にSP−3は黒潮流域や太平洋熱帯域，フィリピン，台湾などから報告されているレプトケパルスを含むことから（Smith & Castle 1982, Uematsu et al 1990, Miya & Hirosawa 1994, 望岡ら 2001, Miller 2002, 望岡 2014），SP−1よりも高水温域に出現することが推察される。このことからC区はA区よりも南方の環境を維持した水塊が移行域に輸送された調査点群と考えられる。D区の出現種はSP−2のギス，シロアナゴ，オキアナゴの出現する傾向が大きかった。これらのレプトケパルスの内，ギスとオキアナゴは本州東部黒潮続流以北の海域から報告されている（松原 1942, 多部田・望岡 1988, Shimokawa et al 1995, Tsukamoto 2002, Kurogi et al 2015）。またゴテンアナゴ属以外のレプトケパルスについては南方からの報告はない。以上のことからD区は外洋に多く分布するため黒潮の影響が弱く，また親潮からの冷水の影響を強く受ける水域で，出現する種も冷水傾向の強い北太平洋に分布する種を中心に構成されると考えられる。B区に出現する種群はSP−2と3であるが，明瞭な出現傾向を示す種は認められなかった。このことから本調査点群は明確な環境区分や出現傾向を示す種が認められない調査点の集合であると考えられる。

5. レプトケパルスの種判別と生活史解明の重要性

1998 〜 2002年の5・6月における移行域は，レプトケパルスの分布様式から4つの調査点群に区分することができた。その区分は亜熱帯水域，黒潮系暖水域，親潮系冷水域，亜寒帯水域と一致するわけではなく，むしろそれらをまたがって定義された。これらの調査点群の識別要因としては，正準相関分析の結果から表層〜 30 mの環境が影響を及ぼすことが示唆され，レプトケパルスの分布様式が生息水深の環境との関わりが大きいことが示された。レプトケパルスは短期間の内に再生産を行なわないことから，長期にわたって水塊を特徴付けるものと考えられる。さらにレプトケパルスは耳石の微細構造や微量元素分析の結果から，その来遊履歴を日レベルで追跡することが可能である。実際にウナギやマアナゴでは，耳石の日周性や変態に伴う微細構造の変化，耳石の微量元素が環境水の影響を受けて変化することが示され，その成長や回遊の履歴が明らかになっている（Mochioka et al 1988, Tsukamoto 1990, Lee & Byun 1996, Otake et al 1997, 望岡 2001, Kimura et al 2004, 2006, 黒木 2008）。以上のことからレプトケパルスは，動植物プランクトンよりも長期の漂流瓶的役割を担う可能性があると考えられる。レプトケパルス各種の詳細な再生産構造が明らかになれば，それらの起源となる水塊の特定も可能となるであろう。さらに，レプトケパルスは他の仔稚魚と比べ，著しく大型で，船上においても肉眼でのソーティングが可能であり，分類を専門としない人でも他魚種との識別は容易である。ただし，その前提として種レベルでの分類の整備が重要となる。近年ではDNAバーコーディングによる仔稚魚の種同定も一般的となり，魚類の分類や形態の記載および初期生活史解明への貢献度が高まっている（田和・望岡 2015）。レプトケパルスを種レベルで分類することで，各々の初期生態を把握することができ，さらに各種について海洋環境との対応を明らかにすることで，より正確な水塊構造や環境変動の把握を担う指標生物としての価値が高まるであろう。複数分野の発展による今後の仔稚魚研究の進展が期待される。

本原稿のもととなったデータ類は水産庁委託事業「我が国周辺水域資源調査推進事業」によって得られた。ここに記して感謝する。

4.2 イワシ類：資源変動

中村元彦

1. 浮魚類の資源変動

マイワシなど多獲性浮魚類では地球規模の気候変動に対応した生態系の構造的転換（レジームシフト）が生じ，優占する魚種が年代によって交替していく（Kawasaki 1992）。日本の魚種別漁獲量はカタクチイワシ，スルメイカ，サンマのグループ，サバ類，マイワシの順に交替しながら増減している（図 1）。これら浮魚類のうちカタクチイワシは漁獲対象だけではなく，多くの魚類の餌料生物としても重要である。そして，カタクチイワシのシラス（以後カタクチシラスと呼ぶ）は太平洋岸や瀬戸内海で重要な漁獲対象となっており，来遊量予測や資源管理のために卵採集数や漁獲量などのデータが豊富に蓄積されている。そこで，卵からシラスの過程における再生産や漁場への来遊について，主に渥美外海（西部遠州灘）および伊勢湾のデータを基に整理し，カタクチイワシ資源の変動について考えてみる。

2. カタクチシラスの漁獲

カタクチイワシの成魚・未成魚の漁獲量は 2003 年をピークに概ね 10 ～ 50 万トンの間で長期的に大きく変動している。それに対して，カタクチシラス漁獲量（推定値）は，高周波魚探等の導入が進んだ 1970 年代に増加しているが，1980年以降は概ね5～8万トンの水準で長期的に安定している（図1）。

2020年のシラス類年間漁獲量が1,000トンを超えた都道府県は鹿児島から茨城にかけての太平洋岸と瀬戸内海の府県に限られる（図2）。漁獲の季節変化をみると，シラス類漁獲量（2010～2019年平均）は高知では10～4月に，愛知では4～12月に，茨城では5～9月に多い。また，マイワシシラスの混獲率（2015～2019年平均）は高知では12～4月に，愛知では12月と3～5月に，茨城では3～5月に高い（図3）。漁場や種組成の季節変化は水温の季節変化や種毎の産卵期の違いをよく反映

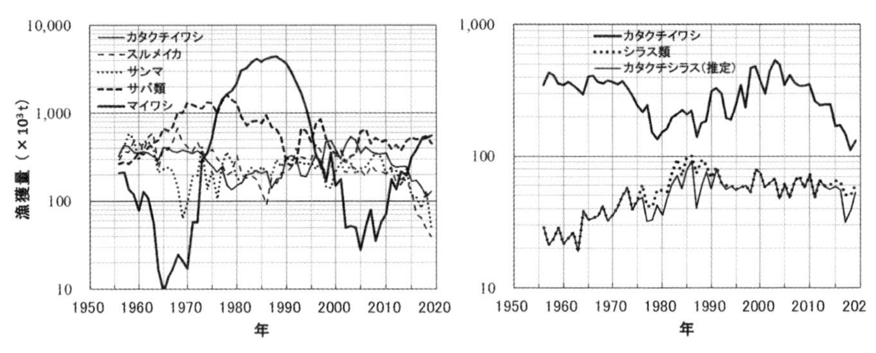

図1　浮魚類とシラス類漁獲量の変動（漁業養殖業生産統計年報より）
カタクチシラス漁獲量は愛知のカタクチシラスの割合を全国シラス類漁獲量に乗じて推定。

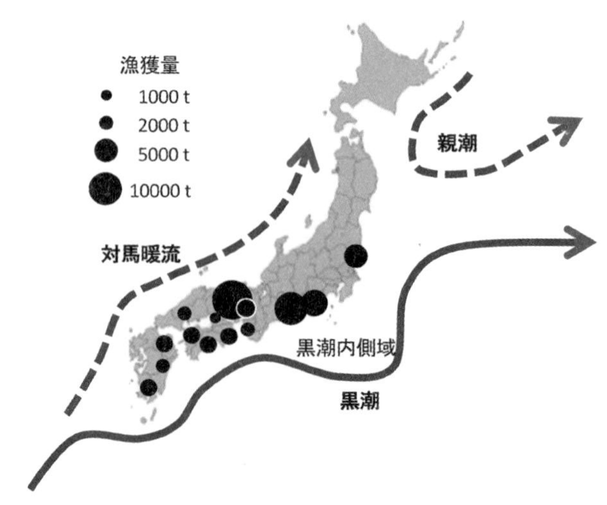

図2　2020年のシラス類漁獲量が1,000トンを上回った都道府県

している。

1991 ～ 1996 年におけるカタクチイワシの産卵状況の詳細な報告（銭谷ら 1995，久保田ら 1999）によると，11 ～ 1 月の産卵場は小規模で，産卵水準は低い。2 月になると産卵は黒潮の影響の強い九州南方から四国沖の沿岸，本州南方沖の黒潮流軸付近で始まり，4 月にかけて産卵場は黒潮内側域と常磐沖の黒潮流軸付近，東シナ海から対馬・朝鮮海峡に拡大する。5 月になると産卵場は九州南方から四国沖や東シナ海では縮小するが，常磐沖や山陰から北陸沖に拡大し，6 月頃本州南方沖を中心として産卵水準は最も高くなる。また，黒潮に近い海域では産卵水準は低下するが，伊勢湾や瀬戸内海などの内湾域でも 7 月を中心に産卵が活発に行われる。8 月以降は産卵のピークを過ぎ，産卵場は 10 月にかけて内湾や沿岸の狭い範囲に縮小していく（図 4）。このように，産卵場は水温

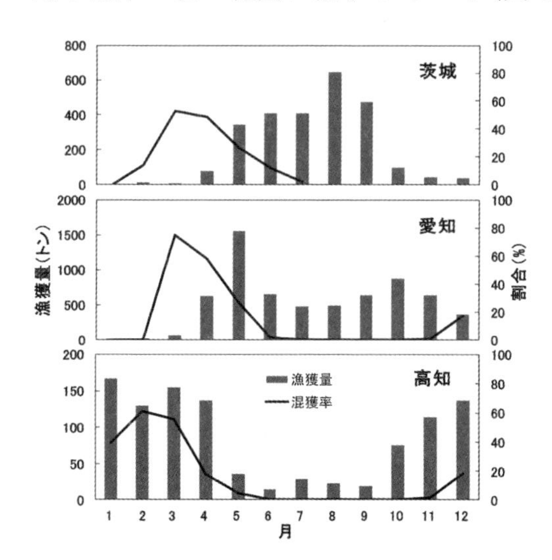

図３　茨城，愛知，高知のシラス類漁獲量とマイワシシラス混獲率の季節変化

データは茨城，愛知，高知水試による。

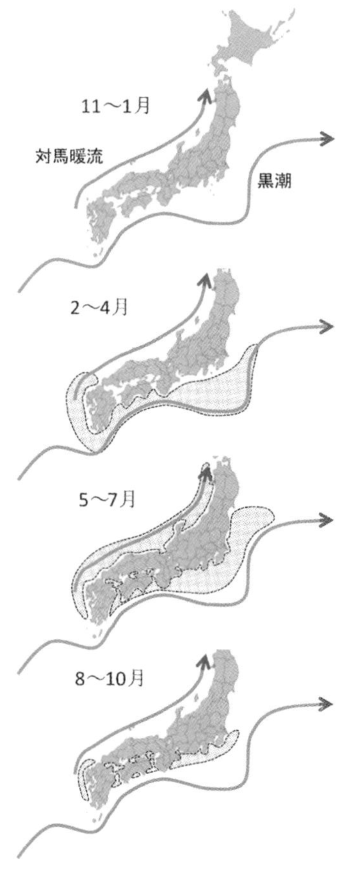

図４　カタクチイワシ産卵場の季節変化

の上昇と共に北上し，かつ沖から岸よりに移動して，水温の低下と共に縮小する。

3. 渥美外海及び伊勢湾におけるカタクチシラスの来遊

愛知県の漁場は主に渥美外海の水深約30 mより浅い海域と伊勢湾南部に形成される（図5）。カタクチシラスの来遊は4月から始まり（図3），渥美外海沖A－19表層水温で18℃が目安となる。卵採集数は，渥美外海では4月に，伊勢湾では6～7月に多い。渥美外海沖では，表層のクロロフィル*a*濃度は3～4月に高く，4月を中心とした産卵は黒潮内側域の春のブルームに対応している。夏にかけて表層水温は上昇し，100 m層水温との差が大きくなって成層構造が強まると，上層の栄養塩は下層からの供給が少なくなって枯渇し，クロロフィル*a*濃度は低下する。この生産性の低下により，渥美外海の産卵水準も低くなっていく。一方，伊勢湾南部N－9では，表層のクロロフィル*a*濃度は，6～7月と9月の降水量のピークに対応して7月と10月に高く，伊勢湾の産卵水準も前者のピークに対応している（図6）。このように，カタクチイワシの再生産の場は海域ごとの海洋環境の変化に伴う生産性の変化に対応している。

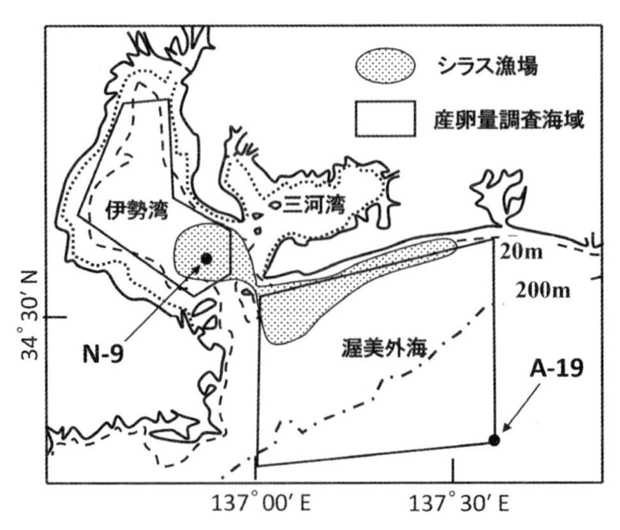

図5 シラス漁場と調査海域

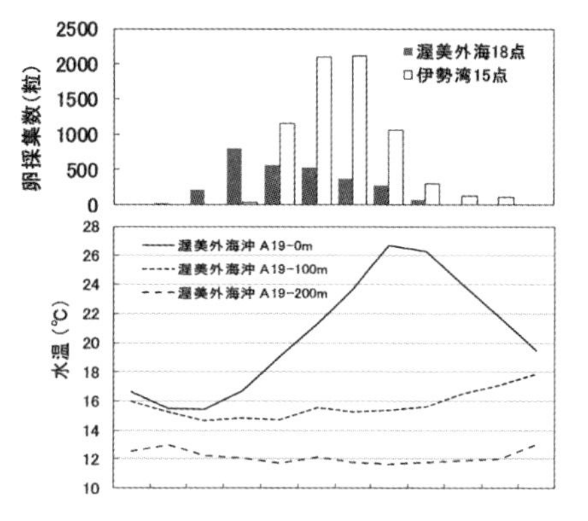

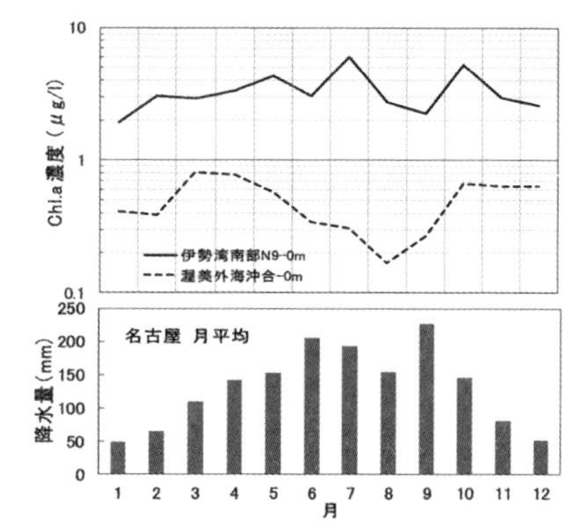

図6　卵採集数，水温，クロロフィル*a*濃度，降水量（それぞれ月平均値）の季節変化
伊勢湾の卵採集数は三重水研，気象は気象庁，その他は愛知水試による。

4. カタクチシラスの産卵場から漁場への供給

渥美外海や伊勢湾の産卵場から漁場へのカタクチシラス供給量は回帰モデルにより推定できる（中村・藤田 2005）。t 年のカタクチシラス漁獲量 R_t は卵－シラスの関係に Ricker 型の関係式を当てはめると，渥美外海の卵採集数 E_{1t}，伊勢湾の卵採集数 E_{2t} とパラメータ a_1，b_1 および a_2，b_2 により，

$$\log_{10} R_t = \log_{10}\{a_1 E_{1t} \exp(-b_1 E_{1t}) + a_2 E_{2t} \exp(-b_2 E_{2t}) + c\} + \log_{10} k_t \cdots (1)$$

と表される。中括弧内の第1項は渥美外海の卵採集数で代表される海域から，第2項は伊勢湾の卵採集数で代表される海域から，cはそれら以外の海域からの供給量で，k_tは再生産や来遊に影響する環境要因等で変動する変数である。$\log_{10} k_t$を回帰推定値からの誤差とみなして，卵採集数とシラス漁獲量のデータに（1）式の回帰モデルを当てはめてパラメータと残差$\log_{10} k_t$を求めると，各海域からの年毎の供給量を推定できる。

1966 ～ 2020 年における 5 ～ 7 月の卵採集数に対する 7 月のカタクチシラス漁獲量に回帰モデルを当てはめた結果を図 7 に示した。漁獲量は渥美外海の卵採集数に対してばらつきが大きく，渥美外海の産卵量は漁獲量への寄与が小さい。一方，伊勢湾の卵採集数に対して漁獲量はある程度曲線関係があり，伊勢湾の産卵量の寄与は大きい。なお，Ricker 型関係式の採用には問題があり，検討を進めている。

中村・藤田（2005）の推定によると，各海域からのシラス供給量は，4 ～ 5 月では東海海域と遠方域からの供給量が 74 ～ 98% を占め，沖合からの供給量が大きい。一方，6 ～ 9 月では伊勢湾からの供給量が 33 ～ 52% と大きな割合を占める（図 8）。

求められた$\log_{10}k_t$は，再生産や来遊に影響する環境要因等で変動する変数と考えられ，カタクチシラスの供給源となる海域がわかれば，その海域の環境要因との関係を調べ，影響する要因を特定することができる。夏季のカタクチシラスは伊勢湾の産卵場が主な供給源なので，先の7月の$\log_{10}k_t$と伊勢湾南部表層のクロロフィルa濃度の5～7月平均値の変動を比較した（図9）。両者の変動は類似し（$r = 0.343$, $p < 0.05$），伊勢湾の生産性がシラスの再生産に影響している。また，主な供給源が東海海域や遠方域と推定される春季や秋季（図8）は，渥美外海の海況を代表する渥美外海沖200 m層水温，広範囲の海況に影響する黒潮の流路型や黒潮の流量などが再生産や来遊に影響すると考えられるので，これらと残差$\log_{10}k_t$との関係を調べた結果，明確な関係は見出せていないが，次のような傾向がみられた。流路型については，4月と5月では渥美外海の水温が低い直進型のN型で$\log_{10}k_t$が小さく，水温の高い

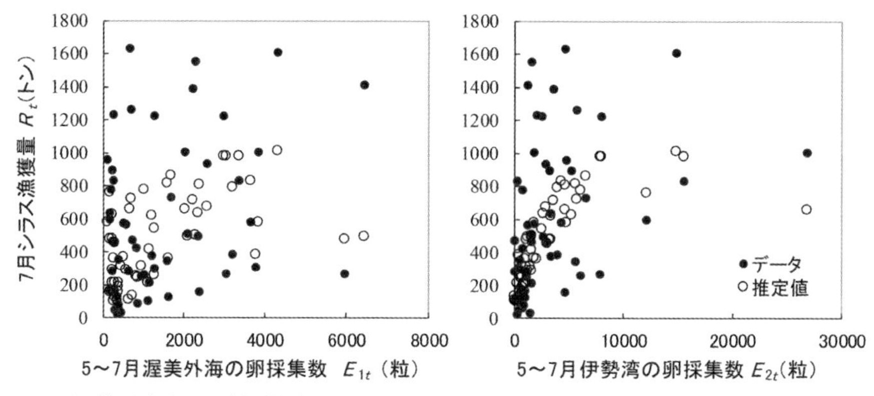

図7 渥美外海および伊勢湾の卵採集数とカタクチシラス漁獲量の関係

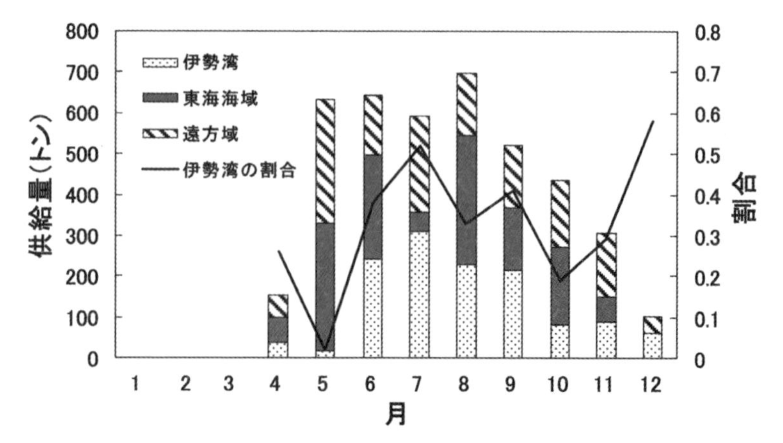

図8 各海域からのカタクチシラス供給量と伊勢湾の割合の季節変化

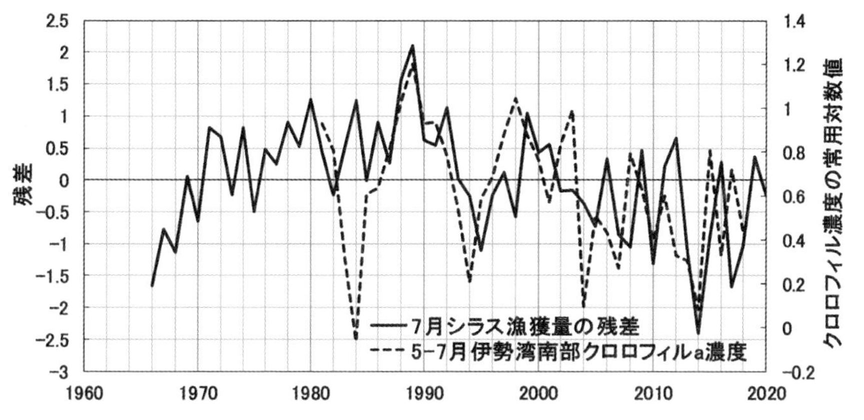

図9　7月シラス漁獲量の回帰式の残差 $\log_{10}k_t$ と5～7月伊勢湾南部表層のクロロフィル *a* 濃度の変動

大蛇行型のA型で大きい。また，6, 10, 11月ではN型で $\log_{10}k_t$ が大きく，A型で小さい（中村・内山 2006）。黒潮の流量を反映するトカラ海峡の水位差（流量が大きいと水位差も大きい）については，4～5月に水位差が小さいと5月の $\log_{10}k_t$ は大きく，5～6月及び9～10月に水位差が大きいとそれぞれ6～7月及び10～11月の $\log_{10}k_t$ は大きい（中村ら 2009）。黒潮の流量は黒潮流路の変動や日本南岸の海況に大きく影響することが知られており（川辺 2003），カタクチシラスの再生産や来遊に影響しているとみられる。概ね産卵・再生産が黒潮の影響の強い海域で行われる4～5月は黒潮系暖水の影響が強い海況で渥美外海への来遊条件がよく，産卵・再生産が黒潮内側域や内湾で行われる6～7月および10～11月は水温が低く，下層からの栄養塩の供給がよい海況で再生産が良好になると考えられる。

以上のように，カタクチシラスの漁場形成は，漁場に輸送される水塊，あるいは分布する水塊の生産性が高く，産卵・再生産が活発か否かによる。生産性の高い水塊・海域が，水温や海洋構造の季節変化で変わっていくことに注意を要する。4～5月にカタクチシラスが豊漁であると6～7月も獲れると期待するが，4～5月にカタクチシラスが豊漁となるのは黒潮からの暖水の影響が強い時で，6～7月は暖水の影響が強いと逆に不漁となることが多い。

5. 沿岸群と沖合群

さて，ここまでは卵からシラスまでの過程を考えてきたが，見ているのは主に沿岸の極狭い漁場へ来遊した資源である。Itoh et al (2009) が高解像度海洋大循環モデルを用いて産卵場からの粒子の輸送を計算した結果，粒子は60日後に東経145°以東の黒潮続流域および黒潮親潮移行域に大半が輸送される。実際に，本州東方の東経157°に至る海域でカツオの胃の中からカタクチシラスが出現している（堀田・小川1955）。漁場は沿岸の狭い海域に限られるが，太平洋側の分布は日本南岸の黒潮内側域や本州東方沖の広大な海域に広がっている。

船越（1990）は，資源が夏・秋生まれで地域性の強い沿岸群と春生まれで回遊性の沖合群で構成され，沿岸群は資源のベースで資源量の少ないときに主体となり，沖合群は環境が良くなると増加して主体となることを示した。カタクチシラスおよび成魚・未成魚の漁獲量（図10）は，神奈川以西の太平洋に面する県と瀬戸内海に面する県では1980年以降安定しているのに対し，千葉以北の太平洋に面する県では大きく変動している。成魚・未成魚の漁獲量は，神奈川以西と瀬戸内海が夏季を中

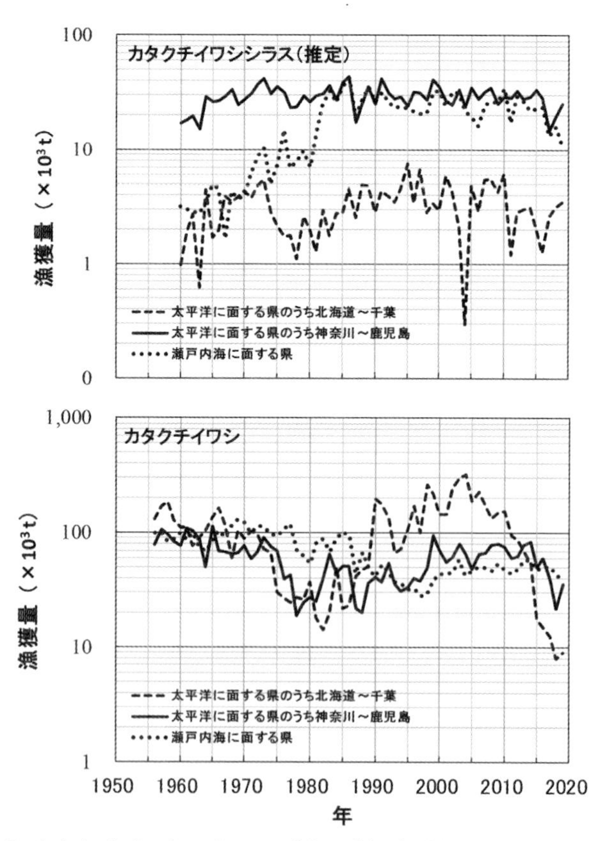

図10 カタクチイワシのシラス（上，愛知水試混獲率で推定）および成魚・未成魚（下）の漁獲量変動

心に索餌期の０～１歳魚を主に対象とし，千葉以北が冬季を中心に南下期の１歳以上を主に対象としており，これら漁獲量の変動は，沿岸群の安定と沖合群の大きな変動を示している。渥美外海と伊勢湾の卵採集数（図11）を比較すると，春の沖合群を主体とする渥美外海の採集数が長期的に大きく変動しているのに対し，夏の沿岸群を主体とする伊勢湾の採集数は比較的安定している。カタクチイワシの資源動態を考える上で，系群に分けて考えるのと同様に，沿岸群と沖合群のあることを意識することが重要であり，沿岸群の安定と沖合群の大きな変動の解明が課題といえる。

カタクチイワシの再生産に関わる親から加入までの過程では，気象の影響が指摘されており（Takasuka et al 2008），親から卵の過程ではマイワシの資源量がカタクチイワシの１尾あたりの産卵量に影響することが明らかとなっている（Takasuka et al 2019）。また，中東ら（2010）はマサバがカタクチイワシを高い出現率で捕食することを明らかにし，田中（2022）はサバ類によるカタクチイワシの捕食量が漁獲量と比較して無視できない大きさであると推定している。資源全体の変動を担う沖合群の動態に影響する要因として，気象や黒潮流量の変動のような広い空間スケールの現象に加えて種間関係も重要と考えられる。

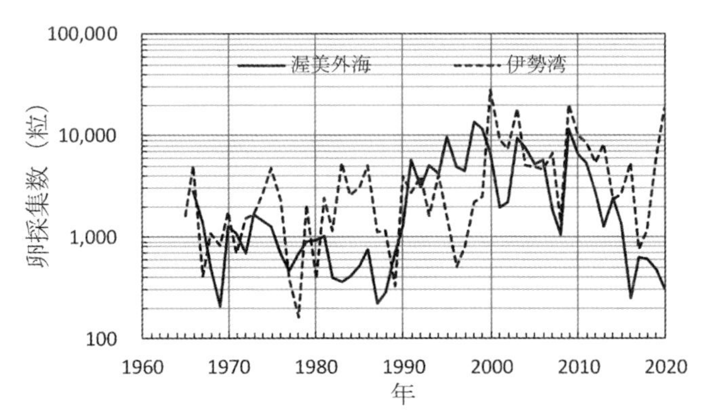

図11 カタクチイワシ卵採集数の変動

6. 資源の安定と密度効果

なぜ，神奈川以西で沿岸群とみられる資源は安定しているのか。内湾や沿岸域は河川の流入による栄養塩の供給がある。また，日本南岸の黒潮内側域は，黒潮の強い流れに地衡流平衡を保つため，栄養塩の豊富な下層水が上昇し，水温が低く生産性は高い。沿岸域の高い生産性が資源安定の一因と考えられる。表層で栄養塩の枯渇する夏季に，日本南岸の水道部・湾口部では底入り潮に伴う外洋下層の流入があり（藤原ら

1997a, b)，関東・東海海域の黒潮内側域では水温の第二極小と呼ばれる下層水の上昇のあることが知られている（中村 1977，宇野木・海野 1983）。本州南岸の陸棚斜面における下層からの栄養塩供給がどのように生産性へ影響しているのだろうか。

7月のカタクチシラスの漁獲量は伊勢湾の卵採集数が少なくても多い年はたくさんあり，逆に卵採集数が概ね 3,000 粒を超えて多いと漁獲量は減少する傾向がある（図 7）。これは密度効果と呼ばれ，親魚量が多いと再生産成功率（加入量 / 親魚量）は低くなり，親魚量が少ないと高くなる。この密度効果により，資源が少ないときには再生産成功率を高めて資源の減少を防ぎ，資源が多いときには再生産成功率を低くして増加を防ぐ，自己調節機構が働く（Nicholson 1933）。沿岸資源の安定に密度効果による自己調節機構がどうかかわっているか興味深い。

イカナゴ伊勢・三河湾系群では，再生産成功率は親魚尾数に対して傾きの大きい減少関数となっており，強い密度効果が存在する。親が少なくても十分な加入を期待でき，20 ～ 40 億尾の親魚から最も多い約 300 億尾の加入を得ることができる（中村ら 2017）。1 歳で産卵するので，加入尾数の約 90% を漁獲しても問題ない。このように，密度効果は加入量の安定に大きく寄与している。

このことは必ずしも「資源は残せばよいというものではない」ことを示している。私がイカナゴ資源管理の担当だった 1994 年は約 400 億尾の潤沢な加入があった。私は余裕を持って資源を残すことで翌年確実に十分な加入が得られると考え，多目に残して終漁することを提案した。その結果，早めに終漁し，20 億尾の目標を上回る 96 億尾の親魚が確保された。ところが翌年の 1995 年，漁期前に仔魚が多数採集されたことから豊漁が期待されたが，3 月になると親魚による仔魚の捕食がみられ，98 億尾しか加入を得ることができなかった。この親魚による捕食減耗については，山田ら（1998）の詳しい報告がある。私は多目に残すことを提案したことに大きな責任を感じており，「資源は残せばよいというものではない」，「密度効果は恐ろしい」と認識するに至った。

さらに，イカナゴの資源管理では，再生産関係や自然死亡係数が安定していないことを思い知らされた。イカナゴ漁は 2016 年から禁漁となっているが，夏眠期の春から秋にかけての生存率が 2014 年以降，それに伴い再生産成功率も 2015 年以降，ともに以前に比べて約 1 桁低下している（中村ら 2017）。このころ，漁獲が安定していたアサリも大きく減少してしまった。想像を超える現象が起こっており，まだまだわからないことが多い。

本稿は，水産資源調査・評価推進事業によって得られたデータを用いた。関係者に深く感謝する。

4.3 個体発生の構造：コイ科魚類

酒井治己

1. はじめに—個体発生の経糸と緯糸

動物が卵から多細胞化しつつ発育し，形態・生活様式を変えながら成体の状態を達成する過程を個体発生と呼び，その間の“態”の更新を変態という。昆虫類や両生類の変態はその典型で，世間ではイモムシがチョウに，オタマジャクシがカエルになることを狭義の“変態”といったりする。魚類も例外ではなく，仔魚から稚魚になる時に劇的に変態する。

個体発生とその進化の研究は発生学の領域である。しかるになぜ魚類に別途「稚魚学」や「稚魚分類学」があるのか。特に海産魚では今でいうコスプレとも見える特異な仔・稚魚（前稚魚など：Hubbs 1958，沖山 2001）も多く，すぐには成魚と結びつかない。そのためまずは分類に主眼が置かれたのだろう。分類は認識論的に類型化を伴う。prolarva や postlarva などの命名（Hubbs 1943）もおそらく最初は類型化による。発生学を経糸思考に例えれば，分類学はいわば緯糸思考といえる。もちろん両糸がなければ絨毯にはならないが，魚類では前者は後者より遅れざるを得ない。

いっぽう淡水魚では，飼育・観察しやすいこともあり早くから個体発生と生活の関係（生活史）が記録されてきた（たとえば内田 1939，Vasnetsov 1946，Kryzhanovsky 1948，中村 1969）。「生活史学」とでもいえばよいか。それは特にスラヴ圏の研究者によって「発育段階の跳躍説（theory of saltation）」（Balon 1975a，1979），さらにそれが繁殖様式によって異なるという「繁殖ギルド説（reproductive guild）」（Balon 1975b）にまで発展した（後述）。ギルドとはもともと同業組合といったような意味である。バロン・後藤（1989）による日本語解説に詳しいが，難解ではある。

中村（1969）による「日本のコイ科魚類」は，わが国のコイ科魚類53種・亜種の生活史を通覧して纏めた大著である。誤認や間違いが極めて少なく，専門書として永く読み継がれる業績であろう。筆者は，中村守純先生には遠く及ばないながら，ウグイ *Pseudaspius hakonensis* の発育段階がどのように進行するかを連続観察し記載した（Sakai 1990）。それをベースに，中村（1969）による他のコイ科魚類の個体発生を俯瞰し，その構造を発育段階の跳躍や繁殖ギルドに絡めて論じたい。なお，従来のコイ科を十数科に細分しその一つにコイ科を限定する狭義の考え方もあるが（Schönhuth et al 2018，Tan & Armbruster 2018），この紙面では従来の広義の意味で使っている。

2. 発育段階の跳躍説と繁殖ギルド説

バロン・後藤 (1989) の助けを借りて発育段階の跳躍説と繁殖ギルド説を概説する。図1に発育段階跳躍説の概略を示した。個体発生は閾 (スレショルド, thresholds) によって区切られた階層的な間隔 (インターバル, intervals) からなるとされる。最も基本的なインターバルがステップ [steps, Vasnetsov (1946) や Kryzhanovsky (1948) のエタップ (etapes) にあたる] で, その間いくつかの構造が一つの機能系を形成し, それらは同時に完成するように調整され, スレショルドを跳躍的 (saltatory) に通って, 個体と環境の相互作用が更新し安定した次のステップに移行する。いくつかのステップはより大きなフェーズ (phases) というインターバルを (図1には示されていないが), さらにピリオド (periods) を構成する。それぞれのインターバルは環境との関係で多かれ少なかれニッチを異にすると理解される。なお, 日本において発育段階に対してよく使われてきたステージ (stage) は, インターバルではなく断面を表すとされる。

よく知られる発育段階名の仔魚や稚魚はピリオドに, 前期および後期仔魚などはフェーズに当たるようだが, フェーズはふ化仔魚の卵黄量によって必然的に内容が異なる。ステップについても個々の種またはグループの生活史によってコンテンツが微妙に異なると予想される。しか

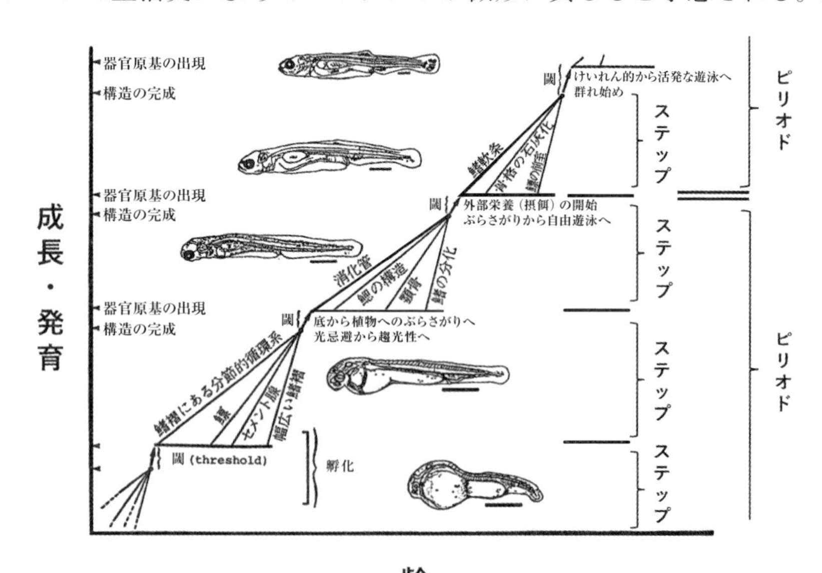

図1 発育段階跳躍説の概略 (バロン・後藤 1989 を改変)
図には示されていないが, ステップとピリオドの間にフェーズが位置付けられることもある。

しそれゆえ生活史の進行を解析するには魅力的な見方だろう。

魚類の繁殖様式（スタイル）に何通りかのパターンがあることは一般的に認められるが，Balon（1975b）は繁殖様式をまず保護魚，無保護魚，運搬魚に類型化し，その下でそれぞれまき散らし産卵魚および隠蔽産卵魚，卵世話魚および巣産卵魚，体外保育魚および体内保育魚に分けた。さらにそれぞれに 4 ～ 8，合計 34 通りのスタイルを認め，それを繁殖ギルドと名付けた。長大な表になってしまうのでこの紙面には示さないが（バロン・後藤 1989 を参照のこと），多様な生態の海産魚類までカバーしているため各ギルドの違いは微妙で見定めは難しい。

中村（1969）も，日本のコイ科魚類の繁殖様式に，生活史に対応したいくつかのパターンを認めている。すなわち，水草等に産着（ふ化仔魚：水草等に懸垂，コイ *Cyprinus carpio* 等），水底産卵（ふ化仔魚：水底に横臥，ツチフキ *Abbottina rivularis* 等），砂礫中（ふ化仔魚：砂礫底潜入，ウグイ，ハス *Opsariichthys uncirostris uncirostris* 等），二枚貝中（ふ化仔魚：二枚貝中で発育，ニッポンバラタナゴ *Rhodeus ocellatus kurumeus* 等），大河流下（ふ化仔魚：半浮遊で大河流下，ハクレン *Hypophthalmichthys molitrix* 等）などで，それぞれ発育様式も異なっている。まさに繁殖ギルドと同じ認識だが，少なくともコイ科では Balon（1975b）のギルドよりはるかに実態に即しているように思える。

3. ウグイの発育

ウグイは春先に瀬の砂礫中に 3 mm 程度の比較的大型の卵を産み込む。未熟な状態でふ化した仔魚は砂礫中に横臥し，水温にもよるが約 10 日で浮上，約 1.5 カ月で稚魚に到達する。卵の大きさと成長の遅さから，個体発生を観察するには大変適している。そこで，形態と機能および行動の発達の観点からウグイのふ化から稚魚までの発育過程を記録した（Sakai 1990，図 2）。恣意的な発育段階区分を避けるために，仔魚にとって重要な遊泳と摂餌の機能発育（Kohno et al 1983 他）などに関わる各形質の萌芽，完成，退縮，消失等のイベントを数えたヒストグラムを作成し（図 3），多くのイベントが起こるピークとしてのスレショルドの見える化を図った。

その結果，スレショルドを境にウグイの発育過程を大まかに 6 段階（インターバル）に区分できた（図 2）。まず，インターバルⅠ（ステージ A ～ C）では砂礫中に横臥し，徐々に色素胞，血管系，肝臓，膵臓，鰾，胆嚢，胸鰭の原基が発達する。インターバルⅡ（ステージ D ～ F）では眼胞にグアニンが沈着するとともに強い負の走光性を示しさらに深く砂利中に潜む。また脊索末端の上屈が始まり尾鰭および背鰭鰭条が発達し始める。インターバルⅢ（ステージ G ～ I）において突然正の走光性を示し始め，鰾後室が膨らんで浮上する。卵黄を少し残した状態で摂

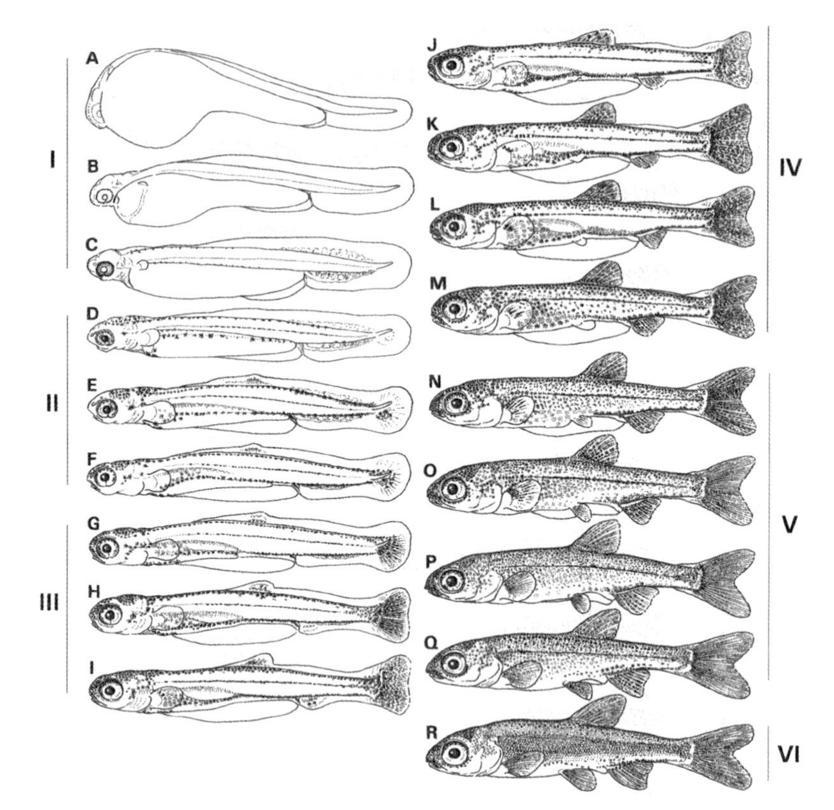

図2 ウグイのふ化から稚魚に至る発育過程 (Sakai 1990を改変)
アルファベットはステージを，ローマ数字はステップを表す。

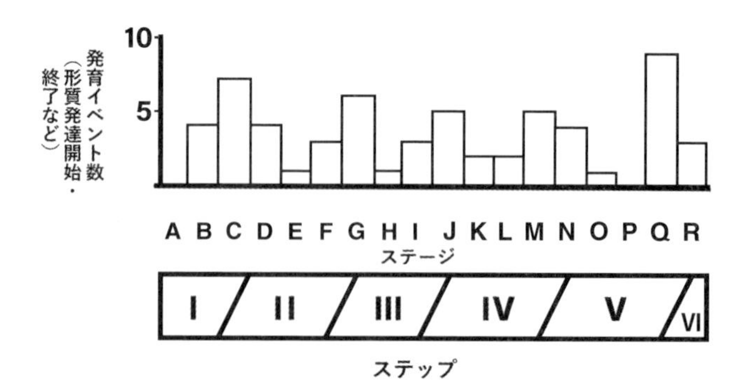

図3 ウグイの発育過程における発育イベント数のヒストグラム
(Sakai 1990を改変)
ヒストグラムのピークをステップのスレショルドとした。

餌を始める。内臓はほぼ完成しているが消化管は直線的である。咽頭歯もでき始める。暖かい浅瀬に群がり，ツンツンと短く直線的に泳ぐ。尾鰭鰭条はよく発達し，臀鰭条も発達し始め，腹部肛門前方にはヨットのキールのように膜鰭が大きく発達してくる。また途中で鰾前室も膨らむ。インターバルⅣ（ステージJ～M）で腹部膜鰭が最大限に発達するいっぽう，他の膜鰭は退縮していく。代わりに尾鰭，背鰭，臀鰭がほぼ完成し，胸鰭に鰭条ができ始めて，腹鰭の原基も出現する。遊泳はまだ直線的であるが，上下を向くことができ，底生動物も口にするようになる。インターバルⅤ（ステージN～Q）において腹鰭の発達と入れ替わりに腹部の膜鰭が退縮し，胸鰭が体側下方に移動する。消化管の褶曲が始まる。この頃になると胸鰭と腹鰭を左右別々に動かすことができ，上下左右に滑らかな遊泳ができるようになる。盛んに底生生物等をむさぼる。そして最後にインターバルⅥ（ステージR）においてすべての膜鰭が退縮し体側に鱗が出現してウグイらしくなる。消化管の褶曲も完成している。この頃には群がりから群れ行動を示すようになり，活発に移動したり淵に大群で群れて流下物に口を出したりするのである。

以上をHubbs（1943）以来の従来の発育段階に照らし合わせれば，インターバルⅠ～Ⅱが前期仔魚期，Ⅲ～Ⅴが後期仔魚期，Ⅵが稚魚期となるが，発育の内実を見れば従来の見方は大まかすぎることが明らかである。ウグイで認めたインターバルは，Vasnetsov（1946）らによるエタップやBalon（1979）によるステップにあたるが，各段階は彼らが言うほど環境との関係で安定（stable）というわけではなく，また段階間のスレショルドも飛び越える（leapまたはsaltate）ほど高くて分かり易いものではない。しかし，各段階を通じて確実に次々に新しい生活史水準に達して行くように見え，仔・稚魚の発育史の理解が大変深まるように思える。

4. 他のコイ科魚類との比較

中村（1969）が認めた生活史に対応した繁殖様式のうち，移入魚の大河流下卵魚（ハクレン等）を除く他の繁殖様式，すなわち水草等産着魚（代表コイ，図4），水底産卵魚（ツチフキ，図5），砂礫中産卵魚（ハス，図6），二枚貝産卵魚（ニッポンバラタナゴ，図7）を引用し，やはり砂礫中産卵魚のウグイ（図2）との個体発生の比較を試みたい。図8に以上の代表種の個体発生上の特徴（中村1969）を纏めた。代表種はそれぞれ斉藤（2014）による亜科の代表でもあり，狭義（Schönhuth et al 2018, Tan & Armbruster 2018）では科に格上げされている。また，図の左にはSaitoh et al（2006）によるミトコンドリアゲノム（ミトゲノム）情報に基づいた系統関係を示してある。

結果を概説すれば，コイは摂餌機能の形質の発達がウグイより早く，目の発達や色素胞の出現も早い。ハスは同じ砂礫中産卵魚のウグイと

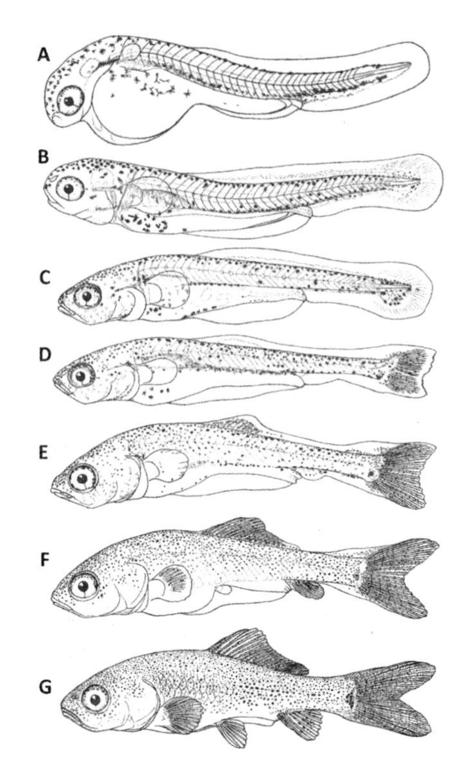

図4 コイのふ化から稚魚に至る発育過程（中村 1969 を改変）

ほぼ同様の発育をするが，膜鰭退縮時にサケやアユにおける脂鰭と同じ場所で膜鰭が最後まで残ることが特徴である。水底に横臥するツチフキでは胸鰭の発達が早く，いっぽうで仔魚期の肛門前部の膜鰭の発達が悪い。また頭部腹面等に明瞭な感覚突起が発達する。ニッポンバラタナゴでは卵黄量が多くより幼い状態でふ化する。顎の発達はウグイと同様だが摂餌開始はほぼ稚魚の段階である。またふ化時に卵黄に大きな角状突起が発達するが，これはバラタナゴ属の大きな特徴で，二枚貝から排出されないための機能を持つとされ

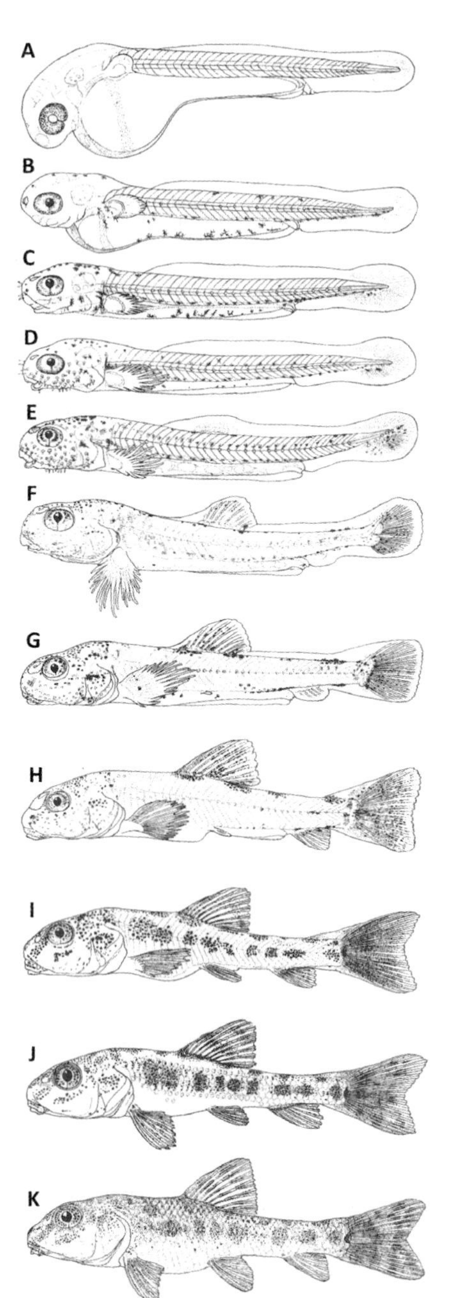

図5 ツチフキのふ化から稚魚に至る発育過程（中村 1969 を改変）

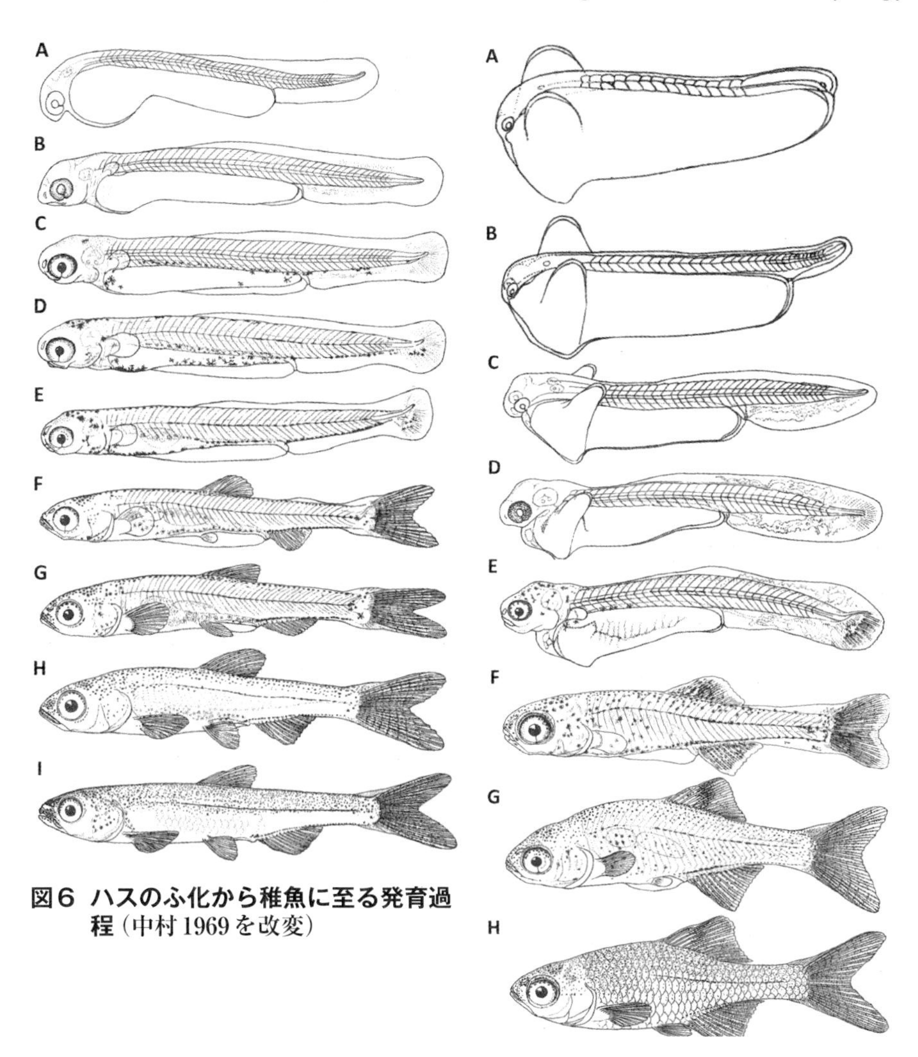

図６　ハスのふ化から稚魚に至る発育過程（中村 1969 を改変）

図７　ニッポンバラタナゴのふ化から稚魚に至る発育過程（中村 1969 を改変）

る。また，消化管については，ウグイでは屈曲部が二か所（中村 1969 によれば一回転）であるのに対し，コイやタナゴ類では植物食性の強度により稚魚になるまでにさらに褶曲を繰り返し，特にタナゴ類では渦巻き状に発達する（Kafuku 1958，中村 1969）。

以上のように，繁殖様式（繁殖ギルド）によって発育様式，すなわち各発育段階のコンテンツも異なり得る。発育様式の違いは，摂餌に関した発育（卵黄量を含む）や遊泳に関した発育（鰭の発達等）を変更する事による。これらの差異は，個別の形質の発達・退縮イベントの促進・遅滞によって達成されており，必ずしも形質すべてが連動しているわけではない。このような形質毎のイベント変更は古くから異時性(heterochrony)として知られている(Gould 1977 等を参照のこと)。

図8を示されると，以上の繁殖様式による違いがひいては亜科による違いに見えてしまうかもしれない。しかしこれはあくまでも大括りの一致に過ぎないことに注意しなければならない。たとえばカマツカ亜科にはタモロコ *Gnathopogon elongatus* のように水草等産着魚でコイに似た発育をする種も含まれる(中村 1969)。系統内での繁殖様式の進化なのかもしれない。タナゴ亜科のうち別属ではタナゴ *Acheilognathus melanogaster* の仔魚ように角状突起の代わりに体表面にヤスリ状の小突起を発達させ二枚貝から排出されにくくしているものもある(中村 1969)。系統内，同じ繁殖様式内でもやり方が異なっているのである。

コイ科には，海産魚における前稚魚(Hubbs 1958，沖山 2001)のような特異なコスプレ変態はなく，多様性はあるもののすべてがコイ科の仔魚らしくすなおに発育すると私には見える。いっぽうで，ウグイのキールのように発達する「膜鰭」やバラタナゴ類の卵黄の「角」，カマツカ類仔魚の「髭面」等は，より幼い段階でのコスプレ適応とも言えるのではないか。そんな中でもウグイやハスの発育が最も変哲がなく，もしや原型に近いと思うのは私の妄想の域を出ない。分子系統(Saitoh et al 2006)でもウグイ亜科は比較的新しく分化したグループのようだが，どれが原型というよりそれぞれの系統において繁殖様式に応じて発育様式を適応・進化させた結果かもしれない。

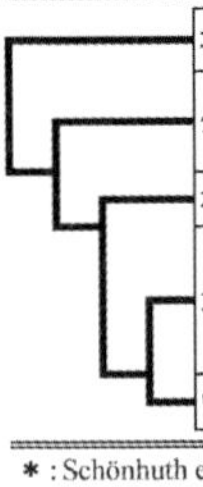

ミトゲノムによる系統 Saitoh et al. (2006)	亜科*（斉藤、2014）	代表種	産卵	ふ化仔魚	ふ化仔魚特徴その他	腹部膜鰭の発達	鰭の発達	顎の発達
	コイ亜科	コイ	水草産着	懸垂	色素胞有り（眼、体部）	脊索上屈前	通常	脊索上屈前
	タナゴ亜科	ニッポンバラタナゴ	二枚貝中	二枚貝中	頭部未分化 卵黄に突起	垂直鰭完成前	通常	脊索上屈後
	オキシガスター亜科	ハス	砂礫中	砂礫中	色素胞無し	脊索上屈後	通常	脊索上屈中
	カマツカ亜科	ツチフキ	水底表面	横臥	色素胞有り（眼、体部） 摂餌開始期、 頭部腹面に感覚突起	発達不良	胸鰭が早い	脊索上屈前
	ウグイ亜科	ウグイ	砂礫中	砂礫中	色素胞無し	脊索上屈後	通常	脊索上屈中

＊: Schönhuth et al. (2018)およびTan and Armbruster (2018)は科に格上げしている

図8 日本のコイ科魚類の亜科(斉藤 2014)**の分子系統**(Saitoh et al 2006)**とその代表種における産卵，発育の特徴**(中村 1969，Sakai 1990)

5. おわりに—個体発生の認識と類型化

この度の個体発生分析は，遊泳および摂餌等に関与する形質の発達や消失イベントをせいぜい光学顕微鏡レベルの解像度で観察し，行動の変化を肉眼で追って関連付けたものに過ぎない。電子顕微鏡を用いたり，形質に関わる遺伝子発現まで遡ったり，さらにはその発現連鎖を解析すれば，全く違った視野が開ける可能性は高い。しかし，個体の具体的な生活の進行はあくまで機能的な形態の発達に基づくはずで，その視点で個体発生を分析し生活史を把握するやり方で十分ではなかろうか。

はじめに分類が類型化によることを指摘した。このことは個体発生観察においても避けがたく，どうしても発育段階が類型化される。これはおそらく類型化できないものを認識しがたい私たちの性癖に起因する。類型化されたもの（分類群や発育段階等）には定義が付きまとう。しかし，具体的な観察で見たように発育段階（ステップ）の内実は繁殖様式によって異なりうるし，系統内でも実は多様である。すなわち，定義は細部の捨象を伴うことになる。いったん定義されると，それが教条化される危険性をはらむように思えてならない。後進は気づかずにその教条に従ってしまいがちになるのではないか。観察－分析－類型化－認識－定義－教条のサイクルが大きく科学の発展に寄与してきたことは否めない。いっぽうでそのスパイラルの中で捨象される事象があり，そのことによって見えなくなった細部に進化を理解する鍵や芽生えがあるかもしれないことを，私たちは戒めとして覚悟しておくべきだと思う。

4.4 アユ仔稚魚の生態

4.4.1 南国土佐のフィールドから

東　健作

1. 研究の突破口

両側回遊性のアユはその前半生を海や汽水域で過ごす。彼らは，広い海の何処に生息しているのか？長年の謎が，1980 年代になって高知大学の木下泉さんによってようやく突き止められた。南国土佐の砂浜海岸の波打ち際で大量のアユ仔魚が小型曳網（Kinoshita 1986）を使って採集されたのだ（木下 1984, Senta & Kinoshita 1985）。この発見（図 1）は，アユの海での主生息域を明らかにするとともに，その後のアユ研究の目覚ましい発展に繋がる礎となった。

図 1　波打ち際での“発見”

さまざまな発育段階（主に 10 ～ 30 mm）の仔魚が採集される（右上）。

2. 波打ち際での加入と離散

高知市の民間会社に拾っていただいた後，アユの主生息域を突き止めた木下泉さんに勧めていただき，私たちは土佐湾でアユの初期生活史を調べ始めた。まずは，波打ち際でのアユ仔稚魚の生態を詳しく知ろうと，土佐湾の砂浜海岸に5日毎に通って小型曳網を使ってアユを定期的に採集した（Azuma et al 2003）。採集個体の日齢からふ化日を逆算し，ふ化日の連続性から波打ち際に接岸後1カ月以内に離れる前期群，3カ月程度滞在する後期群，そして前期群や後期群よりも大サイズ・高齢で接岸し，短期間で離散する末期群の3群に区別できることを見出した（Azuma et al 2003）。量的に多い前期群が足早に波打ち際を離れるのは個体間密度を緩和するためかもしれない。一方，当時，和歌山県熊野灘沿岸でアユ仔稚魚の生態を研究していた塚本勝巳博士（当時東大海洋研）らは，早生まれ群と遅生まれ群で波打ち際での滞在期間など回遊パターンが異なることを明らかにしており（塚本 1988），上記の前期群は早生まれ群に，後期群が遅生まれ群に相当すると考えられた。私たちは両群に加えて末期群の存在を指摘した。最も遅く生まれた末期群は，アユの再生産にどんな役割を担うのだろう？一見無駄に見える末期群は，前期群と後期群の双方がうまく生き残れなかったときに意味を持つのかもしれない。

3. 昼夜の違いを知る

砂浜海岸での季節的な動態を把握できたので，今度は，昼夜の動きを知ろうと考え，高知県西部の下ノ加江海岸で11月から3月まで月1回，2時間毎の昼夜採集を行った。この調査による最大の収穫は，成長した早生まれ群（前出の前期群）を夜間に採集できたこと（図2）。日中は，波打ち際に短期間しか滞在しない前期群だが，実は波打ち際からすぐ沖合に居ることがわかった。なお，日中群れていたアユは，飼育下と同様，夜間になると鰾を膨張させ，海面に浮遊・分散している。

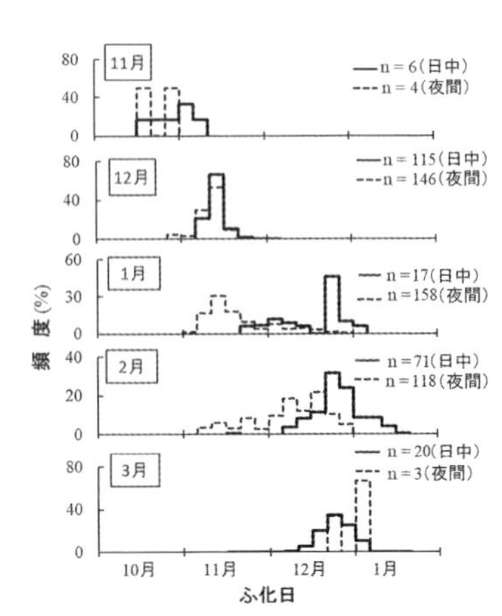

図2 昼夜採集で得られたアユ仔魚のふ化日組成の経月変化（東 2005）

11月生まれ（早生まれ）群が2月まで採集されている。

4. 環境変化に応じた柔軟な戦略

冒頭にアユは前半生を海や汽水域で過ごすと書いた。実は，汽水域と海域で採集したアユを見比べると，その外見はかなり違う。一見して，汽水アユは海アユよりもスレンダーに見える（東ら 2008）（図 3）。実際に計測してみると，同サイズの汽水アユは海アユに比べて体高が低く，また同日齢の体長は汽水アユが大きい反面，体重でみると海アユとの差はほとんど見られなかった（東ら 2008）（図 4）。異なる塩分環境下で体型を変化させることの意義は何だろう？四万十川河口域では，アユのシラス期から稚魚期への移行が遡上期の水温に応じて調節的であることが明らかにされているが（Takahashi et al 2000），こうした体型変化もアユの環境変化に対する適応だろうか。

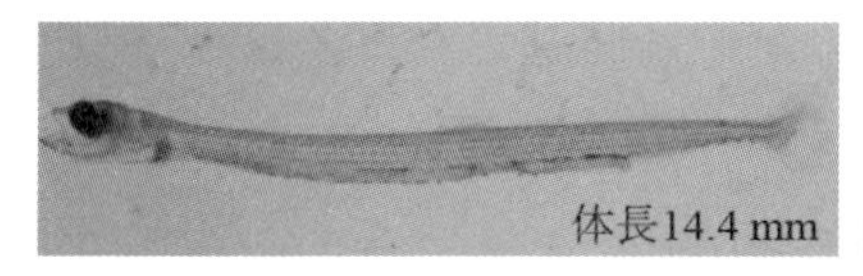

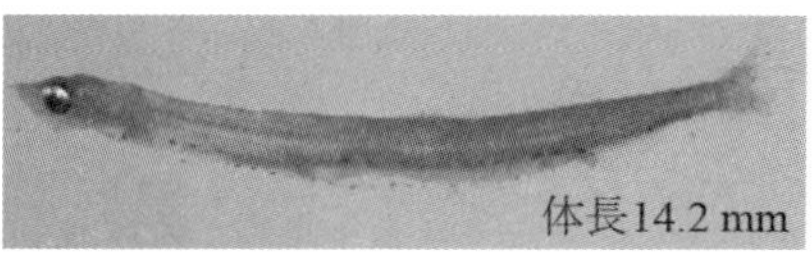

図3 汽水アユ（左）と海アユ（右）

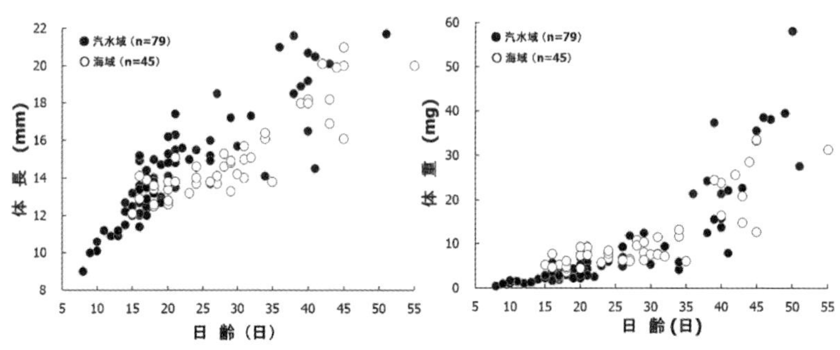

図4 汽水アユと海アユの日齢と体長及び体重との関係
（左：体長，右：体重）（東ら 2008）

5. 突発的な自然現象から見えたこと －長期的なモニタリングの大切さ－

四万十川は日本を代表するアユ河川であり，1980 年代までは全国トップレベルの漁獲量を誇った。しかし，90 年代に入ると翳りが見え始め，トップテンにも入らなくなった（木下・藤田 2012）。そこで，四万十産天然アユの復活を目指すべく，四万十市と高知大学がタッグを組んだ官学共同調査が 2005 年にスタートし，私も参画させていただいている。調査を継続する中で，2015 年度の調査では特異な自然現象に遭遇した（東ら 2019）。通常，アユの産卵期（11 ～ 12 月）は非出水期であり，降雨量が少なく，流量も安定している。ところが，2015年には産卵・流下期の12月に記録的な大雨が降り，年最大規模の大出水（約5,000 m^3/s）が発生した。この年はアユが豊漁で，この出水までは流下仔魚量も多かった。しかし出水後には，仔魚の多くが河口外に逸散するとともに，流下仔魚も著しく減少し，河口浅所での仔魚の採集量も極端に少なかった。予想どおり，翌2016年の遡上数は前年に比べて著しく減少した。季節外れの洪水がアユの再生産に負の影響をもたらした事例と言える。近年の気候変動が高じて季節外れの出水が起こると，アユの生活環が分断されてしまうことも危惧される。

2015年度の調査では，本川河口域では出水後の12月以降にはほとんどアユ仔魚が採集されなかったが，河口部に合流する竹島川では12月以降も3月まで安定して採集された（図5）。竹島川は小さな支川で，上流に産卵場もないため，ここで採れたアユ仔魚は本川を流下した仔魚が竹

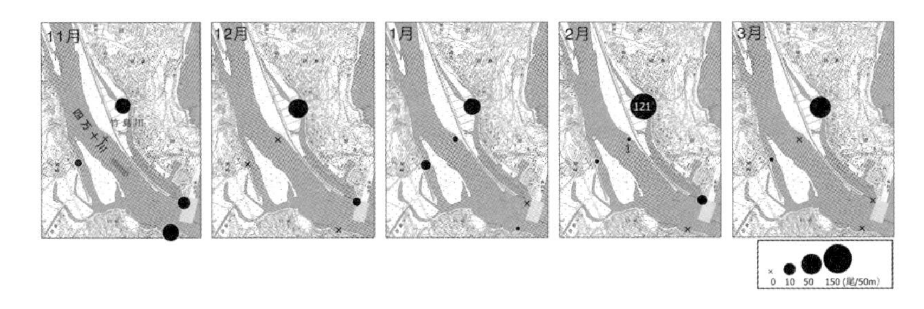

図5　四万十川河口域における小型曳網によるアユ仔魚の採集量の経月変化（2015年11月～2016年3月）（東ら2019）

島川に進入したものと考えて良い。すなわち，産卵・ふ化期の大出水という異常事態に，河口汽水域の小支川が本川の代替的な成育場として機能したという訳である。四万十川近傍の小河川でも同じような現象が確認されており（涌井ら2009），海や河口部に降下した仔魚が早い段階で再び河口内に進入することはさほど珍しいことではないのかもしれない。なお，2年後の2017年にはアユの生息数が再び増加に転じた。逆説的だが，年魚であるが故のアユの逞しさを見る思いがする。

最後に，上記の調査研究を進めるにあたり，ご理解とご支援をいただいた（株）西日本科学技術研究所の故福留脩文博士ならびに同僚諸氏に謝意を表する。

4.4.2 関東屈指の天然アユ河川が注ぐフィールドから

荒山和則

1. 茨城県を流れる久慈川と那珂川

関東地方屈指のアユ河川が茨城県海面に注ぐ久慈川と那珂川である。両河川とも感潮域に堰がなく，アユをはじめ，川と海を往来する生物にとって重要な「水域の連続性」が保たれている。両河川の近傍海域では，水深10 m以浅でアユ仔稚魚が漁獲物に混じることは知られていたが（渡辺ら 1967），四万十川周辺のように充実した知見はなかった。著者は茨城県においても内水面の水産資源として極めて重要なアユの資源保全に寄与するため，仔魚の流下から稚魚の遡上までの生態解明に久慈川を主体に取り組むことができた。関東地方の研究事例として紹介したい。

2. 仔稚魚の分布

前項のとおり，アユは河口域や砂浜海岸の砕波帯，沿岸浅海域を成育場としている。久慈川では，海から約2 km上流までの間が，川底付近に海水が遡上する塩水楔が認められる汽水域となっている。河口内には砂が堆積し，干潮時には波立ちで位置がわかる程度の砂洲が存在する。また，河口外は砕波帯が発達した逸散型の砂浜海岸（須田・早川 2002）となっている（図1）。

著者らは河口周辺に仔稚魚が分布しているかを確認するため，2004年11月から翌年7月と，2005年10月から翌年6月にかけて，四万十川などでの調査と同じように，目合1 mmの小型地曳網を水深1 m以浅で曳網した（図1）。しかし，採集されたのは2カ年を総合しても1曳網あたり河口で5.0個体，河口から500 m内外の砂浜海岸砕波帯で1.9個体とほ

図1　久慈川河口直近の砂浜海岸における小型地曳網での採集の様子

とんど採集されず，目ぼしい成果は得られなかった（荒山ら未発表）。

では，アユ河川の所以となる多数の仔稚魚はどこに分布しているのか。茨城県水産試験場の4.9トンの調査船でシラスの群れをぐるっとまいて獲る船びき網を用いて，砕波帯の沖側，水深3～18 mの沿岸砂底域を調べた結果，日中は砕波帯の沖側，海岸線に沿うように，あるいは河口付近に分布していることを突き止めることができた（図2）。そして，そうした分布を示すようになるには，河口から海面表層に河川水とともに分散した仔魚が成長に伴って砕波帯の沖側まで接岸し，群れが形成されることを示唆する結果も得られた（荒山ら 2014）。本調査海域の砂浜海岸砕波帯にあまり出現しない理由は，海岸タイプが流況の荒い逸散型であるため，来遊した仔稚魚が成育場として滞在できる流況ではなく，離岸流に乗って砕波帯の外へ出てしまうためと考えているが，砕波帯の中にしても沖にしても砂浜海岸はアユが成育場に集まるうえで重要な場所であるのは確かだろう（荒山ら 2014）。ところで，前項の四万十川などとは異なり，久慈川の河口域でほとんど採集されなかった理由としては，ふ化仔魚が河口内に滞留しにくい流況である可能性と，水面下1 mの水温が冬季は約5℃まで低下するため成育場として機能しない可能性が考えられる。

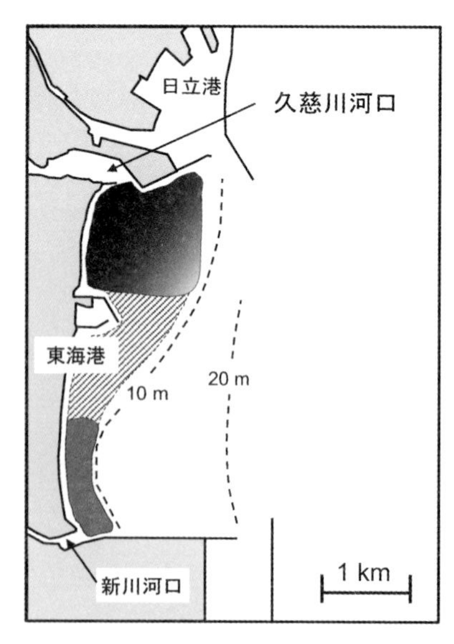

図2 久慈川河口周辺海域におけるアユ仔稚魚の分布模式図

濃い色ほど分布密度が高いことを示す。斜線域は調査結果から推定される分布範囲。

3. 仔稚魚の成長と稚魚の遡上

「今年のアユはどうか」については川魚漁師やアユ釣り人が気を揉むことであり，目安のひとつは河川への遡上状況である。

久慈川のアユは，遡上期前半には体長70 mm以上の大型個体が遡上し，後期には70 mm未満の小型個体が主に遡上する傾向にあるが（図3），遡上個体の大きさの推移には海水温と河川水温が関係することが指摘されている（荒山2006）。とくに大型個体が8割以上を占めることで定義される大型群は，アユの海洋生活期にあたる10月から5月における上・中・下旬といった各旬の平均海水温が合計5旬以上10℃未満であった年に生じることが確認されている。

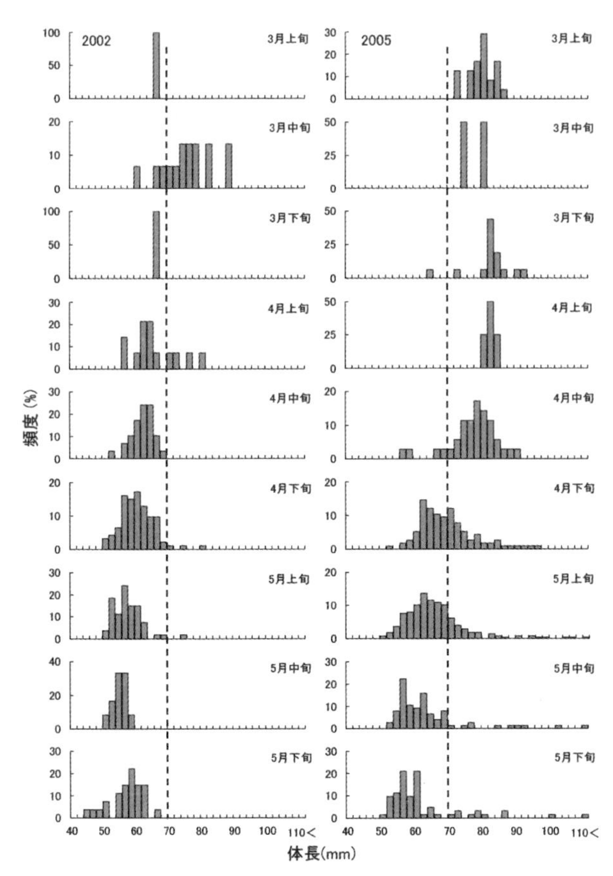

図3 久慈川における遡上アユ稚魚の体長組成の経月変化
縦の破線は小型個体と判定する体長70 mm境界を示す。2002年は遡上期前半から小型群が遡上した年で，2005年は大型群が主に遡上した年であった。

ここで，海洋生活期における仔稚魚の成長に注目する。成長を検証する手法に耳石の日輪解析がある。アユの耳石には，魚類トップクラスといえるであろうほどに，綺麗に日輪が刻まれる（のが普通である）。また，アユの耳石の大きさは体長と相対関係にあるため，日輪の間隔から日々の成長具合を推定することができる。孵化日を推定し，日々の成長量を追跡できるのである。

この耳石解析により久慈川河口周辺海域での仔稚魚の成長を10月生まれから12月生まれについて調べてみると，1）早く生まれるほど高成長でよく成長する期間も長い，2）12月の海水温が15℃を下回り，1月以降10℃を下回る海況のときは遅生まれ程成長が停滞することがわかった（荒山 2009）。

すなわち，早期群に小型個体が混じらず大型群が形成されるのは，早生まれ個体は順調に体サイズを大きくするが，冬季に海水温が低くなることで体サイズが小さくなりがちな，生まれの遅い個体の成長がより停滞し，さらに河川水温が低いことで小型個体の遡上が遅くなるためと考えることができる。

一方，年によって成長には違いがあり，例えば11月上旬に生まれた場合でも海洋生活期において成長を停滞させる低水温に遭遇しなければ，低水温年の10月下旬生まれと同程度まで成長する（荒山 2009）。この現象は後述する「個体群としての頑強性」につながることである。

4. 個体群としての頑強性

著者が久慈川に由来するアユ仔稚魚の研究に取り組んでいたとき，仔魚の流下が例年よりも約半月遅れた年に遭遇した。流下が遅れた理由は，河川水温が高く産卵が遅れたためと考えられたが，『産卵の遅れ＝流下の遅れ＝海洋生活期における成長の遅れ』が揺るぎないことであるならば，春の遡上が遅れたり，遅れなくとも体サイズの小型化が生じたりすると考えることができる。そして，そうした事象が毎年繰り返されると，河川での成長が遅れ，産卵親魚の体サイズが小さくなるなどして，アユが資源を維持していくうえで負のスパイラルに陥らないかと心配になる。

しかし，前述の海洋生活期における成長様式を踏まえると，次のような現象も生じえる：『河川水温が高く産卵・流下が遅れる→成長しやすい海水温のもとで高成長→例年どおりの時期に例年どおりの大きさで遡上』。そして実際，流下が遅れた年の翌年の遡上は，ほぼ例年どおりに例年並みの大きさとなった。産卵や成長が水温に左右されるにしても，産卵の遅れを取り戻す仕組みは実在するといえよう。環境条件が一様ではない南北に連なる日本において，年魚として，川と海を往来する両側回遊魚として，遭遇した環境に対応できる能力を有しているアユの強みのエピソードとして紹介した。

4.5 中深層性魚類仔魚の生態
－特にハダカイワシ科の時・空間分布－

佐々千由紀

1. 中深層性魚類とは？

中深層性魚類は水深 200 ～ 1,000 m の薄暗いトワイライトゾーン（薄暮帯）に生息する深海魚の一大グループである（齊藤 2010）。中でも個体数と重量において最も重要なのはハダカイワシ科とヨコエソ科で，これらにギンハダカ科やムネエソ科などが続く（図 1）。多くの種は成魚になっても体長 10 cm 以下と小型で，その遊泳能力が浮遊生物（プランクトン）と遊泳生物（ネクトン）の中間にあることから魚類マイクロネクトンとして区分される（川口 1974）。これら中深層性魚類は種の多様性に富んでおり，例えばハダカイワシ科では世界で約 250 種，日本周辺海域でも 87 種が報告されている（中坊・甲斐 2013）。ほとんどの種は体表に発光器を備えており，特に腹側に数多く有することは共通した特徴である（図 1）。腹側の発光器を昼に中深層で光らせることで自身の影を消し，捕食リスクを軽減している。また，これら魚類は種や雌雄の識別に発光器配列の違いを利用すると推察される（渡邊・李 2006）。

中深層性魚類と聞くと希少な魚の印象を持つが，実は北極海以外の世界の外洋域で普遍的に分布するグループである。外洋域で魚群探知機の画面を見ていると，昼には 200 m 以深の中深層にあった濃密な魚群反応が夕暮れ時から徐々に浅くなり，夜には 200 m 以浅の表層に達し，日出とともに再び深くなる様子が観察される。これは中深層性魚類が摂餌のために夜間に表層に浮上する日周鉛直移動を捉えたものである（渡邊・李 2006）。最近の研究によれば，これらの資源量は世界の外洋域で 100 億トンにも達すると推定される（Irigoien et al 2014）。近年の世界の海面漁業生産量は約 8 千万トンなので，中深層性魚類の資源量はこの約 125 倍に相当し，その莫大さが分かるだろう。このため未利用資源として世界的にも注目されてきたが，中深層性魚類は外洋域に広く薄く分布

図 1　中深層性魚類（成魚）の一例
左：ハダカイワシ科 ナガハダカ *Symbolophorus californiensis*（体長 10.7 cm），
右：ギンハダカ科 ヤベウキエソ *Vinciguerria nimbaria*（体長 2.9 cm）。

し，濃密な群れを作らないため，商業的な漁業は難しい。日本では高知県から静岡県沖で混獲物として水揚げされ，地域的に消費されるが，流通量は限定的である。

人類による中深層性魚類の直接的な利用は限られるが，これらは外洋生態系の第二次消費者として，低次から高次生産者にエネルギーを受け渡す重要な位置を占めている（李・日高 2002）。中深層性魚類は主にカイアシ類やオキアミ類などの動物プランクトンを食べ，自身はサケ類，マグロ類，タラ類およびサメ類などの中・大型魚類，外洋性イカ類，海棲哺乳類および外洋性海鳥類に食べられる。したがって，外洋生態系の仕組みを深く知るためには，中深層性魚類の生活史に関する知見（いつどこで産まれ，どこに仔魚や稚魚が分布し，どの様に成長して繁殖するのか？）が不可欠である。本節では，中深層性魚類の中で最も重要なハダカイワシ科を取り上げて，仔魚の形態学的な多様性，仔魚の時・空間分布および仔魚分布から推定される成魚の繁殖生態に関する知見を紹介する。

2. ハダカイワシ科魚類の生活史概観

ハダカイワシ科魚類は分離浮遊卵を産み，全ての種は仔魚期を水深 200 m 以浅の表層で過ごす（図 2）。本科が表層の仔魚群集中で常に優占することは世界の外洋域から報告されている（Moser & Ahlstrom 1996）。例えば，日本の南岸に沿って流れる黒潮中で採集される仔魚のうち，約 50 ～ 70％がハダカイワシ科によって占められていた（Sassa 2019）。仔魚は成長に伴い表層から 200 ～ 1,000 m の中深層へと移動し，稚魚期以降，ほとんどの種が活発に日周鉛直移動を行うようになる（図 2）。

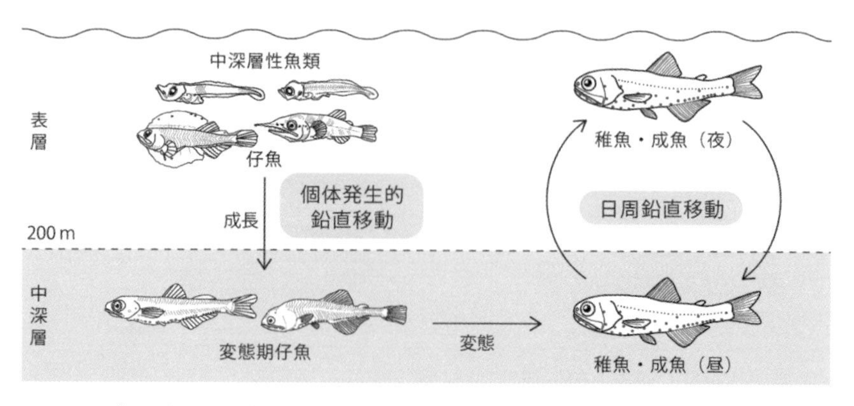

図2 ハダカイワシ科魚類の鉛直分布と生活史に関する模式図

3. ハダカイワシ科仔魚の形態的多様性

仔魚には発光器が未発達で，その形態も成魚とはかなり異なる種が多い（図3)。仔魚の形態は種レベルで多様性に富んでおり（Moser & Ahlstrom 1996)，本科の中から真骨魚類の仔魚が備えている主だった形態的特徴のほとんどが見いだせるとも言われる。体型を見ると細長い仔魚から太短い仔魚まであり，口の発達も小さな顎をもつ仔魚から強靭な顎と鋭い歯を有する仔魚まで様々である。眼の形態にも円形と楕円形があり，突出眼をもつ仔魚もいる。また伸長した外腸，扇状の胸鰭，あるいは背・腹部のゼラチン状膜鰭をもつ仔魚も記載されている。仔魚の期間は種により異なるものの，1～2カ月程度と推定されている。その後，短期間のうちに体型の変化や発光器の発達が進んで稚魚期に移行し，成魚の特徴を示すようになる。このような劇的な形態変化は異体類などと同様に変態と呼ばれる。

多くの種は仔魚期に特徴的な形態や色素胞の配列をもち，その違いにより種同定が可能である（佐々・小澤 2014)。しかし，約78種を含むハダカイワシ属（*Diaphus*）仔魚の形態は種間で非常に似ており，形態による種同定は難しい。近年では仔魚のミトコンドリアDNAの塩基配列を調べ，それを種名が確定した成魚標本から得た配列と比較して種同定する手法も用いられる。発光器が完成した稚魚については，成魚と同様に発光器の数や配列の違いにより種同定が可能である（中坊・甲斐 2013)。

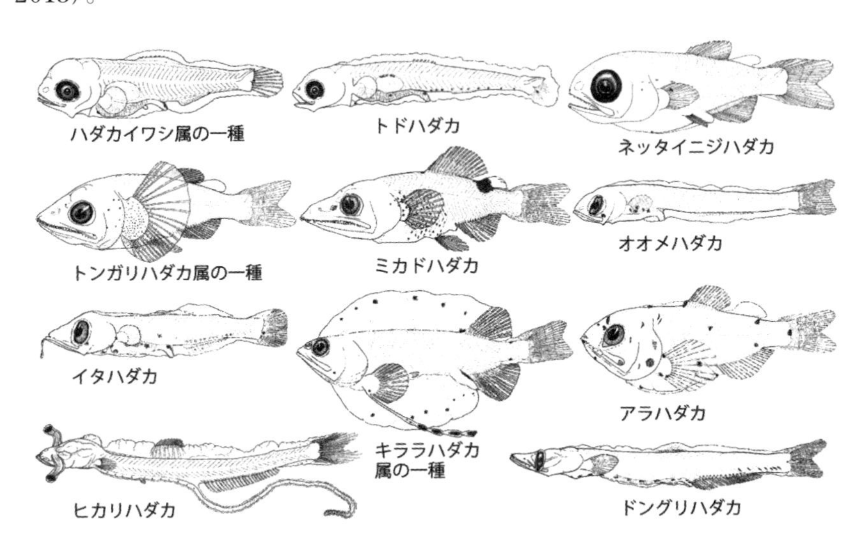

図3 ハダカイワシ科魚類仔魚の形態学的多様性
（Moser & Ahlstrom 1996を改変）

4. 仔魚の鉛直分布 ― 表層での棲み分け ―

近年では多段開閉式ネットの開発により，仔魚の詳細な水深別採集が可能となり，信頼性のある鉛直分布データを得られるようになった。図4に黒潮域において優占する15種のハダカイワシ科仔魚の鉛直分布を昼夜別に示した (Sassa et al 2004b)。何れの種も仔魚は明瞭な日周鉛直移動を行わず，各種に固有な分布深度をもち，重複はあるものの種間での鉛直的な棲み分け構造が認められる。本科仔魚の表層における鉛直的な棲み分けは世界の他海域でも報告されており，餌の乏しい外洋域でのかなり普遍的な分布構造と考えられる。この様な仔魚の分布深度の違いは初期生活史戦略の違いを反映していると思われる。一般に浅い層は，仔魚の餌生物である微小動物プランクトンが多く，水温も高いため，仔魚の成長が速くなる点で有利である。また海水流動が大きいため，仔魚の分布拡散の点でも都合が良い。その反面，捕食者や餌の競合者となる動物プランクトンや他の仔魚の個体数密度も高く，仔魚の死亡率を高める要因も多い。一方，深い層は餌生物が少ない点や水温が低い点で浅い層に較べ不利であるが，捕食者や餌の競合者が少ない点では有利と言える。

ハダカイワシ科仔魚に見られる形態の多様性 (図3) は機能形態学的な視点からも関心がもたれてきた (Moser 1981)。水深0～40 m に主に生息する仔魚の形態には多様性が乏しい一方，40 m 以深に分布中心をもつ仔魚には体型，口，眼および鰭において特殊な形態が認められる (図4)。楕円形眼や突出眼は可視空間を著しく広げ，生残を高めるのに役立つと言

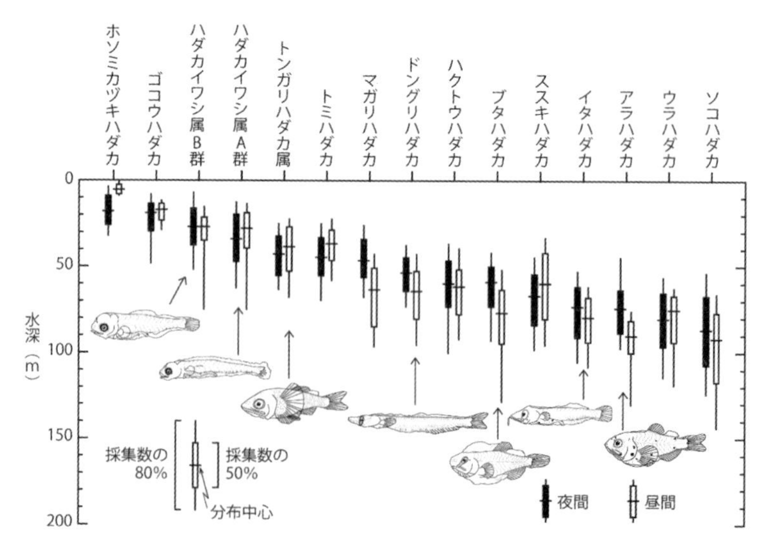

図4　黒潮域におけるハダカイワシ科魚類仔魚の昼夜別の鉛直分布
(Sassa et al 2004b を改変)

われている。また扇状の巨大な胸鰭は素早い動きを可能にし，摂餌や捕食者からの逃避に関連しているのかも知れない。深い層に見られるこの形態学的多様性は乏しい餌環境への適応，例えば多様な食性や摂餌戦略および浮遊適応による省エネルギーなどと関係していると考えられる。

200 m 以浅の表層に生息したハダカイワシ科仔魚は変態期になると分布水深を大きく変化させる（図 2）。変態期仔魚は一部の種を除いて昼夜ともに 600 ～ 1,000 m にて採集されるので，仔魚はきわめて短時間のうちに 400 ～ 1,000 m も下降し，そこで変態期を過ごすものと考えられる（Sassa et al 2007）。仔魚の形態と生活様式が急激に変化して成魚の体制と生活様式を生み出す変態期は，被食の危険に最もさらされ易い時期であり，この時期を捕食者が少なく安定した環境の中深層で過ごすことは，初期生残を高める上で貢献していると考えられる。

5. ハダカイワシ科の産卵期と回遊 ― 仔魚分布から成魚の生態を探る ―

産卵期と産卵海域に関する情報は魚類の生活史を解明する上で欠かせない。このうち産卵期の推定は，例えば沿岸性魚類では成魚の生殖腺の月別成熟度合いに基づき行われる場合が多いが，ある程度の遊泳力をもち，漁獲対象種でもない外洋性のハダカイワシ科成魚を季節別に得ることは極めて困難である。一方，遊泳力に乏しいふ化後間もない仔魚は小型のプランクトンネットにより容易に定量採集できることから，本科の産卵期を推定するには仔魚の季節別の採集が非常に有効である。

図 5 は黒潮の影響を強く受ける土佐湾においてハダカイワシ科を中心

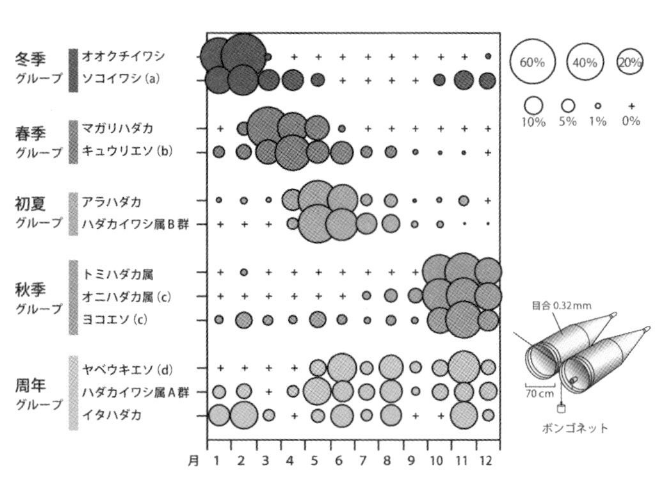

図 5 黒潮域における中深層性魚類仔魚の出現の季節パターン

a：ソコイワシ科，b：ムネエソ科，c：ヨコエソ科，d：ギンハダカ科。
これ以外の 7 種は全てハダカイワシ科（Sassa & Hirota 2013 を改変）。

とした中深層性魚類仔魚の出現を月別に調べた例である（Sassa & Hirota 2013）。仔魚は2001～2004年に毎月，湾口部の定点で口径70 cmのボンゴネット（目合0.32 mm）を用いて採集した。ハダカイワシ科，ヨコエソ科，ムネエソ科，ギンハダカ科およびソコイワシ科に属する18属26種が出現し，上位12種で中深層性魚類全体の97%を占めた。仔魚の出現には5つの季節パターン（冬季，春季，初夏，秋季および周年）が認められた。解析した4年間では各種仔魚の出現月に年による大きな違いは認められないことから，黒潮域では中深層性魚類の産卵盛期は種毎にかなり安定していると考えられる。また種毎に産卵期を違えることにより，初期生活史の場としての黒潮域の表層を種間で季節的に使い分けていると解釈できる。このことは仔魚期における種間の餌競合を小さくして，生き残りの可能性を高め，結果として中深層性魚類の多種共存にも貢献していると考えられる。この様に複数種について同時に産卵期の情報を得られることも，プランクトンネットによる仔魚採集の利点である。

仔魚の地理分布から，多くの種の中深層性魚類について産卵海域が推定されている（佐々・小澤 2014）。ここでは，研究を始めた当初の予想とはかなり異なる海域において，仔魚採集データより産卵海域が発見された例として，トドハダカ *Diaphus theta* とオオクチイワシ *Notoscopelus japonicus* の2種を紹介する。トドハダカの成魚（体長約8 cm）は低水温で餌生物の豊富な親潮域において大きな資源量をもっている（図6左）。東北・北海道沖では一部の個体が昼に海底付近にまで下降するため，タラ類など底生魚類の餌として重要である。本種の生活史を調べるために仔魚の採集調査が親潮域において周年にわたり行われたが，仔魚が採れることは無かった。しかし，親潮域より南の暖かい移行域で採集したプランクトン標本を調べたところ，トドハダカの仔魚が大量に含まれていることが分かった。現在では，本種は春から夏に移行域で産卵し，仔魚や稚魚は海流により北に輸送され，成魚は生物生産の高い親潮域を索餌場として利用し，産卵期になると移行域まで南下回遊すると考えられている（Moku et al 2003）。

オオクチイワシは体長約13 cmまで成長するハダカイワシ科としては大型の種である。その成魚は東北沖を代表する中深層性魚類で，特に春から夏にかけて，ここで活発に摂餌活動を行い，同時に海産哺乳類の主要な餌となっている。しかし，オオクチイワシ仔魚は東北沖では出現せず，遙か南の九州南方を中心とした黒潮域において冬季に濃密分布することから（Sassa et al 2004a），本種の成魚は東北沖から九州南方への約1,000 kmにも及ぶ南下産卵回遊を行う可能性が高いと考えられている（図6右）。しかし，成魚がいつ，どの様なルートで，どの様に黒潮の強い流れに逆らいながら産卵海域に戻るかについては，成熟個体の採集記録が無いため未だ謎に包まれている。黒潮域で産卵する有利な点としては，

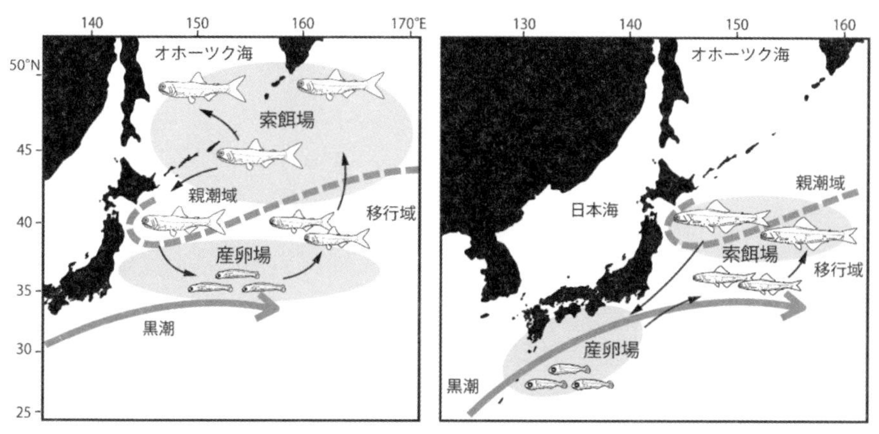

図６　仔魚の分布調査および稚魚・成魚の既往知見に基づき推定した産卵海域と南北回遊の模式図

左：トドハダカ *Diaphus theta*, 右：オオクチイワシ *Notoscopelus japonicus*（それぞれ Moku et al 2003 と Sassa 2019 を改変）。

仔魚の生息水温が高く速やかな成長が期待されること，東北沖より動物プランクトンのサイズ組成が小さく仔魚の餌が豊富なこと，黒潮により稚魚が餌の生産性の高い移行域へ輸送されることなどが挙げられる。オオクチイワシで推定された様な南北回遊はマイワシ，マサバおよびサンマなど多獲性浮魚類と共通しており，西部北太平洋の高い生物生産と魚類の初期生活史との繋がりを考える上でも興味深い。「ちっぽけな」仔魚の採集データから，これまで未知であった中深層性魚類の回遊と言った思いがけない「big picture」を描ける点も仔魚研究の魅力の一つである。

4.6 南の島の魚類生活史学

立原一憲

1. 南の島での研究のはじまり

年の瀬も押し迫った 1993 年 12 月 22 日，飛行機の窓から見える海は，太陽の光を受けてきらきらと碧く輝き，点々と現れる島々は，エメラルドグリーンの礁池に囲まれ，さらにその外側のリーフで波が砕け，白く縁どられていた。数時間前，長崎半島の先端に位置する野母の町は，北風に霰まじりの雪が舞い，凍えるような寒さであった。飛行機が降り立った那覇空港は，青空が広がり，どこからかかすかに花の香りが漂っていた。出迎えに来てくださった諸喜田茂充先生の車には，冷房がかかっていたのには驚いた。本土とは異なる空気感に戸惑ったものの，人生の新たな扉が開かれたことに，心が高揚していたことを鮮明に覚えている。ここから私の琉球列島での研究がスタートした。

この本のタイトルは「稚魚学のすすめ」であるが，私はとても仔稚魚の研究者とは言えない。私の研究の軸をなすのは，「魚類の生活史」である。もちろん初期生活史は，生活史研究の重要な要素ではあるが，一部でしかない。内田恵太郎先生は，その著書「稚魚を求めて」のイメージが強く，日本の仔稚魚研究の草分け的存在として知られている。鹿児島大学に入学直後，生協で購入したこの本を何度も何度も読み直した。学部生，修士，博士，社会人，読む時期が異なるにつれ，書いてある内容の理解も変わる。まさに座右の書としていつも私の傍らにあったのがこの「稚魚を求めて」である。その一節にこんなくだりがある。“朝鮮に在職した15年間，一般の読書や他の娯楽などにはほとんど頭が向かなかった。日夜魚のことで頭がいっぱいになり，自宅と試験場の研究室との間を一直線に往復する。朝家を出て，夕方帰ってくるときには，何かしら新しい知識が得られている。「士，三日見ざれば，刮目して待つべし」というような言葉が，気負った血気からではなく，内容的に充実した実感で念頭に上ったのであった。”私の場合，研究に没頭したとはとてもいえず，その結果，やり残したことが山積みされているのが現実である。しかし今でも，心の中では“かくありたい”と思っている。

私が沖縄で目指したのは，「稚魚を求めて」ではなく，同じ内田先生の「朝鮮魚類誌」であった。この名著は，朝鮮半島の全魚類，約650種（当時）について，種ごとの生活史に加え，生物学的，水産学的知見の網羅に挑んだ空前絶後の試みであった。残念ながら，予定されていた全8巻＋概論1巻のほとんどが未刊となり，世に出たのは「第一冊，糸顎類内顎類」の1巻のみである。沖縄に赴任した際，沖縄の魚類の生活史をまとめて「琉球魚類誌」を出そうと目標を定めたのは良いが，ゴールはまだ果てしなく遠い。学生たちに研究やその執筆を促す身としては，学生の「いつ書き始めるんですか？」の問いが胸にチクチクと刺さる。長崎を発つ2日前に藤田矢郎先生から，「沖縄にはでっかいベラが居るんで，人工授精してみろ，うまくいったら見に行く」「できるものを片っ端からやってみろ，10年間全力でやったら面白い結果が得られるはず」と鼓舞されたことが懐かしい。今から考えると，琉球列島という魚類の多様性が極めて高い場所では，この片っ端からやるという精神は極めて重要であった。

2. リュウキュウアユから何でも屋への道

沖縄に来て最初のテーマは，福地ダムに陸封されたリュウキュウアユの生活史の解明であった。福地ダムは，沖縄島北部に位置する東村の米軍基地内にあり，周囲は手つかずのやんばるの森に囲まれていた。そこには，昔の沖縄の森林と清流がそのまま残されており，まさに夢のような環境である。毎月，ダムに流れ込むサンヌマタ川に通い，リュウキュウアユの個体数を数え続けた。始めた時にはそれが，コロナ禍で基地に入れなくなる2020年3月まで26年間も続くとは想像さえできなかった。

福地ダムに陸封個体群を定着させる計画に並行し，海と川を行き来する両側回遊型個体群の蘇生を目的として，リュウキュウアユの人工種苗が名護市の源河川に放流され，河川内で孵化した仔魚が海域に流下していた。沖縄島のリュウキュウアユ個体群は，1978年の確認を最後に絶滅してしまったため，沖縄島には放流した河川にしかリュウキュウアユがいない。これは仔稚魚の分散を調べるには，願ってもない壮大な実験であった。早速，学生たちと源河川周辺の砕波帯で網を曳き，北部全域の河川に潜り，稚アユの遡上を調べて回った。その結果，リュウキュウアユは，源河川河口から東西20 km程度まで分散するが，基本的には河口から離れたがらないことがわかった。

さらに驚かされたのが，海から河川に遡上するタイミングであった。亜熱帯とはいえウエットスーツを着るのが嫌になる2月末，成魚が放流された源河川に潜り，魚道の下で遡上個体を探していると，水面近くを小さい透明な魚が泳いでいるのに気が付いた。目を凝らしてよく見ると，それはリュウキュウアユのシラスであった。体長約25 mm，食卓にあがるしらす干しサイズのリュウキュウアユが，流れに逆らって泳いでいたのだ。はじめは目を疑ったが，その後，河川に遡上してくる最小サイズは，24 mm台であり，これは脊椎骨が化骨するタイミング（体長24.3 mm）と一致することが明らかとなった（Tachihara & Kawaguchi 2003）。本土のアユに比べると，遊泳力が著しく低い発育段階で河川を遡上するのであるから，堰や落差工など行く手を阻む河川構造物ができるとひとたまりもない。こんなサイズで河川を遡れる習性は，冬季でも比較的高い沖縄島の河川水温と常緑の広葉樹林から周年にわたって供給される落下昆虫に支えられているものと推測される。一方，本土のアユは，体長27.4 mmで脊椎骨が硬骨となる（立原・木村 1991）。今後，地球の温暖化が進み，やがて日本本土が亜熱帯になる日が来るとしたら…体長約27 mmのアユが河川を遡り始める（立原 2009）というのは少々穿ちすぎであろうか？

リュウキュウアユの仔稚魚調査の副産物として，砕波帯からは本土と同様に様々な仔稚魚が採集された。当時，沖縄の魚類の生活史は，ほとんど手付かずの状態であった。学生一人一人に魚種を割り当て，各自が担当した魚の生活史の解明に挑んでもらった。今振り返ると，自分の研究人生は，素晴らしい師（鹿児島大学の今井貞彦先生，九州大学の木村清朗先生）とたくさんの弟子に恵まれ，支えられてきたと思う。その頃の学生たちは，お尻を叩いてやらせるというよりは，暴走しすぎないように手綱を引くのが，私の仕事であった。琉大に赴任するまでの私は，すべて自分の手で研究を完結させたいと思っていた。ところが，沖縄には手つかずの魚がたくさんおり，すべて自分でやることなど不可能であった。最初のころは，学生の研究に対する姿勢や解析方法に，いろいろと注文を出していたが，そのうち“学生は，放っておいても成長する”ことに気づいた。これは重要なことである。研究室として何をやろうとしているのかという方向性だけ示してあげれば，あとは学生が，各自のカラーを生かして対象種の生活史を解明してくれればよい。研究がうまく進んでいる時には，教員は不要で，教員が必要となるのは，うまくいかない時と研究費の調達の時である。口出ししすぎると，その研究に自分の色が濃く出てしまう。コンスタントに結果は出せるが，びっくりするようなことは起きにくい。自分で研究することももちろん楽しいが，学生が予想外の素晴らしい結果を出してきたときには，それ以上の喜びがあった。リュウキュウアユに端を発した砕波帯に出現する仔稚魚の研究は，太田格君（沖縄県庁水産課）が他の魚種に発展させ，その後，石原大樹君（水産研究・教育機構）の“イノーの仔稚魚群集”や上原匡人君（恩納村漁協）の“中城湾沖合の仔稚魚群集”，さらに國島大河君（摂南大学）の“干潟の魚類群集”など，さまざまな方向に進展していった。

こんなことができたのも琉球列島の魚類の多様性に負うところが大きい。目の前には，1,000 種を優に超える生活史のわからない魚がいる。限られた時間の中でどこまでできるかを考えると，自分1人では如何ほどのこともできず，学生1人に1種類をやってもらっても，とてもまかなえない。そこで時には無理な注文をすることもあった。博士後期課程に進学した前田健君（OIST）が「博士課程のテーマはどうしましょう」と言ってきたときに，「河川にいるハゼ亜目全部」という自分でも無茶だと思うテーマを提案した。彼が私の期待を大きく上回る成果を出してくれたことは，この本の別章を読んでいただければ納得出来よう。前田君は，ハゼ亜目魚類が河川に遡上するタイミングとその発達段階を明らかにしてくれたが，その前段階 – 孵化から着底まで – は，近藤正君（島田樟誠高校）が様々な種を卵から飼育し，見事にまとめあげてくれた。彼が野外で産着卵を見つける嗅覚は，誰にもまねできないものであった。近藤君の研究で特に記憶に残るのは，沖縄島に生息する両側回遊型ヨシノボリ類の流程分布が，各種仔稚魚の発育様式の違いと，それに起因する遡上能力に起因することを明らかにしたことであり（Kondo et al 2013），極めて興味深い成果であった。仔稚魚の飼育技術に関しては，私が長崎県の増養殖研究所にいた時に習得したものであり，それが学生たちに受け継がれ，新たな花を咲かせてくれたことも嬉しかった。

3. チームゴビー：ハゼ研究室？の誕生

そもそもハゼ亜目魚類の生活史研究は，私が沖縄の河川に潜ってリュウキュウアユの観察をしていた時に，黄色いハゼ科の浮遊仔魚を見つけたことに始まる。それは，アオバラヨシノボリの仔魚であり，河川陸封種であるという。最初の第一印象は「そんな馬鹿な」であった。沖縄島には，梅雨や台風で短時間に 100 mm を超える大雨が降ることも珍しくない。島嶼特有の勾配がある短い河川は，大雨が降ると上流から河口まで激流と化してしまう。体長わずか 5.8 mm の浮遊仔魚が，この流れに抗うことなどとても無理に思えたのである。そこで，“アオバラヨシノボリの仔魚は，海に降りて再び遡上する個体もいる”という仮説をたてて生活史を調べることにした。誰にやってもらおうと考えていた矢先，生物学科に在籍していた平嶋健太郎君（和歌山県立自然博物館）が，「サケマスの研究がしたい」とやってきた。早速，「沖縄でサケマスは無理だから，アオバラヨシノボリはどう？」ということになった。この頃は，おおらかで生物学科の学生の卒論を私が在籍していた海洋学科で面倒見ることができたのである。結果，見事に仮説は棄却され，アオバラヨシノボリは，河川内に留まっていることが明らかとなった（平嶋・立原 2000）。

ハゼ亜目魚類の研究は，アオバラヨシノボリの仔魚が本当に河川陸封されているのかどうかを明らかにしたら終わる予定で始めたのだが，その後，平嶋君が修士に進み，河川陸封型のキバラヨシノボリや両側回遊型のヨシノボリ類の研究に広がっていった。さらに，新たに研究室に入ってくる学生が，次々とハゼの研究を志し，瞬く間に研究室の最大派閥「チームゴビー」が結成された。ハゼの研究をする学生が多かった時には，私の研究室＝ハゼの研究室と思われていたこともあった。研究室を立ち上げた時には全く予期せぬことであったが，ハゼ亜目の生活史研究は，現在に至るまで継続されている。

4. チーム市場と研究のさらなる多様化

次の転機は，地村佳純君（碧南水族館）が，修士論文のテーマとしてホシミゾイサキを選んだことに始まる。本種は，沖縄県における水産種のひとつである。そこで，標本は市場から購入することとなった。地村君の努力の結果，各漁協や仲買人さん達とのパイプが築かれていった。この成魚を市場で購入し，仔稚魚と水揚げされない小型魚を自ら採集するという研究スタイルが確立し，「チーム市場」が動きはじめた。

水産種の研究は，下瀬環君（岩手大学）が，ニセクロホシフエダイの生活史（Shimose & Tachihara 2005）を研究し始めたころから，ハゼ亜目魚類の研究と並び，研究室の両輪となっていった。「チーム市場」出身の卒業生や修了生が，次々と沖縄県水産課や水産庁に奉職し，亜熱帯から温帯域の魚類資源研究の最前線で活躍する姿を目にできるのは，本当に嬉しいことである。水産種の研究はその後，博士後期課程に進んだ下瀬君が，遠洋水産研究所（当時）と共同で行ったクロカジキの研究，さらに東海大から修士に入学した山内岬君（沖縄県水産課）のクロマグロの研究へと発展していった。魚類学会でクロカジキの発表をした折，座長を務められていた木下泉先生が，「立原さんのところでクロカジキの研究です」と紹介されたのが忘れられない。この頃には，“琉球列島の魚類を片っ端からやる”という研究スタイルが確立されつつあり，“何でも屋”を改めて実感した瞬間でもあった。

琉球列島に生息する魚類なら何でもやるという看板を掲げたものの，対象となる魚類があまりにも多岐にわたっている。そこで，研究室をいくつかのグループに分けることにした。琉球列島の魚類の生活場所を縦軸として淡水・汽水・海水に大別し，そこに以下の7グループを横軸として想定した。

①ハゼ亜目魚類（淡水・汽水・海水），②ハゼ以外の通し回遊魚（淡水・汽水・海水），③水産重要種（海水），④水産種以外の海産魚（海水），⑤在来淡水魚（淡水），⑥外来淡水魚（淡水），そして⑦魚類群集（淡水・汽水・海水）である。⑦の魚類群集は，ある場所（例えばマングローブ水域や海草藻場など）の魚類相に興味を持つ学生のグループである。学生はどのように思っていたかわからないが，私としては，各々のグループを引っ張っていく中心的な学生を想定しつつ，互いに重複しながら研究を進めてくれればよいと考えていた。その結果，グループごとに最も適した採集方法や独自のやり方が編み出されていった。いずれのグループからも，次々と面白い研究が生まれてきたのは，ひとえに学生たちの頑張りにほかならない。

5. フィールドワークの魅力

繰り返しになるが，琉球列島における魚類の生活史研究の魅力のひとつは，種の多様性にあるといっても過言ではない。陸水に限ってみても，沖縄島の汀間川からは191種（前田・立原 2006），西表島の浦内川からは407種（鈴木・森 2016）を超える魚類が記録されている。さらに，サンゴ礁を中心とした海域の魚類群集の多様性は，述べるまでもないであろう。しかも私が赴任したころは，ほとんどの種で，その生活史が明らかとなっていなかった。まさにパラダイスであった。ところが意外な落とし穴もあった。それは，種の多さに反して，各種の個体群サイズが小さいことであった。たくさんいるように思えても実は，それほど多くない。そのため，周年を通して標本を集めるには，採集能力の向上が必要不可欠であった。さらに各対象種に対する一種の“勘”のようなものも求められた。勘などというと，「何を非科学的な」という人もいると思うが，野外調査（フィールドワーク）にはこの“勘”がすこぶる重要である。嗅覚といってもよいこの“勘”は，天性で持ち合わせた学生もいるが，多くの場合，野外調査の経験を積むことによって磨かれていくものである。よく「いろいろな場所に調査に行けていいですね。野外調査は楽しいでしょう？」と聞かれることがある。いつも肯定的に答えている。確かに楽しくはあるが，本音を言うと“自分の調査”は，ワクワクする楽しい側面ばかりではない。どうにかして標本やデータをとらなくては，という気持ちが先走り，楽しむ余裕がないことも多い。むしろ楽しいのは，誰かの調査についていくときであったりする。ただ，この自分の調査に対するピリピリとした真剣さを伴った経験が積み重なると，徐々にいわゆる“勘”が育っていく。もちろん技術的な向上も伴っているのだが，＋αの何かが加わっていく。自分の研究対象としている魚と野外で“向き合った時間の長さ”が，その“生活史のより深い理解と新たな発見の種を育む”ような気がしてならない。

野外調査を行う際には，必ず綿密なフィールドノートを付けることをお勧めする。出発前の計画から，行き帰りの行程，野外でのすべてのことを記録しておくことが肝要である。はじめは面倒くさいかもしれないが，慣れてしまえば，むしろ書かないと気になって仕方が無くなるものである。自分の研究とは何の関係もないことも書いておくと，あとから記憶を辿る有効な手立てとなる。人の記憶とは曖昧なもので，時間とともに薄れたり，強調されたりする。前後関係が逆転したり，自分に都合の良い順番に記憶が並べ替えられたりもする。もし一生，野外での研究を続けたいと思うのであれば，フィールドノートは必須である。10年後，20年後にもその時の様子が正確に再現できる。野外での記録は，ポケットサイズの野帳（潜る場合には耐水紙の野帳）にできるだけ起きたこと見たことをその時間の経過とともに書き留めておく。重要なのは，その記録をその日のうちに別のものに書き写しておくことである。私の恩師，木村清朗先生は，記入したページを写真に撮っていた。私は，必ずその日のうちにA4のノートに転記するようにしている。その際，フィールドで書き損じていたことやコメントも付け加える。書き写すのは，その日に行うことがとても重要である。生来面倒くさがり屋の私は，“その日にやる”というルールを自分に課しておかないと，どんどん後回しになってしまうのである。実験室のラボノートとは異なり，野帳は頻繁に紛失する。ウエットスーツに入れていたことを忘れて，水中で紛失。ズボンの後ろポケットに入れたまま腰をかがめて落とす。気を付けていても繰り返してしまう。その日であれば，かろうじて再現できるが，数日前のこととなるともう無理である。今，改めて大学院生だった頃のフィールドノートを読み返すと，当時の情景がちゃんと蘇ってくるので不思議である。お試しあれ。

6. 亜熱帯での魚類生活史学のすすめ

琉球列島で魚類の生活史の研究を行うには，先入観を捨てることが重要である。琉球列島には，黒潮に乗って様々な仔稚魚が運ばれてくる。

その中には，これまで日本には生息していないと考えられていた種や日本における産卵期とは全く異なる時期に生まれたと考えられる種がいる。研究を始めた最初のころには，調べている種の沖縄島での産卵期とその加入個体が出現する時期のずれに悩まされたものである。沖縄島では夏に産卵する種の稚魚が，産卵期が終わった後もだらだらと加入してきたり，冬に加入してきたりする。それらの種は，琉球列島が分布の北限であることが多い。八重山やフィリピンなど低緯度地方の個体群では，沖縄島に比べ産卵期が長く，そこで生まれた仔稚魚が黒潮で運ばれてくるのであった。産卵期から推定される加入時期とは異なる時期の加入は，成長や年齢を調べるうえで厄介な存在である。ところが，この厄介な現象も，視点を変えてみると，その種の生活史戦略を多様化させている要因の一つであると考えると極めて興味深い。早く加入した個体と産卵期をとうに過ぎた時期に加入する個体では，その後の成長も異なり，同じ年級群の体長のばらつきが大きくなる。この生活史の初期に生じたばらつきを引きずる種もあれば，1年目の成長は早期加入個体が早いが，翌年，晩期加入個体が急激に成長して両者の差がなくなる種もいる。複雑ではあるが，限られた時期にのみ加入が起こるより面白いともいえる。

極めて多様な魚類群集を抱える琉球列島での仔稚魚を含む生活史の研究は，次々と新たな疑問や謎が湧き出てくる不思議な泉である。29年間，沖縄島を拠点として琉球列島で魚類の生活史を調べてきたが，明らかにできたことは，ほんの一部でしかない。亜熱帯の魚類やその生活史に興味を持つ中学生や高校生がいたら，ぜひこの先の道を切り開いていってもらいたい。君たちが拓いていく道を心から楽しみにしている。

4.7 イカナゴ：資源管理と環境変化の間で

日下部敬之

1. 半年を寝て過ごす魚

私がイカナゴ *Ammodytes japonicus* という魚に出会ったのは，大学の4回生になってから，しかも実物ではなく文献の中であった。研究室に所属して「ゼミ」なるものに参加するようになり，初めて回ってきた自分の発表の回に文献紹介したのが，東北海域におけるイカナゴ仔魚の日周鉛直移動と摂餌リズムに関する論文（Yamashita et al 1985）だったのである。この論文を選んだ理由は，おそらく単に担当教官であった田中克先生に勧められたからであったろう。私が生まれ育った京都では，当時イカナゴなどという魚は魚屋でも見たことがなく，まったくイメージが湧かない状態での文献紹介であった。ただ，その考察部分に書かれていた

「イカナゴ仔魚が昼間に浅い水深層に集まるのは，摂餌に必要な明るさを求めてではないだろうか」という指摘がなんとなく記憶に残った。

翌年，私は大学を卒業し，4カ月ほど研究室でブラブラしたのち，大阪府の水産試験場に中途採用で就職した。すると，大阪府ではイカナゴが漁獲されており，水産試験場でその漁獲量などを予測するための調査をしているという。幸か不幸か，私はすぐその冬から先輩職員と共に調査船に乗ってイカナゴ仔魚調査を担当することになり，それがその後25年ほども続くこととなった。

担当してみると，イカナゴという魚はとても変わった生態を持つ面白い魚であった。冷水性の魚であり（橋本 1991），大阪湾を含む瀬戸内海はその分布の南限であって，水温が高くなる夏場は体力の消耗を防ぐために海底の砂に潜って活動を休止してしまうのである。これを夏眠という。そして半年後，水温が一定まで低下すると海底の砂から起き出して，年末から年始にかけて一斉に産卵を行うが，その卵も夏眠場周辺の海底の砂粒に産み付けるのである。大阪湾内には大規模な夏眠場，産卵場は存在せず，大阪湾で漁獲されるものの大部分は，播磨灘でふ化した後に海流と共に明石海峡から大阪湾に流入してきた個体であり，大阪湾内で仔魚をネット採集すると，明石海峡近傍から時間経過とともに湾内全域に広がっていく様子がよく分かった。

私が担当となった昭和の終わり頃，大阪湾でイカナゴを漁獲する船びき網漁業者は乱獲による不漁を経験し，資源の管理に向けた模索を始めたところであった。イカナゴ漁の対象は孵化後約2カ月を経て全長3㎝ほどに成長した稚魚であるが，膨大な数の稚魚も大阪府と兵庫県合わせて約200船団が毎日漁獲するとみるみるうちに減ってしまい，将来の親として必要な数さえ残らなくなってしまう。イカナゴ資源を持続的に有効利用するためには，漁を終える資源水準を決めてそれを守り，資源を維持することと，発生量が少ない年にはできるだけ漁獲時期を遅らせ，成長による重量増加で尾数の少なさをカバーして漁獲金額を確保することの2点が重要であると考えられた。

2. 鉛直分布の形成理由は

そこでまず，年によって変動するイカナゴ仔魚の発生量を正確に把握するために，採集方法の再検討から始めた。そのためには，仔魚がどの水深層に分布し，それがどのような要因で変化しうるのかをまず押さえておかなければならない。湾内でMTD（元田式多層同時採集）ネットを用いて層別採集を繰り返したところ，東北海域（Yamashita et al 1985）と同様，大阪湾でも仔魚は昼間5～10 m深に多く，また成長した仔魚ほど浅い水深帯に多いことがわかった。要因としてまず思い浮かぶのは餌密度であるが，主餌料であるカイアシ類幼生の鉛直分布は仔魚のそれと対応していなかった。要因はやはり上記論文で示唆されていた明るさなのであろう，との考えに至り，飼育実験で明らかにすることにした。とはいえ私は学生時代も就職してからも魚類飼育の経験がなかったので，飼育実験には二の足を踏むところがあったのだが，先輩職員の「野外調査の結果を解析して仮説を立てたなら，つぎはそれを実験で検証するというのが，科学としてあるべき手順ではないか」という助言に「なるほど」と思い，やってみることにした。

その当時，伊勢湾においてイカナゴの夏眠生態を飼育によって研究されていた三重県水産研究所の山田浩且博士からイカナゴ親魚を分けていただき，人工授精を行って仔魚を飼育し，明るさを５段階に変えてワムシの摂餌数を比較する実験をしたところ，困ったことが起きた。所定の明るさで餌を食べさせた後にホルマリンを加えて仔魚を固定しようとすると，完全に死亡するまでの1，2分ほどの間に消化管の蠕動によって内容物が排出されてしまうのである。それでは正確な摂餌量比較ができないので，麻酔薬で麻酔させてから固定することも試みたが，やはり消化管の蠕動による内容物の排出は止まらない。いろいろ方法を試みた末に，大型冷凍庫の中でステンレスバットを冷やし，その上に置いたアルミ箔カップに，スポイトで実験槽から若干の飼育水ごと吸い上げたイカナゴ仔魚を滴下して瞬間的に凍らせ，その後改めて固定することで，消化管に入った内容物を排出させないで固定することができた。その結果，一定の明るさに摂餌の閾値があり（図1），現場の照度測定値とも一致したことから，イカナゴ仔魚は摂餌に必要な明るさを求めて浅い水深帯に分布するのだと結論づけることができた（日下部ら 2000）。

仔魚が明るさを求めて浅い水深層に集まるのであれば，透明度や天候によってその層は変動しうる。したがって発生量把握のためのネットの曳

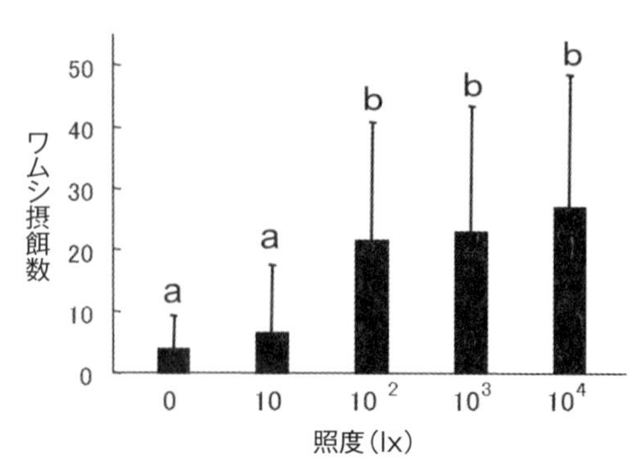

図1 イカナゴ仔魚１尾あたりの照度別のワムシ摂餌数（平均＋標準偏差）
（日下部ら2000を一部改変）
aとbの間で有意差あり（多重比較検定，$p < 0.05$）。

網方法は，表層曳きではなく鉛直曳きや傾斜曳きなど海中を鉛直方向に均等にサンプリングする方法でなければならない。そこで，ネットの形状比較も兼ねてリングネット鉛直曳きとボンゴネット傾斜曳きの比較試験を行った。するとボンゴネット傾斜曳きの方が採集効率が高く，大きなサイズの仔魚で特にその傾向が顕著であったのでボンゴネット傾斜曳きを採用することにした（日下部・大美 2003）。その後，ボンゴネットでの採集調査を続けたところ，仔魚の大阪湾への流入ピーク後にあたる1月20日前後の調査での仔魚採集数で，その年の大阪府漁獲量がおおむね予測可能であることが確認でき（図2），この採集方法に対する自信を持った。この季節は大阪湾でも六甲おろしで海が荒れることが多く，海水温も10℃程度まで下がって冷たいが，揺れる調査船の上でネットを取り込んで採集物を覗き込むときは，今年の発生量はどうだろうかと期待に胸を躍らせた。

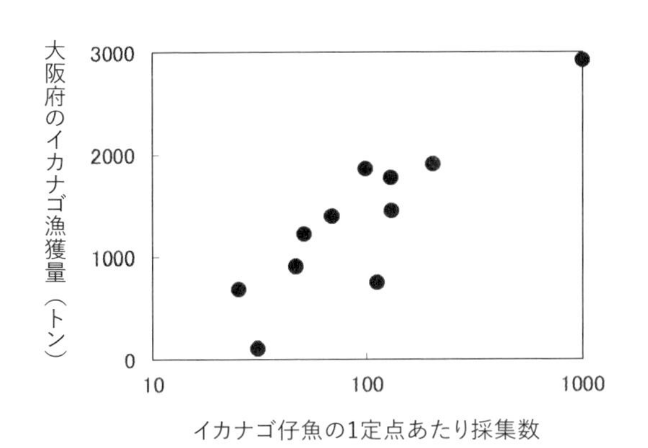

図2　1月20日前後の調査によるイカナゴ仔魚の1定点あたり平均採集数（濾水量補正済み）とその年の大阪府の漁獲量の関係（1999～2009年）（日下部未発表）

3. 加入量変動要因と資源管理

大阪湾で漁獲されるイカナゴは，播磨灘北東部を主な産卵場として，播磨灘，大阪湾，および紀伊水道の一部を回遊エリアとする地付き個体群である。この海域で本種は船びき網によってのみ漁獲されており，他にこの魚を漁獲する漁業はない。さらに，1年で成熟するために資源保護の努力がすぐに結果に表れる。これらのことから，船びき網の漁業者はイカナゴを「自分たちの資源」と捉えており，効果のある対策であれば，短期的に多少の痛みが伴っても積極的に取り入れようとする素地があった。そこで，「多い，少ない」というアバウトな予測や管理から一歩進めて，尾数ベースの資源モデルを構築して減少過程を再現し，より精緻な資源の管理を可能にしようと考えた。対象エリアでイカナゴを漁獲している兵庫県，岡山県，和歌山県，徳島県の水産試験場にも協力してもらい，それまで月別値しかなかった漁獲重量を旬別に分解して，それを旬ごとの平均体重で除し，旬別漁獲尾数を求めた。月別でなく旬別解析をした理由は，イカナゴ稚魚は成長が速く，月別で代表体重を与えると誤差が大きくなりすぎるためである。漁獲努力量でチューニングしたコホート解析法を用いて各年の資源量推定を行って，この個体群の1990～95年の加入量は平均1,600億尾であり，そのうちの約60％が漁獲され，30％が自然死亡し，10％が生き残るという結果を得た。年による加入量の変動幅（最大／最小）は2.1倍であった（日下部ら2004）。

この加入量変動を起こす要因は何なのであろうか？それを明らかにするために，これまでの知見や漁業者の経験から加入量に影響を与えそうな要因を取り上げ，ニューラルネットワークモデルを用いて加入量予測モデルを構築して各要因の寄与率を調べてみた。すると環境要因の中では冬季の西風がプラス要因として，前年9月底層水温がマイナス要因として大きく寄与しているとの結果になった（日下部ら1997）。冬季の西風はふ化した仔魚の拡散を助長して仔魚期の生残率を高め，さらには隣接する備讃瀬戸からの仔魚の添加も助長することで加入尾数を増加させる方向に働くと考えられた。前年9月底層水温は夏眠中に親魚が経験する最高水温の指標と考えられ，冷水性魚類であるイカナゴの再生産に高水温が悪影響を与えることが示唆された。

今から考えると，1980年代半ばから90年代にかけては当海域のイカナゴ地域個体群を支える基盤的環境が比較的安定していたのであろう。上述の加入量予測モデルに基づいた量的な見通しや，水温と成長速度との関係（日下部ら2007）を用いた成長見通しは比較的よく的中し，その結果，漁業者も私たちの助言に基づいて漁獲戦略を立てるようになった。加入量予測に基づいて漁業者がその年の解禁基準サイズを決め，次に試験操業を行って，得た漁獲物のサイズとその年の予測成長速度から基準サイズ到達日を予測して解禁日を決定するという解禁までの流れと，本稿では述べられなかったが漁期中にCPUEをモニタリングして一定値を下回れば翌年の親魚確保のために終漁する（玉木ら1998）という考え方が漁業者に定着し，一方では「くぎ煮（生のイカナゴを材料とした佃煮）」材料用鮮魚販売の拡大努力の効果もあって，兵庫県と大阪府のイカナゴ漁獲金額は，2000年前後には1980年代の約2倍にまで増加した（日下部ら2008）。資源の科学的管理は成功したかにみえた。ところが，当海域のイカナゴはその後2000年代半ばから極端な豊凶を繰り返しつつ減少し，2010年代後半になると，年によってはほとんど操業ができない水準にまで激減してしまったのである。

4. 乱獲か環境変動か

1990年代に平均2,000トン強であった大阪府のイカナゴ漁獲量は，2015年からの5年間平均では240トンあまりに減少し，大問題となった。近隣県の漁獲量も相前後して減少しており，各府県においてさまざまな原因究明の努力がなされた。また国の水産研究・教育機構も2016年から「イカナゴ瀬戸内海東部系群」として資源の動向把握や統一的な調査の実施などの取り組みを開始した。ここでいう「瀬戸内海東部系群」とは，今まで述べてきた播磨灘北東部を主産卵場とする群と，備讃瀬戸を主産卵場として備讃瀬戸，播磨灘で漁獲される群を合わせた概念である。両者はまったく独立したものではなく，播磨灘で一部生息域が重複し，部分的に混合していると考えられる。

私たち関係者は，これらの調査研究による最新情報を，現在進行形のものも含めて共有し今後の方向性を検討するため，2018年11月に「東部瀬戸内海のイカナゴ資源と漁業を考える」と題したシンポジウムを開催した。このシンポジウムは水産海洋学会の地域研究集会として開催したもので，参加者291人中134人が漁業関係者であり，漁業者の危機感の強さを痛感した。その中ではまず瀬戸内海東部系群の資源減少状況がレビューされた後，備讃瀬戸では夏眠場が海域的特性により高水温にさらされやすく，すでに再生産に悪影響を及ぼしている可能性があること，播磨灘では餌料不足が再生産に影響して次世代を減らすというスパイラルに陥っている可能性があること，大阪湾の低次生産速度や餌料環境は播磨灘に比べるとまだはっきりとした悪化がみられていないこと，などの見解が出された（水産海洋学会ら 2019）。

これらはいずれも見解が示されたというだけであり，備讃瀬戸や播磨灘の減少要因がそれであると決まったわけではない。ただ，当海域のイカナゴの寿命が3年程度であり，特に播磨灘北東部産卵群に関しては資源管理を行いながらある程度安定した漁獲量を10年以上保っていたことから考えて，最近の資源急減の主たる要因は漁獲以外の，高水温や餌料不足といった環境変化であると考えるのが妥当であろう。

5. 求められる実学的アプローチ

2021年6月に瀬戸内海環境保全特別措置法が改正され，「生物の多様性及び生産性の確保のための栄養塩管理」が法の目的に加えられた。これにより，当海域のイカナゴの減少要因候補として挙げられた環境要因のうちの餌料不足については，その可能性の確度が高いということになれば，改善のための栄養塩増加措置を実施することが法的に可能となった。すでにそれ以前から冬のノリ養殖時期の栄養塩枯渇対策などのため，定められた範囲内で下水処理場の放流水栄養塩濃度を高めで放流する取り組みが各地で始まっているが（国土交通省水管理・国土保全局下水道部 2021 年）脚注 1)，法改正を受けて，今後は漁業関係者を中心にさらなる栄養塩増加措置を求める声が上がってくると考えられる。私たち水産研究者は漁業を支える実学の担い手である。データからある程度確からしいと判断すれば，社会に対して積極的に栄養塩管理の必要性を提言していくべきであろう。その場合，提言の相手は直接漁業と関係のない住民も含んだ地域社会全体である。これまで漁業者との資源管理の議論では不要であった「イカナゴの必要性」から理解してもらわなければならない。地域社会におけるイカナゴの社会的あるいは文化的位置の視点も含めた，水産研究者の発信力の高さが問われよう。一方で，栄養塩増加措置を実施する際には，栄養塩からイカナゴに至る海の生態系メカニズムに対する私たちの理解がまだまだ不十分であることを踏まえ，さまざまなモニタリングによって海洋生態系の反応を観測しながら慎重に「順応的管理」を進める必要があろう。

4.8 Goby problem への挑戦

ハゼ目は暖温帯域から熱帯域にかけての沿岸海域から淡水域で繁栄を遂げた一大分類群である。しかしながら，仔稚魚の形態記載が不十分で種同定が困難を極めるうえに，採集具の目合が少し大きいだけで小型ハゼ類（例えば，マングローブ水域の場合，成魚で体長 1 ～ 3 cm ほどのキララハゼ属やゴマハゼ属，スナゴハゼ属，ゴビオプテルス属）が効率的に採集できず，生息量や多様性が過小評価されてしまう「Goby problem」が起きている（Yokoo et al 2012）。生前，沖山宗雄先生は，沿岸域における魚類群集研究のモデルとしてハゼ類が極めて有用な可能性を強調されたうえで，「幼期の分類に関する問題点は近い将来に大幅に解決されることが期待される」と記されている（沖山 2003）。このお言葉は，このころに学部生・大学院生で，各地でハゼ類の初期生活史研究に興味本位で猛進していた横尾，前田，原田，加納を含む若手（当時）に向けられた，あたたかな眼差しであったのだと，今にして思われる。あれから 20 年が経過し，Goby problem への挑戦はまだ道半ばであるが，本稿では私たち 4 名のこれまでの試行錯誤の一部を紹介しておきたい。

4.8.1 マングローブ水域のハゼ類群集

横尾俊博

インド・太平洋のマングローブ水域は，水産有用種を含む多くの魚類の成育場であり，その魚類群集に関して多くの研究が行われてきた。し

脚注1　国土交通省水管理・国土保全局下水道部. 2021. 栄養塩類の能動的運転管理に関する事例集: https://www.mlit.go.jp/mizukokudo/sewerage/content/001397912.pdf

かし，前述の「Goby problem」のために群集全体へのハゼ類の貢献度が過小評価されていると思われた。こういった背景のなかで，もともとマングローブ域のハゼ類の分類や生態に興味があり，その稚魚となれば，さらに奥が深くておもしろそうだ…との思いから，次のような研究目的を設定した。マングローブ水域において，目合の細かな調査用漁具で網羅的な採集調査を行い，得られたハゼ類稚魚を稚魚学の手法を駆使して種同定すること，そのうえで，ハゼ類稚魚の群集構造を解明していく…というものである。

1. 種同定への挑戦

調査は，1999年と2000年の雨季に，タイ王国南部に位置するトラン県シカオのマングローブ水域で行った。当時，この調査地では，東大・東京水産大と現地のRajamangala大学の研究グループ（日本側代表は黒倉寿先生）が水産養殖業や自然環境について調べており，そのなかの河野博先生が率いる仔稚魚班（河野先生，加納さん，Prasert Tongnunuiさんたち）の調査に加えていただいた。約10 kmにわたるマングローブ水路の上流から下流とその周辺海域に設定した計12定点において小型地曳網（開口幅4 m，目合1 mm）で得られた標本から，ハゼ類（図1）を抽出して稚魚のタイプ分けを行い，論文や図鑑などの既存知見か

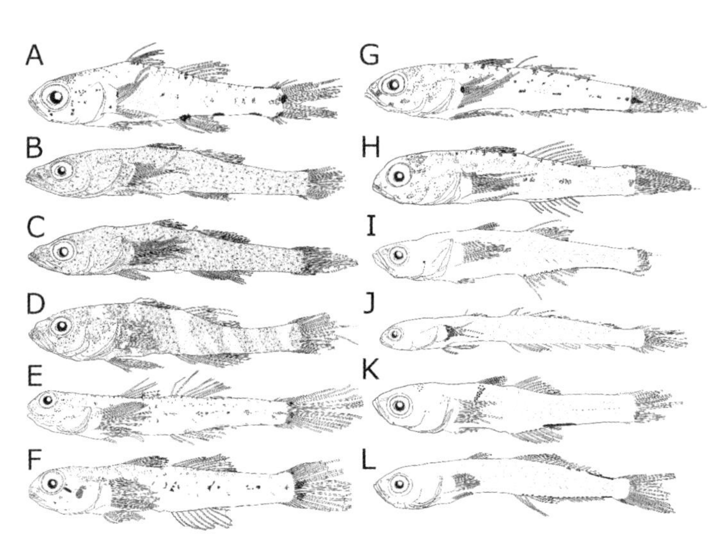

図1 タイ王国トラン県シカオのマングローブ水路で得られた代表的なハゼ類稚魚

A：*Pandaka pygmaea*, B：*Butis butis*, C：*B. humeralis*, D：*B. koilomatodon*, E：スナゴハゼ属の1種1, F：スナゴハゼ属の1種2, G：*Acentrogobius kranjiensis*, H：メジリハゼ, I：ゴビオプテルス属の1種, J：サルハゼ属の1種, K：*Stigmatogobius* sp., L：サツキハゼ属の1種。

ら種同定を試みた。

まず明らかになったのは，最も優占するハゼ類が，体長 9 mm で成熟する世界最小魚類の一つのゴマハゼ類 *Pandaka pygmaea* ということであった。本種の稚魚については，背鰭・臀鰭条数が少なく，腹面に特徴的な黒色素胞をもつことから同定できた。しかし，それ以外のハゼ類については，属レベルの見当はおおよそつくものの（属すらまったく不明なものもいくつかあったが），種レベルでの同定には至らなかった。これではハゼ類稚魚の群集構造を調べるなど，不可能である。そこで，それぞれの属のハゼ類稚魚を片っ端から顕微鏡で観察し，せめて属のなかでいくつかのタイプに分けられないかを検討することにした。

一見して全身が黒く，選別しやすいノコギリハゼ属 *Butis* は，体側や腹鰭の黒色素胞パターンから 3 タイプに分けられた。タイ南部に分布する可能性がある本属 5 種の成魚などの形態的特徴とも比較しながら精査した結果，3 タイプが 3 種に同定され，自身初の論文で稚魚の形態を記載した（Yokoo et al 2006）。頭部が丸く独特な顔立ちのスナゴハゼ属 *Pseudogobius* の稚魚も，スナゴハゼのほか 2 タイプに分けられたため，それらの形態を別の論文に記載することができた（Yokoo et al 2008）。次に注目したのは，ハゼ類稚魚の全個体数の 2 割ほどを占めるキララハゼ属 *Acentrogobius* だったが，これは成魚でも分類が難しい種群である。調査地でよくみられる成魚は 4 種（ただ，ほかにも未知の数種がいそう…）であったが，既知種であっても成魚の形質は稚魚では使えず，当初，稚魚の同定は不可能と思われた。大量の稚魚のタイプ分けを試みると，体型と黒色素胞パターンの異なる 2 タイプだけが大半を占めていることまでは突き止められたが，精査を繰り返しても，種同定の決め手となる形質を見つけられなかった。そこで，この 2 タイプについては，当時流行りはじめていた DNA バーコーディング技術，すなわち，ミトコンドリア DNA の塩基配列に基づく種同定手法を用いたところ，調査地で成魚が多く出現する *A. kranjiensis* と *A. malayanus*（現在はメジリハゼ *A. ocyurus* とされている）であることがわかり，これら 2 種の稚魚の形態を記載した（Yokoo et al 2009）。

2. ハゼ類稚魚の圧倒的優占

6 年間稚魚標本の精査を続け，経験を積み重ねていくうちに，種もしくはタイプまで同定できるものが徐々に増えていった。最終的には，シカオのマングローブ域で得られた仔稚魚を中心とした魚類 2 万 3 千個体のうち，ハゼ類は計 36 種・タイプの 1 万 1 千個体とタイプ分けすらできない 3 千個体であり，個体数では全体の 6 割以上にもおよぶことが判明した（Yokoo et al 2012）。残りは他の沿岸魚類計 60 種の約 9 千個体（主にカタクチイワシ科，クロサギ科，ヒイラギ科など）で，ハゼ類は種数でも全体の4割近くを占めていた。すなわち，マングローブ域の仔稚魚群集において，ハゼ類が圧倒的に優占することが示されたことになる。

ちなみに，同時期に同じ調査地で実施された目合の粗い小型地曳網（目合3 mm）を用いた調査結果（Ikejima et al 2003）と比べると，今回の小型地曳網（目合1 mm）の調査では，先述したゴマハゼ類を含む小型ハゼ類のほか，稚魚のみが出現する種が多数採集されたことで，ハゼ類の総出現種数が1.8倍となった。深遠なGoby problemの一端が，ここにも垣間見える。

3. ハゼ類群集の実態に迫る

マングローブ域でのハゼ類の種数・個体数は，水路の上流の定点と中流の一部の定点で多く，また，泥分が高いほど多く，塩分が高いほど少ない傾向がみられた。優占種のゴマハゼ類やキララハゼ類の個体数についても，同様の傾向を見出せた。上流側で種数・個体数ともに多いという特徴は，マングローブ水域を一時的に利用する他の沿岸性海水魚とは全く逆のパターンである。沿岸性海水魚の種数や個体数が河口域の上流側に向かうほど減るのは，低塩分で高濁度の水塊が遡上を妨げるからだろうと考えられている（Blaber et al 1989）。一方，上流側で多いハゼ類については，河口域の限定された場所で浮遊仔魚期を過ごすことや，そのような水塊を捕食者からの避難場として利用するという適応的側面からも説明しうるかもしれない。

泥底・低塩分環境の地点で頻繁に見られた種は，泥底もしくは甲殻類の巣穴で定位するキララハゼ類やサルハゼ類，マングローブの根のような複雑な構造周辺で過ごすノコギリハゼ類，静穏水域に高密度の群れで自由遊泳するゴマハゼ類，透明な体で遊泳するゴビオプテルス類，マングローブリターなどを隠れ家とするクロコハゼ類，泥底のタイドプールに生息するスナゴハゼ類などであった。それゆえ，多様なハゼ類相は，これらの地点のマングローブ周辺にある様々な微小生息場所の存在と関連付けられそうである。

4. ハゼ類稚魚は生物指標となるか？

過去数十年のうちに東南アジアでは広大なマングローブ域が人間活動の影響で消失しており，マングローブ域をいかに効率的に保全・再生するかの検討が急務となっている。現在，各地でマングローブ植林活動などが行われているが，その効果を生態学的な機能から評価している事例は少ない。今回の調査では，ハゼ類稚魚の空間的分布が塩分や泥分などの環境変量や種ごとの微小生息場所利用と関連付けられた。先達が予見したように（沖山 2003），ハゼ類稚魚は生物指標として潜在的に役立つものと考えられる。様々な環境改変に対するハゼ類稚魚の応答を，今後ともさらに検討していくことが望まれる。

4.8.2 仔稚魚からの発見 ─ ミミズハゼ属の事例

前田　健

ハゼ類は多数の種を含み，成魚でも識別が難しいものが多い。仔稚魚はなおさらで，その形態が知られている種は少なく，また成魚に見られる識別形質が使えない場合が多いので，識別をためらう人が多いのが現状である。

しかし，仔稚魚の方が採集しやすく，識別が容易な場合もあることは，あまり知られていないかもしれない。例えば，地下水や砂利の中に潜むミミズハゼ属，泥の中で生活するワラスボ類など，成魚が特殊な環境に住む場合，通常の魚類採集では採集されないし採ろうにも簡単には手が出せない。そのような魚でも，仔稚魚は他の魚と生息環境を共有しているために普通に採集され，さらに特徴的な色素胞によって一目で識別可能なものも少なくない。ここではそのような事例の1つとして沖縄のミミズハゼ属を紹介したい。

ミミズハゼ属は，細長い体つきのハゼ類で，海岸や河川の砂利の中に潜む種を多く含む。ドウクツミミズハゼのように洞窟や地下水に住む種や，カワリミミズハゼのように海底から採泥器で得られる種もある。いずれも昼間から開けた場所にいることは少なく，採集するには地道に砂利を掘り続けるしかない。

私が仔魚の採集を始めた1990年代末頃，沖縄島には「ミミズハゼ *Luciogobius guttatus*」1種のみが分布するとされていた。この魚は，ミミズハゼとは別種であることが明らかとなり，現在ではミナミヒメミミズハゼ *Luciogobius ryukyuensis* と呼ばれている。本種の成魚は河川汽水域や淡水域下流部の流れがある場所の砂利を掘ると見つけることができる。汽水域で産卵し，孵化した仔魚は1カ月ほど海で成長し，標準体長約10 mmで河川に加入して着底する（Kondo et al 2012，前田 2016）。着底直前の仔魚は河口周辺や汽水域で小型曳網を用いて多数採集することができる。しかし，沖縄島で採集された仔魚には形態がはっきりと異なる複数のタイプが含まれた。ほとんどは着底直前のステージなのであるが，体長が異なり（つまり着底時の体長が異なる），体形が異なり，鰭条数や脊椎骨数も異なり，色素胞の配置も異なるため容易に識別された（図1）。それらのうちの1種はミナミヒメミミズハゼと同定され（図1A），他は明らかに別種と考えられた。私は，2003年から2004年に採集された6種の形態を論文に記載して発表したが（Maeda et al 2008），その後も様々な種の仔魚が採集され，少なくとも11種のミミズハゼ属が沖縄島に分布することが分かった。それら11種の仔魚はその形態で明確に区別できる。

そうなると当然成魚を見つけたくなる。仔魚を採集した場所の周辺など，心当たりの場所を探すと，それらのうち7種の成魚や稚魚を見つけることができ，それぞれ生息環境が少し違うことも分かった。しかし，残る4種の成魚は未だ野外からは見つかっていない。採集した仔魚を飼育することにより，それら4種のうち3種の成魚の標本を得ることができたが，残る1種は，それもできておらず，成魚の形態は全く不明である（図1J）。

11種の中には孵化直後の仔魚しか見つかっていない種もある。ある時期に川にプランクトンネットを設置すると川を流れ下る仔魚に出会うことができるものの（図1K），その稚魚や成魚は野外では見つかっていない。本種はおそらく河川伏流水中に生息し，生息範囲も限定されているはずだが，流れのある川底を掘って小さなミミズハゼ属を見つけることは困難である。それを飼育して得られた成魚は，本州の河川伏流水中から見つかっているナガレミミズハゼに類似する。

仔魚を調べていなければこれらのうちの一部しか見つかっていなかった可能性が高いし，そもそもミミズハゼ属の多様性に気付いて調べることもなかったかもしれない。透明な体に黄色とオレンジ色の色素が目立つ仔魚は，成魚の地味な印象をくつがえす美しさを持つ。仔稚魚は発見の入口と言えるだろう。

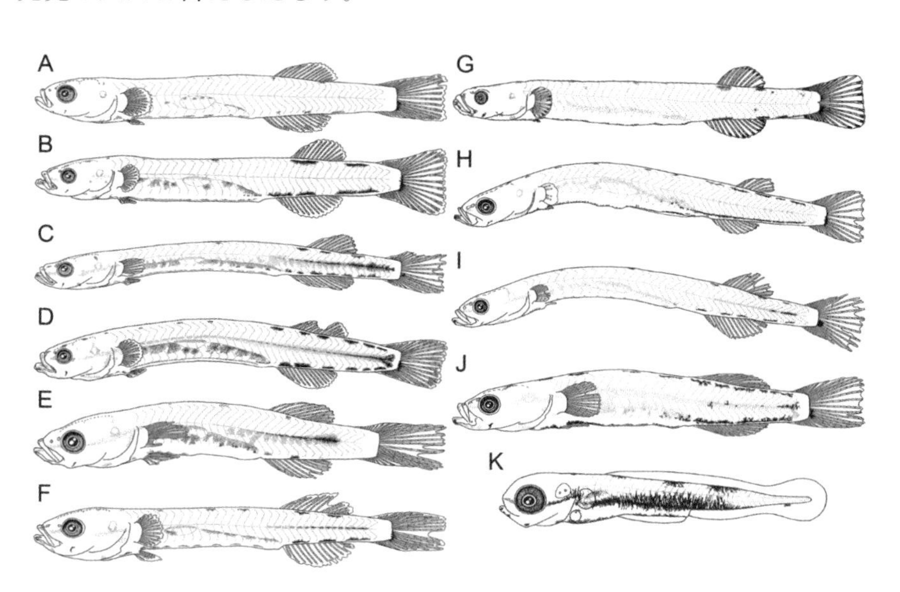

図1 沖縄島で採集されたミミズハゼ属11種の仔魚
（A ～ F Maeda et al 2008；G ～ K　前田・近藤未発表）

4.8.3 未知の仔稚魚を採集する－ウキゴリ属の事例

原田慈雄

仔稚魚の形態や生活史が全く，またはごく一部しか知られていない種は沢山いる。「この魚の仔はこの様な姿に違いない」と妄想し，出現時期・場所を推測しながら調査計画を立て，網を曳いてまわり，採集物が入ったタライを覗き込む瞬間，さらには，研究室で採集物を選り分け，実体顕微鏡で確認する瞬間は，まさに胸躍る瞬間である。私が大学院時代に研究したウキゴリ属魚類もそのような対象であった。本属魚類は，河川型，湖沼型，淡水性両側回遊型，汽水型，内湾型と多様な生活史型を持つことが知られていたため，その生活史や個体発生の進化に興味を持ち，できるだけ多くの種の仔稚魚を採集することから研究を開始した。

1998年当時，本属は日本には15種（分類学的に未整理であったジュズカケハゼ地域個体群も種としてカウント）が分布すると考えられていた（現在ではコシノハゼが加わって16種）。仔稚魚の情報が断片的にでもあったものは10種で，キセルハゼ，エドハゼ，ヘビハゼ，ムサシノジュズカケハゼ（当時のジュズカケハゼ関東流域型），ホクリクジュズカケハゼ（当時のジュズカケハゼ富山型）については情報が無かった。なお，仔稚魚の形態が既知の種に関しても，識別形質が不明確で，同定が困難な種もあったため，識別形質を明らかにして記載することを目指し，研究を進めた（原田 2014）。エドハゼについては，同時期に研究を行っていた加納さんらが，酷似するチクゼンハゼ（エドハゼの最近縁種）仔稚魚との識別形質を明らかにした素晴らしい論文を発表された（加納ら 1999）。ホクリクジュズカケハゼの仔稚魚は今も報告されていない。残りの3種の仔稚魚は，以下のような過程を経て発見された。

私のメインフィールドは，汽水域に生息するウキゴリ属4種，中でも当時は「幻」であったキセルハゼの分布が報告されていた兵庫県千種川であった。なぜ「幻」か？鈴木・増田（1993）が千種川で6個体の成魚を採集するまで，原記載（Tomiyama 1936）の広島産1個体しかその存在が知られておらず，本種は「クボハゼの極めて大きな個体」と考えられていた（明仁親王 1988）程だからである。千種川では調査を手伝ってもらっていた先輩から「鬼軍曹」と呼ばれるほど，干潟で桁網や小型曳網等を人力で曳き，2年間の調査を通じてウキゴリ属5種の仔稚魚の分布や接岸のタイミングを比較することができたが（原田 2016），キセルハゼは着底個体を4尾採集しただけで，浮遊期仔稚魚は不明のままであった。そんな浮遊期仔稚魚が発見されたのは，思いもよらないことからだった。野外調査と並行し，進化を論じるベースとして分子系統樹の作成を行っていた筆者らは，特にイサザ，ウキゴリ，シマウキゴリ，スミウキゴリからなる単系統群について少し詳しく調べていた（Harada et al 2002）。研究室では若狭湾や筑後川を中心に，日本全国でお互いに協力しあって調査を行っていたので，これらの調査で採集された標本も使わせてもらっていた。筑後川の調査では，ウキゴリのような黒色斑を持つ浮遊期仔稚魚が多数採集されており，筆者を含め皆が「ウキゴリ」と思っていたが，少しプロポーションが異なるような気もしていた。当時の研究室では，筑後川での大陸遺存種（個体群）に関する研究が精力的に行われていたこともあり，「筑後川産ウキゴリ仔稚魚」はウキゴリの大陸遺存個体群かもしれないと色気を出して分子系統解析に加えてみたのである。結果はご推察のとおり，この仔稚魚がキセルハゼ成魚の塩基配列と一致し，とても興奮した。成魚の形態が似ているクボハゼのように，背面の黒色素胞が目立たない仔稚魚を想像していた私の予想は見事に外れた（図1）。成魚の報告が無い場所で，仔稚魚を先に発見するというのは前項の前田さんのミミズハゼ属の事例と同じで，キセルハゼ成魚は潜孔性が強く，長い期間にわたってなかなか採集されなかったのだろう。

一方，ヘビハゼやムサシノジュズカケハゼの仔稚魚はほぼ狙い通り採集できた。これらは東日本に分布する種であり，分布地が当時の拠点であった京都府舞鶴市からは遠く離れていたため，旅費や時間の都合上，何度も調査に行くことは難しく，基本はテント泊調査という強行軍であった。まずは文献で成魚の分布域を調べ，次にヘビハゼについては成魚の生息場所を絞り込むため，夏に宮城県松島湾に行き，現地を見回ってここぞという場所で小型曳網を曳き，成魚を確認した。続いて，仔魚の出現時期と予想した翌年の5月に再訪し，仔魚を採集することができた。仔魚の採集は，仔魚の溜まりそうな場所を想定して曳網することが重要で，この時は漁港内の胸ぐらいの水深の中層～近底層で採集された。ヘビハゼ仔魚は最近縁種のニクハゼにかなり似ているだろうと予想していたが，尾柄背・腹面の黒色素胞が思ったよりも目立ち，プロポーションも異なっていた（図2）。

ムサシノジュズカケハゼについては，東京都多摩川へ5月に採集に行

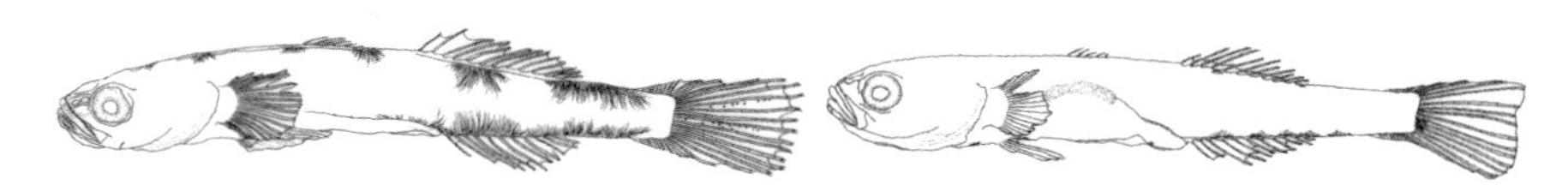

図1　キセルハゼ浮遊期稚魚（左，体長 14.7 mm）とクボハゼ後屈曲期仔魚（右，体長 10.4 mm）（原田 2014）

図2　ヘビハゼ後屈曲期仔魚（左，体長 11.3 mm）とニクハゼ稚魚（右，体長 14.5 mm）（原田 2014）

き，仔稚魚が溜まると想定したワンドで調査を行った。最初は小型曳網をワンドの中で曳いたが全く獲れず，半ば諦めてうろうろしていると，水際の仔稚魚が目に留まったため，タモ網で採集した。それが本種の仔稚魚であった。汽水型のビリンゴや，本調査の数日前に茨城県涸沼で採集したジュズカケハゼとは明らかに異なっていて，近縁種よりも小さい体長でしっかりとした身体が出来上がって接岸しており，河川から流されにくいように進化したことが明白であった（図3）。

このような水際で，タモ網だからこそ効率よく採集できたケースは他にもあり，チクゼンハゼやエドハゼの着底稚魚もそうであった。身近なところで，タモ網一つで新たな発見に至ることがある。時には大きく予想が外れる。それがたまらなく面白い。

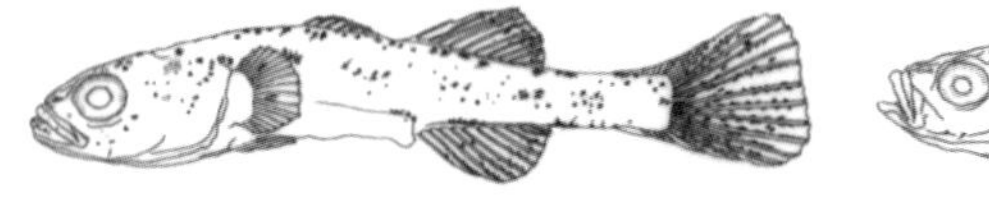

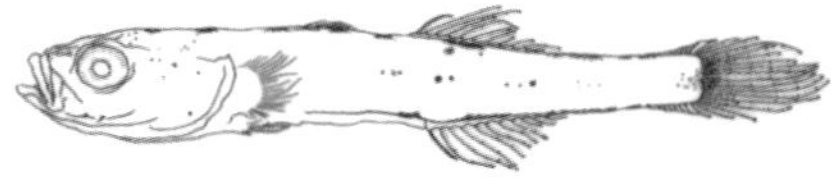

図3 ムサシノジュズカケハゼ（左，体長9.0 mm）とジュズカケハゼ（右，体長12.1 mm）の稚魚（原田2014）

4.8.4 ヌマチチブの初期生態を探る：淡水湖での回遊と成育場

加納光樹

ヌマチチブ *Tridentiger brevispinis* は，国内では北海道から九州にかけての河川中流域から汽水域，湖沼やため池などでよく見かけるハゼである。私が勤務している臨湖実験所の前にひろがる霞ヶ浦（面積220 km^{2}の日本第2位の淡水湖）でもありふれた種で，他のハゼ類とともにゴロと総称され，稚魚が佃煮の主原料として利用されてきた。霞ヶ浦でのゴロ漁獲量は1978年の最盛期に4,733トンもあったが，2010年以降は10トン未満で推移しており，資源増加を図ることが急務となっている。だが，いわゆるGoby problemのせいで，ヌマチチブの初期生態はナゾにつつまれたまま。既存の報告でわかるのは初夏から晩夏に岸近くの石の下などで産卵し，体長3 mm未満の卵黄嚢仔魚で孵化するところまで…。対策の検討の前に，そのナゾを紐解く必要があった。

まずは，霞ヶ浦産ハゼ科仔稚魚の識別方法の確立に取り組んだ。当時，私の部屋の卒論生であった百成渉さんがヌマチチブの上屈後仔魚から稚魚を，トウヨシノボリ類と比較しながら記載した（百成ら2012）。さらに，タイミングよく，東京海洋大の河野博先生の研究室で博士課程に在籍していた赤木光子さんが，東京の洗足池で採集したヌマチチブとクロダハゼの卵黄嚢仔魚から上屈後仔魚を記載してくれた（赤木ら

2014)。これらの知見のほか日本産稚魚図鑑を併用し，霞ヶ浦産ハゼ類6種の仔稚魚期での識別方法が確立され，ゴロ稚魚のなかでヌマチチブが優占種であることもわかった。

1. 湖での接岸回遊

初期生態の調査地として，霞ヶ浦の一部を構成する北浦（面積36 km^2，最大深度7 m）を選んだ。北浦は1974年の常陸川水門の完全閉鎖以降，潮汐の影響が失われた淡水湖で，水質汚濁も慢性化している。ほぼ全周がコンクリート護岸で築堤され，ヨシ帯（ヨシを主とする抽水植物群落）が減少傾向にあり，外来魚も多い。この状況を逆手にとれば，人為的な環境改変が稚魚に及ぼす影響を調べやすいフィールドといえなくもない。まず，浮遊期仔稚魚の時空間的分布と稚魚の主な着底場所を明らかにするため，沖帯（湖心付近で，水深約6～7 m）の表層（水深1 m），中層（水深4 m），底層（湖底）と沿岸帯（水深1 m以浅）で，2年間にわたって仔稚魚採集を続けた（百成ら2016）。沖帯では稚魚ネットやソリネットを船で曳いたが，曳網時のロープの長さや深度の調整のノウハウは，学生時代に自前のアルミボートで様々な漁具を操っていた荒山和則さんに教わった。沿岸帯ではソリネットと小型地曳網を人力で曳いた。この一連の採集は，百成さんのほかに，碓井星二さん，金子誠也さん，柴田真生さんら学生たちが行った。

ヌマチチブの上屈前仔魚は沖帯の表・中層に分布しており，飼育下の知見から逆算すると，岸際で孵化した仔魚が数日のうちにそこまで分散すると考えられた（百成ら2016）。前出の洗足池では，本種の孵化直後の仔魚がクロダハゼと比べて沖に広く分散することも示されている（Akagi et al 2018）。より発育が進んだ上屈中仔魚から上屈後仔魚も沖帯の表・中層に分布していたが，体長11 mm以上の浮遊期稚魚は沖帯の底層に多く出現した。通常，ハゼ類では各鰭が完成した浮遊期稚魚の時点で十分な遊泳能力を獲得していること（Kanou et al 2004），また，一部の通し回遊魚や沿岸魚の浮遊仔稚魚が接岸前に沖側の近底層に集まる習性をもつことなどから，本種の浮遊期稚魚も沖帯底層に能動的に集まるものと推測された。さらに，着底期から底生期の稚魚の出現状況から，稚魚は成長するにつれて沖帯から沿岸帯へと生息場所をシフトすると考えられた。このような「接岸回遊」が，湖沼に生息する魚種で明確に捉えられた例は極めて少ない。接岸に伴って，底生期稚魚の餌が動物プランクトンから付着藻類やユスリカ類幼虫，ヨコエビ類などへ変化する傾向も認められた。これには生息場所間での餌環境の差異が関わっていそうなため，接岸回遊は餌利用の観点で適応的であると考えられた。なお，霞ヶ浦産ハゼ類の仔稚魚が接岸しはじめる発育段階は種によって異なり，河川によく遡上する種ほど早期に接岸する傾向がある（柴田ら2020）。

2. 成育場とその保全

沿岸帯のどのような環境に底生期稚魚が多いのかを把握するため，ヨシ帯と護岸帯およびそれらの沖側 20 ～ 40 m の開放水域に設定した 90 地点以上でソリネットを曳網するとともに，水質や底質，ヨシ生育密度とヨシ根元のえぐれの奥行，餌生物の個体密度などを調べた（百成ら 2016）。まず，底生期稚魚の個体数密度は，ヨシ帯の方が護岸帯や開放水面よりも約 8 ～ 15 倍も高く（図 1），ヨシ帯の消失は稚魚の生

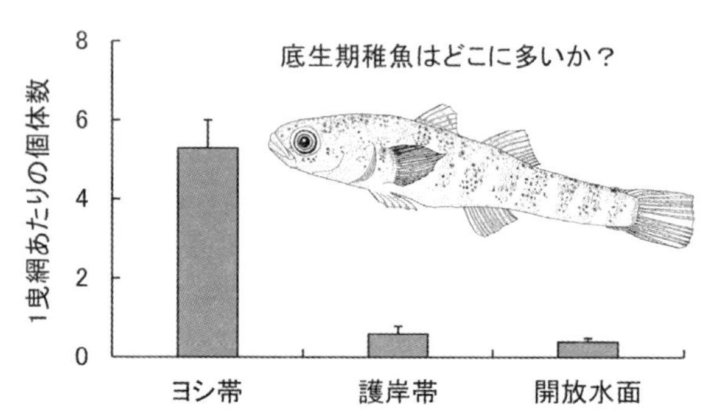

図 1　北浦の沿岸帯の各生息場所におけるヌマチチブ底生期稚魚のソリネット 1 曳網（7.5 m²）あたりの個体数

*百成ら（2012, 2016）に基づき作図。

息に大きな影響を及ぼしていると考えられた。さらに，環境との関係を解析したところ，稚魚はヨシ根元のえぐれが深く，泥分が多い場所に多く生息していた。ヨシ根元のえぐれは隠れ家になるほか，定位しやすい緩やかな水流環境を形成することで，好適な生息環境になっていると思われた。ヨシ根元のえぐれは，大規模なヨシ帯があれば波浪作用などで自然と形成されるものであり，人為的に創出する必要はない。しかし，百成さんら学生たちの努力で解明されたこの一連の成果が 2016 年に公表された後，わずか 8 年のうちに調査地のヨシ帯が治水や利水のための高水位管理時の波浪などにより急減し，ヨシ根元のえぐれどころかヨシ帯自体が消失しかかっている。稚魚は減るばかりである。すぐ沖側に波浪防止の構造物を設置すればヨシ帯は残るが，穏やかな水域を好む外来魚が多くなってしまう。ヨシ帯の保全・再生事業は盛んに行われているが，その実効性をいかに高めるかについて，考えつづけている。

4.9 まぐろ研究の現場から

4.9.1 クロマグロの生物学

田和篤史

1. クロマグロ

日本人にとってクロマグロと言えば，とても聞きなじみのある魚の名前であろう。しかし，そのクロマグロとはどんな魚かといわれて答えられる人は一体どのくらいいるだろうか。イメージとしては大きい，美味しい，高級魚，津軽海峡・大間などが出てくるのではないかと想像するが，生態や生物学的なところはなかなか浸透していないように思う。対象とする生物の生き様（生活史）を知ることは，その生物への興味関心を掻き立て，そこから食資源としての理解にもつながってくると筆者は考えている。クロマグロの持続可能な利用を実現するための第一歩として，できるだけ多くの方にこの生活史を知らせることが重要と考えている。本節では水産研究・教育機構水産資源研究所でクロマグロの生物研究を担当している３名の著者により，これまでの野外調査研究や飼育研究から明らかになってきた本種の基礎的な生態や初期生活史について解説する。

2. 分類

生物を理解するにはまず分類から始める必要がある。生物分類とは生物を様々な特徴（種類・性質・系統など）に従って分けることであり，この作業によってその生物の分類学的な位置や大まかな類縁関係などを知ることができる。クロマグロ *Thunnus orientalis* の現在の分類学的な位置は，脊索動物門＞脊椎動物亜門＞条鰭綱＞スズキ目＞サバ科＞サバ亜科＞マグロ族＞マグロ属＞クロマグロとなる。後半２つの分類群が同じ『ぞく』という読み方なのがとても煩わしいが，マグロ属の中にはクロマグロ，キハダ，ビンナガ，メバチ，コシナガ，ミナミマグロ，タイセイヨウクロマグロ，タイセイヨウマグロの８種が含まれ，前者５種が日本近海にも分布する。その５種の中で標準和名にマグロとつくのはクロマグロのみであるということも強調しておきたい。よくキハダマグロやメバチマグロなどと称されることがあるが，それは和名としては正しくない。また，マグロ類と呼称される場合は，英語の True tuna のことを指している場合が多い。その場合のマグロ類の意味は，学術的にはマグロ族 Thunnini を指していることになる。このマグロ族の中には，マグロ属，カツオ属，スマ属，ソウダガツオ属，ホソカツオ属の５属が含まれ，それらすべてがマグロ類というわけである。しかし，マグロ類というのは学術用語ではないため，異なる意味で使うこともあり，前後の意味合いからマグロ属の8種を指す場合もあるので注意が必要である。このようにクロマグロを分類すると，キハダやメバチなどのマグロ属内の8種が最も近縁であるが，カツオやスマ，ソウダガツオ類などとも近縁といえる。また広い意味で言えば，クロマグロはスズキの仲間でもあり，サバの仲間でもあるということがわかる。

3. 初期生態研究とその歴史

巨大なイメージのあるクロマグロも生み出された卵は，直径約1 mmの分離浮性卵である（宮下ら 2000）。卵からふ化した仔魚は3 mm程度で，2週間ほど経過して10 mm前後まで成長する。クロマグロを対象とした卵稚仔調査は1950年代初頭から始まった。産卵場探索や初期生態の解明を目的とした初期の卵稚仔調査は，生殖腺の発達状況などからフィリピン東北から台湾東方，沖縄周辺（南西諸島海域）が産卵場として推定されていたため（中村 1938, 1939），その周辺海域を中心として始まった。この頃に得られた標本を基にして，クロマグロ仔稚魚は初めて同定され，主に尾部側面に出現する黒色素胞の分布様式で他のマグロ属から識別できることが明らかにされた（Matsumoto 1962, Yabe & Ueyanagi 1962，上柳・渡辺 1964，矢部ら 1966）。仔稚魚の同定ができるようになると同時に，南西諸島海域では，それらの仔稚魚が表層域に頻出することや，夜間の採集効率が良いこと，5～6月を中心に出現することなど，初期生態に関する基礎的な知見も集積してきた（矢部ら 1966，上柳 1969）。日本海での産卵は1935年頃には言及されていたが（川名 1935），仔魚の出現が報告されたのは1974年になってからである（沖山 1974）。その後，南西諸島海域と日本海の2海域で卵稚仔調査が行われるようになり，1950年代から1980年代までの長期間の調査結果がとりまとめられ，仔稚魚の地理的・季節的分布が報告された（西川ら 1985，米盛 1989）。1990年代以降には，加入量変動機構を解明するための成長生残過程に重きを置いた調査・研究が進められ，食性（魚谷ら 1990）や成長（Tanaka et al 2006, Sato et al 2013, Ishihara et al 2019），栄養状態（Tanaka et al 2008, Hiraoka et al 2022），好適環境（Ohshimo et al 2017, Tawa et al 2020）など様々な視点から初期生残に関する新たな知見が得られている。また，近年三陸常磐沖でもクロマグロ仔魚が採集されたことから（Tanaka et al 2020），この海域における卵稚仔調査も始まった。このようにクロマグロの初期生態研究は半世紀を超えて続けられ，多くの知見が集積している。しかし，未だ加入量変動を説明するには至っていないため，今後も継続した調査・研究が必要だろう。

4. 年齢と成長，成熟

クロマグロはふ化後2か月程度で20 cm前後の稚魚となり（Watai et al 2018），初めて漁業で漁獲されるサイズとなる。その後，1歳で約50 cm，2歳で約80 cm，3歳で100 cmを超え，5歳で約150 cm/50 kg，10歳で約210 cm/160 kgに達する（Shimose et al 2009）。これまでの最大体長は280 cm（Hsu et al 2000），最大体重は555 kg（Foreman & Ishizuka 1990），最高年齢は28歳（Ishihara et al 2017）という記録がある。10年ほどの間に，これほど成長する魚は他に例がなく，その成長がいかに早いかがわかる。成長の早いクロマグロであるが，成熟する年齢は3歳頃と考えられている（Okochi et al 2016）。1回当たりの産卵では，300万から1500万粒の卵を産み，1回の産卵期に複数回産卵することもわかっている（Ashida et al 2015, Okochi et al 2016, Ohshimo et al 2018b）。クロマグロは太平洋の広域に分布・回遊するが，上記で示したように産卵場は北西太平洋の3つの海域に限られる。南西諸島海域では4～7月に8歳以上の大型個体，日本海では6～8月頃に3～5歳程度の小型個体（Okochi et al 2016），黒潮親潮移行域の付け根にあたる三陸常磐沖では5～8月頃に6～8歳程度の中型個体がそれぞれ産卵する（Ohshimo et al 2018b, Tanaka et al 2020）。興味深いことに，クロマグロは年齢ごとに産卵場を変えている可能性があるものの，未だその実態は明らかになっていない。

5. 渡洋回遊

北西部太平洋で生まれたクロマグロは，半年から1歳頃までは日本近海で成育し，50～70 cm程度にまで成長する。そしてその一部の個体は，北部太平洋を横断して，東部太平洋へと回遊する。この約7,000 kmにおよぶ大規模な回遊は渡洋回遊と呼ばれており，約2か月間という短期間の内に回遊することがわかっている（Fujioka et al 2018）。渡洋回遊したクロマグロは，数年間をメキシコからアメリカにかけて南北移動を繰り返しながら東部太平洋で成育し（Kitagawa et al 2007），今度は西部太平洋に向けて西向きに渡洋回遊する（Boustany et al 2018）。渡洋回遊は，一往復のみの回遊しか確認されておらず，基本的には同じ個体が何度も往復するわけではないと考えられている。また一度渡洋回遊した個体で，早いものでは3歳で日本周辺に帰ってくる個体が確認されている（Tawa et al 2017）。すべてのクロマグロが渡洋回遊するわけではないと考えられているが，その割合や，そもそもなぜ遠く離れた東太平洋まで渡洋回遊するのかなど，詳細については現在も調査中である。

クロマグロについては，世界的な注目度の高さから年齢・成長・成熟・

回遊・遺伝といった様々な観点から研究が進められ，生活史に関する多くの理解が進んでいる。これほどまでに単一魚種で長年研究が進められている魚種も珍しいが，まだまだその生活史の全貌を明らかにできたとは言い難いのが現状である。クロマグロは2009年に親魚資源量が歴史的最低値を記録し，国際自然保護連合により絶滅危惧種Ⅱ類に指定されるほど，資源状況が悪化していた。しかし，資源管理が実施されるようになって2010年から2019年までは順調に資源が回復している（ISC 2022）[脚注2)]。海洋国家である日本の象徴的な魚の一つであるクロマグロについて，我々はより正しく生態・生活史を理解し，再び危機的な資源状況を招かぬよう持続可能な利用を目指す必要がある。

4.9.2 クロマグロの種苗生産と飼育実験

田中庸介

水産業上の重要性から，クロマグロの初期生活史については古くから多くの調査や研究が行われてきた。1990年代からはクロマグロの増養殖を目的とした種苗生産の技術開発研究が行われている。その大きなトピックとしては2002年に近畿大学が達成したクロマグロの完全養殖が挙げられるだろう。その技術開発の過程で，天然仔魚の標本からは調べることができない，クロマグロの生活史初期における様々な生理生態学的知見が急速に集積された。著者は2009年から2016年まで現在の水産研究・教育機構水産技術研究所奄美庁舎（以下，奄美庁舎）に勤務し，クロマグロの増養殖研究に従事した。クロマグロの増養殖研究や種苗生産の技術開発を詳細に述べるには単行本一冊のボリュームに容易に達する。紙面の都合により本稿では，著者が奄美庁舎在籍時に担当したクロマグロの初期生態研究の応用的側面である種苗生産の技術開発研究の一部を紹介する。

1. 親魚養成

種苗生産を行うためには受精卵を確保する必要がある。当時の奄美庁舎では直径40 m深さ約25 mのイケスでクロマグロ親魚を飼育していた。クロマグロは3歳から産卵することが知られているが，奄美庁舎では複数の年級群の親魚あるいは親魚候補を飼育していたため，毎日数百キロのサバを給餌する日々の作業も大変な業務であった。現在ではクロマグロ用に開発された人工飼料も併用されており，給餌に要する労力は軽減されている。

脚注2　ISC. 2022. Stock assessment of Pacific bluefin tuna in the Pacific Ocean in 2022: https://meetings.wcpfc.int/node/16246

2. 採卵

養成クロマグロは夜間に産卵することが多い。奄美庁舎では主に6月から8月にかけて生簀内で自然産卵する。採卵の担当者は産卵行動が始まる時間帯に生簀の上で待機し，産卵行動の目安となる水音が聞こえた後に採卵作業を行う。クロマグロの受精卵は分離浮遊卵であるため，曳網を用いてイケス内の表層を曳くことにより採卵する。梅雨から夏にかけての奄美地方は夜といえども相当蒸し暑いので，直径40 mの円形生簀の上を何周も歩く採卵作業も重労働であった。

3. 種苗生産：沈降死の防除

受精卵を陸上水槽に収容し，種苗生産が開始する。著者がクロマグロの種苗生産を担当した最初の年，奄美庁舎では初期の飼育成績が悪く，ふ化後10日以内に生残率が10％以下に低下し種苗生産を途中で断念する事例も頻繁に起こった。この初期の減耗は，クロマグロ仔魚が夜間に水槽底面に沈降して死んでしまう「沈降死」が原因とされていた。沈降死は飼育担当者個人によって主観的に目視観察されていた現象であったため，飼育担当者によって問題視の程度がまちまちであった。同じく担当者であった久門一紀氏と著者は実際飼育している種苗生産水槽に潜水し，まずは目視観察することにした。

クロレラとワムシが高濃度で混ざっている飼育水に潜るのは少々躊躇したが，フィンを外しかなりオーバーウェイトの状態で水槽底面にはいつくばって水中ライトを照らすと，眼球にライトが反射してきらきらしているクロマグロ仔魚が底面にたくさん沈んでいる様子が確認できた。実際に沈降している現象は目の当たりにすることができたが，この現象を定量的に示す必要があると強く感じた。そこで，針金を加工して10 cm四方のコドラートを作成し，単位面積あたり（100 cm^2）の水槽底面に沈降している仔魚の個体数をふ化後3日から8日まで毎晩数えることにした。その結果，沈降のピークはふ化後5日にあり，少なくとも水槽内のクロマグロ仔魚のうち，約25％が沈んでいると試算できた（Tanaka et al 2009）。つまり，沈降現象を定量的に表すことに成功し，沈降死を客観的事実として示すことができたのである。

そこで，沈降死を防除する手段としてエアレーションの通気量（田中ら2010, Tanaka et al 2018b）や照度（久門ら2018）を調節したところ，大幅に生残率を向上させることに成功した。ふ化後10日における生残率が10％前後であったのが，最大で70～80％まで向上させることができた。飼育初期の生残率の向上に伴って，飼育中止となる事例がほとんどなくなり，安定的な種苗生産の基盤技術となった。

4. 種苗生産：魚食と成長

クロマグロの餌料系列は一般的な海産魚類の種苗生産と同様にシオミズツボワムシの給餌から始まる。ふ化4日後から摂餌しはじめ，成長に応じて，シオミズツボワムシやアルテミア幼生（クロマグロ仔魚全長3～10 mm）から魚類ふ化仔魚（7～30 mm），配合飼料の順で給餌する。この中で特に重要な餌料となるのが魚類ふ化仔魚（以下，餌料仔魚）である。種苗生産機関によってマダイ，イシダイ，シロギスなどを用いているが，亜熱帯に位置する奄美庁舎ではハマフエフキを用いていた。餌料仔魚を給餌し始めるとクロマグロは急成長を発揮する。この高成長ぶりが著者にとって大変面白い現象だったので，毎年様々な魚食と成長に関する飼育実験を行った（Tanaka et al 2010, Tanaka et al 2014a, b, Tanaka et al 2015, Tanaka et al 2018a）。特に面白かったのは，動物プランクトン（シオミズツボワムシ，アルテミア幼生）のみを継続して給餌して育てたクロマグロ仔魚と15日齢前後から餌料を動物プランクトンから餌料仔魚に切り替えて，餌料仔魚のみで育てた仔魚の成長の比較であった。餌料を切り替えた後は同じ日齢でもサイズが大きく異なり，餌料仔魚のみで育てた仔魚の体重は最大で50倍近くあった（図1）。このような一連の飼育実験から，クロマグロの魚食性の発現は成長のばらつきを引き起こす主要因であり，その後の生残にも大きく影響することが示された。これらの結果は種苗生産過程で同じく問題視されていた共食い現象の軽減のための餌料系列の開発の一助にもなった。

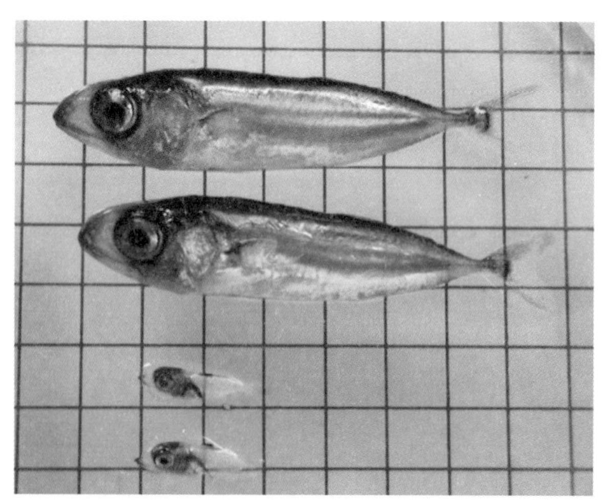

図1　動物プランクトンのみで育てたクロマグロ（下2個体）と15日齢から餌料仔魚のみで育てたクロマグロ（上2個体） どちらも26日齢。

5. クロマグロ初期生活史研究における飼育実験と野外調査の重要性

著者が奄美庁舎に在籍していた当時は，上述の魚食性を発揮し，高成長を遂げるサイズのクロマグロ仔稚魚の野外での採集事例は多くなかった。しかし，飼育実験で観察したクロマグロ仔稚魚の高成長っぷりは野外環境でもその生き残りに影響することは想像に難くない。天然環境でも同様の現象が生じているならば，加入量変動にも影響している可能性が考えられる。

現在（本稿執筆時）著者は水産研究・教育機構水産資源研究所に在籍しており，クロマグロ仔稚魚の調査船による採集調査に参画している。採集方法や採集海域の検討を重ねた結果，近年では飼育実験で観察したサイズのクロマグロ仔稚魚の採集が可能となってきた。飼育実験による生きた魚の観察と野外における多様な環境下での生態解明は稚魚研究の重要なゴールの一つである加入量変動機構解明を前進させるための両輪と考えている。これまで謎であったクロマグロ稚魚の生態解明の端緒に着いたばかりであるが，この両輪をバランスよく回していくことが今後も必要であろう。

4.9.3　調査船で採集された仔魚を用いた研究

石原大樹

時に1億円を超える高値が付くクロマグロ（*Thunnus orientalis*）。堂々たる黒い巨躯が思い起こされるが，その仔魚は体長5 mmに満たない姿（西川 2014）である（図1）。本種においては，資源評価によって推定された親魚量と当歳魚量の間に明瞭な対応関係がみられないことから（ISC 2022）[脚注2)]，仔稚魚期の死亡率は年変動が大きいと考えられている（Tanaka et al 2006）。よって，本種の仔稚魚期の生態を理解することは，本種の加入量変動の理解に欠かせない。また，仔魚の生態を知るには，

図1　2021年調査船俊鷹丸3次航海で採集されたクロマグロの仔魚

脚注2　ISC. 2022. Stock assessment of Pacific bluefin tuna in the Pacific Ocean in 2022: https://meetings.wcpfc.int/node/16246

前項で述べられたように，飼育によって様々な条件をコントロールしながら実験的手法によって仔魚の生残機構を調べる試みと，野外の仔魚を詳細に調べるという2つのアプローチが必要である。本稿では，調査船調査から得られた近年のクロマグロ仔魚研究結果について概要を紹介する。

クロマグロは南西海域から黒潮続流域と日本海で産卵することが知られている（Chen et al 2006, Ashida et al 2015, Okochi et al 2016, Ohshimo et al 2017, 2018a, Shimose et al 2018）。仔魚の採集はこれらの海域で行われ，多くの調査航海で広範囲に分布する仔魚を採集している。クロマグロ仔魚の調査航海は，主に水産研究・教育機構に所属する調査船で行われるが（図2），本種仔魚が出現する5～9月という長期間をカバーするために各県のご協力をいただきながら，各県所属の調査船による調査も行われている。

仔魚の採集海域は他の漁業の操業海域と重なることも多く，操業を妨げないよう細心の注意を払って調査計画が立てられている。このことから，仔魚採集は夜間に行うことが多いが，仔魚の食性や鉛直分布など日周的な生態調査のためには日中や24時間連続の採集を行うこともある。仔魚採集では口径2mのリングネット，層別の採集が可能な多段開閉式プランクトンネット，ボンゴネットなどが用いられている。仔魚の採集数は重要なデータであるため，採集物の見直しが数回行われた後に集計される。

南西海域における仔魚の採集結果からは，産卵場の分布と黒潮の流路が仔魚の分布に大きく影響することが明らかとなった（Tawa et al 2020）。クロマグロ仔魚はふ化直後にはまだ口が開いていない。ふ化した仔魚は蓄えられた卵黄をもとに器官を発達させ，概ねふ化後4日目から摂餌を開始する（Itoh et al 2000）。この後も仔魚は，飢餓，被食や発達異常，生存に適さない環境へ流されるなどして死亡していく。野外での本種仔魚の分布は均一ではなくパッチ状であるため，仔魚期の死亡率を推定する調査として仔魚パッチを調査船で追跡し経時的な仔魚の個体数変化を解析する研究が行われた。その結果，1日当たりの仔魚の死亡

**図2 水産研究・教育機構　水産資源研究所
俊鷹丸（887トン）**

率は5.8%から90.9%と推定され，パッチによって大きな差があることが示唆された（Satoh et al 2008）。このようにクロマグロは漁獲され始めるふ化後2カ月（体長約20 cm）までの間に死亡率が累積され個体数は激減していくと考えられている。

仔魚の耳石に1日1本ずつ形成される輪紋を計数し，輪紋間隔を計測することでふ化日や成長履歴を推定できる（Tanaka et al 2006, Ishihara et al 2019）。南西海域で採集された仔魚の成長履歴を比較した結果，本種仔魚では成長の早い個体は成長の遅い個体に比べて生き残る可能性が高いことが明らかとなった（Tanaka et al 2006, Watai et al 2017）。これは，仔魚期の死亡の多くが被食によると仮定した場合，被食による死亡率は体長や仔魚期の日数と逆相関関係にあることから，成長の早い個体の生残率が高いという仮説「growth–mortality hypothesis（Anderson 1988, Takasuka et al 2003）」に沿った生残過程を示していると考えられる。また，本種の主な産卵場は南西海域と日本海にあるが，両海域から採集された仔魚の耳石輪紋解析からそれぞれの仔魚の成長率（体長に対する1日当たりの成長量）を比べたところ，仔魚前期（脊索末端屈曲期以前）は南西海域生まれの仔魚の方が日本海生まれの仔魚よりも高い成長率を示したが，仔魚後期になると日本海生まれの仔魚の成長率が南西海域生まれの仔魚の成長率に追いつくことが明らかとなった（Ishihara et al 2019）。このことから，南西海域は仔魚期を通して成育に適した環境であるが，日本海は南西海域に比べて仔魚前期の成育環境としては厳しい環境であることが示唆された。

仔魚の筋肉の脂肪酸の量や組成を分析することによって，各個体の代謝異常や栄養状態を推定できる（Matsumoto et al 2018）。この脂肪酸分析と耳石の成長解析を組み合わせた研究では，成長が良い個体は脂肪酸の代謝が良く，継続的に摂餌に成功していることが示された（Hiraoka et al 2022）。

胃内容物の観察からは餌を推定できる。近年では，胃内容物のメタゲノム解析により詳細に食性を推定することができるようになってきた（3.7.2参照；Kodama et al 2017, 2020）。これらの研究では，仔魚は周りに多く生息しているプランクトン種を餌生物とする日和見的な摂餌生態を持ち，成長に伴ってより栄養価の高い生物へと餌生物を転換していることが分かってきた。

本種においては，産卵海域により親魚の年齢に差があることが知られており（Ohshimo et al 2018b），産卵生態にも海域差があるとされている（Chen et al 2006, Ashida et al 2015, Okochi et al 2016, Shimose et al 2018, Ashida et al 2021）。本種の親魚量と当歳魚量をつなぐ加入量変動機構を知るためには産卵生態や回遊生態などの成魚の生態情報と共に調査船で採集された仔魚の研究結果や飼育実験等から推定される仔稚魚の生態情報を組み合わせて考察することが重要と考えられる。

4.10 カレイ目魚類の形態と生態

冨山　毅・南　卓志

1. カレイ目魚類とは

カレイ目魚類は，そのほとんどが海産魚類であり，食用となるものも多い。日本ではヒラメ科3属10種，カレイ科20属33種（尼岡2016）など，100種以上が生息する（中坊2013）。カレイ目魚類の特徴は，何といっても体の一方の側面に両眼があるというユニークな姿であろう。彼らは，卵から生まれたときには眼が体の両側についており，すなわち他の魚と同じような姿をしている。しかし，ある一定のサイズに達すると一方の眼が体の反対側へ徐々に移動し始める。ヒラメ *Paralichthys olivaceus* では，全長13～15 mmほどで右眼が体の左側へ移動し終えて，稚魚となる（南1982）。このような劇的な形態の変化を変態（Metamorphosis）という。この変態の前後で，海中を漂うプランクトン生活から，海底にぴったりと張り付くような底生生活に移行するのである。この変態サイズは魚種によって異なるが，沖合性の魚種で大型の傾向があり，ヒレグロ *Glyptocephalus stelleri* では5 cm以上である（南1984，和田2007）。

ここでは主にカレイ科を中心に，仔稚魚期を対象とした研究について紹介する。彼らは仔魚から稚魚にかけて劇的に形態と生活様式が変わるのであるが，その前後での生き残りや成長は，漁獲加入とも大きく関連するので，国内では水産上重要なヒラメやカレイ科の数種について多くの研究が行われてきた。それでも，魚種ごと，あるいは地域ごとに多種多様な生活様式の違いがあり，まだまだわかっていないことだらけである。

2. 干潟でみかけるカレイ　①イシガレイ

干潟（tidal flat）とは，潮汐によって干出したり水没したりする砂や泥の場所である。こうした干潟の周辺は，満潮時でも比較的水深が浅いため大型の魚類が入ってこないことや，魚の餌となる生物が豊富であるため，多くの魚類が稚魚期を過ごす成育場となる。カレイ目魚類の中にも，干潟域を成育場として利用する魚種がいくつか知られている。その一つがイシガレイ *Platichthys bicoloratus* である。イシガレイは北海道から九州まで広く分布する魚種で，最大で全長70 cmに達する。筆者の冨山は，1996年から2000年にかけて仙台湾の干潟域でイシガレイ稚魚の研究を行った。主な目的は，稚魚が何を食べているのか，どのような場所が稚魚にとって重要なのか，を明らかにすることであった。調査場所として選んだ宮城県の名取川河口域には，広浦というラグーン（潟湖）があって河川とつながっており（2001年に堤防によって分断された），河川では砂質の干潟，広浦では砂泥質や泥質の干潟が形成されていた。

胴長（ウェダー）を着て，3～5月の干潮時に汀線付近でさで網（図1）を押し進めると，小型のイシガレイの稚魚がたくさん採集された。特に砂質の場所に多く，泥質ではほとんど採集されなかった。これはイシガレイが砂質を好む魚種だからである。しかし，餌料環境を調べると，カレイ類の食物となりそうな多毛類は泥質で多く，砂質では極めて少なかった。そのような環境でイシガレイの稚魚は何を食べているのだろうか？

その答えは，胃内容物の観察によって明らかになった。イシガレイは，体長25 mmぐらいまではカイアシ類やスピオ科（*Pseudopolydora*属）多毛類の触手を，それ以上のサイズでは二枚貝イソシジミ *Nuttallia japonica* の入水管先端部を主な食物としていた（冨山 2021，図2）。スピオ科多毛類やイソシジミは，触手や水管の先端部を捕食されても再生させることができる。イソシジミは砂質の場所に1 m^2 あたり300個体以上と高密度に生息しており，イシガレイはこうした底生生物を殺さずにその生産性を巧みに利用していると考えられた。泥質の場所ではイソシジミの密度が砂質の2割程度であったが，同様にその水管がイシガレイの胃内から検出された。室内および野外実験によって，イソシジミが水

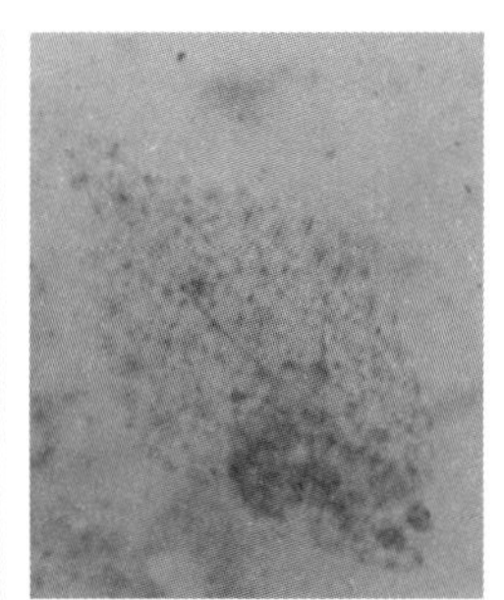

図1 干潟でのイシガレイ稚魚調査

幅60 cmの小型のさで網（左）を，汀線付近で押し進めて稚魚を採集する（中）。採集された約2 cmのイシガレイ稚魚（右）。

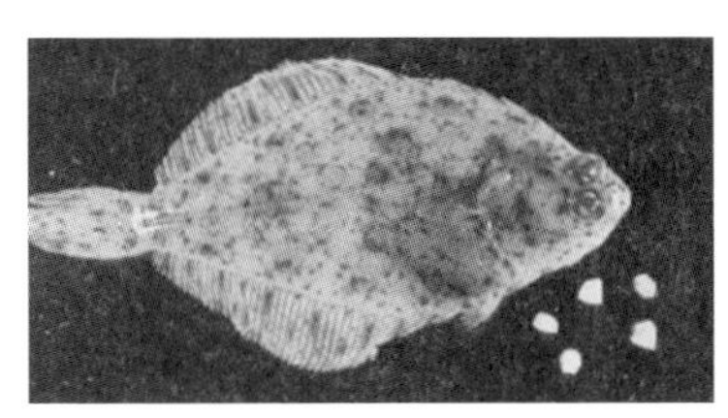

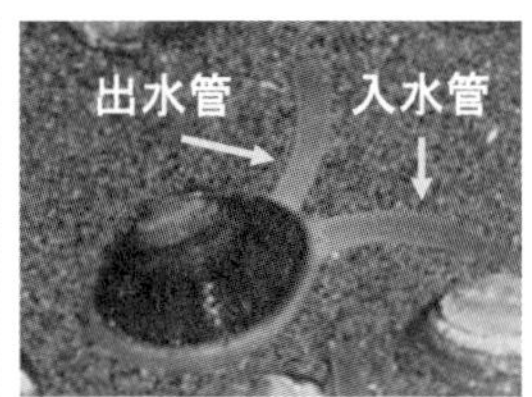

図2 イシガレイ稚魚とイソシジミ水管

イシガレイ稚魚（約4 cm）と胃内容物のイソシジミ水管片（左）。水管片は幅1.5 mm前後，長さ1 mm前後が多い（中）。イソシジミは15 cmほどの深さまで潜砂し，底土表面まで入水管と出水管を伸ばす（右）。

管の被食部分を量的に再生させることも確認された（冨山 2021）。カレイ類が二枚貝水管を主食とする事例や水管の再生については，1960 ～ 70年代にスコットランドでヨーロッパプレイス *Pleuronectes platessa* について重点的に研究されてから（例えば Edwards & Steele 1968）いくつかの知見がみられるが，国内ではこれが最初の報告となった。

ただし，こうした現象が名取川河口域に限られている可能性も考えられる。そこで，仙台湾の干潟域から名取川河口域2地点を含む7地点を選定し，さで網を用いて採集したイシガレイの胃内容物を観察した（Tomiyama et al 2007）。その結果，ほとんどの場所でスピオ科多毛類の触手や二枚貝（主にイソシジミ）の水管がイシガレイ胃内容物の高い割合を占めていた。また，稚魚の耳石に形成される日周輪を解析し，干潟域ではイシガレイ稚魚が水温で規定されるほぼ最大の成長速度で成長していることもわかった。

一方，さで網やタモ網による汀線での調査には注意点もある。まず，採集効率である。カレイ類の稚魚採集には，小型の桁網がよく使われる。一般的な桁網でのカレイ類の採集効率は 0.2 ～ 0.4 であり，密度を推定するためにはこうした採集効率を考慮しなければならない。そこで，稚魚が大きくなって目視で確認できる5月に，よく晴れた日（水の透明度が高い条件）を選んで，浅い場所で調べてみた。さで網を押し進める方向が，水の流れと順方向の場合にはほぼ1に近く，まるでカレイが自ら網に入ってくるかのようであった。しかし，水の流れに逆らって押し進めると，半数以上が網に入らずに逃避した。魚は水の流れに逆らう向きで定位しているため，順方向に網を押し進めると採集効率が高いのである（図3）。実は，底びき網漁船は潮の流れと同じ向きで網を曳くことが多く，理にかなっている。

次に注意すべき点は，稚魚の生息する場所が汀線付近に限らないということである。この点は，「さで網（もしくはタモ網）で稚魚を採集した」と論文で記述するたびに，査読者から何度も指摘を受けた。干潟の周辺では，汀線付近は日中の干潮時には水温が高くなり，河川であれば川の流心部と大きな差が生じることもある。名取川の河口域において，汀線付近でイシガレイの稚魚が採集されるのは6月までであるが，この期間に水深2 m ほどの川の中央部で桁網を曳網したところ，やはりたくさんのイシガレイ稚魚が採集された。ヨーロッパプレイスについては，水深 0.5 m, 1 m, 2 m の間で稚魚の成長速度が異なり，深いほど成長が良いことが報告されている（Ciotti et al 2013）。また，7月以降でも，川の中央部めがけて投げ釣りをすると 8 ～ 10 cm ほどのイシガレイ当歳魚（大きくなった稚魚）が釣れたことから，水温の上昇とともに河口域内の，より水温が低い場所へ移動していると考えられる。余談であるが，同じ場所で1歳魚も釣れることがあり，イシガレイは河口域の高い生産性を長い期間利用しているとみられる。

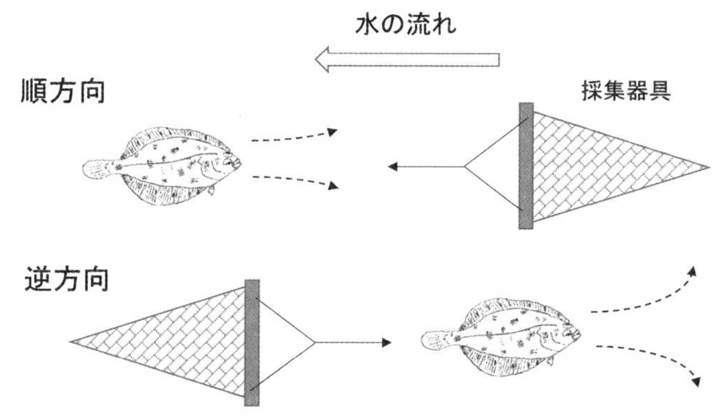

図3 採集効率に影響を及ぼす流向と曳網方向の関係

魚は水の流れに逆らう方向を向くため，水の流れと順方向に曳網すると魚は網に向かって入ることになり，採集効率は高い。しかし，水の流れに逆らって曳網すると，魚は網から逃げる方向へ泳げるため，採集効率は大きく低下する。

3. 干潟でみかけるカレイ　②その他

干潟の周辺でみられるカレイ類はほかにもいる。太平洋側では福島県以北に生息するヌマガレイ *Platichthys stellatus* は，名前のとおり淡水でも生息できる日本産で唯一のカレイ類であり，前述の名取川河口域でもイシガレイの生息域より上流側の低塩分域で多く採集された。一方で，福島県の松川浦では塩分 20 以上の場所で着底直後を含めて稚魚が採集されたこともあり，必ずしも低塩分が必要ではなさそうである。また，名取川河口に近い外洋に面した砂浜（砕波帯）で，イシガレイ稚魚の採集を試みたところ，ヌマガレイ稚魚が 2, 3 個体採集されて驚いた。イシガレイでは河口域だけでなく砂浜にも稚魚が生息することが知られていたが，ヌマガレイも同様なのかもしれない。

一つ，やっかいな問題がある。イシガレイとヌマガレイは，自然の海で交雑するということである。両者は稚魚期にはとてもよく似た姿をしているが，ヌマガレイは眼が体の左側についていて，イシガレイでは右側についているので判別は容易である。ところが，交雑個体は両者の中間的な形質を示し（尼岡 2016），眼の位置が左側と右側の個体が半々で出現するので，眼の位置から交雑個体かどうかを判別するのは難しい。イシガレイが出現しない低塩分域で，右側に眼のあるヌマガレイが 1 個体だけ採集されたことがあるが，これがヌマガレイなのかイシガレイとの交雑個体なのか判別できなかった。ただし，よく観察すると顔つきや背鰭の模様などから，少なくとも交雑個体とイシガレイでは判別が可能であった。

イシガレイと同様に沿岸域で生活史を送る水産上重要なマコガレイ *Pseudopleuronectes yokohamae* も，稚魚期に干潟域を利用する。ただし，イシガレイよりも稚魚の低塩分耐性は低く（和田 2007），仙台湾ではマコガレイ稚魚が河口域で採集されることは極めてまれであった。ところが，瀬戸内海では河口域を含めた干潟域の汀線付近でマコガレイ稚魚がよく採集される（冨山 2021）。潮汐による干満の差は瀬戸内海で最大約4 mと，仙台湾の潮位差（約1.5 m）よりも大きく，潮汐の変化が関係しているのかもしれない。すなわち，干潮時に潮位が大きく下がる瀬戸内海の干潟域では，普段潮下帯に生息するマコガレイ稚魚にも浅い場所で遭遇しやすいということが考えられる。

そのほか，長崎県や瀬戸内海では，ホシガレイ *Verasper variegatus* の稚魚が干潟で採集されることがある。筆者の冨山は2017年4月に広島県竹原市の小さな河川の河口域でホシガレイ稚魚を数個体採集したことがある（図4）。採集したのは，干潮時に水深が20 cm程度で落ち葉が堆積している砂泥質の場所であった。ホシガレイは稚魚期には他のカレイ類とは異なって黒ずんだ色をしており，周囲の落ち葉に擬態していたように見えた。ホシガレイは希少種であり，瀬戸内海ではまれに漁獲されるだけで，漁業者にもあまり知られていない。また，常磐海域ではホシガレイは水深100 m前後の場所で産卵するが，瀬戸内海ではそのような深所はほとんどなく，どこで産卵しているのか，どのように資源を維持しているのか，まだまだ謎が多く残されている。

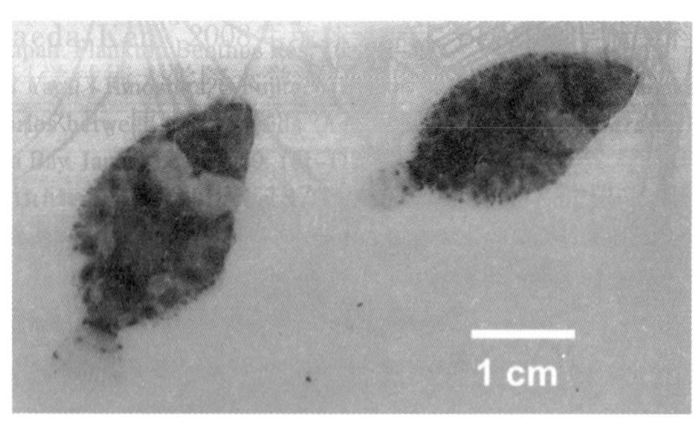

図4 広島県竹原市の賀茂川河口域で採集したホシガレイ稚魚
（2017年4月28日，冨山撮影）
この年はホシガレイ稚魚が多く，4～5月の3回の調査で9個体が採集された。

4. 仔魚から稚魚への過程

前述のように，カレイ目魚類は仔魚から稚魚へと発育が進むにつれて形態が劇的に変化する。そのようなことから，変態期前後の仔稚魚を採集してどの魚種かを判別するには，仔稚魚の形態的特徴を種ごとに把握しておく必要がある。筆者の冨山は，宮城県の七北田川河口域へ移入するイシガレイ仔稚魚を採集するため，1999年2～3月の夜間の上げ潮の間に仔魚採集ネットを設置したことがある。ネットにはニホンウナギ *Anguilla japonica* の仔魚などいくつかの魚種が入網したが，最も多かったのは眼の移動が完了していない変態期のイシガレイ仔魚であった。しかし，よく観察すると，わずかではあったが，マコガレイやヌマガレイの仔魚も混じっていた。この2種はイシガレイよりも変態完了のサイズが小さく，また色素の付き方も異なっているので，判別は難しくはない。

一方，沖合性のカレイ目魚類を含めると，魚種を同定することは容易ではない。筆者の南は，若狭湾で集魚灯を用いて長期間にわたり仔稚魚の採集を行い，多くの魚種について仔稚魚の出現期や分布海域を明らかにした。しかし，日本において水産重要種のうちサメガレイ *Clidoderma asperrimum* とミギガレイ *Dexistes rikuzenius* については初期生活史に関する知見がほとんどなく，仔稚魚の形態が不明であった。

ところが，2008年と2010年に，宮城県の志津川湾と福島県のいわき市沖の比較的浅い場所（水深6～50 m）で，着底前後のサメガレイ仔稚魚が合計17個体採集され，その形態的な特徴や着底した姿が初めて詳細に記載された（Abe et al 2013）。特にいわき市沖では，福島県水産試験場（現在の福島県水産資源研究所）によって毎年の調査が行われているにもかかわらず，この2カ年以外には採集されていないことから，本来の着底場所とは異なる浅場に来遊したものかもしれない。しかし，1歳魚まで沿岸域で採集され続けたことから，死滅回遊というわけではなさそうである。また，サメガレイの種苗生産技術も確立され，卵から稚魚までの形態変化に加え，稚魚に至るまでの期間が約140日間と長い，といった情報が得られている（松田 2013）。

サメガレイのように仔魚期が長いと推測されるカレイ科魚類としては，ババガレイ *Microstomus achne*，ヒレグロ，アカガレイ *Hippoglossoides dubius*，ヤナギムシガレイ *Tanakius kitaharae* などが挙げられる。このうち，ヒレグロについては兵庫県香住沖で採集された着底前後の仔魚標本を用いて香住高校の教員，学生および筆者の南により耳石輪紋数を計数した結果は70～90で，輪紋が日周輪であると仮定すると浮遊期はおよそ2～3カ月に及ぶと推定され，浮遊期が長いことと浮遊期の個体差が大きい傾向が示唆された（森澄ら未発表）。これらの魚種は，稚魚がごく浅海で採集されたサメガレイも含めて成魚が沖合の深い水深に生息するので，沖合性魚種で浮遊期が長い（着底する体長からの推定も含む）という関係が認められる（南 1984，和田 2007）。なぜ，そのような関係が生じているのか，未だ納得のいく説明はなされていない。生態的意義のみならず進化や生理的な背景についても検討していく必要があるだろう。

ミギガレイの仔稚魚の形態については情報が得られていなかったが，最近に韓国沿岸で採集された脊索長4 mmの仔魚1個体がミトコンドリアDNA分析によってミギガレイと同定された（Lee et al 2019）。仔魚のスケッチをみると，体表に目立った色素叢（しきそそう，色素胞の集まり）はなく，微小な黒色素が点列しているだけで明瞭な特徴がない。東北地方（太平洋側）ではミギガレイは漁獲物として普通にみられる魚種であり，水揚げも多い。仔稚魚の分布量は多いと推測され，ミギガレイの初期生活史についての今後の研究が期待される。

カレイ目魚類のうち，本稿で紹介したカレイ科魚類は比較的研究例が多いグループであるが，他のヒラメ科，ダルマガレイ科，ウシノシタ科魚類などについては多くの魚種で仔稚魚の形態や生態についてわからないことが多く残されている。これからの研究によって新たな発見が数多くなされることを期待したい。

4.11 琵琶湖のホンモロコの初期生活史

亀甲武志・石崎大介

1. 琵琶湖の固有種ホンモロコとは？

日本で最大の湖，琵琶湖は 400 万年の歴史をもつ世界有数の古代湖の一つである（里口 2001）。そこでは長い地史的時間経過と琵琶湖の古環境の変容の中で，多くの固有種が生み出された。本節で取り上げるホンモロコも，コイ科タモロコ属の琵琶湖を代表する固有種の一つであり，近縁種であるタモロコから分化して琵琶湖の沖合に適応したと考えられている。本種はコイ科魚類のなかで最もおいしい魚の一つであり，琵琶湖漁業の重要な漁獲対象種である（図 1，藤岡 2013）。琵琶湖で漁獲されたホンモロコは炭火で素焼きにして，酢味噌や生姜醤油で食べると日本酒が止まらなくなる。ぜひ，試してほしい。

本種は 11 月から 2 月にかけて沖合の水深 60 ～ 90 m の深い湖底付近に生息しているが，2 月下旬から 6 月にかけて沿岸や内湖に来遊して，ヨシ帯やヤナギの根などに産卵する（藤岡 2013）。多くがふ化後 1 年で成熟して産卵に参加し，寿命は 1 ～ 2 年である（Fujioka & Saegusa 2015）。琵琶湖における漁獲量は 1995 年まではほぼ 150トン以上で安定して推移していたが，それ以降は急減し，2004 年には 5トンにまで落ち込んだ。かつて，早春の湖岸には本種を狙う多くの釣り人の姿があったが，漁獲量の減少とともにほとんど見られなくなっていた（亀甲ら 2015）。資源量が減少した要因として，産卵場所や仔

図 1 炭火で焼いたホンモロコと著者

稚魚の成育場所の減少，オオクチバスやブルーギルによる食害，水位低下による産着卵の干出死亡が考えられる（藤岡 2013）。本種の増殖事業は，公益財団法人滋賀県水産振興協会が主体となって発眼卵や稚魚の種苗放流が実施されている。本節では本種の資源回復のために主にフィールドで取り組んだ調査研究の概要を紹介する。

2. ホンモロコの産卵生態

本種は沿岸のヤナギの根などの水際に産卵することから，水位のわずかな低下が産着卵の干出死亡につながることが指摘されている（藤岡 2013, 亀甲 2020）。琵琶湖沿岸での産卵には回復が見られないが（南湖では 2019 年以降回復傾向；馬渕ら 2020），東岸に位置する伊庭内湖では 2008 年頃から，西の湖では 2012 年頃から本種の産卵が回復傾向となってきた（図 2）。両内湖ともに地元漁協の積極的な外来魚駆除や種苗放流が奏功して，産卵のために琵琶湖から回遊してくる親魚量が回復してきたと考えられていた。両内湖での産卵生態の解明は琵琶湖全体での本種の資源回復に貢献すると考えられたため，内湖で本種の産卵生態を詳しく調査した。調査は湖岸を回り，卵をひたすら探して計数した。本種は波あたりの強い場所で産卵する傾向のため，著者はいつも波をかぶり修行のようであった。

その結果，内湖では沿岸部のヤナギの根やヨシ帯で多くのホンモロコの産着卵が確認できた。さらに春季の水温が琵琶湖沿岸よりも高いため，産卵時期が 1 カ月程早く，水位操作により琵琶湖の水位が低下する前に比較的多くの卵がふ化することができるのではないかと考えられた（Kikko et al 2015a）。さらに意外なことに内湖に流入する河川にも本種

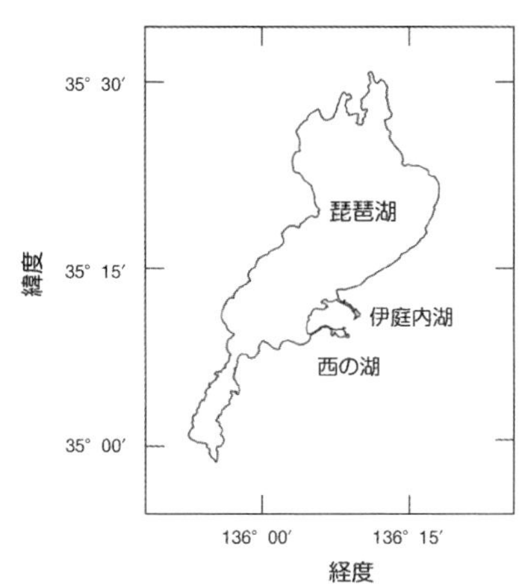

図 2 琵琶湖の東岸に位置する伊庭内湖と西の湖

が大量に遡上して，河床の砂礫や沈水植物に産卵していることが確認できた（図3，亀甲ら 2014）。本種が流水環境で産卵するという生態はほとんど知られておらず，河川での産卵確認は大発見であった。

内湖流入河川ではどのような環境で産卵しているのだろうか。流入河川での微細な産卵環境を一般化線形混合モデル（GLMM）により解析した。その結果，流速が速く（毎秒 40 ～ 50 cm），砂礫や沈水植物が繁茂している場所で選択的に産卵していることが示された（Kikko et al 2020）。本種の卵は沈性の粘着卵であるため，様々な産卵基質を利用できると考えられる。河川での産卵行動を観察すると，一尾の雌に複数の雄が追尾して河床の砂礫や沈水植物に産卵していた（亀甲 2019）[脚注 3]。また，流れが速い場所では，水通しがよく豊富な酸素が卵に供給されるためふ化率も高いと考えられる。しかしながら，本種のふ化仔魚はワムシなどの動物プランクトンを主な餌生物として利用するが，流水環境には動物プランクトンは少ない。そのため，河川でふ化した仔魚は河川から餌料環境が良い内湖に速やかに移動する必要がある。

本種の産卵が確認された河川の河口近くで，2012 年の 4 月に 24 時間ふ化仔魚流下調査を行った（Kikko et al 2015b）。調査は 1 時間おきに 5 分間プランクトンネットを設置して，本種の仔魚を採捕した。その結果，日没直後の午後 7 ～ 9 時に多くのふ化仔魚を一気に採捕することができ，それ以降の採捕は急激に減少した。このことから日没により照度が急激に低下したタイミングでふ化し，遊泳力が乏しい仔魚は直ちに流されて内湖までたどりつくのではないかと考えられた。この調査はスギ花粉が大量に舞い散る中で，眠気と花粉症の涙と鼻水で大変つらかったが，日没直後に大量のふ化仔魚が採捕されたときはうれしさのあまり，そのつらさも吹き飛んだ。

図３ 内湖流入河川の河床の砂礫に産み付けられたホンモロコ産着卵

脚注3　亀甲武志. 2019. ホンモロコの内湖流入河川での産卵行動2, 動物行動の映像データベース, データ番号：momo181229un03b: http://www.momo-p.com/showdetail.php?movieid=momo181229un03b

3. ホンモロコ稚魚の内湖から琵琶湖への移動

8月下旬ごろから当歳魚が夏モロコという呼び名で琵琶湖沿岸の水深10～20 m付近で刺網漁業により漁獲され始める。このことから，内湖やその流入河川で産卵し，ふ化した仔魚は，内湖から琵琶湖へ成長とともに移動すると予測された。しかしいつ頃，どれくらいの大きさで内湖から琵琶湖へホンモロコが移動していくのかはまったく知見がなかった。そこで，伊庭内湖とその流出河川である大同川に13定点を設定して2013年と2014年の5月中旬から9月上旬にかけてビームトロール網によるホンモロコ仔稚魚の採集調査を行った（Kikko et al 2018）。この調査は小さなモーターボートで，ビームにより開口した網を曳き，仔稚魚を採捕するものである。大同川の河口には琵琶湖から約200 m地点に伊庭内湖の水位を維持するための水門が設置されている。仔稚魚の移動の水門による影響を検討するために，水門の琵琶湖側にも2定点を設定した。さらに稚魚の成長と移動を明確にするために，稚魚の放流再捕調査も行った。滋賀県水産試験場で飼育した平均体長約16 mmのホンモロコ稚魚を5月下旬に伊庭内湖最奥部のヨシ帯に放流した。放流魚は前日に魚体をアリザリンコプレクソン（ALC）溶液に浸漬した。放流魚であることがわかるように，内耳（魚の耳は頭部の中の内耳のみである）に存在する炭酸カルシウムでできた耳石に標識するためである。そして，ビームトロール網によって採捕したホンモロコ仔稚魚の体長を測定したのち，耳石を摘出し，蛍光顕微鏡で標識魚と天然魚を識別した。

その結果，天然魚のCPUEのピークは伊庭内湖で6月上旬，伊庭内湖の流出河川である大同川で6月中旬，大同川の河口である水門の琵琶湖側で6月下旬と時間経過とともに内湖から琵琶湖へ移動することが示唆された。7～8月はどの地点でもCPUEは減少し，9月にはどの地点でも仔稚魚は全く採捕されなくなった。また水門が閉鎖されている期間は大同川の河口ではほとんど採捕されなかった。大同川では体長15～50 mmの個体が採捕された。標識魚についても天然魚と同様な結果が得られ，成長とともに放流地点から遠い地点で採捕される傾向にあった。つまり，天然魚，標識魚ともに6月上旬から8月上旬にかけてほぼすべての個体が稚魚期以降（体長約15 mm以上）に，産卵場であり，成育場である内湖から琵琶湖に移動することが確認された（図4）。

ホンモロコは遊泳力が上昇する稚魚期以降に，新たな餌環境をもとめて内湖から琵琶湖に移動するのではないかと考えられた。また稚魚が内湖から琵琶湖へ移動する6月中旬以降に水門が断続的に閉鎖されたが，閉鎖時には内湖から琵琶湖への移動が妨げられる可能性があり，定期的な開門が必要だと考えられた。

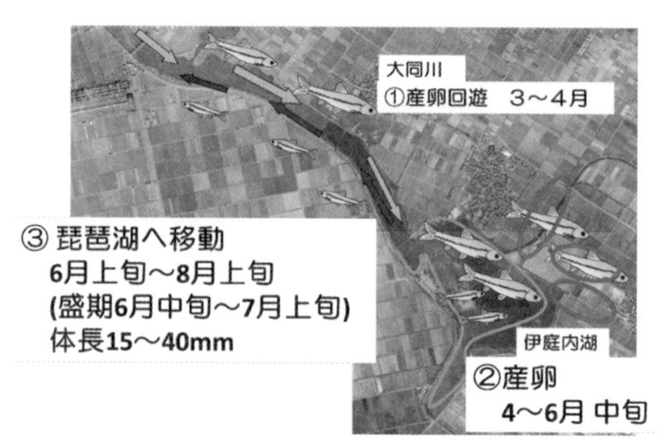

図4 ホンモロコ稚魚の内湖から琵琶湖への移動

4. ホンモロコの資源回復に向けて

本研究から，ホンモロコの初期生活史（内湖での産卵生態や内湖から琵琶湖への稚魚期以降の移動）が明らかになった。内湖が本種の初期生活史にとって大変重要な場所であることが確認できたが，すでに多くの内湖が戦後の開拓で消滅している（西野 2005）。残された内湖で本種が産卵を行い，仔稚魚期を過ごせる環境を守っていくことが重要である。しかし，生息数が少なくなり漁獲量が大幅に減少した現在でも，産卵前の親魚が漁業者や遊漁者にも集中的に採捕されていた（亀甲 2020）。そこで本研究の結果などをもとに，本種の資源回復には産卵親魚の保護が重要であることを漁業者と議論し，2016 年から内湖を含む琵琶湖全域での産卵期の本種の自主禁漁に取り組むことになった（亀甲ら 2017）。また多くの遊漁者も産卵保護の取り組みに同意していたことから，2017 年から親魚の産卵遡上が多く遊漁による採捕が多かった内湖流入河川の 3 河川で，滋賀県内水面漁場管理委員会の指示により 4・5 月の 2 カ月間，ホンモロコを含むすべての水産動物の採捕が禁止された（亀甲ら 2018）。その結果，伊庭内湖，西の湖の内湖での本種の稚魚数は大幅に増加したことが確認されている。

本研究ではホンモロコに注目して，産卵場所や仔稚魚の成育場所として内湖という環境が重要であることを確認できた。世界有数の古代湖である琵琶湖にはニゴロブナやゲンゴロウブナなどのコイ科に代表される 16 種・亜種の固有な魚類が生息している。しかし，これらの魚種も生息数が大きく減少していることから，効果的な保全管理が求められている。これらの魚種の仔稚魚においてもホンモロコと同様に内湖を利用している魚種がいることから，本研究の手法を応用して内湖でのこれらの魚類の初期生活史研究が進展し，効果的な保全管理が構築されることを期待する。

4.12 有明海特産ハゼ科魚類

八木佑太・東島昌太郎

1. はじめに

フィールド調査に基づく魚類の初期生活史研究は，稚魚ネット等により得られた採集物から仔稚魚を抜き出し標本とするところから始まる。高い生産性を有する有明海高濁度水域での稚魚ネット採集物は，生物の網口からの逃避がほとんどないため，時には体長5 cm以上のエツやワラスボ等の稚魚・成魚も採集される（木下 2007）など，沖合域のそれとは異質である。図1に示したように，アミ類をはじめとする膨大な動物プランクトンや植物片を含む採集物の中から，ハゼ科を中心とする多量の仔稚魚を抜き出していく作業は，多くの時間と労力を要する地味で大変なものと思われるかもしれない。しかし，後述する有明海に特徴的な環境下での彼らの生活や暮らしぶりに想いを馳せながら行うこの作業はとても刺激的であり，出現種の様相や魚種間または調査地点間の違いなどを最も早く気づかせてくれる。

本節では，有明海における環境特性と魚類初期生活史との関係を明らかにするために，著者らが行ってきた調査・研究の内，同海の仔稚魚群集の中で季節を問わず優勢するハゼ科魚類に焦点を当てた研究事例を紹介する。

図1 有明海湾奥部での稚魚ネット採集物

写真（左）は250 mL瓶で，1曳網あたり複数瓶に及ぶことも珍しくない。

2. 有明海の物理環境特性と仔稚魚群集

有明海は，九州西部に位置する総面積1,690 km^{2}の内湾である。我が国最大の干満差により，広大な干潟（図2）が形成されるとともに，激しい潮流の発生により水底のシルト系の泥が攪拌され，特有の高濁度水塊が発達する（佐藤・田北 2000）。後述する仔稚魚の初期生活史の検討に際して，干満に伴う物理環境と仔稚魚の分布様式の変化との関連も重要な検討項目であった。ある日の調査時，みるみる内に潮が引いていき，座礁しかけてしまったことがあった。この時は10年来お世話になっている船頭の機転により事なきを得たが，有明海の仔稚魚調査は刻々と変化する状況の中で，時間との戦いでもあることを強く認識させられた出来事であった。

調査海域（図3）における物理環境については東島（2020）や Wang et al（2021a, b）などに詳しく記載されている。これらを概観すると，湾奥部に流入する河川河口域（六角川，早津江川，塩田川）の物理環境は低塩分，強混合，高濁度で特徴づけられることがわかる。一方，湾奥部の中でも南東側に位置する河川（沖端川，矢部川）の河口域ではこれほどの特徴はみられず，河川間でも違いがみられることに加え，湾中央部の沖合域や現在の諫早湾堤防外とは異なっていることが示されている。また，諫早湾とその流入河川である本明川の河口域が潮受堤防によって隔絶，造成された調整池では，潮汐による潮流はみられず，ほぼ淡水となっている（Simanjuntak et al 2015）。

有明海は，数多の特産種（大陸からの遺存種かつ国内での固有種）や準特産種（国内での分布が有明海以外では一部の海域に限られるもの），別系群（他海域とは系群が異なるもの）を有するなど生物相（佐藤・田北 2000）も極めてユニークであるが，同海の仔稚魚群集において，ハゼ

図2 有明海湾奥部を特徴づける広大な干潟域と高濁度水塊

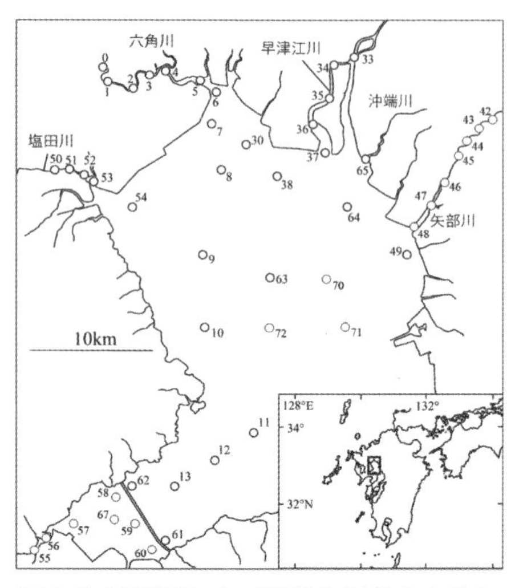

図3 海洋観測および仔稚魚採集を実施した調査定点

科魚類はその出現量で他を圧倒する存在である（東島 2020）。主な出現種として，特産種であるハゼクチ，ムツゴロウ，ワラスボの 3 種に加え，別系群のショウキハゼや代表的な内湾性種のマハゼなどが挙げられる（青山ら 2007, Yagi et al 2011）。ハゼ科魚類は環境指標種としての有用性も指摘されており（沖山 2003），諫早湾干拓事業などの環境改変が進む中，同海の本科仔稚魚の生態を明らかにすることは保全生物学的にも意義深い。しかしながら，本科仔稚魚はあまりにも多量に採集されることに加え，頭部棘要素がみられず種同定が困難であること（塩垣・道津 2014）に起因して，同海に分布するハゼ科魚類の初期生活史については詳細な比較・検討が行われていなかった。

3. 有明海における主要ハゼ科の初期生活史

有明海において特徴の異なった様々な環境下での仔稚魚の動態を比較・検討するため，湾奥部のほぼ全域にわたって調査点を設け（図 3），四季別に調査を実施した。仔稚魚の採集は稚魚ネット（口径 1 もしくは 1.3 m，網目 0.5 もしくは 1 mm）による傾斜曳に加え，河川内から河口前面海域の調査点では鉛直的な分布特性も把握するため，表層曳，中層曳，さらに底層付近に分布する仔稚魚の採集が可能な近底層ネット（網口幅 1.5 m，高さ 0.25 m，網目 1 mm）および桁網（網口幅 1.5 m，高さ 0.3 m，網目 2 mm）による採集も同時に行った。さらに，河口付近の定点では潮汐に伴う仔稚魚の動態を明らかにするため，上げ潮から下げ潮にかけての連続層別採集を行った。なお，近底層ネットは桁網の網口が底から 5 cm の高さに維持されるように設計されたものである（Aljamali et al 2006）。

2017 年 3 月および 2016 年 7 月に実施された調査結果から主要ハゼ科仔稚魚の内，春季に出現するハゼクチと夏季に出現するムツゴロウ，ワラスボ，ショウキハゼの発育段階別の分布状況を図 4 に示す。これをみると，いずれの種も沖合域に比べ，河口付近から河川内で分布密度が高くなっている。仔稚魚の発育段階については，ハゼクチでは，前屈曲期と屈曲期の個体が中心であったが，夏季の 3 種では，いずれも河口付近ではごく初期のものから出現し，河川内では稚魚期の個体が主体となっていた。また，諫早湾堤防外の定点ではムツゴロウとワラスボの浮遊期仔魚がごく僅かに出現したのみであった。潮受け堤防建設以前に諫早湾に流入していた本明川の河口域では，そこに加入してくる発育段階は魚種によりやや異なるものの，主要ハゼ科仔稚魚を含む多種の成育場として機能していたことが明らかにされている（木下 2007，竹内 2012）。2016 年 7 月の調査では諫早湾内の調整池において，これらハゼ科仔稚魚は出現していなかった（図 4）が，その後の調査において汽水と深い関係がある生活史を有するワラスボ，ショウキハゼ，シモフリシマハゼ仔

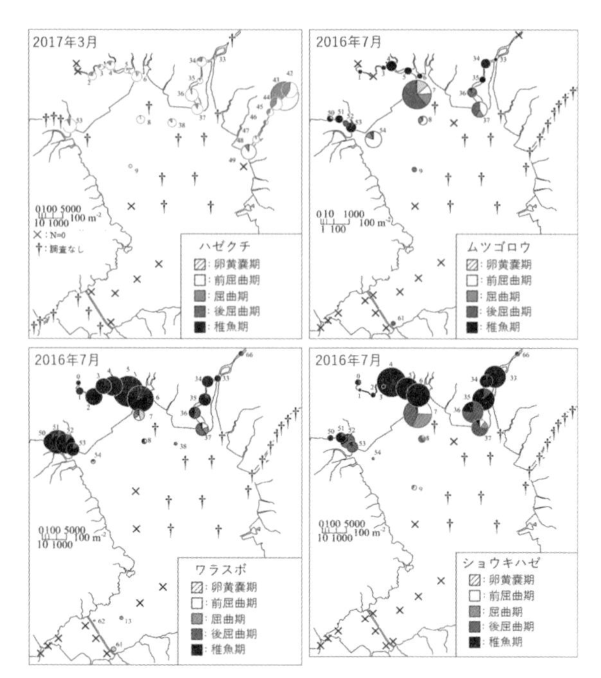

図4 主要ハゼ科４種の発育段階別の水平分布

稚魚が多数出現（木下 2019）するだけでなく，遡河回遊魚とされているエツの再生産が確認されている（Simanjuntak et al 2015）。諫早湾潮受堤防の閉め切りによる調整池での特異な魚類群集の形成が指摘されている（木下 2019）。

これまでに有明海で行われてきた魚類成育場の役割・意義に関する研究事例（日比野ら 2002, 田北 2003, Yagi et al 2011）が示すように，湾奥部河口域は主要ハゼ科を含む多種の必然的な成育場としての役割を担っている。そこでのハゼ科仔稚魚の動態について，有明海の「エイリアンのような魚」として抜群の知名度を誇るワラスボに着目する。本種は，潮間帯・潮下帯の泥中を掘孔する埋在性魚類で，眼は退縮して皮下に埋没し，体は細長く，背・臀・尾鰭は一枚の鰭膜で連なるなど多くの点で特異的な形態をもつ。しかし，本種の浮遊期仔魚の形態は他のハゼ科魚類と同様で，発達した眼を有する（道津 1957, 道津・田北 1967）。成魚が痕跡的な眼をもつ魚類として，北米の限られた洞窟の淡水に生息するブラインドケーブフィッシュや深海に生息するアシロ科魚類の数種などが知られ，その仔稚魚はワラスボと同様，一時的に発達した眼を有している（Zilles et al 1983, Fahay & Hare 2006, 沖山・加藤 2014）。しかし，これらの眼の退縮と皮下への埋没についての詳細な記載はなされておらず，生態との関係については不明な点が多い。ワラスボの眼の退縮の実態を明らかにすることは，魚類が初期生活史において，形態および生態を変化させる意義および有明海特産種の特異な環境への適応の解明に繋がると考えられた。近底層ネットによりこれまで採集が困難であった眼の退縮中の個体が多数得られたため，河口付近（図3の定点番号7）で行った連続層別採集の結果から本種の眼の退縮と着底の関係解明を試みた。

まず，有明海湾奥部河口域に卓越する激濁流の中でワラスボ仔稚魚がどのようにして河川内から河口付近に滞留（図4）しているのかを知るため，潮汐に伴う鉛直分布の変化を整理した（図5）。これに基づくと，本種仔稚魚は上げ潮時に主に表層に分布したが，満潮時には表層での分布密度が低下し，下げ潮時になると主に中層での分布密度が増加していた。このことはワラスボ仔稚魚が潮汐とともに河口域を往来していることを示しているが，下げ潮時には中・下層にも強い潮流が確認されており，河川内から河口域での滞留機構は同海のスズキやコウライアカシタビラメの仔稚魚で報告されている鉛直分布の変化（Matumiya et al 1985, Yagi et al 2009）では必ずしも説明できなかった。ワラスボ仔稚魚は水平方向の移動，すなわち流心部から流れが緩やかな岸側への移動することで沖合域への分散を防いでいるのではないかと推察され，このような推論はムツゴロウやニシン亜目仔稚魚でも報告されている（東島 2020, Wang et al 2021a, b, 2022）。成育場の利用様式は種によって様々である（木下 2019）。

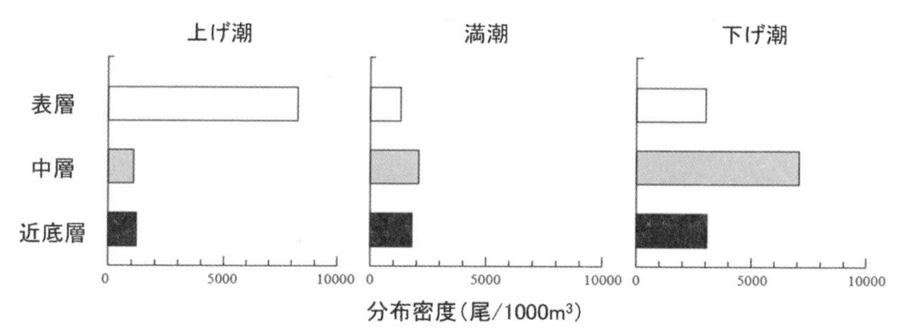

図5 各潮時におけるワラスボ仔稚魚の層別分布密度

さらに，ワラスボ仔稚魚の体長の増大と眼の退縮および分布層との関係について精査した結果（図6）では，本種の眼はふ化直後とみられる体長約2 mmから成長に伴って拡大していったが，体長10 mmを過ぎると急激に小さくなり，体長約12 mmでは眼は完全に皮下に埋没していることがわかった（Tojima et al 2025）。眼が拡大中の個体は表層と中層で主に採集されたのに対し，眼が退縮し始めた個体は近底層に分布していた（図6）。したがって，本種では浮遊生活から底生生活への移行と同時に，眼が退縮し皮下に埋没すること，すなわち形態的な変化と生態的な変化が同調している実態が明らかとなった。この結果は，野外において生物の変態（metamorphosis）を捉えた数少ない事例であり，複数の採集具の組み合わせと時空間的に細かく設計された調査に基づく成果といえる。

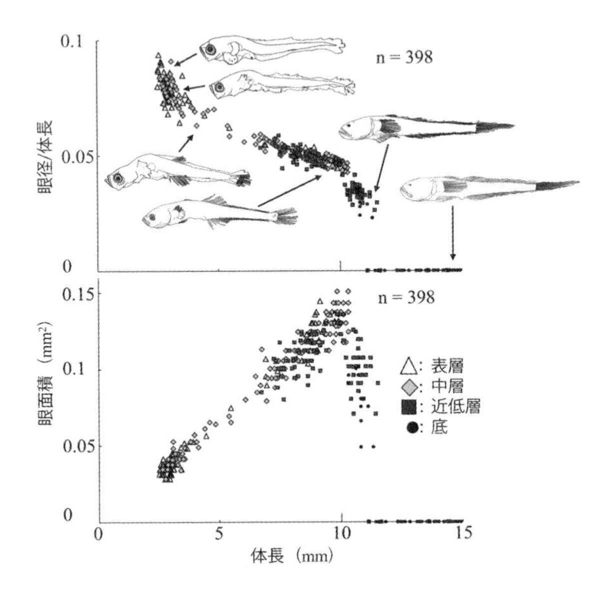

図6 ワラスボ仔稚魚における体長の増大に伴う眼の大きさと分布層の変化の関係
（Tojima et al 2025を改変）

有明海では近年，本稿で紹介したハゼ科仔稚魚以外にも魚類初期生活史に関する研究が盛んに行われ，アリアケシラウオ（東島ら 2019）やエツ（Suzuki et al 2014，伊藤ら 2018）など個別の初期生活史だけでなく，種間関係にも着目した研究も進められている（Wang et al 2021a，b，2022）。自然環境の人為的改変が進む有明海において，魚類再生産に関する基礎知見がさらに集積され，豊かな有明海の未来に繋がることを願うばかりである。

本稿の研究内容は，著者らが高知大学大学院に在学中に行ったものである。研究全般にわたり懇切なご指導をいただいた高知大学の木下泉先生に心から御礼申し上げる。本研究の遂行に際し，様々なご協力と便宜を賜った佐賀県有明水産振興センターの方々，西日本科学技術研究所の藤田真二博士，調査時の船頭を務めて頂き常に励ましのお言葉を頂いた片渕久人氏に深謝する。

おわりに ― これから稚魚学をはじめる方へ

思い起こせば2000年頃，大学生・大学院生であった原田・加納・田和は，沖山先生など世界をリードする稚魚研究者に導かれるように我が国の稚魚学最盛期を体験し，この学問に魅了されていきました。それから四半世紀を経て，学会発表などでの稚魚学の相対的な存在感が低下傾向にあるのは否めませんが，本書に示されているように長年の研究成果は継承され，新たな研究も展開されています。さらに，最近のSNSをみると，稚魚そのものが好きで採集や観察を趣味にしている方々が子供から大人まで相当数に及ぶこともわかります。

本書の出版は，図鑑やガイドブックだけでは伝わりづらい稚魚学の魅力を，高校生や大学生，初等中等教育の先生や調査会社の新入社員などの方々に紹介するために企画されました。各章においては第一線で活躍する研究者に，研究のノウハウや事例を示していただきました。しかし実際に稚魚学をはじめてみると，各章で記されていること以外にも，いろいろと大切なことがあります。ここではあくまでご参考情報として，2023年12月に福井県立大学で開催された第44回稚魚研究会の懇親会などで，経験豊富な先生方（元福山大学教授の南先生，福井県立大学名誉教授の青海先生，福井県立大学教授の富永先生，九州大学特任教授の望岡先生，高知大学名誉教授の木下先生，東京海洋大学名誉教授の河野先生）に行ったインタビューの概要を紹介させていただきます。共通質問「これから稚魚学をはじめる人に何を伝えたいですか」で開始し，そのあとは編者（中堅）とのやり取りです。

インタビューはじまり

南　えー…無茶ぶりするよな（笑）。僕が若い人にこうだよねなんて，おこがましくて言えないです。若い人には自由にどんどん自分の発想で，いろんなことをやってもらって，僕ら年寄りがそれ見て面白いっていうのが理想です。

原田　今の話はすでに研究をはじめた人に対してですけど，これから稚魚学をやってみようと思っているもっと若い人に対してはどうですか。

南　もっと若い人たちは，自然と触れること，魚好きでもよいし，そこから本当のことを見出すのが大事かな。海でも山でも川でも，なんでもよい。そこに自然の姿を見出すことかな。

原田　本からだけでなくて，自然に接しながら考えて欲しいってことですかね。

南　人間って自然の中にいるじゃないですか。役に立つのかどうかということじゃなくて，何でもよいけど自然現象の一つに注目して，面白いことをみつけること。そこがベースになって，自然を見る目が育っていき，将来的に自分の職業を選ぶとか。いろんな学生さんに接してきたけど，こんな会社入りたいとか，研究者になりたいとかを，大人からの押し付けとか，根も葉もない思いつきとかで決めてしまうこともあるみたい。

原田　最近だと，中学や高校から，目標を立てさせられるじゃないですか。

南　そうそう！早すぎるんだよ（笑）。いろいろ自由に，魚採りとかやりたいことをやっている中で，自分の将来を考えながら，大人になっていければと思う。早く目標立てなさいって言われてしまうと，常識の範囲から出ていけない。オリジナリティーなんかも醸成されないんとちがうかなあ。自分の考えも将来設計も，ほかの人から与えられただけになってしまう。ほかの人でも偉い人ならええけどな。まあ，「偉い人」か「そうでもない人」かどうかはいくつになってもわからんけどな。

原田　研究者にもいますよね。すでにある理論のことしかやらない。ひたすら文献を読んで文献にあることしかやらない。そうすると新しい切り口を見つけづらいですよね。

南　そういう時代に生きている今の若い人たちは大変だと思う。

原田　最近，県の研究機関では，目標を立てて短期的に成果が出る研究しかやれない風潮があります。

南　県の研究機関に限らず，水研や大学でもそうやって評価されるからね。時間も考える余裕もない世の中に遭遇して，かわいそうだと思う。そんな時代の風潮の中でもなんとか踏ん張って，自分なりの生き方を見出してほしいと思う。

田和　皆さん子供の時に漁港で魚採りしたと思いますが，いま横浜では多くの漁港が立入禁止になっていて，ほかの地域でもそういう制約があります。自分で試しに採集して考えながら研究をはじめていくことがやりづらくなってきています。それでも子供たちに教えていけることってなんですかね。

南　なるほど，そうだよね。僕らが子供のときは，川や海，山に行く機会が多かった。今はそれに逆行するような時代だけど，そういうところをもう一度取り戻すことが上の世代の責任だと思う。

原田　家庭内までは踏み込めないので，本当は初等中等教育で，そういうことができるとよいですね。

南　そう思う。大学では卒論テーマを与えない努力をしていた。けど，何もないと考えづらいので，研究室に配属されてきた学生に，卒論のテーマ集を見せつつ，この通りやらなくていいから，参考にして自分でテーマを作ってくるようにと指示していた。もちろん，全く違うものをどうしてもやりたいという学生もいて，それも僕を納得させる計画を作ってこさせる。

田和　考える力はつきそうですね。

南　そうだけど，こっちは大変だよ，勉強しないといけない（笑）。僕の大学の学生は，卒業するとたいてい水産とか生物学とかに全く関係ない職場に就職する。大学で何を学ぶかっていうと，考える力しかないよ。先生になってもね。

原田　学生が考えてやったことに先生がアドバイスして…という繰り返し。

南　こっちも，どう思うとか，これおかしいじゃないとか，そういうやり取りでトレーニングする。やっているうちに一つずつ，ものにしていく。就職した先でも同じ。卒論の内容自体はあまり役に立たない場合が多いけど（笑）。

田和　そうですね（笑）。

南　僕の大学院時代（京都大学）の岩井保先生は，何も教えてくれなかった（笑）。けど，僕がやってきたことに，いちゃもんをつけてくれた。一生懸命書いた論文をみせると，この研究の何が面白いのかって。（研究って面白いものなんやろうか？）もうやめようと本気で思った。でも，そのままやめる決断もできなかったし，書き直して持っていったら，これだけかと言われて（笑）。研究テーマも自分で考えた。他の学生も言っていたけど，大学の先生って何も教えてくれないものと思っていた。

原田　本当に自分でやろうとする力が付きますかね，考えますしね。

南　うーん，そうとは限らんけどね。結局，僕にとってはいい先生に出会えたと思う。あれやれこれやれと言われていたら，性格的に嫌になってやめていたかもしれない。ただ，小さい子供にはそれじゃダメだよね。例えば，保育園に行っている子には言いすぎも放任しすぎもよくないし。それと幼少体験は大事で，将来に大きくかかわってくると思う。大学生になると自由にできる環境も増えるので，その環境をうまく生かせるとよいよね。皆がみんな稚魚に興味をもたなくても良いけど。「これから稚魚学をはじめる人に何を伝えたいですか」にふさわしくない発言ですんません。この後に続くインタビューで聞いてください。

休　憩

青海　今の若い方にとって，働く環境とか，社会的な環境とか，どんどん難しくなっていて。必要以上に相手や状況に合わせて忖度というか自己規制してしまうところがありますよね。今の高校生と付き合っていると，昔の自分と比べてめちゃくちゃええ子なんです。そんなにええ子にならず，思うようにやってみたら，新しい世界が開けてくるような気がします。

原田　最近すごくコミュ力を問う風潮にあるからかもしれないですが，あまり空気を読みすぎると，好きなことがやりづらいですよね。もちろん，やりやすい環境を大人がつくる必要もあるのでしょうが。

青海　レイチェルカーソンのセンス・オブ・ワンダーという本があるんですけど，子供の感覚ってめっちゃすごいやんということが書いてあります。ウワーっと思うことを基本として何かに取り組むと，より本質に近づけるというか，次のシーンが出てくるというか，そういうことなのかなと。新しいものを生み出す若い力をいかそうと思ったら，年寄りも変わらないといけない。基本『やったらええやんけ』がいい。リスク管理してバックアップして保険もある程度はかけながら，なるべく自由にやってもらう。

田和　学生の場合は，どうすればそういう自由に考える力が身に付くんですかね。

青海　僕は団塊世代のピークの生まれで，大学生でもピークを経験している（私は大学院試験を落ちて，留年し長崎県に就職しました）。京大の水産学科３年生の時に，農学部の別の学科の若手教員が琵琶湖の米原を流れる天野川で公害問題に取り組むための組織を作っていた。その組織には農学部のいろんな学科の30歳前後の若い先生方が中心になり，医学部とか工学部とかのいろんな分野の先生方や大学院生がいた。水の中のことはわからんので水産学科も誰かやってみないかと誘われて，7人がやろうってなった。そしたらまずはそのチームの中で毎月会議があって，それぞれが役割とか取り組みの現状などを報告して議論した。何もわからないような３年生の学生をすごく対等に扱ってもらい，自分らの言うことも，それなりに受け取ってもらった。もう一つは広い分野の人が集まっていると理解できることがたくさんある，そんな経験をさせてもらった。でも川を調べると言っても，自分たちはまだ３年生で何もわからない。

原田　それだけ信じてもらったら，責任を感じますよね。

青海　そう。だから，よそに調査のやり方を聞きに行った。こういうことをやろうと思うんですけどどうですかねって聞きにいったら，理学部の川那部浩哉先生は現地まで来て，この調査はこうするんだって，一緒に川を歩いて教えていただいた。岩波新書を書いていた岡山大学の水質分析の先生に聞きに行くと親身になって教えていただいた。

原田　学生の熱意が伝わると，先生は真剣に聞いてくれますよね。

青海　そう。みんな結構ちゃんと対応してくれる。だから皆さんもやればいい(笑)。でもそういえば，逆に自分には悪いこともあった。なんでもやったらできると思ってしまった。もっとちゃんと勉強しといたらよかったなって。だいぶ後になって考えましたね。

原田　その２つが重要かもしれないですね。

青海　水産学科の先生はやめておけといった。自分らはカバーできないって。そう言われると，逆にやってやるって思った。調査のための費用もみんなでアルバイトで稼いだ。

原田　そうか。やっぱり，ええ子になりすぎたらダメですね（笑）。

青海　でもそれは時代もあると思う。自分らのおった時代は，可能やったけども。

原田　今は色々と厳しくなっている。すぐに法的な話になったりもする。

青海　だからお前は今どうなんだって言われると，申し訳ございませんってなってしまう。

休　憩

富永　急に聞かれてもなかなか難しいけど，新たな稚魚学があるのではないかと思っていて。例えば育種については，今までと違った観点で，経済的に何が一番重要なのかとか，遺伝子レベルからも考えたりしてやっていく必要がある。

原田　先生はこれまで一般企業と共同研究をされていると思うのですが，そういう共同研究ってどんな感じに進めていますか。

富永　一つは地域をどうやって活性化させていくかというのがある。対象にしているものに対して，大学や市町，県の研究機関も含めて進めていかないといけない。

原田　共同研究の時は学生さんにも積極的に関与してもらいますか。

富永　もちろん。大学って変なところで学生さんの力がないとなかなか進められない。

原田　大企業とも共同研究されていたと思うのですが，その場合，向こうからも人が来てやるのか，お金だけ出してもらうか，そのあたりはどうでしょうか。

富永　そんなにたくさんお金を出してもらった記憶はないかな（笑）。それよりも大企業はいろんな紹介をしてくれる。我々には接点がなくてできない解析や研究についても，大きい会社はネームバリューと人脈があるので，すぐに話を持ってきてくれて。そのマッチングで研究が進むことがある。地域の小さな大学でも，企業側には魅力があり，研究力があればうまく関係が築ける。

原田　大学は一企業の儲けのためだけではなくて，社会に向けてより公平にやっているケースが多いところもいいのですかね。

富永　そういう面もある。ただ，大学も厳しい環境にあり，短期間に何らかの成果を上げる部分と中長期計画の部分をバランスよく組み合わせながら進めていく必要がある。短期的な部分というのはPRしやすいし，ある程度インパクトがある情報を可視化しないといけない。民間で危ういのは，どうしても儲け重視になってしまい，決断が早いけれども科学的な視点を欠く場合。もちろん，その素早いチャレンジに魅力はある。でも大学の研究はしっかりとした科学に基づくものでないとダメだと思う。

原田　データの確からしさは大事ですね。

富永　データが出たらそれをうまく使っていくんだけど，再現性や論理性とかは明確にしておかないと，やったことが正しいかどうかを検証できない。もどかしいとか言われても，自分たちの信用にもかかわってくるので，そこはしっかりと。もちろん，自分のやりたいことだけじゃなくて，社会から必要とされていることにも合わせていく積極性がなければ，その分野の研究は廃れていくと思う。

原田　例えば学生さんだと，最初は基礎から入った方がいいと思うのですが，でもやっぱり応用もしないといけないし，その辺のバランスって難しいですよね。

富永　社会に入ってしまうと，生態とか生物学的なこととかの基礎が学びづらいのではないかと。基礎を知ったうえで社会に出ていかないと，危ういです。大学で学んだことを実際に経済活動としてやっていくのは，社会に出てからになる。例えば，新たに養殖をはじめるとき，ほとんど知識がないのに，感覚でこうしようああしようといわれても困ってしまうので，しっかりと水産学や海洋学を学んだ人たちに自信をもってやっていってもらいたい。大学もそうした人材を育成していきたいところ。

原田　結局，基礎をしっかりと調べた方が活用には近道なことがよくありますよね。

富永　基礎がないと活用できない。素振りをしないと，ヒットは打てないし。

原田　かといって素振りばっかりやっていても・・・というのもありますし。

富永　素振りは目的ではなく，手段だから。ゲームの中でしっかり使えるように自分がなることが大事。だけど手段が目的にならんようにしないといけない。例えば，外来魚の駆除の研究をやっていると，対象を多く駆除することが目的になってしまうことがある。実際には，駆除は手段で，生態系のバランスをよくするとか，もともと生息していた生き物とかへの影響を減らすことが目的。先ほどの話だと，駆除の研究は短期的視点，生態系のバランス…は長期的視点ということにもなる。

原田　これからの学生に求めることって何でしょうか。

富永　卒論とか修論とかの人が多いから，というのもあるけど，考える力やと思う。課題を与えられて上手くいかないときに，人に聞くのではなくて，自分で『なぜ』って考えること。そのなぜっていうのは仮説になってくるので，それを解決するための手段が出てくる。自分でなぜや手段を見つけられる人は，考える力がついている。学生実験だと，基礎的な実験は答えがわかっていることが多い。その原理とか，理屈がわかるように，わかっていることをやりながら，理解していくんだけど。ちょっと答えが見えないようなことをやると，学生さんによっては何を見たらいいんですかって聞いてくる。本当はそこを自分で考えてもらえればと思う。

原田　受け身ではなく，問題を自分で見つけて，自分で解決していく能力ですね。そうやって考えたことが，実際には全然違っているっていうのもおもしろいですよね。

富永　結果が出てきたときに，それが結論というわけじゃない。まだまだ課題がある。いま何が知りたくて，いま何が課題なのか。いろんな事実があって，それを結び付けて考察して，結論を出していく。そういったプロセスを学んでほしいが，最近はすぐに結論が何かを聞かれてしまう (笑)。

富永　新しいものを取り入れることも大切で，そこをしっかりと理解してやっていかないと，稚魚研究って古いままで終わってしまう。例えば，分類学だと，今やジェノタイプというかDNAもしっかりやらないと，通らないこともあるでしょ。そういった新しい技術を受け入れていく。僕も含め年をとった人も勉強したいしね。

原田　今，異分野の連携って多いですよね。そうなるといろいろと新しいものを受け入れていかないとやっていけない。今まで一般的に常識と扱われてきたことを変えるっていうこともありますよね。

富永　新しい発想を生むには，幅広い分野の連携が大切。養殖もそうで，ただ魚を作るだけでなくて，僕にはまだそういう発想はないけども，今の世の中にある最新の知見を増養殖の生産に生かしていくことができたらおもしろいと思う。そういう意味では稚魚研は世代交代してやっていった方がいいんちゃうかと。

休　憩

望岡　今から30年程前，ポルトガルで開催されたヨーロッパ内水面漁業・養殖諮問委員会のウナギ・ワーキンググループに出席したことがあります。会議で，私はレプトケパルス仔魚（以下，レプト）の消化管内から発見された尾虫類のハウスについて発表しました。会議中に開催されたエクスカーションは，研究船Friedrich Heincke号でネットを曳き，ウナギ属のレプトを採集するという企画でした。採れたら奇跡と思っていましたが，なんとヨーロッパウナギのレプトが数個体採れ，Tesch先生は鼻高々でした。さっそく，実体顕微鏡でレプトの消化管を観察しました。私は消化管内をみるときは，透過照明装置のミラーの角度を前後左右に動かすことができる実体顕微鏡を用い，ミラーを動かしながら柄付き針で消化管をさぐるのですが，船の実体顕微鏡のミラーは固定タイプでした。当時，1,000個体以上のヨーロッパウナギレプトの消化管をみたが，何も入っていなかったという論文が出ましたが，実体顕微鏡の照明装置に問題があったのかも知れません。長いエピソードで申し訳ありませんでしたが，顕微鏡の操作一つでみえるものが違ってきます。最近は操作のデジタル化が進み，自分で試行錯誤することが減ってきているように思います。対象とする仔稚魚の分類形質をしっかりみるために実体顕微鏡の仕組みを理解し，最適な方法を見いだしてほしいと思い，紹介しました。

田和　実際に採集されたヨーロッパウナギのレプトの消化管を先生が観察したら何か入っていたのですか。

望岡　採集されたレプトは変態のごく初期のものだったからかもしれませんが，残念ながら，何も入っていませんでした。

田和　学生さんには最初にどういうことを教えますか。

望岡　私はレプトをテーマに卒論研究を行いたいという学生のオリエンテーションで，初期生活史の研究は，対象種の「形態」，「生理」，「生態」の3つの側面からアプローチすることが基本の基であることを伝えます。そして，初日は形態観察に必要な竹ピンセットを作ってもらいます。2日目は冷凍のマアナゴレプトを用いて，実体顕微鏡の使い方，特に接眼レンズの視度調整と眼幅調整，ピント合わせとズーム操作，絞りの使い方，そして前述の透過照明のミラーの角度を変えることで，筋節が数えやすくなることやレプトの分類形質として重要な垂直血管を視認しやすくなることを経験してもらいます。3日目はホルマリン標本を用いて，背鰭起部，肛門，最終垂直血管の位置などにL字型に開いたホチキスの針を置き，手持ち数取器で筋節を計数します。はじめは値が大きくぶれますが，3～4回目以降は収束してきます。答え合わせをしてレプト研修は修了です。

田和　竹ピン作り懐かしいですね。初めは楽しくていろいろ凝って作るんですが，結局未だに使っているのは，研究室にあった壊れたホウキの柄で作った最初の一本です。やはり最初の一本には変えられないものがあるように思います。それにしても，手を動かすことから最初に教えるのは，どういう意図があるんでしょうか。

望岡　学生には熱意を長く保持して研究に取り組んでもらいたいので，まずは，実物をみて，手を動かしてもらい，どんなときに学生の顔や目が輝くのかをみてテーマを提示し，学生に決めてもらおうとの思いからです。学生も自分が取り組んでみたいことや惹かれることに気づくようです。

田和　確かに体験する方が興味を持ちやすいと思います。体験といえば，延岡のシラスパッチ網漁ですよね。私もそこで初めて生きたレプトを見て感動した覚えがあります。

望岡　学生が教室に配属される4月は，延岡のシラスパッチ網漁でマアナゴのレプトが採れるので，漁船に乗せてもらい，活きたレプトのサンプリングに行きます。学生には，毎日，レプトを麻酔し，変態過程を観察してもらいます。透明な体を通して諸器官の劇的な変化を観察すると，さまざま疑問点が浮かんできます。なぜ背鰭起部の前方移動は肛門のそれより早いのだろう（形態），なぜこのタイミングで血球が発達し始めるのだろう（生理）。まだレプトの形をしているのになぜ着底したのだろう（生態）。疑問点を見いだして自分で考える面白さを経験してもらいながら，初代教授内田恵太郎先生の「稚魚を求めて」をあらためて読むことを勧めます。

田和　自分で考えるということは本当に大事だと思います。今就職して仕事で研究をしていても，自分で考えて動けないと前に進まないことが多々あります。疑問点を見出して自分で考えることは，社会生活を送る上での基本の基かもしれませんね。「稚魚を求めて」は本当に名著だと思います。内田先生は稚魚学の租といっていいほどの方で，もちろん私はお会いしたこともないのですが，望岡先生は，内田先生とはお会いされたことはあるのでしょうか。

望岡　田和さんも九大在学中に出席したことがあると思いますが，毎年12月に流れ藻会（水産学第二教室の同門会）が開催されます。私は初めて出席した流れ藻会で内田恵太郎先生にお会いしました。上座の内田先生のテーブルには塚原博先生，道津喜衛先生，藤田矢郎先生，水戸敏先生，庄島洋一先生と錚々たる先輩方が座っておられました。下座の学生，院生はこのテーブルに近づくことは憚れる雰囲気でしたが，意を決して，内田先生の傍らに行き，「レプトセファルスを研究しています」と自己紹介しました。先生は杯を差しながら「レプトケパルスは形態も生理も生態も面白いので頑張りなさい」と励ましの言葉をいただきました。先生は水産学第二教室設立以降，培われてきた研究方針を伝えるとともにleptocephalusの由来は学名にあるのだよ，なんでも英語読みするのはいかがなものかと諭したのだと思います。私が初めて出席した流れ藻会は内田先生ご出席の最後の同門会となり，先生は翌年の3月に逝去されました。

田和　内田先生から直接話を伺える機会があったとは，うらやましい限りです。その頃にはすでにレプトの研究を始めていたとのことですが，先生のレプト研究のきっかけについて教えて下さい。

望岡　私をレプト研究に導いてくださったのは卒論の指導教官多部田修先生です。テーマは北西太平洋のAriosoma-type幼生の形態，分類，分布です。当時，太平洋での文献はCastle博士の南太平洋のものしかなく，先生から，君が北太平洋のレプト研究を切り開くんだ。第一人者だという気概と覚悟をもって取り組みなさいとの言葉に身が引きしまったことを思い出します。

田和　最後に，現役の稚魚研究者に伝えたいことはありますか。

望岡　二つあります。一つは稚魚研究者の相棒の実体顕微鏡のメンテナンスです。湿度の高い環境で使用することが多いので，レンズや鏡筒内プリズムにカビが発生したり，また，ラボ移動時の運搬等によって光軸がずれる場合があります。快適に楽しくそして僅かな識別形質を見逃さずに仔稚魚を観察するために定期的にオーバーホールに出すことをお勧めします。もう一つは海洋の表層動物群集として重要であるにも関わらず，かいあし類に比べて軽視されている尾虫類にもっと関心を寄せてほしいと思います。尾虫類のハウスはマイワシやカタクチイワシ仔魚の消化管からも発見されています。異体類の後期仔魚は尾虫類の虫体をハウスと共に食べることが知られています。他の真骨類の仔稚魚も私達が気づいていないだけで僅かな期間，尾虫類由来の餌を食べているかもしれません。みなさんが扱っている仔魚の消化管を透過照明のミラーを動かしながら観察してみませんか。尾虫類の透明なハウスの輪郭がみえるかもしれません。

休　憩

木下　立場によって変わるけど，一番思うのは，インパクトファクターの高い雑誌に論文を書くためとかではなくて，良い研究をしてほしい。きちんとした仮説や目的のある研究をしないといけない。私は海兵ご出身であった水戸敏先生の再来と言われているけども・・・(笑)，水戸先生は最近の若い方は手法が先行し，特化しすぎで，もっと裾野を広げないといけないとおっしゃっていた。過去の先人たちの研究をきちんと読まないといけない。その上で作業仮説を立ててやっていく必要がある。もう一つ，水研とか水試，大きな大学の船の調査ではほとんど船の人が現場作業をやってくれるけど，研究環境が整っていない場合にも最低限のデータをとってこれるようにならないといけない。そのためにも何を明らかにしたいかについてよく考えないといけない。

原田　今の話はすでに大学等で研究を始めた方に向けた内容だと思うんですが，もう少し若い人，高校生・中学生向けにはどうでしょう。

木下　第一次産業の重要性をわかってほしい。日本の食料自給率が30%台というのは異常。特に有事では食料が最も重要になってくる。日本近海は世界有数の漁場で，南北にも長い，つまり量的にも質的にもすばらしい環境がある。その一角を担うのが水産業だと思う。

原田　なるほど。他の先生方から聞いていたのと違う話が聞けてうれしいです。最近だと，世界的な問題が起こったりすると，値上がりしたり入ってこなくなったりしますよね。

木下　日本に無いものは輸入に頼ってもいい。日本にもあるのに，お金儲けがからんできて，他所から輸入してくるものがある。それがウナギだ。このお金儲けがウナギ全体の資源を脅かしている。ところで，日本のウナギのほとんどが無効分散という仮説についてどう思う？

原田　そういう仮説もあるんだなと…。

木下　この仮説については以前から塚本先生たちと論議していた。元々中国はウナギをほとんど食べないところだった。中国にシラスウナギの獲り方，養殖の仕方，かば焼きの作り方を教えたのは日本の商社。長江でのウナギシラス漁業を鐘さんに見せてもらったが，長大な河口を封鎖してまさに根こそぎ獲っていて，これじゃウナギはいなくなるわ！と感じた。混獲されたそれまで高級魚だったエツが投棄されピラミッドのようになり腐敗し悪臭を放っていた。シラスの内，中国・台湾に遡ってくるものこそ再生産を担う主群で，日本のものは無効分散と考えると，昨今の資源激減のつじつまが全て合致してくる。

原田　仮説ですよね…。日本近海で放流した親ウナギが産卵場方向へ遊泳するような論文も出ていますし。この仮説については誰かが検証できますかね。

木下　もちろん仮説です。が，当たらずとも遠からずと思っている。こういう仮説を検証していくには，基礎研究，その中でもnegative dataが大切。先人たち，とくに明治時代以降の日本人が基礎研究をきちんとやってきてくれたことに相当感謝しています。日本の経済力は低下していて，中国が世界2位となっています。でも，中国のとても大きな某海洋大学の先生を訪問したら，学生30人も指導しているけど，立派な建物があるのに実体顕微鏡が2台しかない，バベルの塔のような図書館はがらがら。本当に歪みを感じた。

原田　最近は日本も基礎研究はどんどん廃れて…。

木下　そう，どんどん日本の沿岸漁業は衰退していってしまう。きちんとした基礎研究の継続と蓄積が大切。沿岸漁業の資源管理こそ稚魚学は核となるもので，いなくなってから始めたのでは間に合わない。なかなか難しいかもしれないが，噴火湾でのスケソウダラや伊勢湾のイカナゴなど，稚魚学を基礎にした素晴らしい事例もある。

休　憩

河野　助手になって最初の学生たちに伝えたのは，稚魚学はまだやることが多く，やったもの勝ちということ。今でもそうだよね。

加納　そもそもなぜ稚魚学の分野に入ったのですか。

河野　基本は人が好きで，出会いから。学部生（東京水産大）のころ，南極のオキアミに興味を持って権威の先生を訪ねたが断られ，次に魚類学の安田富士郎先生を訪ねた。大きいマグロをやりたいと伝えると，やっていいよという話になったが，テーマはマグロの小さい卵や仔魚。たまたまそうなった。

加納　たまたまですね。先生は修士や博士では仔稚魚の骨格形成から系統を論じる研究されていましたが，そのきっかけは？

河野　学部4年のころ研究室の誰かが沖山先生から透明標本の作り方の手書きメモをもらってきた。学生たちがおもしろがって，いろんな種の尾部の骨格透明標本をつくって遊んでいた。当時，先輩たちと毎月のように実習場のあった小湊（千葉県）に行って仔稚魚を採っていたので，それらを片っ端から透明標本にした。そのうち，これを使って「個体発生は系統発生を繰り返す」を検証できないかと，後付けで研究がはじまった。

加納　遊びからでしたか。

河野　博士1年の時に安田先生が急逝し路頭に迷っていたら，多紀保彦先生にめんどうみてもらえることに。それから一生懸命勉強して論文も書いて博士を取得したけど，就職先はなかった。多紀先生からの「東南アジアを勉強してこい」のひと言で，東南アジアの養殖現場に専門家として赴任して。その後は飯のために7年間だよ（笑）。その間，いろんな仔魚の透明標本を作って摂餌や遊泳の機能を考察することが種苗生産現場で役立った。おもしろそうで試したら結果が出て，それに後付けで機能発育の説明を考えた。

加納　仮説検証型の研究とは逆ですね。

河野　そう真逆。もちろん研究計画も作業仮説もあったけどね。若い人はやりたいことやって，とんがればいいよ。

加納　そういうスタンスで，だいぶ個性的な学生もめんどうみていましたよね。

河野　300人以上社会に送り出したけど，放任ではなく，やりたいことを聞きながら，全力でめんどうみた。なんかいい先生みたいだな（笑）。だけど博士進学は勧めなかった。高学歴プアーになるのがわかっていたから。

加納　私も行くときプアーを覚悟しました。

河野　社会人かプアー覚悟の学生以外は博士学生をとらなかった。文科省の口車にのって猫も杓子も博士課程へという時代があったけど，博士取って困った人，いっぱいいたよね。稚魚学云々より，社会でみなさんががんばってくれているから，まあよかったと思う。今回の趣旨に反するか（笑）。

加納　こういうのも，いい気がします。

河野　いま一般の人にも稚魚好きがいるけど，もともと魚類学会は趣味の人が多かった。僕の稚魚学は飯を食うひとつの手段でしかなかった。言い方が変かな。逆に，教えたことは，社会に出て何かの役に立った？

横尾　読み書きそろばん，それと計画を立てたり，プレゼンできたりとか役に立ちますよね。データ整理して傾向をつかめたり，正しい情報を見分けてストーリーを作って説明できたり，というだけでも，社会では結構なアドバンテージだと感じます。

河野　修士や博士はその訓練みたいなものだよ。変な話だけど，多紀先生と僕に研究の接点は一切なくて。でも，通奏低音というか，まあちょっと違うけど，基本の流れがあって。研究の進め方，論文の書き方，研究計画法とかについてはよく議論していた。普段から英語のこういう表現がNational geographicに出ていたぞという高尚なものから，ときどきピンクの話まで（笑）。おもしろかったよ。

加納　そもそも稚魚学を伝授みたいな感じ，なかったですよね。何気ないやり取りで，わたしも研究以外の方を教わりました。

河野　あのね，学生の学びについては，結構まじめに考えていて。

加納　そうだったんですか。

河野　思い出づくり卒論とか，研究者の足元におよぶための卒論とかいくつかに分けつつやり方を変えていたし，どの学生にも一生懸命だった。

加納　個性的過ぎる学生にも，おもしろそうに教えていましたよね。

河野　研究のきっかけは何でもいいけど，やると決めたら一生懸命やったほうがいい。あとは，やってみてつまんなかったらやめればいい。自分が若いときにおもしろくて睡眠時間も削りながら必死で書いた論文は，いま見ても惚れ惚れするよ。だけど，どんどん興味も変わるよね。

加納　若い人へのメッセージ，これで本当にいいですかね。

河野　勝手にやってよだよ（笑）。いやだったら他のことやればいいし。会社の業務で稚魚をやる人は，いやだったら大変だけど。飯のために仕事やる＝好きなことだけやる，ではないよね。自分なんか稚魚に全然興味ないと言えばうそになるけど，それを一生続けようとかは一切ない。むしろ最近はじめた仕事だと，研究してくれる人をコーディネートしたり，そのプロジェクトの構想を練ったりがおもしろい。

加納　その流れで聞きたいです。先生は急に降ってくる仕事の調整とか作戦作りとかもいつも楽しそうですけど，そのノウハウはJICA専門家時代に身に付けたのですか。

河野　違う。小学生のときからおもしろかったよ。まぶたに浮かぶけど，ぞっかん（字不明），というゲームがあって。地元市役所の前にある２つの木が基地で，チーム戦で陣取りをするのに，自分や他の人の位置や能力を考えて，意見を聞いて作戦を練って，うまく動いてもらうのが好きだった。もちろん，JICA時代に，海外で少人数の日本人が生活するという特殊な環境も勉強にはなったけどね。

加納　幼少体験は魚でなくそっちでしたか。学生との打ち合わせでも，ホワイトボードに作戦とか人の配置とかを俯瞰図のように整理されて，それが研究室を動かす原動力でしたね。今の学生さんには，そういうことが苦手なひともいまして。

河野　いまはそうだよね。ダチョウ倶楽部だもんね，どうぞどうぞって。傍観している方がラクだしね。ただ，そういう時代なんだよ，いいんだよ，そのなかで好きにやれば（笑)。まあ，これくらいでどう？

加納　これくらいで，育っていけそうですか？（笑）

小熊　大丈夫・・・だと思います（笑)。おもしろいことを好き勝手にやろうかと。

河野　まあ，研究ではとんがって，みんなからきらわれればいいじゃん（笑)。それと，どこにいても学びはあるから。どこでも男をみがけばいいんだよ。ポリッシュ　アダンディズムだ，いや，いまの時代はbrush up a skillスキルを磨くの方がいいな。

インタビューおわり

・・・ということで，編者（中堅）からの無茶ぶりに，とても丁寧に回答してくださったうえに，その一部の収録をお許しくださった先生方に感謝いたします。また，インタビューの一部では，横尾俊博氏と小熊進之介氏にも協力していただきました。

最後に，本書の作成にあたっては，巻末の執筆者以外にも，稚魚研究会の方々からアドバイスをいただきました。生物研究社の編集および制作担当の岡朋香さんや吉永衡さんには，本書の編集作業が著しく遅れる中でも幾度も温かく励ましてくださり，また，数々の無理を聞いていただき，出版まで漕ぎ着けることができました。皆さまに心より御礼申し上げます。

2025年3月31日　稚魚研究会企画本編集担当（中堅）
原田慈雄・加納光樹・田和篤史

引用文献

第1章

Akita T. 2022. Estimating contemporary migration numbers of adults based on kinship relationships in iteroparous species. Mol Ecol Res, 22: 3006–3017.

Almany GR, S Planes, SR Thorrold, ML Berumen, M Bode, P Saenz-Agudelo, MC Bonin, AJ Frisch, HB Harrison, V Messmer, GB Nanninga, MA Priest, M Srinivasan, T Sinclair-Taylor, DH Williamson & GP Jones. 2017. Larval fish dispersal in a coral-reef seascape. Nat Ecol Evol, 1: 0148.

Anderson JT. 1988. A review of size dependent survival during pre-recruit stages of fishes in relation to recruitment. J Northwest Atlantic Fish Sci, 8: 55–66.

荒俣宏・さとう俊・荒俣幸男. 2004. 磯採集ガイドブック 死滅回遊魚を求めて. 阪急コミュニケーションズ, 東京.

Bailey KM & ED Houde. 1989. Predation on eggs and larvae of marine fishes and the recruitment problem. Adv Mar Biol, 25: 1–83.

Baldwin CC. 2013. The phylogenetic significance of colour patterns in marine teleost larvae. Zool J Linnean Soc, 168: 496–563.

Bravington MV, HJ Skaug & EC Anderson. 2016. Close-Kin Mark-Recapture. Statist Sci, 31: 259–274.

Bréchon AL, SH Coombs, DW Sims & AM Griffiths. 2013. Development of a rapid genetic technique for the identification of clupeid larvae in the western English Channel and investigation of mislabelling in processed fish products. ICES J Mar Sci, 70: 399–407.

Bylemans J, EM Furlan, CM Hardy, P McGuffie, M Lintermans & DM Gleeson. 2017. An environmental DNA-based method for monitoring spawning activity: a case study, using the endangered Macquarie perch (*Macquaria australasica*). Methods Ecol Evol, 8: 646–655.

Chambers RC & WC Leggett. 1987. Size and age at metamorphosis in marine fishes: an analysis of laboratory-reared winter flounder (*Pseudopleuronectes americanus*) with a review of variation in other species. Can J Fish Aquat Sci, 44: 1936–1947.

Cushing DH. 1975. Marine ecology and fisheries. Cambridge University Press, Cambridge.

土居秀幸・近藤倫生（編）. 2021. 環境DNA—生態系の真の姿を読み解く. 共立出版, 東京.

Durand JD, MA Diatta, K Diop & S Trape. 2010. Multiplex 16S rRNA haplotype-specific PCR, a rapid and convenient method for fish species identification: An application to West African Clupeiform larvae. Mol Ecol Res, 10: 568–572.

Feutry P, O Berry, PM Kyne, RD Pillans, RM Hillary, PM Grewe, JR Marthick, G Johnson, RM Gunasekera, NJ Bax & M Bravington. 2017. Inferring contemporary and historical genetic connectivity from juveniles. Mol Ecol, 26: 444–456.

藤田矢郎. 1973. 魚類種苗生産の初期餌料としての動物プランクトンの重要性, 日プ学会報, 20: 49–53.

福所邦彦. 1986. 飼育技術の問題点. pp 9–25 *in* マダイの資源培養技術（田中克・松宮義晴, 編）. 水産学シリーズ, 59, 恒星社厚生閣, 東京.

玄浩一郎・沖田光玄・橋本博・樋口健太郎. 2019. クロマグロにおける養殖用人工種苗の安定供給技術の開発. 食品と容器, 69: 158–164.

Gjedrem T & N Robinsondvances. 2014. Advances by selective breeding for aquatic species: A review. Agri Sci, 5: 1152–1158.

Gould SJ（仁木帝都・渡辺政隆, 訳）. 1987. 個体発生と系統発生－進化の観念史と発生学の最前線. 工作舎, 東京.

Greenwood PH, DE Rosen, SH Weitzman & GS Myers. 1966. Phyletic studies of teleostean fishes, with a provisional classification of living forms. Bull Am Mus Nat Hist, 131: 341–455.

浜田和久・虫明敬一. 2006. ブリの早期採卵技術とその効果. 日水誌, 72: 250–253.

原隆. 2019. ニッスイによるブリ人工種苗生産と育種の取り組み. アクアネット, 22: 44–47.

Hennig W. 1966. Phylogenetic systematics. University of Illinois Press, Urbana.

Hillary RM, MV Bravington, TA Patterson, P Grewe, R Bradford, P Feutry, R Gunasekera, V Peddemors, J Werry, MP Francis, CAJ Duffy & BD Bruce. 2018. Genetic relatedness reveals total population size of white sharks in eastern Australia and New Zealand. Sci Rep, 8: 2661.

Hjort J. 1914. Fluctuations in the great fisheries of northern Europe viewed in the light of biological research. Conseil Permanent International pour l' Exploration de la Mer, 20: 1–228.

本間昭夫. 1969. 栽培漁業. pp 49–65 *in* つくる漁業 水産資源増殖の手引き. 水産資源保護協会, 東京.

Houde ED. 1987. Fish early life dynamics and recruitment variability. Am Fish Soc Symp, 2: 17–29.

Houde ED. 2008. Emerging from Hjort's shadow. J Northwest Atlantic Fish Sci, 41: 53–70.

今田克・影山百合明・渡辺武・北島力・藤田矢郎・米康夫. 1979. 魚介類種苗生産用酵母（油脂酵母）の開発. 日水誌, 45: 955–959.

入江貴博. 2016. 中立遺伝マーカーを用いた近親判別に基づく個体数推定の可能性. 月刊海洋, 48: 340–348.

伊藤隆. 1960. 輪虫の海水培養と保存について. 三重大紀要, 3: 708–740.

神谷尚志. 1916. 館山灣に於ける浮游性魚卵並びに其稚兒（仔）. 水産講習所試報, 11: 1–92, pls 1–5.

神谷尚志. 1922. 館山灣に於ける浮游性魚卵並びに其稚兒（仔）. 水産講習所試報, 18: 1–22, pls 1–3.

神谷尚志. 1924. 邦産浮游性魚卵檢索表. 水産研究誌, 附録: 1–8.

神谷尚志. 1925. 館山灣に於ける浮游性魚卵並びに其稚兒（仔）. 水産講習所試報, 21: 71–106, pls 1–4.

川上達也. 2016. DNAバーコーディングによる浮遊性魚卵の種同定, pp 16–30 *in* 魚類の初期生活史研究（望岡典隆・木下泉・南卓志, 編）. 水産学シリーズ, 182, 恒星社厚生閣, 東京.

河上康子. 2018. 昆虫学にはたすアマチュアの役割. 昆蟲, 21: 70–82.

木下泉. 2018. 魚類の個体発生にみる系統発生. pp 432–433 *in* 魚類学の百科事典（日本魚類学会, 編）. 丸善出版, 東京.

木下政人. 2015. 水産生物へのゲノム編集技術活用に向けて 現状と可能性. 化学と生物, 53: 449–454.

北島力・塚島康生・藤田矢郎・渡辺武・米康夫. 1981. マダイ仔魚の空気呑み込みと鰾の開腔および脊柱前彎症との関連. 日水誌, 47: 1289–1294.

北田修一. 2008. 種苗放流の遺伝的影響. pp 190–213 *in* 水産資源の増殖と保全（北田修一・帰山雅秀・浜崎活幸・谷口順彦, 編）. 成山堂書店, 東京.

Kjesbu OS, CT Marshall, RDM Nash, S Sundby, BJ Rothschild & M Sinclair. 2016. Johan Hjort symposium on recruitment dynamics and stock variability. Can J Fish Aquat Sci, 73: vii–xi.

Kjesbu OS, J Hubbard, I Suthers & V Schwach. 2021. The legacy of Johan Hjort: challenges and critical periods-past, present, and future. ICES J Mar Sci, 78: 621–630.

河野博. 2018. 稚魚. pp 402–403 *in* 魚類学の百科事典（日本魚類学会, 編）. 丸善出版, 東京.

小島純一. 2001. 稚魚をスケッチする. pp 30–39 *in* 稚魚の自然史 千変万化の魚類学（千田哲資・南卓志・木下泉, 編）. 北海道大学図書刊行会, 札幌.

昆健志・井上潤. 2019. 分子系統樹を用いた分岐年代推定と生物多様化プロセス解析の概要. 化石, 106: 5–17.

熊井英水・宮下盛. 2003. クロマグロ完全養殖の達成. 日水誌, 69: 124–127.

Lasker R. 1975. Field criteria for survival of anchovy larvae: the relation between inshore chlorophyll maximum layers and successful first feeding. Fish Bull, 73: 453–462.

Le Danois Y. 1964. Étude anatomique et systématique des Antennaires, de l'Ordre des Pédiculates. Mémoires du Muséum National d'Histoire Naturelle, Paris, Série A, Zoologie, 31: 1–162.

Leggett WC & E DeBlois. 1994. Recruitment in marine fishes: Is it regulated by starvation and predation in the egg and larval stages? Neth J Sea Res, 32: 119–134.

Leggett WC & KT Frank. 2008. Paradigms in fisheries oceanography. Oceanogr Mar Biol, 46: 331–363.

Leis JM. 2015. Taxonomy and systematics of larval Indo-Pacific fishes: a review of progress since 1981. Ichthyol Res, 62: 9–28.

Mabuchi K, TH Fraser, HY Song, Y Azuma & M Nishida. 2014. Revision of the systematics of the cardinalfishes (Percomorpha: Apogonidae) based on molecular analyses and comparative reevaluation of morphological characters. Zootaxa, 3846: 151–203.

馬渕浩司・林公義・TH Fraser. 2015. テンジクダイ科の新分類体系にもとづく亜科・族・属の標準和名の提唱. 魚雑, 62: 29–49.

松原喜代松. 1955. 魚類の形態と検索I–III. 石崎書店, 東京.

松原喜代松. 1963. 魚類動物系統分類学9 (上・中). 中山書店, 東京.

Matsui S, K Nakayama, Y Kai & Y Yamashita. 2012. Genetic divergence among three morphs of *Acentrogobius pflaumii* (Gobiidae) around Japan and their identification using multiplex haplotype-specific PCR of mitochondrial DNA. Ichthyol Res, 59: 216–222.

松山倫也. 2010. 魚類の生殖周期の内分泌制御機構. 水産海洋研究, 74: 66–83.

Miller TJ, LB Crowder, JA Rice & EA Marschall. 1988. Larval size and recruitment mechanisms in fishes: toward a conceptual framework. Can J Fish Aquat Sci, 45: 1657–1670.

南卓志. 2018. 変態. pp 406–409 *in* 魚類学の百科事典 (日本魚類学会, 編). 丸善出版, 東京.

水戸敏. 1966. 日本海洋プランクトン図鑑, 7魚卵・稚魚. 蒼洋社, 東京.

水戸敏. 1979. 対話「魚卵稚仔の形質と系統」. 月刊海洋科学, 11: 87–93.

水戸敏 (編). 1980. 日本近海に出現する魚卵・稚仔の同定に関する文献目録. 日本水産資源保護協会, 東京.

Miya M, Y Sato, T Fukunaga, T Sado, JY Poulsen, K Sato, T Minamoto, S Yamamoto, H Yamanaka, H Araki, M Kondoh & W Iwasaki. 2015. MiFish, a set of universal PCR primers for metabarcoding environmental DNA from fishes: detection of more than 230 subtropical marine species. R Soc Open Sci, 2: 150088.

望岡典隆・木下泉・南卓志. 2022. インタビュー「先達に聞く」. 魚雑, 69: 243–251.

森広一郎・佐藤純・米加田徹. 2014. ハタ科魚類の繁殖の生理生態と種苗生産 II–4ウイルス対策技術. 日水誌, 80: 997.

Moser HG, WJ Richards, DM Cohen, MP Fahay, AW Kendall Jr & SL Richardson (eds). 1984. Ontogeny and systematics of fishes. Spec Publ, 1. American Society of Ichthyologists and Herpetologists, Lawrence.

Munch SB & DO Conover. 2003. Rapid growth results in increased susceptibility to predation in *Menidia menidia*. Evolution, 57: 2119–2127.

Murata O, T Harada, S Miyashita, K Izumi, S Maeda, K Kato & H Kumai. 1996. Selective breeding for growth in red sea bream. Fish Sci, 62: 845–849.

中田久. 2002. トラフグおよびブリの親魚養成と採卵技術に関する研究. 長崎水試研報, 28: 27–98.

中村秀也. 1932–1935. ガラスを通して見た水族生態の観察 (1–13). 楽水会誌, 27(10)–30(6).

中村秀也. 1933–1937. 小湊附近に現はれる磯魚の幼期 其1–15. 養殖会誌, 3(9)–7(7–8).

Nelson JS, TC Grande & MVH Wilson. 2016. Fishes of the world, 5th ed. John Wily & Sons, Hoboken.

西村三郎. 1974 (1990). 日本海の成立 (第二版). 築地書館, 東京.

大島康夫. 1994. 明治時代, 大正・昭和[戦前]年代, 昭和[戦後]年代. pp 86–365 *in* 水産増養殖発達史. 緑書房, 東京.

沖山宗雄. 1971. 日本海におけるキュウリエソの初期生活史. 日水研報, 23: 21–53.

沖山宗雄. 1974. 日本海におけるクロマグロの後期仔魚の出現. 日水研報, 25: 89–97.

沖山宗雄. 1979a. 稚魚分類学入門 ①稚魚の定義と型分け. 海洋と生物, 1(1): 54–59.

沖山宗雄. 1979b. 稚魚分類学入門 ②幼期形態の読み方. 海洋と生物, 1(2): 53–59.

沖山宗雄. 1979c. 稚魚分類学入門 ③イワシ型変態と近似現象. 海洋と生物, 1(3): 61–66.

沖山宗雄. 1980a. 稚魚分類学入門 ④ウナギ型変態. 海洋と生物, 2: 62–68.

沖山宗雄. 1980b. 稚魚分類学入門 ⑤ハダカイワシ目幼生の多様性. 海洋と生物, 2: 124–129.

沖山宗雄. 1980c. 稚魚分類学入門 ⑥サバ型変態. 海洋と生物, 2: 334–339.

沖山宗雄. 1981a. 稚魚分類学入門 ⑦タラ目幼期と分布型. 海洋と生物, 3: 94–99.

沖山宗雄. 1981b. 稚魚分類学入門 ⑧アシロ目幼期とIncertae sedis. 海洋と生物, 3: 258–262.
沖山宗雄. 1982. 稚魚分類学入門 ⑨スズキ目幼期と棘形成. 海洋と生物, 4: 92–99.
沖山宗雄. 1983. 稚魚分類学入門 ⑩カジカ亜目幼期と浮遊適応. 海洋と生物, 5: 111–118.
沖山宗雄. 1984. 稚魚分類学入門 ⑪カレイ型変態. 海洋と生物, 6: 89–96.
沖山宗雄. 1986a. 稚魚分類学入門 ⑫コイ科幼期と繁殖ギルド. 海洋と生物, 8: 259–264.
沖山宗雄. 1986b. 稚魚分類学入門 ⑬魚卵形質の特徴と変異. 海洋と生物, 8: 335–341.
沖山宗雄. 1988a. 稚魚分類学入門 ⑭わが国における研究史. 海洋と生物, 10: 410–417.
沖山宗雄（編）. 1988b. 日本産稚魚図鑑. 東海大学出版会, 東京.
沖山宗雄. 1991. 変態の多様性とその意義. pp 36–46 *in* 魚類の初期発育（田中克, 編）. 恒星社厚生閣, 東京.
沖山宗雄・望岡典隆・木下泉・松井誠一. 2001. 魚類の系統類縁に関する個体発生学的アプローチの効用と限界. 月刊海洋, 33: 133–141.
沖山宗雄（編）. 2014. 日本産稚魚図鑑 第二版. 東海大学出版会, 秦野.
Parsley MB & CS Goldberg. 2023. Environmental RNA can distinguish life stages in amphibian populations. Mol Ecol Res, 24: 1–9.
Ratcliffe FC, TMU Webster, D Rodriguez-Barreto, R O'Rorke, C Garcia de Leaniz & S Consuegra. 2021. Quantitative assessment of fish larvae community composition in spawning areas using metabarcoding of bulk samples. Ecol Appl, 31: e2284.
千田哲資. 2001. はじめに, 定説に気をつけようー研究の落とし穴と盲点. iii–iv, pp 258–277 *in* 稚魚の自然史 千変万化の魚類学（千田哲資・南卓志・木下泉, 編）. 北海道大学図書刊行会, 札幌.
Shubin N（黒川耕大, 訳）. 2021. 進化の技法ー転用と盗用と争いの40億年. みすず書房, 東京.
Stevens JD & MB Parsley. 2023. Environmental RNA applications and their associated gene targets for management and conservation. Env DNA, 5: 227–239.
Takasuka A, I Aoki & I Mitani. 2003. Evidence of growth-selective predation on larval Japanese anchovy *Engraulis japonicus* in Sagami Bay. Mar Ecol Prog Ser, 252: 223–238.
Takasuka A, I Aoki & Y Oozeki. 2007. Predator-specific growth-selective predation on larval Japanese anchovy *Engraulis japonicus*. Mar Ecol Prog Ser, 350: 99–107.
Takeuchi Y, G Yoshizaki & T Takeuchi. 2004. Surrogate broodstock produces salmonids trout offspring can be created from trout-donor germ cells transplanted into salmon. Nature, 430: 629–630.
田中秀樹. 2011. ウナギの人工種苗生産に関する研究. 日水誌, 77: 345–351.
田中克. 2008.「稚魚学」のすすめ. pp 1–9 *in* 稚魚学 多様な生理生態を探る（田中克・田川正朋・中山耕至, 編）. 生物研究社, 東京.
田中克・田川正朋・中山耕至. 2009. 形を変える: 変態と幼形成熟. pp 43–76 *in* 稚魚 生残と変態の生理生態学（田中克・田川正朋・中山耕至, 編）. 京都大学学術出版会, 京都.
谷口順彦. 2008. 人工種苗の生産と親魚集団の遺伝的管理. pp 214–229 *in* 水産資源の増殖と保全（北田修一・帰山雅秀・浜崎活幸・谷口順彦, 編）. 成山堂書店, 東京.
谷口順彦. 2011. 魚介類養殖育種の現状と展望. 動物遺伝育種研究, 39: 16–25.
田和篤史・望岡典隆. 2016. DNAバーコーディングによる仔魚の種同定, pp 31–40 *in* 魚類の初期生活史研究（望岡典隆・木下泉・南卓志, 編）. 水産学シリーズ, 182, 恒星社厚生閣, 東京.
内田恵太郎. 1939. 朝鮮魚類誌 第1冊 絲顎類・内顎類. 朝鮮総督府水試報, 6, 朝鮮総督府水産試験場, 釜山.
内田恵太郎・今井貞彦・水戸敏・藤田矢郎・上野雅正・庄島洋一・千田哲資・田福正治・道津喜衛. 1958. 日本産魚類の稚魚期の研究 第1集. 九州大学農学部水産学第二教室, 福岡.
内田恵太郎. 1963. 魚類の形態—生態と系統. 動物分類学会会報, 30: 14–16.
内田恵太郎. 1964. 稚魚を求めて—ある研究自叙伝. 岩波新書, 527, 岩波書店, 東京.
和田時夫. 2020. 我が国周辺の水産資源の現状と見通し—増える魚, 減る魚. 水産振興, 621: 1–43.
渡辺武・北島力・荒川敏久・福所邦彦・藤田矢郎. 1978. 脂肪酸組成からみたシオミズツボワムシの栄養価. 日水誌, 44: 1109–1114.

Watanabe Y, H Zenitani & R Kimura. 1995. Population decline of the Japanese sardine *Sardinops melanostictus* owing to recruitment failures. Can J Fish Aquat Sci, 52: 1609–1616.

矢部衛・桑村哲生・都木靖彰（編）. 2017. 魚類学. 恒星社厚生閣, 東京.

山口正男. 1973. タイ養殖の基礎と実際. 恒星社厚生閣, 東京.

山本剛史. 2010. 養殖用飼料における植物性原料の利用性とその改善に関する研究. 日水誌, 76: 344–347.

山下金義. 1963. マダイ養殖の基礎的研究 1 稚仔の行動について. 水産増殖, 11: 189–206.

Yaskowiak ES, MA Shears, A Agarwal-Mawal & GL Fletcher. 2006. Characterization and multi-generational stability of the growth hormone transgene (EO-1alpha) responsible for enhanced growth rates in Atlantic salmon. Transgenic Res, 15: 465–480.

吉崎悟朗. 2008. 僕は崖っぷちの魚たちを科学の力で救いたい. pp 9–58 *in* サバがマグロを産む日. つり人社, 東京.

第2章

明仁・坂本勝一・池田祐二・藍澤正宏. 2013. ハゴロモハゼ, サンカクハゼ属. pp 1487, 1511–1513, 2013 *in* 日本産魚類検索 全種の同定 第三版（中坊徹次, 編）. 東海大学出版会, 秦野.

Alshami IJJ, Y Ono, A Correia, C Hacker, A Lange, S Scholpp, M Kawasaki, PW Ingham & T Kudoh. 2020. Development of electric organ in embryos and larvae of the knifefish, *Brachyhypopomus gauderio*. Dev Biol, 466: 99–108.

Ahlstrom EH, K Amaoka, DA Hensley, HG Moser & BY Sumida. 1984. Pleuronectifromes: development. pp 640–670 *in* Ontogeny and systematics of fishes (HG Moser, WJ Richards, DM Cohen, MP Fahay, AW Kendall Jr & SL Richardson, eds). Am Soc Ichthyol Herpetol, Spec Publ, 1.

青沼佳方・柳下直己. 2013. ニシン目. pp 297–305 *in* 日本産魚類検索 全種の同定 第三版（中坊徹次, 編）. 東海大学出版会, 秦野.

Aoyama S & T Doi. 2021. Morphological comparison of early stages of two Japanese species of eight-barbel loaches: *Lefua echigonia* and *Lefua* sp. (Nemacheilidae). Folia Zool, 60: 355–361.

Balon EK. 1975. Terminology of intervals in fish development. J Fish Res Board Can, 32: 1663–1670.

Balon EK. 1985. Early ontogeny of *Labeotropheus* Ahl, 1927 (Mbuna, Cichlidae, Lake Malawi), with a discussion on advanced protective styles in fish reproduction and development. pp 207–236 *in* Early life histories of fishes (EK Balon, ed). DR W Junk Publishers, Dordrecht.

Boehlert GW. 1977. Timing of the surface to benthic migration in juvenile rockfish, *Sebastes diploproa*, off southern California. Fish Bull, 75: 887–890.

Busby WE & DA Ambrose. 1993. Development of larval and early juvenile pigmy poacher, *Odontopyxis trispinosa*, and blacktip poacher, *Xeneretmus latifrons* (Scorpaeniformes: Agonidae). Fish Bull, 91: 397–413.

Carr SM & Marshall DH. 2008. Phylogeographic analysis of complete mtDNA genomes from walleye pollock (*Gadus chalcogrammus* Pallas, 1811) shows an ancient origin of genetic biodiversity. Mitochondrial DNA, 19: 490–496.

Castle PHJ. 1984. Notacanthiformes and Anguilliformes: development. pp 62–93 *in* Ontogeny and systematics of fishes (HG Moser, WJ Richards, DM Cohen, MP Fahay, AW Kendall Jr & SL Richardson, eds). Am Soc Ichthyol Herpetol, Spec Publ, 1.

陳春暉（Chen C）. 1988. トビウオ科Exocoetidae. pp 275–301 *in* 日本産稚魚図鑑（沖山宗雄, 編）. 東海大学出版会, 東京.

陳二郎・桜井泰憲. 1993. コマイの年齢と成長. 北水試研報, 42: 251–264.

Djumanto, I Kinoshita, C Bito & J Nunobe. 2004. Partial stock transportation of three clupeoid larvae, *Engraulis japonicus*, *Etrumeus teres* and *Sardinops melanosticutus* into the shirasu fishery ground of Tosa Bay, Japan. La mer, 42: 83–94.

Doiuchi R, T Sato & T Nakabo. 2004. Phylogenetic relationships of the stromateoid fishes (Perciformes). Ichthyol Res, 51: 202–212.

Dunn JR & BM Vinter. 1984. Development of larvae of the saffron cod, *Eliginus gracilis*, with comments on the identification of gadid larvae in Pacific and Arctic waters contiguous to Canada and Alaska. Can J Fish Aquat Sci, 41: 304–318.

Endo S, Y Hibino & N Mochioka. 2022. Identification of first recorded ophichthid larvae of *Ophichthus celebicus* and *O. macrochir* (Anguilliformes; Ophichthidae) from Japan, based on morphometric and genetic evidence. Ichthyol Res, 69: 393–398.

Fahay MP. 2007. Early stages of fishes in the western North Atlantic Ocean (Davis Strait, southern Greenland and Flemish Cap to Cape Hatteras). v1 Acipenseriformes through Syngnathiformes.

Guarte DM, LC Paraboles & I Kinoshita. 2019. Taxonomical review of *Auxis* (Scombridae, Pisces) larvae using collections around Tosa Bay, Japan. La mer, 57: 43–50.

Haedrich RL. 1967. The stromateoid fishes: systematics and a classification. Bull Mus Comp Zool, 135: 31–135.

原田慈雄. 1998. 西日本産ハゼ科仔稚魚の分類学的研究, 京大修論.

Harrington RC, M Friedman, M Miya, TJ Near & MA Campbell. 2021. Phylogenomic resolution of the monotypic and enigmatic *Amarsipus*, the bagless glassfish (Teleostei, Amarsipidae). Zool Scr, 50: 411–422.

Haryu T. 1980. Larval distribution of walleye pollock, *Theragra chalcogramma* (Pallas), in the Bering Sea, with special reference to morphological changes. Bull Fac Fish Hokkaido Univ, 31: 121–136.

針生勤・西山恒夫・辻田時美・小城春雄・三島清吉. 1985. 夏季のベーリング海表層域に出現する魚類稚仔の種類と分布. 釧路市博紀要, 10: 7–18.

畑晴陵・本村浩之. 2020a. ニシン目のDussumieriidae に適用すべき和名の検討. Ichthyol Nat His Fish Jpn, 1: 11–14.

畑晴陵・本村浩之. 2020b. ニシン目のSpratelloididaeに対する標準和名キビナゴ科(新称)の提唱. Ichthyol Nat His Fish Jpn, 3: 10–15.

畑晴陵・本村浩之. 2021. ニシン目のPristigasteridaeに適用すべき標準和名. Ichthyol Nat His Fish Jpn, 4: 18–21.

服部茂昌. 1964. 黒潮ならびに隣接海域における稚魚の研究. 東水研報, 40: 1–158.

Hensley DA & EH Ahlstrom. 1984. Pleuronectifromes: relationships. pp 670–687 *in* Ontogeny and systematics of fishes (HG Moser, WJ Richards, DM Cohen, MP Fahay, AW Kendall Jr & SL Richardson, eds). Am Soc Ichthyol Herpetol, Spec Publ, 1.

平井明夫. 1991. 浮遊性魚卵の同定のための卵膜微細構造の研究. 長崎大博論.

弘奥正憲・杉野博之・草加耕司. 2018. イヌノシタの人工授精と仔稚魚の飼育. 岡山水研報, 28: 39–46.

Hirt MV, G Arratia, WJ Chen & RL Mayden. 2017. Effects of gene choice, base composition and rate heterogeneity on inference and estimates of divergence times in cypriniform fishes. Biol J Linnean Soc, 121: 319–339.

堀田秀之. 1961. 日本産硬骨魚類の中軸骨格の比較研究. 農林水産技術会議究成果, 5.

Hubbs CL. 1958. *Dikellorhynchus* and *Kanazawaichthys*: nominal fish genera interpreted as based on prejuveniles of *Malacanthus* and *Antennarius*, respectively. Copeia, 1958: 282–285.

池田知司・平井明夫・田端重夫・大西庸介・水戸敏. 2014. 魚卵の解説と検索. 別冊108 pp *in* 日本産稚魚図鑑 第二版 (沖山宗雄, 編). 東海大学出版会, 秦野.

Inoue JG, M Miya, K Tsukamoto & M Nishida. 2003. Basal actinopterygian relationships: a mitogenomic perspective on the phylogeny of the "ancient fish". Mol Phylogenet Evol, 26: 110–120.

Ishimori H & T Yoshino. 2013. Taxonomic studies on the larval clupeoid fishes from the Ryukyu Islands based on mtDNA 16S and morphological data. Abstr 9th Indo-Pacific Fish Conf, 218.

岩井保. 1985. 水産脊椎動物II 魚類. 新水産学全集4, 恒星社厚生閣, 東京.

Jhuang WC, KH Chiu & TY Liao. 2021. Early morphological development of *Erromyzon kaotaenia* (Teleostei: Gastromyzontidae). Ichthyol Res, 68: 303–311.

Johnson GD. 1988. *Niphon spinosus*, a primitive epinepheline serranid: corroborative evidence from the larvae. Jpn J Ichthyol, 35: 7–18.

Kendall AW Jr. 1979. Morphological comparisons of North American sea bass larvae (Pisces: Serranidae). NOAA Tech Rep NMFS Circ, 428: 1–50.

Kendall AW Jr, EH Ahlstrom & HG Moser. 1984. Early life history stages of fishes and their characters. pp 11–22 *in* Ontogeny and systematics of fishes (HG Moser, WJ Richards, DM Cohen, MP Fahay, AW Kendall Jr & SL Richardson, eds). Am Soc Ichthyol Herpetol, Spec Publ, 1.

Kinoshita I & S Fujita. 1988. Larvae and juveniles of temperate bass, *Lateolabrax latus*, occurring in the surf zones of Tosa Bay, Japan. Jpn J Ichthyol, 34: 468–475.

Kinoshita I & KK Tshibangu. 1997. Larvae of four *Lates* from Lake Tanganyika. Bull Mar Sci, 60: 89–99.

Kinoshita I, T Seikai, M Tanaka & K Kuwamura. 2000. Geographic variations in dorsal and anal ray counts of juvenile Japanese flounder in the Japan Sea. Environ Biol Fish, 57: 305–313.

木下泉. 2001. スズキ亜目の幼期形質にみられる平行現象と収斂. 月刊海洋, 33: 203–211.

木下泉. 2014. タイ科, カマス科, 海産仔稚魚のための科の検索. pp 865–875, 1366–1370, 別冊xiv+82 *in* 日本産稚魚図鑑 第二版 (沖山宗雄, 編). 東海大学出版会, 秦野.

木下泉. 2018. 魚類の個体発生にみる系統発生. pp 432–433 *in* 魚類学の百科事典(日本魚類学会, 編). 丸善出版, 東京.

小嶋純一. 2014. フサカサゴ科の複数種. pp 617–618 *in* 日本産稚魚図鑑 第二版 (沖山宗雄, 編). 東海大学出版会, 秦野.

小嶋純一・永沢亨. 2014. カジカ亜目. p 1007 *in* 日本産稚魚図鑑 第二版 (沖山宗雄, 編). 東海大学出版会, 秦野.

小嶋純一・塩垣優. 2014. カジカ科. pp 1025–1027 *in* 日本産稚魚図鑑 第二版 (沖山宗雄, 編). 東海大学出版会, 秦野.

小西芳信. 2001. 背・臀鰭の遊離原基形質の系統的意義. 月刊海洋, 33: 180–185.

小西芳信. 2014. イトヨリダイ科, グルクマ属. pp 861–864, 1391–1392 *in* 日本産稚魚図鑑 第二版 (沖山宗雄, 編). 東海大学出版会, 秦野.

Kubo M & K Sasaki. 2000. Larvae of *Laiphognathus multimaculatus* (Omobranchini, Blenniidae) with pterygiophore blades: functional implications. Ichthyol Res, 47: 193–197.

日下部敬之. 2012. 水産海洋学教育の新たな手段「チリメンモンスター」. 水産海洋研究, 76: 173–175.

Lagler KF, JE Bardach, RR Miller & DR May Pssino. 1977. Ichthyology. John Willey & Sons, New York.

Leis JM & DS Rennis. 1983. The larvae of Indo-Pacific coral reef fishes. New South Wales University Press, Kensington & University of Hawaii Press, Honolulu.

Leis JM, DF Hoese & T Trnski. 1993. Larval development in two genera of the Indo-Pacific gobioid fish family Xenisthmidae: *Allomicrodesmus* and *Xenisthmus*. Copeia, 1993: 186–196.

Leis JM & BM Carson-Ewart (eds). 2000a. The larvae of Indo-Pacific coastal fishes. Brill, Leiden.

Leis JM & BM Carson-Ewart. 2000b. Xenisthmidae (Wrigglers). pp 637–641 *in* The larvae of Indo-Pacific coastal fishes: An identification guide to marine fish larvae (JM Leis & BM Carson-Ewart, eds). Brill, Leiden.

Leis JM. 2015. Taxonomy and systematics of larval Indo-Pacific fishes: a review of progress since 1981. Ichthyol Res, 62: 9–28.

前田健. 2014. ツバサハゼ科. pp 1218–1219 *in* 日本産稚魚図鑑 第二版 (沖山宗雄, 編). 東海大学出版会, 秦野.

Matarese AC, SL Richardson & BM Vinter. 1981. Larval development of Pacific tomcod, *Microgadus proximus*, in the northeast Pacific Ocean with comparative notes on larvae of walleye pollock, *Theragra chalcogramma*, and Pacific cod, *Gadus macrocephalus* (Gadidae). Fish Bull, 78: 923–940.

Matarese AC, AW Kendall Jr, DM Blood & BM Vinter. 1989. Laboratory guide to early life history stages of northeast Pacific fishes. NOAA Tech Rep NMFS, 80. US Department of Commerce, Springfield.

松原喜代松. 1955. 魚類の形態と検索I. 石崎書店, 東京.

松原喜代松. 1963. 動物系統分類学9（中）脊椎動物（Ib）魚類〈結〉. 中山書店, 東京.

Matsuoka M. 1987. Development of the skeletal tissues and sleletal muscles in the red sea bream. Bull Seikai Reg Fish Res Lab, 65: 1–114.

松岡正信. 2008. 日本産マイワシの初期発育と産卵生態に関する研究. 水産総研セ研報, 22: 87–183.

松岡玳良・松永繁・長谷川泉. 1975. 日本産魚類産卵期記録集. 瀬戸内栽培漁業協会, 玉野.

Mattox GM, M Hoffmann & P Hoffman. 2014. Ontogenetic development of *Heterocharax macrolepis* Eigenmann (Ostariophysi: Characiformes: Characidae) with comments on the form of the yolk sac in the Heterocharacinae. Neotrop Ichthyol, 12: https//doi.org/10.1590/1982-0224-20130107.

南卓志. 2001. カレイ科魚類の変態と着底. pp 67–81 *in* 稚魚の自然史（千田哲資・南卓志・木下泉, 編）. 北海道大学図書刊行会, 札幌.

南卓志. 2014. カレイ目, ヒラメ科, カレイ科. pp 1411–1417, 1450–1479 *in* 日本産稚魚図鑑 第二版（沖山宗雄, 編）. 東海大学出版会, 秦野.

南卓志. 2018. 変態. pp 406–410 *in* 魚類学の百科事典（日本魚類学会, 編）. 丸善出版, 東京.

水戸敏. 1957. スズキの卵発生と幼期. 九大農学芸誌, 16: 115–124, pls 1–2.

望岡典隆. 2014. カライワシ目, ソトイワシ目, ソコギス目, ウナギ目. pp 2–90 *in* 日本産稚魚図鑑 第二版（沖山宗雄, 編）. 東海大学出版会, 秦野.

森慶一郎. 1988. マハゼ, コモチジャコ, アカハゼ, サビハゼ. pp 696–705 *in* 日本産稚魚図鑑（沖山宗雄, 編）. 東海大学出版会, 東京.

森慶一郎. 2014. ハゼ亜目, 分類. pp 1215–1216 *in* 日本産稚魚図鑑 第二版（沖山宗雄, 編）. 東海大学出版会, 秦野.

森岡泰三・亘真吾・今井正・山本義久. 2019. チリメンモンスターを用いたシラス漁獲物中へのサワラ *Scomberomorus niphonius*仔稚魚混入数推定. 日水誌, 85: 179–181.

Moser HG, EH Ahlstrom & EM Sandknop. 1977. Guide to the identification of scorpionfish larvae (Family Scorpaenidae) in the eastern Pacific with comparative notes on species of *Sebastes* and *Helicolenus* from other oceans. NOAA Tech Rep NMFS, Cir 402.

Moser HG, WJ Richards, DM Cohen, MP Fahay, AW Kendall Jr & SL Richardson (eds). 1984. Ontogeny and systematics of fishes. Am Soc Ichthyol Herpetol, Spec Publ, 1.

Moser HG (ed). 1996. The early stages of fishes in the California Current region. CACOFI Atlas, 33. Allen Press, Lawrence.

Nagasawa T & K Domon. 1997. The early life history of kurosoi, *Sebastes schlegeli* (Scorpaenidae), in the Sea of Japan. Ichthyol Res, 44: 237–248.

永沢亨. 2001a. 日本海におけるメバル属魚類の初期生活史. 日水研報, 51: 1–132.

永沢亨. 2001b. 初期生態, 水産業関係特定研究開発促進事業総括報告書—メバル類の資源生態と管理技術開発. 新潟県水産海洋研究所, 新潟, 48–61.

永沢亨. 2014. クロソイ, ホッケ. pp 599–600, 1016–1017 *in* 日本産稚魚図鑑 第二版（沖山宗雄, 編）. 東海大学出版会, 秦野.

永沢亨・小嶋純一. 2014. メバル科. pp 585–587, 1016–1017 *in* 日本産稚魚図鑑 第二版（沖山宗雄, 編）. 東海大学出版会, 秦野.

永沢亨・鶴巻博之・小嶋純一. 2014. ヤマトコブシカジカ. pp 1066–1067 *in* 日本産稚魚図鑑 第二版（沖山宗雄, 編）. 東海大学出版会, 秦野.

中坊徹次. 1993. 魚類概説. pp vii–xxiii *in* 日本産魚類検索 全種の同定（中坊徹次, 編）. 東海大学出版会, 東京.

中坊徹次. 2013. 日本産魚類検索 全種の同定 第三版. 東海大学出版会, 秦野.

Nakai Z. 1962. Studies of influences of environment factors upon fertilization and development of the Japanese sardine eggs with some reference to the number of their ova. Bull Tokai Reg Lab, 9: 109–150.

中村守純. 1969. 日本のコイ科魚類. 資源科学研究所, 東京.
中村守純・元信堯. 1971. アユモドキの生活史. 資源科学研究所彙報, 75: 8–15.
中村秀也. 1935. 日本産魚類の産卵期表. 水産研究誌, 30: 20–32 (ガリ版刷り).
Neira FJ, AG Miskiewicz & T Trnski. 1998. Larvae of temperate Australian fishes. Laboratory guide for larval fish identification. University of western Australia Press, Nedlands.
Nelson JS, TC Grande & MVH Wilson. 2016. Fishes of the world, 5th ed. John Wiley & Sons, Hoboken.
乃一哲久・藤田真二・木下泉. 2014. ニシン目. pp 91–115 *in* 日本産稚魚図鑑 第二版 (沖山宗雄, 編). 東海大学出版会, 秦野.
Okada Y & R Seiishi. 1938. Studies on the life history of 9 species of freshwater fishes of Japan. Bull Biogeogr Soc Jpn, 8: 223–253.
岡本誠・井田齊・杉崎宏哉. 2001. 北西太平洋より得られたドクウロコイボダイ科2種の仔稚魚. 魚雑, 48: 113–119.
岡本誠・井田齊・杉崎宏哉・栗田豊. 2002. 本州東方沖から得られたイレズミコンニャクアジの仔稚魚. 魚雑, 49: 97–102.
Okamoto M, K Hoshino & T Jintoku. 2011. First record of *Amarsipus carlsbergi* (Perciformes: Stromateoidei: Amarsipidae) from Japan and a northernmost range extension. Biogeography, 13: 25–29.
岡本誠. 2014. イボダイ亜目. pp 958–976 *in* 日本産稚魚図鑑 第二版 (沖山宗雄, 編). 東海大学出版会, 秦野.
沖山宗雄. 1979a. 稚魚分類学入門 ①稚魚の定義と型分け. 海洋と生物, 1(1): 54–59.
沖山宗雄. 1979b. 稚魚分類学入門 ②幼期形態の読み方. 海洋と生物, 1(2): 53–59.
沖山宗雄. 1979c. 稚魚分類学入門 ③イワシ型変態と近似現象. 海洋と生物, 1(3): 61–66.
沖山宗雄. 1980a. 稚魚分類学入門 ④ウナギ型変態. 海洋と生物, 2: 62–68.
沖山宗雄. 1980b. 稚魚分類学入門 ⑤ハダカイワシ目幼生の多様性. 海洋と生物, 2: 124–129.
沖山宗雄. 1980c. 稚魚分類学入門 ⑥サバ型変態. 海洋と生物, 2: 334–339.
沖山宗雄. 1981a. 稚魚分類学入門 ⑦タラ目幼期と分布型. 海洋と生物, 3: 94–99.
沖山宗雄. 1981b. 稚魚分類学入門 ⑧アシロ目幼期とIncertae sedis. 海洋と生物, 3: 258–262.
沖山宗雄. 1982. 稚魚分類学入門 ⑨スズキ目幼期と棘形成. 海洋と生物, 4: 92–99.
沖山宗雄. 1983. 稚魚分類学入門 ⑩カジカ亜目幼期と浮遊適応. 海洋と生物, 5: 111–118.
沖山宗雄. 1984. 稚魚分類学入門 ⑪カレイ型変態. 海洋と生物, 6: 89–96.
沖山宗雄. 1986a. 稚魚分類学入門 ⑫コイ科幼期と繁殖ギルド. 海洋と生物, 8: 259–264.
沖山宗雄. 1986b. 稚魚分類学入門 ⑬魚卵形質の特徴と変異. 海洋と生物, 8: 335–341.
沖山宗雄. 1988a. 稚魚分類学入門 ⑭わが国における研究史. 海洋と生物, 10: 410–417.
沖山宗雄 (編). 1988b. 日本産稚魚図鑑. 東海大学出版会, 東京.
沖山宗雄. 2001. 前稚魚の意味論—稚魚研究をはじめる人に. pp 241–257 *in* 稚魚の自然史—千変万化の魚類学 (千田哲資・南卓志・木下泉, 編). 北海道大学図書刊行会, 札幌.
沖山宗雄 (編). 2014a. 日本産稚魚図鑑 第二版. 東海大学出版会, 秦野.
沖山宗雄. 2014b. 用語解説Glossary. pp xxxiii–xli *in* 日本産稚魚図鑑 第二版 (沖山宗雄, 編). 東海大学出版会, 秦野.
大美博昭・山本圭吾・木下泉. 2019. 大阪湾における背伸長鰭条を2本有するウシノシタ科仔魚の形態と識別. 日プ学報, 66: 11–18.
Omi H, K Yamamoto & I Kinoshita. 2020. Ontogeny of robust tonguefish (*Cynoglossus robustus*) larvae with initially a single, subsequently double-dorsal elongated fin rays in Osaka Bay, eastern Seto Inland Sea, Japan. Plankton Benthos Res, 15: 63–65.
恩田幸雄. 1949. 日本産魚類産卵期. 水産庁調査研究部資料課, 東京.
Paraboles LC, DM Guarte & I Kinoshita. 2019. Vertical distribution of eggs and larvae of *Maurolicus japonicus* (Sternoptychidae, Pisces) in Tosa Bay, Japan. Plankton Benthos Res, 14: 80–85.
Richard WJ (ed). 2006. Early stages of Atlantic fishes. An identification guide for the western central North Atlantic, v 1. Taylor & Francis, Boca Baton.

Richardson SL & WA Laroche. 1979. Development and occurrences of larvae and juveniles of rockfishes, *Sebastes crameri*, *Sebastes pinniger*, and *Sebastes helvomaculatus* (family Scorpaenidae) off Oregon. Fish Bull, 77: 1–46.

Saitoh K, T Sado, RL Mayden, N Hanzawa, K Nakamura, M Nishida & M Miya. 2006. Mitogenomic evolution and interrelationships of the Cypriniformes (Actinopterygii: Ostariophysi): The first evidence toword resolution of higher-level relationships of the world's largest fish clade based on 59 whole mitogenome sequences. J Mol Evol, 63: 826–841.

坂上治郎. 2016. 真夜中は稚魚の世界. エムピージェー, 横浜.

Santos JE, NG Sales, ML Santos, FP Arantes & HP Godinho. 2016. Early larvae ontogeny of the neotropical fishes: *Prochilodus castatus* and *P. argenteus* (Characiformes: Prochilodontidae). Biol Trop, 64: 537–546.

澤村正幸. 2000. スガモ場における魚類・ベントス間の食物構造. 海洋と生物, 22: 542–549.

Scott WB & EJ Crossman. 1973. Freshwater fishes of Canada. Fish Res Board Can, Ottawa.

Seikai T, JB Tanangonan & M Tanaka. 1986. Temperature influence on larval growth and metamorphosis of the Japanese flounder *Palalichthys olivaceus* in the laboratory. Bull Jpn Soc Sci Fish, 52: 977–982.

千田哲資. 2001. 定説に気をつけよう—研究の落とし穴と盲点. pp 258–277 *in* 稚魚の自然史（千田哲資・南卓志・木下泉, 編）. 北海道大学図書刊行会, 札幌.

Shao KT, JS Yang, KC Chen & YS Lee. 2001. An identification guide of marine fish eggs from Taiwan. Institute of Zoology Academia Sinica, Taipei. (in Chinese)

Shadrin AM, AV Semenova & THT Nguyen. 2023. Early developmental stages of the carpet sole *Liachirus melanospilos* (Bleeker, 1854) (Pleuronectiformes: Soleidae) from the South China Sea (Central Vietnam). Russ J Mar Biol, 49: 22–30.

塩垣優・道津喜衛. 2014. ハゼ亜目—初期発育. pp 1215–1218 *in* 日本産稚魚図鑑 第二版（沖山宗雄, 編）. 東海大学出版会, 秦野.

代田明彦. 1970. 魚類稚仔期の口径に関する研究. 日水誌, 36: 353–368.

Simanjuntak CPH, I Kinoshita, S Fujita & K Takeuchi. 2015. Reproduction of the endemic engraulid, *Coilia nasus*, in freshwaters inside a reclamation dike of Ariake Bay, western Japan. Ichthyol Res, 62: 374–378.

Snyder DE, RT Muth & CL Bjork. 2004. Catostomid fish larvae and early juveniles of the upper Colorado River basin—morphological descriptions, comparisons, and computer-interactive key. Tech Publ, 42. Colorado Division of Wildlife, Fort Collins.

Stout CC, M Tan, AR Lemmon, EM Lemmon & JW Armbruster. 2016. Resolving Cypriniformes relationships using an anchored enrichment approach. BMC Evol Biol, 16: 244.

高橋善弥. 1962. 瀬戸内海とその隣接海域産硬骨魚類の脊梁構造による種の査定のための研究. 内水研報, 16.

Takatsu T, T Nakatani, T Mutoh & T Takahashi. 1995. Feeding habits of Pacific cod larvae and juveniles in Mutsu Bay, Japan. Fish Sci, 61: 415–422.

髙津哲也. 2022. 卓越年級群 カレイとタラの生残戦略. 海文堂出版, 東京.

Tan M & JW Armbruster. 2018. Phylogenetic classification of extant genera of fishes of the order Cypriniformes (Teleostei: Ostariophysi). Zootaxa, 4476: 6–39.

Tawa A & N Mochioka. 2009. Identification of aquarium-raised muraenid leptocephali, *Gymnothorax minor*. Ichthyol Res, 56: 340–345.

Tawa A, H Kishimoto, T Yoshimura & N Mochioka. 2012. Larval identification following metamorphosis in the slender brown moray *Strophidon ui* from the western North Pacific. Ichthyol Res, 59: 8–16.

Tawa A, M Kobayakawa, T Yoshimura & N Mochioka. 2013. Identification of leptocephali representing four muraenid species from the western North Pacific, based on morphometric and mitochondrial DNA sequence analyses. Bull Mar Sci, 89: 461–481.

Tran DH, I Kinoshita, TT Ta & K Azuma. 2012. Occurrence of Ayu (*Plecoglossus altivelis*) larvae in northern Vietnam. Ichthyol Res, 59: 169–178.

内田恵太郎. 1943. 魚類の生活史 概説. 海洋の科学, 3: 1–10.

内田恵太郎. 1958. コノシロの卵および仔・稚魚, ウルメイワシの卵および仔・稚魚, ニシンの卵および仔・稚魚, マイワシの卵および仔・稚魚, サッパの仔・稚魚, カタクチイワシの卵および仔・稚魚, アユの卵および仔・稚魚. pp 3–15, 17–20, pls 2–6, 8–13, 16–20 *in* 日本産魚類の稚魚期の研究 第1集. 九州大学農学部水産学第二教室, 福岡.

内田恵太郎・道津喜衛. 1958. 第1篇 対馬暖流水域の表層に現れる魚卵・仔稚魚. pp 3–65 *in* 対馬暖流開発調査報告書 第2輯(卵・稚魚・プランクトン篇). 水産庁. 東京.

内田恵太郎. 1963. 稚魚の形態・生態と系統. 動物分類学報, 30: 14–16.

上原匡人・立原一憲. 2016. 沖縄島中城湾に出現するドロクイ属2種の仔稚魚の形態変化. 水産増殖, 64: 321–331.

上野雅正. 1958. トカゲエソの仔・稚魚. p 20, pl 21 *in* 日本産魚類の稚魚期の研究 第1集. 九州大学農学部水産学第二教室, 福岡.

上野輝彌. 1984. 魚類の形質と計測方法. pp viii–xii *in* 日本産魚類大図鑑 解説 (益田一・尼岡邦夫・荒賀忠一・上野輝彌・吉野哲夫, 編). 東海大学出版会, 東京.

若林香織・田中祐志・阿部秀樹. 2017. 美しい海の浮遊生物図鑑. 文一総合出版, 東京.

Wang X, Y Yagi, S Tojima, I Kinoshita, Y Hirota & S Fujita. 2021a. Early life history of *Ilisha elongata* (Pristigasteridae, Clupeiformes, Pisces) in Ariake Sound, Shimabara Bay, Japan. Plankton Benthos Res, 16: 210–220.

Wang X, Y Yagi, S Tojima, I Kinoshita, S Fujita & Y Hirota. 2021b. Comparison of larval distribution in two clupeoid fishes (*Ilisha elongata* and *Sardinella zunasi*) in the inner estuaries of Ariake Sound, Shimabara Bay, Japan. Plankton Benthos Res, 16: 292–300.

Wang X, S Tojima, Y Yagi, I Kinoshita, S Fujita, Y Hirota, M Sashida & T Yamanaka. 2022. Comparison of early life histories between two clupeids (*Konosirus punctatus* and *Sardinella zunasi*) in Ariake Sound, Shimabara Bay, Japan. La mer, 59: 101–112.

Washington BB, HG Moser, WA Laroche & WJ Richards. 1984. Scorpaeniformes: Development. pp 405–424 *in* Ontogeny and systematics of fishes (HG Moser, WJ Richards, DM Cohen, MP Fahay, AW Kendall Jr & SL Richardson, eds). Am Soc Ichthyol Herpetol, Spec Publ, 1.

Weber M. 1913. Die fische der Siboga-expedition. EJ Brill, Leiden.

Whitehead PJP. 1985. FAO species catalogue. Clupeoid fishes of the world(suborder Clupeoidei). An annotated and illustrated catalogue of the herrings, sardines, pilchards, sprats, shads, anchovies and wolf-herrings. Part 1-Chirocentridae, Clupeidae and Pristigasteridae. FAO Fisheries Synopsis, No 125, Vol 7, Part 1. FAO, Rome.

山田常雄・前川文夫・江上不二夫・八杉竜一 (編). 1960. 岩波生物学事典. 岩波書店, 東京.

Yokoo T, K Kanou, M Moteki, H Kohno, P Tongnunui & H Kurokura. 2006. Juvenile morphology and occurrence patterns of three *Butis* species (Gobioidei: Eleotridae) in a mangrove estuary, southern Thailand. Ichthyol Res, 53: 330–336.

横田有香子 (写真)・水口博也 (編). 2024. 世界で一番美しい海に浮遊する幼生図鑑—稚魚, エビ, カニ, イカ, タコの子どもたちの生態. 誠文堂新光社, 東京.

Zhou X, S Guo, N Song & X Zhang. 2017. Identification of *Cynoglossus joyneri* eggs and larvae by DNA barcoding and morphological method. Biodivers Sci, 25: 847–855.

第3章

Ahlstrom EH & HG Moser. 1980. Characters in identification of pelagic marine fish eggs. CalCOFI Rep, 21: 121–131.

会沢安志・丸茂隆三・大森信. 1965. 傾斜曳きにおける水中でのプランクトンネットの動き. 日プ研究連報, 12: 60–66.

Aljamali E, I Kinoshita, M Sashida, T Hashimoto & J Nunobe. 2006. Do the ayu (*Plecoglossus altivelis altivelis*) born in the river with an inlet or large estuary in its mouth perform a homing ?. La mer, 44: 145–155.

Amaral-Zettler LA, EA McCliment, HW Ducklow & SM Huse. 2009. A method for studying protistan diversity using massively parallel sequencing of V9 hypervariable regions of small-subunit ribosomal RNA genes. PLoS One 4: e6372 doi: 10.1371/journal.pone.0006372.

Amarullah MH & T Senta. 1989. The R-H push, a gear for study of juvenile flatfishes along the beach. Bull Fac Fish Nagasaki Univ, 65: 35–41.

Anagmalisang DE, K Maruyama, A Hihara & H Kohno. 2020. Occurrence patterns and ontogenetic intervals of *Eutaeniichthys gilli* (Gobiidae) in Obitsu-gawa River Estuary, Tokyo Bay, central Japan. La mer, 58: 83–99.

荒俣宏・さとう俊・荒俣幸男. 2004. 磯採集ガイドブック─死滅回遊魚を求めて. 阪急コミュニケーションズ, 東京.

荒山和則・河野博. 2004. 館山湾の砂浜海岸におけるシロギス仔稚魚と餌生物の鉛直分布. 水産増殖, 52: 167–170.

朝井俊亘・細谷和海. 2012. ちりめんじゃこを用いた透明骨格標本の作製. 近大農紀要, 45 : 135–142.

Ayala DJ, P Munk, RBC Lundgreen, SJ Traving, C Jaspers, TS Jørgensen, LH Hansen & L Riemann. 2018. Gelatinous plankton is important in the diet of European eel (*Anguilla anguilla*) larvae in the Sargasso Sea. Sci Rep, 8: 6156 doi: 10.1038/s41598-018-24388-x.

Azam F, T Fenchel, JG Field, JS Gray, LA Meyer-Reil & F Thingstad. 1983. The ecological role of water-column microbes in the sea. Mar Ecol Prog Ser, 10: 257–263.

東幹夫. 1983. NUS netの使用法と採集効率の推定. 西海区ブロック浅海開発会議魚類研究会報, 1: 93–101.

Baker R, A Buckland & M Sheaves. 2014. Fish gut content analysis: robust measures of diet composition. Fish Fish, 15: 170–177.

Beck MW, KL Heck, KW Able, L Daniel, DB Eggleston, BM Gillanders, B Halpern, CG Hays, K Hoshino, TJ Minello, RJ Orth, PF Sheridan & MP Weinstein. 2001. The identification, conservation,and management of estuarine and marine nurseries for fish and invertebrates. Bio Sci, 51: 633–641.

Brinton E. 1979. Parameters relating to the distributions of planktonic organisms, especially euphausiids in the eastern tropical Pacific. Prog Oceanogr, 8: 125–189.

Brogan MW. 1994. Two methods of sampling fish larvae over reefs: a comparison from the Gulf of California. Mar Biol, 188: 33–44.

Caporaso JG, CL Lauber, WA Walters, D Berg-Lyons, CA Lozupone, PJ Turnbaugh, N Fierer & R Knight. 2011. Global patterns of 16S rRNA diversity at a depth of millions of sequences per sample. Proc Nat Acad Sci, 108: 4516–4522.

Casazza TL & SW Ross. 2008. Fishes associated with pelagic *Sargassum* and open water lacking *Sargassum* in the Gulf Stream off North Carolina. Fish Bull, 106: 348–363.

Chesson J. 1978. Measuring preference in selective predation. Ecology, 59: 211–215.

Chow S, N Inaba, S Nagai, H Kurogi, Y Nakamura, T Yanagimoto, H Tanaka, D Hasegawa, T Asakura, J Kikuchi, T Tomoda & T Kodama. 2019. Molecular diet analysis of Anguilliformes leptocephalus larvae collected in the western North Pacific. PLoS One, 14: e0225610 doi: 10.1371/journal.pone.0225610.

中央水産研究所水産研究官 (編). 1992. 浮魚類卵・稚仔採集調査マニュアル. 中央水産研究所, 横浜.

中央水産研究所水産研究官(編). 1999. ヒラメ・カレイ類幼稚魚採集調査指針―増殖関係生態調査標準化作業部会報告書. 中央水産研究所, 横浜.

Costanza R, R de Groot, P Sutton, S van der Ploeg, SJ Anderson, I Kubiszewski, S Farber & RK Turner. 2014. Changes in the global value of ecosystem services. Global Environ Change, 26: 152–158.

Cushing DH & RR Dickson. 1976. The biological response in the sea to climatic changes. Adv Mar Biol, 14: 1–122.

Deibel D. 1998. Feeding and metabolism of Appendicularia. pp 139–149 *in* The biology of pelagic tunicates (Q Bone, ed). Oxford University Press, Oxford.

Dingerkus G & LD Uhler. 1977. Enzyme clearing of alcian blue stained whole vertebrates for demonstration of cartilage. Stain Technol, 52: 229–232.

Doherty PJ. 1987. Light-traps: Selective but useful device for quantifying the distributions and abundances of larval fishes. Bull Mar Sci, 41: 423–431.

Dunn JR. 1983. The utility of developmental osteology in taxonomic and systematic studies of teleost larvae: A review. NOAA Tech Rep NMFS Cir, 450.

Fraser JH. 1968. The history of plankton sampling. pp 11–18 *in* Monographs on Oceanographic Methodology 2, Zooplankton Sampling (DJ Tranter, ed). UNESCO, Paris.

Freihofer WC. 1966. The Sihler technique of staining nerve for systematic study especially of fishes. Copeia, 1966: 470–475.

French B, S Wilson, T Holmes, A Kendrick, M Rule & N Ryan. 2021. Comparing five methods for quantifying abundance and diversity of fish assemblages in seagrass habitat. Ecol Indic, 124: 1–13.

Fuji T, A Kasai, M Ueno & Y Yamashita. 2016. Importance of estuarine nursery areas for the adult population of the temperate seabass *Lateolabrax japonicus*, as revealed by otolith Sr: Ca ratios. Fish Oceanogr, 25: 448–456.

福井歩. 2018. 写真撮影のテクニック―魚を撮影するために. pp 127–138 *in* はじめての魚類学 (宮崎祐介, 著). オーム社, 東京.

布施慎一郎. 1962a. アマモ場における動物群集. 生理生態, 11: 1–22.

布施慎一郎. 1962b. ガラモ場における動物群集. 生理生態, 11: 23–45.

Gabriel WL. 1978. Statistics of selectivity. pp 62–66 *in* Gutshop '78-Fish food habit studies (SJ Lipovsky & CA Simenstad, eds). Washington Sea Grant Produces Publications University of Washington, Seattle.

Gregory RS & PM Powles. 1985. Chronology, distribution, and sizes of larval fish sampled by light traps in macrophytic Chemung Lake. Can J Zool, 63: 2569–2577.

Guido P, M Omori, S Katayama & K Kimura. 2004. Classification of juvenile rockfish, *Sebastes inermis*, to *Zostera* and *Sargassum* beds, using the macrostructure and chemistry of otoliths. Mar Biol, 145: 1243–1255.

Gyekis KF, MF Cooper & DG Uzarski. 2006. A high-intensity LED light source for larval fish and aquatic invertebrate floating quatrefoil light traps. J Freshw Ecol, 21: 621–626.

Hair CA, PJ Doherty, JD Bell & M Lam. 2000. Capture and culture of presettlement coral reef fishes in Solomon Islands. Proceed 9th Internat Coral Reef Symp, 2: 819–828.

浜野隼・木村将士・加納光樹. 2022. 東日本の海跡湖「北浦」に流入する農業水路における遡上魚類の季節変化. La mer, 60: 25–35.

Hanahara N, K Miyamoto & S Oka. 2020. Morphological and genetic identification of formalin-fixed gobioid larvae and description of postflexion larvae of *Paragunnellichthys* sp. and *Ctenogobiops feroculus*. Ichthyol Res, 68: 182–190.

原田慈雄・木下泉・大美博昭・田中克. 1999. 由良川河口域周辺におけるカマキリ*Cottus kazika*仔稚魚の分布および移動. 魚雑, 46: 91–99.

Hasegawa T, N Takatsuki, Y Kawabata, R Kawabe, GN Nishihara, A Ishimatsu, K Soyano, K Okamura, S Furukawa, M Yamada, M Shimoda, T Kinoshita, N Yamawaki, Y Morii & Y Sakakura. 2017. Continuous behavioral observation reveals the function of drifting seaweeds for *Seriola* spp. juveniles. Mar Ecol Prog Ser, 573: 101–115.

橋本雄太郎・前田晃子・大野雄介・鹿野陽太・髙津哲也. 2011. 噴火湾におけるアカガレイおよびイシガレイ仔魚の食性ー尾虫類 *Oikopleura* の餌生物としての重要性. 日プ学会報, 58: 165–177.

Hickford MJ & DR Schiel. 1999. Evaluation of the performance of light traps for sampling fish larvae in inshore temperate waters. Mar Ecol Prog Ser, 186: 293–302.

Hilton EJ, NK Schnell & P Konstantinidis. 2015. When tradition meets technology: systematic morphology of fishes in the early 21st century. Copeia, 103: 585–873.

Hirai J, M Kuriyama, T Ichikawa, K Hidaka & A Tsuda. 2015. A metagenetic approach for revealing community structure of marine planktonic copepods. Mol Ecol Resour, 15: 68–80.

Hirai J, K Hidaka, S Nagai & T Ichikawa. 2017. Molecular-based diet analysis of the early post-larvae of Japanese sardine *Sardinops melanostictus* and Pacific round herring *Etrumeus teres*. Mar Ecol Prog Ser, 564: 99–113.

広田祐一. 1990. 新潟五十嵐浜におけるアミ類の季節変動とヒラメ稚魚に捕食されるサイズ. 日本海ブロック試験研究集録, 19: 73–88.

広田祐一・輿石裕一・長沼典子. 1990. ヒラメ稚魚が摂餌したアミの大きさと摂餌日周期性. 日水誌, 56: 201–206.

広田祐一. 1992. 新潟五十嵐浜におけるあみ類の鉛直分布および環境収容力. 日本海ブロック試験研究集録, 23: 21–36.

Hjort J. 1914. Fluctuations in the great fisheries of northern Europe viewed in the light of biological research. Conseil Permanent International pour l' Exploration de la Mer, 20: 1–228.

Hollister G. 1934. Clearing and dying fish for bone study. Zoologica, 10: 89–101.

堀正和. 2011. 浅海域の生態系サービス: 生物生産と生物多様性の役割. pp 11–25 *in* 浅海域の生態系サービス 海の恵みと持続的利用（小路淳・堀正和・山下洋, 編）. 恒星社厚生閣, 東京.

堀之内正博. 2003. アマモ場における調査法. pp 723–732 *in* 地球環境調査計測事典, 第3巻 沿岸域編（平野禮次郎・大林成行・大和田紘一・沖山宗雄・奥谷喬司・佐野和生・平良栄康・田中次郎・村野正昭, 編）. フジ・テクノシステム, 東京.

Horinouchi M, Y Nakamura & M Sano. 2005. Comparative analysis of visual census using different width strip-transects for a fish assemblage in a seaglass bed. Estuar Coast Shelf Sci, 65: 53–60.

Horinouchi M. 2007. Distribution patterns of benthic juvenile gobies in and around seagrass habitats: effectiveness of seagrass shelter against predators, Estuar Coast Shelf Sci, 72: 657–664.

Horinouchi M, N Mizuno, Y Jo, M Fujita, M Sano & Y Suzuki. 2009. Seagrass habitat complexity does not always decrease foraging efficiencies of piscivorous fishes. Mar Ecol Prog Ser, 377: 43–49.

Horinouchi M, K Kanou, K Kon, P Tongnunui & M Sano. 2020. Fish and macroinvertebrate fauna associated with floating or drifting surface water mangrove litter in a shallow coastal area in Trang, southern Thailand. Ichthyol Res, 67: 177–184.

Hunter JR. 1981. Feeding ecology and predation of marine fish larvae. pp 33–77 *in* Maine fish larvae-morphology, ecology and relation fisheries (R Lasker, ed). University of Washington Press, Seattle.

池原宏二. 2001. 流れ藻につく稚魚たち. pp 222–238 *in* 稚魚の自然史 千変万化の魚類学（千田哲資・南卓志・木下泉, 編）. 北海道大学図書刊行会, 札幌.

井上隆. 2017. 砂浜海岸の魚類. pp 107–122 *in* 砂浜海岸の自然と保全（須田有輔, 編）. 生物研究社, 東京.

石原大樹. 2015. サンゴ礁池における仔稚魚の加入機構. pp 102–116 *in* 魚類の初期生活史研究（望岡典隆・木下泉・南卓志, 編）. 水産学シリーズ, 182, 恒星社厚生閣, 東京.

伊藤嘉昭・山村則男・嶋田正和. 1992. 採餌理論. pp 203–227 *in* 動物生態学. 蒼樹書房, 東京.

イブレフ（Ivlev）BC（児玉康雄・吉原友吉, 1975訳）. 1965. 魚類の栄養生態学ー魚の摂餌についての実験生態学. 新科学文献刊行会, 米子.

岩本有司・森田拓真・上村泰洋・平井香太郎・小路淳. 2008. 太田川河口域における小型曳き網のスズキ仔稚魚採集効率の推定. 広大院生物科学研紀要, 47: 1–5.

揖善継・平嶋健太郎・國島大河. 2019. 和歌山県におけるシラスウナギの来遊状況の把握と遡上日周期の解明. pp 61–73 *in* 鰻来遊・生息調査事業（平成27年度）・河川及び海域での鰻来遊・生息調査事業（平成28～30年度）成果報告書.

Kamimura Y & J Shoji. 2013. Does macroalgal vegetation cover influence post-settlement survival and recruitment potential of juvenile black rockfish *Sebastes cheni*? Estuar Coast Shelf Sci, 129: 86–93.

Kamimura Y & J Shoji. 2023. Highly structured habitats mitigate size- and growth-selective mortality of post-settlement juvenile fish. Fish Oceanogr, 2024 ; 33: e12663.

Kanou K, H Kohno, P Tongnunui & H Kurokura. 2002. Larvae and juveniles of two engraulid species, *Thryssa setirostris* and *T. hamiltonii*, occurring in the surf zone of Trang, southern Thailand. Ichthyol Res, 49: 401–405.

Kanou K, M Sano & H Kohno. 2004a. Catch efficiency of a small seine for benthic juveniles of the yellowfin goby *Acanthogobius flavimanus* on a tidal mudflat. Ichthyol Res, 51: 374–376.

Kanou K, M Sano & H Kohno. 2004b. Relationships between short-term variations in density of juvenile yellowfin goby *Acanthogobius flavimanus* and environmental variables on an estuarine mudflat. Fish Sci, 70: 713–715.

Kanou K, M Sano & H Kohno. 2004c. A net design for estimating the vertical distribution of larval and juvenile fishes on a tidal mudflat. Fish Sci, 70: 713–715.

加納光樹・碓井星二・川島裕太・横井謙一. 2017. 富栄養湖のヨシ帯における魚類相のモニタリング方法の比較. 魚雑, 64: 1–10.

Kanou K, T Yokoo & H Kohno. 2018. Spatial variations in tidepool fish assemblages related to environmental variables in the Tama River estuary, Japan. La mer, 56: 1–10.

片山知史. 2021. 耳石が語る魚の生い立ち－雄弁な小骨の生態学. 恒星社厚生閣, 東京.

河村功一・細谷和海. 1991. 改良二重染色法による魚類透明骨格標本の作製. 養殖研報, 20: 11–18.

川那部浩哉. 1970. アユの社会構造と生産 II—15年間の変化を見て. 日生態会誌, 20: 141–151.

Kikuchi T. 1966. An ecological study on animal communities of the *Zostera marina* belt in Tomioka Bay, Amakusa, Kyushu. Publ Amakusa Mar Bio Lab, 1: 1–106.

Kim EB, SR Lee, CI Lee, H Park & HW Kim. 2019. Development of the cephalopod-specific universal primer set and its application for the metabarcoding analysis of planktonic cephalopods in Korean waters. PeerJ 7: e7140 doi: 10.7717/peerj.7140.

木村清志. 2003. ガラモ場における調査法. pp 717–722 in 地球環境調査計測事典, 第3巻 沿岸域編（平野禮次郎・大林成行・大和田紘一・沖山宗雄・奥谷喬司・佐野和生・平良栄康・田中次郎・村野正昭, 編）. フジ・テクノシステム, 東京.

Kinoshita H, Y Kamimura, K Mizuno & J Shoji. 2014. Night-time predation on post-settlement Japanese black rockfish *Sebastes cheni* in a macroalgal bed: effect of body length on the predation rate. ICES J Mar Sci, 71: 1022–1029.

Kinoshita I. 1986. Postlarvae and juveniles of silver sea bream, *Sparus sarba* occurring in the surf zones of Tosa Bay, Japan. Jpn J Ichthyol, 33: 7–12.

木下泉. 1987. 稚仔魚スケッチの実際. 海洋と生物, 9: 182–187.

Kinoshita I & M Tanaka. 1990. Differentiated spatial distribution of larvae and juveniles of the two sparids, red and black sea bream, in Shijiki Bay. Nippon Suisan Gakkaishi, 56: 1807–1813.

木下泉. 1993. 砂浜海岸砕波帯に出現するヘダイ亜科仔稚魚の生態学的研究. Bull Mar Sci Fish Kochi Univ, 13: 21–99.

木下泉. 1998. 砂浜海岸の成育場としての意義. pp 122–133 *in* 砂浜海岸における仔稚魚の生物学（千田哲資・木下泉, 編）. 水産学シリーズ, 116, 恒星社厚生閣, 東京.

Kinoshita I, K Azuma, S Fujita, I Takahashi, K Niimi & S Harada. 1999. Early life history of a catadromous sculpin in western Japan. Environ Biol Fish, 54: 135–149.

木下泉. 2002. 初期生活史の多様性. 79–90 *in* スズキと生物多様性—水産資源生物学の新展開（田中克・木下泉, 編）. 水産学シリーズ, 131, 恒星社厚生閣, 東京.

木下泉. 2003. 砂浜海岸（磯波帯を含む）における調査法. pp 691–699 *in* 地球環境調査計測事典, 第3巻 沿岸域編（平野禮次郎・大林成行・大和田紘一・沖山宗雄・奥谷喬司・佐野和生・平良栄康・田中次郎・村野正昭, 編）. フジ・テクノシステム, 東京.

木下泉. 2006. 浮魚資源・生態研究におけるシラス漁場調査の重要性. 黒潮の資源海洋研究, 7: 3–12.

木下泉. 2018. 卵仔稚魚の採集法. p 436 *in* 魚類学の百科事典（日本魚類学会, 編）. 丸善出版, 東京.

Kodama T, J Hirai, S Tamura, T Takahashi, Y Tanaka, T Ishihara, A Tawa, H Morimoto & S Ohshimo. 2017. Diet composition and feeding habits of larval Pacific bluefin tuna *Thunnus orientalis* in the Sea of Japan: integrated morphological and metagenetic analysis. Mar Ecol Prog Ser, 583: 211–226.

Kodama T, J Hirai, A Tawa, T Ishihara & S Ohshimo. 2020. Feeding habits of the Pacific Bluefin tuna (*Thunnus orientalis*) larvae in two nursery grounds based on morphological and metagenomic analyses. Deep Sea Res Part II, 175: 104745 doi: 10.1016/j.dsr2.2020. 104745.

Kohno H, Y Taki, Y Ogasawara, Y Shirojo, M Taketomi & M Inoue. 1983. Development of swimming and feeding functions in larval *Pagrus major*. Jpn J Ichthyol, 30: 47–60.

河野博. 2001. Ichthyological Research 原稿作成ガイドについて. 魚雑, 48: 61–65.

河野博・鵜川亮・星野勧宏. 2011. 透明標本. pp 325–330 *in* 東京湾の魚類. 平凡社, 東京.

河野博・谷田部明子・加瀬喜弘・齋藤有希. 2016. 魚類骨格透明標本は海洋環境教育ー海の中の「食う・食われる」を覗いてみようーに有効である. 東京海洋大研報, 12: 4–11.

河野博・植原望. 2017. 魚類骨格透明標本を用いた理科教育の例ー顎の骨の変化を観察して魚と私たちとの関係を探ろう. 東京海洋大研報, 13: 16–35.

河野博・アンマリサンDE・石川新・新城遥己・小野寺暁・手良村知功. 2018. 魚類骨格透明標本を用いたESDの例ーアユの仔魚の歯を観察して生態との関係を知ろう. 東京海洋大研報, 14: 38–57.

小島純一. 2001. 稚魚をスケッチする. pp 30–39 *in* 稚魚の自然史ー千変万化の魚類学（千田哲資・南卓志・木下泉, 編）. 北海道大学図書刊行会, 札幌.

Kon K, H Yamashiro, M Horinouchi & S Kawaida. 2020. Experimental design in marine ecology. pp 273–282 *in* Japanese marine life—A Practical training guide in marine biology (K Inaba & JM Hall-Spencer, eds). Springer, New York.

Kunishima T & K Tachihara. 2018. Improved quadrat method for fish survey in tidepools of tidal flats. Plankton Benthos Res, 13: 21–24.

Kuipers B. 1975. On the efficiency of a two-metere beam trawl for juvenile plaice (*Pleuronectes platessa*). Neth J Sea Res, 9: 69–85.

日下部敬之. 1998. 砂浜海岸と垂直岸壁の比較. pp 30–41 *in* 砂浜海岸における仔稚魚の生物学（千田哲資・木下泉, 編）. 水産学シリーズ, 116, 恒星社厚生閣, 東京.

Leis JM. 1993. Minimum requirements for published descriptions of larval fish development. Jpn J Ichthyol, 40: 393–394.

Leis JM & BM Carson-Ewart (eds). 2000. The larvae of Indo-Pacific coastal fishes: an identification guide to marine fish larvae. Brill, Leiden.

松岡正信. 1982. マダイの脊柱と尾骨の発達. 魚雑, 29: 285–294.

松浦啓一. 2003. 標本学 自然史標本の収集と管理. 国科博叢書, 3.

Mcgowan JA & DM Brown. 1966. A new opening-closing paired zooplankton net. Univ Calif Scripps Inst Oceanogr Ref, 66–23.

McLeod LE & MJ Costello. 2017. Light traps for sampling marine biodiversity. Helgol Mar Res, 71: 2.

水戸敏. 1960. 日本近海に出現する浮游性魚卵および孵化仔魚の検索. 九大農学芸誌, 18: 61–70, pls 2–17.

峰水亮. 2013. デジタルカメラによる水中撮影テクニック. 誠文堂新光社, 東京.

Miya M, Y Sato, T Fukunaga, T Sado, JY Poulsen, K Sato, T Minamoto, S Yamamoto, H Yamanaka, H Araki, M Kondoh & W Iwasaki. 2015. MiFish, a set of universal PCR primers for metabarcoding environmental DNA from fishes: detection of more than 230 subtropical marine species. R Soc Open Sci, 2: doi: 10.1098/rsos.150088.

森慶一郎. 1992. 小口径ネットによる鉛直曳網. pp 8–14 *in* 浮魚類卵・稚仔採集調査マニュアル. 中央水産研究所, 横浜.

元田茂. 1957. 北太平洋標準プランクトンネットについて. 日プ研連報, 4: 13–15.

元田茂・大沢圭介. 1964. インド洋標準ネットの濾水率, 標本量変動, 濾水直線等について. 日プ研連会報, 11: 11–24.

Motoda S. 1971. Devices of simple plankton apparatus V. Bull Fish Hokkaido Univ, 22: 101–106.

元田茂. 1974. プランクトンの採集. pp 191–225 *in* 海洋プランクトン（丸茂隆三, 編）. 海洋学講座, 10, 東京大学出版会, 東京.

元田茂. 1994. 簡単なプランクトン器具の考案（8）. 日プ学報, 40: 139–150.

本村浩之（編）. 2009. 魚類標本の作製と管理マニュアル. 鹿児島大学総合研究博物館, 鹿児島.

Nakai Z. 1962. Apparatus for collection macroplankton in the spawning surveys of iwashi (sardine, anchovy, and round herring) and others. Bull Tokai Reg Fish Res Lab, 9: 221–237, 10 pls.

中村元彦. 1992. 曳網速度の違いによるプランクトンネット採集効率の差. 日水誌, 58: 861–869.

中村元彦. 1994. 異なるネット採集器間のカタクチイワシ仔魚における網口通過率の比較. 日水誌, 60: 741–747.

Nakamura Y, T Shibuno, D Lecchini & Y Watanabe. 2009. Habitat selection by emperor fish larvae. Aquat Biol, 6: 61–65.

Neira FJ, AG Miskiewicz & T Trnski (eds). 1998. Larvae of temperate Australian fishes: Laboratory guide for larval fish identification. University of western Australia Press, Nedlands.

日本自然科学写真協会（監）. 2017. 超拡大で虫と植物と鉱物を撮る. 文一総合出版, 東京.

日本自然科学写真協会（監）. 2018. 生き物の決定的瞬間を撮る. 文一総合出版, 東京.

Nordlund LM, EL Jackson, M Nakaoka, J Samper-Villarreal, P Beca-Carretero & JC Creed. 2018. Seagrass ecosystem services—What's next? Mar Pollut Bull, 134: 145–151.

布部淳一・木下泉・指田穣・村田修. 2008. 土佐湾におけるイサキ仔魚の分布生態. 水産海洋研究, 72: 83–91.

大塚攻・西田周平. 1997. 海産浮遊性カイアシ類（甲殻類）の食性再考. 海の研究, 6: 299–320.

岡慎一郎・宮本圭. 2014. 沖縄島北部新里漁港にて灯火採集によって得られた仔稚魚. Fauna Ryukyuana, 16: 1–11.

Oka S & K Miyamoto. 2015a. Reproductive biology and growth of bluestripe herring *Herklotsichthys quadrimaculatus* (Ruppell, 1837) in the northernmost waters. J Appl Ichthyol, 31: 709–713.

Oka S & K Miyamoto. 2015b. Pelagic juvenile of *Plectroglyphidodon johnstonianus* Flower & Ball, 1924 (Perciformes, Pomacentridae, Stegastinae) identified from morphometric and genetic evidence. Fauna Ryukyuana, 20: 1–6.

岡部久. 1996. 房総半島小湊の岩礁域における灯火採集によって得られた仔稚魚. 魚雑, 43: 79–88.

Okazaki D, T Yokoo, K Kanou & H Kohno. 2012. Seasonal dynamics of fishes in tidepools on tidal mudflats in the Tama River estuary, central Honshu, Japan. Ichthyol Res, 59: 63–69.

沖山宗雄（編）. 1988. 日本産稚魚図鑑. 東海大学出版会, 東京.

沖山宗雄（編）. 2014. 日本産稚魚図鑑 第二版. 東海大学出版会, 秦野.

Olson AM, M Hessing-Lewis, D Haggarty & F Juanes. 2019. Nearshore seascape connectivity enhances seagrass meadow nursery function. Ecol Appl, 29: 1–14.

大美博昭. 2002. 若狭湾由良川河口域における仔稚魚の生態. pp 44–53 *in* スズキの生物多様性—水産資源生物学の新展開（田中克・木下泉, 編）. 恒星社厚生閣, 東京.

Omori M. 1965. A 160-cm opening-closing plankton net— I. Description of the gear. J Oceanogr Soc Jpn, 21: 212–220.

大竹二雄. 2010. 耳石解析. pp 100–109 *in* 魚類生態学の基礎（塚本勝巳, 編）. 恒星社厚生閣, 東京.

大関芳沖・木村量・久保田洋・石田実. 2001. サンマ仔稚魚採集用の改良型ニューストンネット. 水産海洋研, 65: 1–5.

Paraboles LC, DM Guarte & I Kinoshita. 2019. Vertical distribution of eggs and larvae of *Maurolicus japonicus*(Sternoptychidae, Pisces) in Tosa Bay, Japan. Plankton Benthos Res, 14: 80–85.

Pearre S Jr. 1980. The copepod width-weight relation and its utility in food chain research. Can J Zool, 58: 1884–1891.

Pinkas L, MS Oliphant & ILK Inverson. 1971. Food habits of albacore, bluefin tuna, and bonito in Californian waters. Calif Dept Fish Game Fish Bull, 152: 1–105.

Pompanon F, BE Deagle, WOC Symondson, DS Brown, SN Jarman & P Taberlet. 2012. Who is eating what: diet assessment using next generation sequencing. Mol Ecol, 21: 1931–1950.

Potthoff T. 1975. Development and structure of the caudal complex, the vertebral column, and the pterygiophores in the blackfin tuna (*Thunnus atlanticus*, Pisces, Scombridae). Bull Mar Sci, 25: 205–231.

Potthoff T. 1984. Clearing and staining techniques. pp 35–37 *in* Ontogeny and systematics of fishes (HG Moser, WJ Richards, DM Cohen, MP Fahay, AW Kendall Jr & SL Richardson, eds). Am Soc Ichthyol Herpetol, Spec Publ, 1.

Raposa K. 2003. Overwintering habitat selection by the mummichog, *Fundulus heteroclitus*, in a Cape Cod (USA) salt marsh. Wetlands Ecol Manage, 11: 175–182.

坂上治郎. 2016. 真夜中は稚魚の世界. エムピージェー, 横浜.

Sakaguchi SO, S Shimamura, Y Shimizu, G Ogawa, Y Yamada, K Shimizu, H Kasai, H Kitazato, Y Fujiwara, K Fujikura & K Takishita. 2017. Comparison of morphological and DNA-based techniques for stomach content analyses in juvenile chum salmon *Oncorhynchus keta*: a case study on diet richness of juvenile fishes. Fish Sci, 83: 47–56.

佐野光彦. 2003. サンゴ礁における調査法. pp 683–690 *in* 地球環境調査計測事典, 第3巻 沿岸域編 (平野禮次郎・大林成行・大和田紘一・沖山宗雄・奥谷喬司・佐野和生・平良栄康・田中次郎・村野正昭, 編). フジ・テクノシステム, 東京.

Saruwatari T & A Kaneko. 1996. Larval fish clamp: a tool for observing larval fishes. Copeia, 1996: 221–223.

猿渡敏郎. 2006. 携帯型GPSのフィールド調査への活用ー高精度の採集調査を行うために. pp 103–110 *in* 魚類環境生態学入門 渓流から深海まで, 魚と棲みかのインターアクション (猿渡敏郎, 編). 東海大学出版会, 東京.

千田哲資. 1965. 流れ藻の水産的効用. 水産研究叢書, 13, 日本水産資源保護協会, 東京.

Senta T & I Kinoshita. 1985. Larval and juvenile fishes occurring in surf zone of western Japan. Trans Am Fish Soc, 114: 609–618.

Senta T, F Sakamoto, T Noichi & T Kanbara. 1990. The R-H II push-net and quadrat-net, gears for studying distribution patterns of juvenile flatfishes along the beach. Bull Fac Fish Nagasaki Univ, 68: 35–41.

千田哲資. 1998. 砂浜海岸における魚類の研究史. pp 9–18 *in* 砂浜海岸における仔稚魚の生物学 (千田哲資・木下泉, 編). 水産学シリーズ, 116, 恒星社厚生閣, 東京.

小路淳. 2009. 藻場とさかなー魚類生産学入門. ベルソーブックス, 032, 成山堂書店, 東京.

Shoji J, H Mitamura, K Ichikawa, H Kinoshita & N Arai. 2017. Increase in predation risk and trophic level induced by nocturnal visits of piscivorous fishes in a temperate seagrass bed. Sci Rep, 7: 1–10.

Smith PE, RC Counts & RI Clutter. 1968. Changes in filtering efficiency of plankton nets due to clogging under tow. J Cons Int Explor Mer, 32: 232–248.

Sousa LL, R Xabier, V Costa, NE Humphries, C Truema, R Rosa, DW Sims & N Queiroz. 2016. DNA barcoding identifies a cosmopolitan diet in the ocean sunfish. Sci Rep, 6: 28762 doi: 10.1038/srep28762.

Stephens DW & JR Krebs. 1986. Foraging theory. Princeton University Press, Princeton.

Suda Y, T Inoue & H Uchida. 2002. Fish communities in the surf zone of a protected sandy beach at Doigahama, Yamaguchi Prefecture, Japan. Estuar Coast Shelf Sci, 55: 81–96.

Sumida BY, BB Washington & WA Laroche. 1984. Illustrating fish eggs and larvae. pp 33–35 *in* Ontogeny and Systematics of Fishes (HG Moser, WJ Richards, DM Cohen, MP Fahay, AW Kendall Jr & SL Richardson, eds). Am Fish Soc Ichthyol Herpetol, Spec Publ, 1.

鈴木香里武. 2020. 岸壁採集! 漁港で出会える幼魚たち. ジャムハウス, 東京.

田口真美・茂谷久子・井之上弘幸・佐藤彌生・早川睦・矢島大介・小林和博・佐藤かおる・永澤明佳・岩瀬博太郎. 2009. ホルマリン固定臓器におけるAmpFlSTR® Identifier® Kitを用いたDNA型解析－中性緩衝ホルマリン固定液及びカラム精製の検討. DNA多型, 16: 240–242.

Takahashi I, K Azuma, H Hiraga & S Fujita. 1999. Different mortality in larval stage of ayu *Plecoglossus altivelis* by birth dates in the Shimanto Estuary and adjacent coastal waters. Fish Sci, 65: 206–210.

Takatsu T, T Nakatani, T Miyamoto, K Kooka & T Takahashi. 2002. Spatial distribution and feeding habits of Pacific cod (*Gadus macrocephalus*) larvae in Mutsu Bay, Japan. Fish Oceanogr, 11: 90–101.

Takatsu T, Y Suzuki, A Shimizu, K Imura, Y Hiraoka & N Shiga. 2007. Feeding habits of larval stone flounder *Platichthys bicoloratus* in Mutsu Bay, Japan. Fish Sci, 73: 142–155.

田中克. 1980. 海産仔魚の摂餌と生残–I. 天然海域における食性. 海洋と生物, 2: 440–447.

Taylor WR. 1967. An enzyme method of clearing and staining small vertebrates. Proc US Natl Mus, 122: 1–17.

Tranter DJ & PE Smith. 1968. Filtration performance. pp 27–56 *in* Monographs on oceanographic methodology 2, zooplankton sampling (DJ Tranter, ed). UNESCO, Paris.

Trnski T & JM Leis. 1992. A beginner's guide to illustrating fish larvae. pp 198–202 *in* Larval Biology (DA Hancock, ed). Aust Soc Fish Biol Workshop, Canberra.

上野正博. 1988. プランクトンネットの濾水率が採集結果に与える影響. 水産海洋研報, 52: 1–6.

Watanabe T, S Nagai, Y Kawakami, T Asakura, J Kikuchi, N Inaba, Y Taniuchi, H Kurogi, S Chow, T Tomoda, D Ambe & D Hasegawa. 2021. 18S rRNA gene sequences of leptocephalus gut contents, particulate organic matter, and biological oceanographic conditions in the western North Pacific. Sci Rep, 11: 5488 doi: 10.1038/s41598-021-84532-y.

渡邊良朗. 1992. 表層曳きネットの仕様と採集データ処理法. pp 15–22 *in* 浮魚類卵・稚仔採集調査マニュアル. 中央水産研究所, 横浜.

渡邊良朗. 1997. 年齢形質の有効性検討. pp 17–27 *in* 水産動物の成長解析. 水産学シリーズ, 115, 恒星社厚生閣, 東京.

Wiebe PH, KH Burt, SH Boyd & AW Morton. 1976. A multiple opening/closing net and environmental sensing system for sampling zooplankton. J Mar Res, 34: 313–326.

八木佑太・美籐千穂・舟越徹・木下泉・高橋勇夫. 2006. 土佐湾沿岸域におけるアユ仔魚の分布および食性. 日水誌, 72: 1057–1067.

山本昌幸・岸本浩二・一見和彦. 2021. 瀬戸内海における流れ藻の構成種とそれに随伴する魚類. 日水誌, 87: 2–10.

山本天誠・萩原富司・諸澤崇裕・加納光樹. 2023. 霞ヶ浦の流入河川における外来種オオタナゴの仔魚の生息環境特性. 魚雑, 70: 73–82.

山下洋・輿石裕一・南卓志. 1999. 水産業関係試験研究機関における底生稚魚採集方法の現状と課題（増殖関係生態調査標準化作業部会によるアンケート調査結果から）. pp 11–36 *in* ヒラメ・カレイ類幼稚魚採集調査指針（増殖関係生態調査標準化作業部会報告書）(中央水産研究所水産研究官, 編). 中央水産研究所, 横浜.

横内一樹・天野洋典・石村豊穂・白井厚太朗. 2017. 耳石の元素・同位体分析による回遊生態研究. 水産海洋研究, 81: 189–202.

吉田直人・高津哲也・中屋光裕・城幹昌・木村修・清水晋. 2005. エビジャコとマコガレイ稚魚に対する小型ソリネットの採集効率. 日水誌, 71: 172–177.

鐘俊生(Zhong J)・木下泉・久保美佳・杉山さやか. 2003. 浦ノ内湾に出現する仔稚魚とその季節変化. 水産海洋研究, 67: 9–22.

鐘俊生(Zhong J). 2006. 成育場となる内湾への仔魚の進入機構に関する研究. 高知大海生研セ研報, 24: 71–137.

第4章

Abe T, T Wada, M Aritaki, N Sato & T Minami. 2013. Morphological and habitat characteristics of settling and newly settled roughscale sole *Clidoderma asperrimum* collected in the coastal waters of northern Japan. Fish Sci, 79: 767–777.

赤木光子・加納光樹・河野博・丸山隆. 2014. 東京都大田区の洗足池で採集されたハゼ科2種の仔魚の形態. 日生物地理学会報, 69: 85–92.

Akagi M, K Kanou & H Kohno. 2018. Habitat use and feeding ecology of early larvae of the gobiids, *Rhinogobius kurodai* and *Tridentiger brevispinis*, in an urban pond in Tokyo, Japan. Biogeography, 20: 85–95.

明仁親王. 1988. キセルハゼ. p 266, pl 253 *in* 日本産魚類大図鑑 第2版（益田一・尼岡邦夫・荒賀忠一・上野輝彌・吉野哲夫, 編）. 東海大学出版会, 東京.

Aljamali E, I Kinoshita, M Sashida, T Hashimoto & J Nunobe. 2006. Do the ayu (*Plecoglossus altivelis altivelis*) born in the river with an inlet or large estuary in its mouth perform a homing?. La mer, 44: 145–155.

尼岡邦夫. 2016. 日本産ヒラメ・カレイ類. 東海大学出版部, 平塚.

Anderson JT. 1988. A review of size dependent survival during pre-recruit stages of fishes in relation to recruitment. J Northwest Atl Fish Sci, 8: 55–66.

青山大輔・木下泉・藤田真二. 2007. 有明海湾奥部河口域の魚類成育場としての役割−特産種と普通種間の違い. 海洋と生物, 29: 16–25.

荒山和則. 2006. 茨城県久慈川におけるアユの遡上様式. 茨城内水面水試研報, 40: 45–54.

荒山和則. 2009. 茨城県沿岸域におけるアユ仔稚魚の成長相違要因. 海洋と生物, 31: 495–500.

荒山和則・須能紀之・山崎幸夫. 2014. 久慈川河口周辺海域におけるアユ仔稚魚の分布. 日水誌, 80: 713–725.

Ashida H, N Suzuki, T Tanabe, N Suzuki & Y Aonuma. 2015. Reproductive condition, batch fecundity, and spawning fraction of large Pacific bluefin tuna *Thunnus orientalis* landed at Ishigaki Island, Okinawa, Japan. Environ Biol Fish, 98: 1173–1183.

Ashida H, Y Okochi, S Ohshimo, T Sato, Y Ishihara, S Watanabe, K Fujioka, S Furukawa, T Kuwahara, Y Hiraoka & Y Tanaka. 2021. Differences in the reproductive traits of Pacific bluefin tuna *Thunnus orientalis* among three fishing grounds in the Sea of Japan. Mar Ecol Prog Ser, 662: 125–138.

Azuma K, I Takahashi, S Fujita & I Kinoshita. 2003. Recruitment and movement of larval ayu occurring in the surf zone of a sandy beach facing Tosa Bay. Fish Sci, 69: 355–360.

東健作. 2005. アユの海洋生活期における分布生態. 高知大海生研セ研報, 23: 59–112.

東健作・平賀洋之・高橋勇夫・木下泉. 2008. 河口域および海域におけるアユ仔魚の形態と発育の比較. 2008年度日本水産学会年会講演要旨, 230.

東健作・堀岡喜久雄・大木正行・伊与田猛・松岡功・占部敦史・辻佑人・木下泉. 2019. 2015年の産卵・ふ化期に発生した出水がアユの個体数変動に及ぼした影響. 2019年度日本魚類学会講演要旨, 149.

Balon EK. 1975a. Terminology of intervals in fish development. J Fish Res Board Can, 32: 1663–1670.

Balon EK. 1975b. Reproductive guilds of fishes: A proposal and definition. J Fish Res Board Can, 32: 821–864.

Balon EK. 1979. The theory of saltation and its application to the ontogeny of fishes: Steps and thresholds. Environ Biol Fish, 4: 97–101.

バロン (Balon) EK・後藤晃. 1989. 繁殖スタイルと初期個体発生. pp 1–47 *in* 魚類の繁殖行動（後藤晃・前川光司, 編）, 東海大学出版会, 東京.

Blaber SJM, DT Brewer & JP Salini. 1989. Species composition and biomasses of fishes in different habitats of a tropical northern Australian estuary: their occurrence in the adjoining sea and estuarine dependence. Estuar Coast Shelf Sci, 29: 509–531.

Boustany AM, R Matteson, M Castleton, CJ Farwell & BA Block. 2010. Movements of pacific bluefin tuna (*Thunnus orientalis*) in the eastern North Pacific revealed with archival tags. Prog Oceanogr, 86: 94–104.

Chen KS, P Crone & CC Hsu. 2006. Reproductive biology of female Pacific bluefin tuna *Thunnus orientalis* from south-western North Pacific Ocean. Fish Sci, 72: 985–994.

Ciotti BJ, TE Targett, RDM Nash & MT Burrows. 2013. Small-scale spatial and temporal heterogeneity in growth and condition of juvenile fish on sandy beaches. J Exp Mar Biol Ecol, 448: 346–359.

Delage Y. 1886. Sur les relations deparente' du Congre et du Leptocephale. CR Acad Sci Paris, 103: 698–699.

道津喜衛. 1957. ワラスボの生態, 生活史. 九大農学芸誌, 16: 101–110.

道津喜衛・田北徹. 1967. ワラスボの採卵, 卵発生および仔魚. 長大水研報, 23: 135–144.

Edwards R & JH Steele. 1968. The ecology of 0-group plaice and common dabs at Loch Ewe. I. Population and food. J Exp Mar Biol Ecol, 2: 215–238.

Fahay MP & JA Hare. 2006. Order Ophidiiformes: Aphyonidae, Bythitidae, Ophidiidae. pp 661–747 *in* Early stages of Atlantic fishes: An identification guide for the western central North Atlantic, v1 (WJ Richards, ed). CRC Press, Boca Raton.

Foreman TJ & Y Ishizuka. 1990. Giant bluefin off southern California, with a new California size record. Calif Fish Game, 76: 181–186.

Fujioka K, H Fukuda, Y Tei, S Okamoto, H Kiyofuji, S Furukawa, J Takagi, E Estess, CJ Farwell, DW Fuller, N Suzuki, S Ohshimo & T Kitagawa. 2018. Spatial & temporal variability in the trans-Pacific migration of Pacific bluefin tuna (*Thunnus orientalis*) revealed by archival tags. Prog Oceanogr, 162: 52–65.

藤岡康弘. 2013. 琵琶湖固有（亜）種ホンモロコおよびニゴロブナ・ゲンゴロウブナ激減の現状と回復への課題. 魚雑, 60: 57–63.

Fujioka Y & J Saegusa. 2015. Sex ratios in relation to age and body size in "Honmoroko", *Gnathopogon caerelescens*. Ichthyol Res, 62: 512–515.

藤原建紀・福井真吾・笠井亮秀・坂本亘・杉山陽一. 1997a. 伊勢湾の栄養塩輸送と亜表層クロロフィル極大. 海と空, 73: 33–39.

藤原建紀・宇野奈津子・多田光男・中辻啓二・笠井亮秀・坂本亘. 1997b. 紀伊水道の流れと栄養塩輸送. 海と空, 73: 63–72.

Fukuda N, H Kurogi, D Ambe, S Chow, T Yamamoto, K Yokouchi, A Shinoda, Y Masuda, M Sekino, K Saitoh, M Masujima, T Watanabe, N Mochioka & H Kuwada. 2018. Location, size and age at onset of metamorphosis in the Japanese eel *Anguilla japonica*. J Fish Biol, 92: 1342–1358.

船越茂雄. 1990. 遠州灘, 伊勢・三河湾およびその周辺海域におけるカタクチイワシの再生産機構に関する研究. 愛知水試研究業績B集, 10.

Gill T. 1864. On the affinities of several doubtful British fishes. Proc Acad Nat Sci Phila, 16: 199–208.

Gould SJ. 1977. Ontogeny and phylogeny. Harverd University Press, Cambridge.

Grassi B & S Caladruccio. 1897. Fortpflanzung und Metamorphose des Aales. Allg Fisch Ztg, 22: 402–408.

Gronovius LT. 1763. Zoophylacii Gronoviani fasciculus primus exhibens animalia quadrupeda, amphibia atque pisces, quae in museo suo adservat, rite examinavit, systematice disposuit, descripsit atque iconibus illustravit Laurentius Theodorus Gronovius. JUD Lugduni Batavorum.

Harada S, SR Jeon, I Kinoshita, M Tanaka & M Nishida. 2002. Phylogenetic relationships of four species of floating gobies (*Gymnogobius*) as inferred from partial mitochondrial cytochrome b gene sequences. Ichthyol Res, 49: 324–332.

原田慈雄. 2014. アゴハゼ属, ウキゴリ属. pp 1269–1287 *in* 日本産稚魚図鑑 第二版（沖山宗雄, 編）. 東海大学出版会, 秦野.

原田慈雄. 2016. ウキゴリ属魚類の生活史進化. 海洋と生物, 38: 356–362.

橋本博明. 1991. 日本産イカナゴの資源生態学的研究. 広大生物生産紀要, 30: 135–192.

Hata K. 1969. Some problems relating to fluctuation of hydrographic conditions in the sea northeast of Japan (Part I). Relation between the patterns of the Kuroshio and the Oyashio. J Oceanogr, 25: 25–35.

日比野学・大田太郎・木下泉・田中克. 2002. 有明海湾奥部の干潟汀線域に出現する仔稚魚. 魚雑, 49: 109–129.

平嶋健太郎・立原一憲. 2000. 沖縄島に生息する中卵型ヨシノボリ2種の卵内発生および仔稚魚の成長に伴う形態変化. 魚雑, 47: 29–41.

Hiraoka Y, T Ishihara, A Tawa, Y Tanaka, S Ohshimo & Y Ando. 2022. Association between fatty acid signature and growth rate of larval Pacific bluefin tuna in two major spawning grounds. Mar Ecol Prog Ser, 689: 127–136.

堀田秀之・小川達. 1955. 海区別カツオの食餌組成について. 東北水研報, 4: 62–82.

Hsu CC, HC Liu, CL Wu, ST Huang & HK Liao. 2000. New information on agecomposition and length-weight relationship of bluefin tuna, *Thunnus thynnus*, in the southwestern North Pacific. Fish Sci, 66: 485–493.

Hubbs CL. 1943. Terminology of early stages of fish. Copeia, 1943: 260.

Hubbs CL. 1958. *Dikellorhynchus* and *Kanazawaichthys*: nominal fish genera interpreted as based on prejuveniles of *Malacanthus* and *Antennarius*, respectively. Copeia, 1958: 282–285.

Ikejima K, P Tongnunui, T Medej & T Taniuchi. 2003. Juvenile and small fishes in a mangrove estuary in Trang province, Thailand: seasonal and habitat differences. Estuar Coast Shelf Sci, 56: 447–457.

Irigoien X, TA Klevjer, A Røstad, U Martinez, G Boyra, JL Acuña, A Bode, F Echevarria, JI Gonzalez-Gordillo, S Hernandez-Leon, S Agusti, DL Aksnes, CM Duarte & S Kaartvedt. 2014. Large mesopelagic fishes biomass and trophic efficiency in the open ocean. Nat Commun, 5: 3271–3280.

Ishihara T, O Abe, T Shimose, Y Takeuchi & A Aires-da-Silva. 2017. Use of post-bomb radiocarbon dating to validate estimated ages of Pacific bluefin tuna, *Thunnus orientalis*, of the North Pacific Ocean. Fish Res, 189: 35–41.

Ishihara T, M Watai, S Ohshimo & O Abe. 2019. Differences in larval growth of Pacific bluefin tuna (*Thunnus orientalis*) between two spawning areas, and an evaluation of the growth-dependent mortality hypothesis. Environ Biol Fish, 102: 581–594.

Itoh S, I Yasuda, H Nishikawa, H Sasaki & Y Sasai. 2009. Transport and environmental temperature variability of eggs and larvae of the Japanese anchovy (*Engraulis japonicas*) and Japanese sardine (*Sardinops melanostictus*) in the western North Pacific estimated via numerical particle-tracking experiments. Fish Oceanogr, 18: 118–133.

伊藤毅史・CPH Simanjuntak・木下泉・藤田真二. 2018. 有明海六角川におけるエツ仔稚魚の分布. 水産増殖, 66: 17–23.

Itoh T, Y Shiina, S Tsuji, F Endo & N Tezuka. 2000. Otolith daily increment formation in laboratory reared larval and juvenile bluefin tuna *Thunnus thynnus*. Fish Sci, 66: 834–839.

Kafuku T. 1958. Speciation in cyprinid fishes on the basis of intestinal differentiation, with some reference to that among catastomids. Bull Freshw Fish Res Lab, 8: 45–78, pls 1–8.

神田猛. 1992. ハモ葉形仔魚及び変態期仔魚の酸素消費量. 科学研究費補助金一般研究（B）北西及び中部太平洋におけるウナギ目魚類の葉形仔魚に関する研究 実績報告書.

加納光樹・小池哲・渋川浩一・河野博. 1999. 東京湾の河口干潟で採集されたチクゼンハゼとエドハゼの仔稚魚. うみ, 37: 59–68.

Kanou K, M Sano & H Kohno. 2004. Morphological and functional development of characters associated with settlement in the yellowfin goby, *Acanthogobius flavimanus*. Ichthyol Res, 51: 213–221.

川辺正樹. 2003. 黒潮の流路と流量の変動に関する研究. 海の研究, 12: 247–267.

川口弘一. 1974. 魚類マイクロネクトン. pp 173–190 *in* 海洋学講座10, 海洋プランクトン（丸茂隆三, 編）. 東京大学出版会, 東京.

川合英夫. 1972. 黒潮と親潮の海況学. pp 129–308 *in* 海洋科学基礎講座2, 海洋物理II（増沢譲太郎, 編）. 東海大学出版会, 東京.

Kawamura H, K Mizuno & Y Toda. 1986. Formation process of a warm-core ring in the Kuroshio-Oyashio frontal zone—December 1981–October 1982. Deep Sea Res Part A, 33: 1617–1640.

川名武. 1935. 鮪は日本海に於て産卵す. 水産研究誌, 5: 284–286.

Kawasaki T. 1992. Mechanisms governing fluctuations in pelagic fish populations. S Afr J Mar Sci, 12: 873–879.

亀甲武志・岡本晴夫・氏家宗二・石崎大介・臼杵崇広・根本守仁・三枝仁・甲斐嘉晃・藤岡康弘. 2014. 琵琶湖内湖の流入河川におけるホンモロコの産卵生態. 魚雑, 61: 1–8.

Kikko T, D Ishizaki, K Ninomiya, Y Kai & Y Fujioka. 2015a. Diel patterns of larval drift of honmoroko *Gnathopogon caerelescens* in an inlet of Ibanaiko Lagoon, Lake Biwa, Japan. J Fish Biol, 86: 409–415.

Kikko T, T Usuki, D Ishizaki, Y Kai & Y Fujioka. 2015b. Relationship of egg size and hatching size to incubation temperature in a multiple-spawning fish *Gnathopogon caerelescens* in Honmoroko. Environ Biol Fish, 98: 1151–1161.

亀甲武志・北門利英・石崎大介・氏家宗二・澤田宣雄・三枝仁・酒井明久・鈴木隆夫・西森克浩・二宮浩司・甲斐嘉晃. 2015. 伊庭内湖周辺におけるホンモロコ釣り遊漁による釣獲尾数の推定. 日水誌, 81: 17–26.

亀甲武志・西森克浩・久米弘人・石崎大介・地村由起人・窪田雄二・片岡佳孝・根本守仁・岡本晴夫. 2017. 琵琶湖全域で導入された産卵期のホンモロコの自主禁漁. 日水誌, 83: 270–274.

Kikko T, D Ishizaki, K Kuwamura, H Okamoto, M Ujiie, A Ide, J Saegusa, Y Kai, K Nakayama & Y Fujioka. 2018. Juvenile migration of exclusively pelagic cyprinid *Gnathopogon caerelescens* (Honmoroko) in Lake Biwa, central Japan. J Fish Biol, 92: 1590–1603.

亀甲武志・西森克浩・石崎大介・吉岡剛・大前信輔・中村亮一・地村由起人・窪田雄二・片岡佳孝・根本守仁・岡本晴夫・大植伸之・藤岡康弘. 2018. 琵琶湖内湖の流入河川におけるホンモロコ産卵保護のための採捕規制. 日水誌, 84: 452–455.

亀甲武志. 2020. ホンモロコ資源の持続的利用にむけた資源管理技術の開発. 日水誌, 86: 367–370.

Kikko T, D Ishizaki, Y Kataoka, N Oue, A Sakai, Y Kai & Y Fujioka. 2020. Spawning habitat selectivity of Honmoroko *Gnathopogon caerelescens* in lagoon inlets. Ichthyol Res, 67: 185–190.

Kimura Y, S Ishikawa, T Tokai, M Nishida & K Tsukamoto. 2004. Early life history characteristics and genetic homogeneity of *Conger myriaster* leptocephali along the east coast of central Japan. Fish Res, 70: 61–69.

Kimura Y, MJ Miller, G Minagawa, S Watanabe, A Shinoda, J Aoyama, T Inagaki & K Tsukamoto. 2006. Evidence of a local spawning site of marine eels along northeastern Japan, based on the distribution of small leptocephali. Fish Oceanogr, 15: 183–190.

木下泉. 1984. 土佐湾の砕波帯における稚仔魚の出現. 海洋と生物, 6: 409–415.

Kinoshita I. 1986. Postlarvae and juveniles of silver sea bream, *Sparus sarba* occurring in the surf zones of Tosa Bay, Japan. Jpn J Ichthyol, 33: 7–12.

木下泉. 2007. 有明海における魚類成育場としての諫早湾の重要性を顧みる. 海洋と生物, 29: 69–74.

木下泉・藤田真二. 2012. アユの生物多様性と温暖化. 海洋と生物, 34: 325–331.

木下泉. 2019. 稚魚研究から見た有明海の異変と未来. pp 112–130 *in* いのち輝く有明海を 分断・対立を超えて協働の未来選択へ（田中克, 編）. 花乱社, 福岡.

Kitagawa T, AM Boustany, CJ Farwell, TD Williams, MR Castleton & BA Block. 2007. Horizontal and vertical movements of juvenile bluefin tuna (*Thunnus orientalis*) in relation to seasons and oceanographic conditions in the eastern Pacific Ocean. Fish Oceanogr, 16: 409–421.

Kodama T, J Hirai, S Tamura, T Takahashi, Y Tanaka, T Ishihara, A Tawa, H Morimoto & S Ohshimo. 2017. Diet composition and feeding habits of larval Pacific bluefin tuna, *Thunnus orientalis*, in the sea of Japan: integrated morphological and metagenetic analysis. Mar Ecol Prog Ser, 583: 211–226.

Kodama T, J Hirai, A Tawa, T Ishihara & S Ohshimo. 2020. Feeding habits of the Pacific bluefin tuna (*Thunnus orientalis*) larvae in two nursery grounds based on morphological and metagenomic analyses. Deep Sea Res Part II, 175: 104745.

Kohno H, Y Taki, Y Ogasawara, Y Shirojo, M Taketomi & M Inoue. 1983. Development of swimming and feeding functions in larval *Pagrus major*. Jpn J Ichthyol, 30: 41–60.

Kondo M, K Maeda, N Yamasaki & K Tachihara. 2012. Spawning habitat and early development of *Luciogobius ryukyuensis* (Gobiidae). Environ Biol Fish, 95: 291–300.

Kondo M, K Maeda, K Hirashima & K Tachihara. 2013. Comparative larval development of three amphidromous *Rhinogobius* species making reference to their habitat preferences and migration biology. Mar Freshw Res, 64: 249–266.

Kryzhanovsky SG. 1948. Ecological groups of fishes and the principle of their development. Izv TINRO (Vladivostok), 27: 3–114. (In Russian)

久保田洋・大関芳沖・石田実・小西芳信・後藤常夫・銭谷弘・木村量. 1999. 日本周辺水域におけるマイワシ, カタクチイワシ, サバ類, ウルメイワシおよびマアジの卵仔魚とスルメイカ幼生の月別分布状況: 1994年1月～1996年12月. 水産庁研究所資源管理研究報告シリーズA-2.

久門一紀・田中庸介・石丸千紗子・阪倉良孝・江場岳史・樋口健太郎・西明文・二階堂英城・塩澤聡・萩原篤志. 2018. 光周期がクロマグロ仔魚の生残, 成長, および摂餌に与える影響. 水産増殖, 66: 177–184.

黒木洋明. 2008. マアナゴ（*Conger myriaster*）レプトセファルスの沿岸域への回遊機構に関する研究. 水総研セ研報, 24: 105–152.

Kurogi H, S Chow, T Yanagimoto, K Konishi, R Nakamichi, K Sakai, T Ohkawa, T Saruwatari, M Takahashi, Y Ueno & N Mochioka. 2015. Adult form of a giant anguilliform leptocephalus *Thalassenchelys coheni* Castle and Raju 1975 is *Congriscus megastomus* (Günther 1877). Ichthyol Res, 63: 239–246.

日下部敬之・小松輝久・玉木哲也・中嶋昌紀・青木一郎. 1997. ニューラルネットワークによる瀬戸内海東部のイカナゴ加入量予測. 水産海洋研究, 61: 375–380.

日下部敬之・中嶋昌紀・佐野雅基・渡辺和夫. 2000. 大阪湾におけるイカナゴ*Ammodytes personatus*仔魚の鉛直分布と摂餌に対する水中照度の影響. 日水誌, 66: 713–718.

日下部敬之・大美博昭. 2003. リングネット鉛直曳きとボンゴネット傾斜曳きによって採集されたイカナゴ仔魚数の比較. 大阪水試研報, 14: 11–16.

日下部敬之・保正竜哉・玉木哲也. 2004. 漁獲努力量でチューニングしたコホート解析による瀬戸内海東部3海域のイカナゴ*Ammodytes personatus*当歳魚の資源尾数推定. 大阪水試研報, 15: 9–16.

日下部敬之・大美博昭・斉藤真美. 2007. 耳石日周輪解析による東部瀬戸内海産イカナゴ仔稚魚の成長. 水産海洋研究, 71: 263–269.

日下部敬之・岡本重好・玉木哲也・大美博昭・辻野耕實・反田實. 2008. 大阪湾および播磨灘におけるイカナゴの資源管理に係る調査研究. 海洋と生物, 30: 827–831.

Lee TW & JS Byun. 1996. Microstructural growth in otoliths of conger eel (*Conger myriaster*) leptocephali during the metamorphic stage. Mar Biol, 125: 259–268.

Lee SJ, JK Kim, JH Ryu, HJ Yu, HS Ji & YJ Im. 2019. Molecular identification and morphological description of larvae for ten species of the family Pleuronectidae (Pleuronectiformes, Pisces) from Korea. J Kor Soc Fish Oce Technol, 55: 335–348.

馬渕浩司・西田一也・吉田誠. 2020. マルチプレックスPCR法を用いた琵琶湖水系産タモロコ属2種のミトコンドリアDNAの簡易識別法:手法開発と南湖の産着卵への適用. 魚雑, 67: 51–57.

前田健・立原一憲. 2006. 沖縄島汀間川の魚類相. 沖縄生物学会誌, 44: 7–25.

Maeda K, N Yamasaki, M Kondo & K Tachihara. 2008. Occurrence and morphology of larvae and juveniles of six *Luciogobius* species from Aritsu Beach, Okinawa Island. Ichthyol Res, 55: 162–174.

前田健. 2016. 両側回遊とは? バリエーションから考える. 海洋と生物, 38: 350–355.

Marshall NB. 1954. Aspects of deep sea biology. Hutchinson, London.

松原喜代松. 1942. ぎすノ變態ニ就イテ. 農水講研報, 35: 1–23, pl 1.

松田泰平. 2013. サメガレイふ化仔魚の人工飼育について. 試験研究は今, 745, 北海道立総合研究機構.

Matsumiya Y, H Masumoto & M Tanaka. 1985. Ecology of ascending larval and early juvenile Japanese sea bass in the Chikugo Estuary. Bull Jpn Soc Sci Fish, 51: 1955–1961.

Matsumoto WM. 1962. Identification of larvae of four species of tuna from the Indo-Pacific region I. Dana Rep, 55: 1–16.

Matsumoto Y, Y Ando, Y Hiraoka, A Tawa & S Ohshimo. 2018. A simplified gas chromatographic fatty-acid analysis by the direct saponification/methylation procedure and its application on wild tuna larvae. Lipids, 53: 919–929.

Miller MJ. 2002. Distribution and ecology of *Ariosoma balearicum* (Congridae) leptocephali in the western North Atlantic. Environ Biol Fish, 63: 235–252.

南卓志. 1982. ヒラメの初期生活史. 日水誌, 48: 1581–1588.

南卓志. 1984. 異体類の初期生活史V 浮游期の長さ. 海洋と生物, 33: 296–299.

Miya M & M Hirosawa. 1994. Anguilliform leptocephali from a fixed station in Sagami Bay, central Japan. Jpn J Ichthyol, 41: 68–72.

宮下盛・村田修・澤田好史・岡田貴彦・久保喜計・石谷大・瀬岡学・熊井英水. 2000. 養成クロマグロの成熟と産卵. 水産増殖, 48: 475–488.

Mochioka N, O Tabeta & T Kubota. 1988. A preleptocephalus larva of *Conger myriaster* (Family Congridae) collected from Suruga Bay, central Japan. Jpn J Ichthyol, 35: 192–196.

Mochioka N, M Iwamizu & T Kanda. 1993. Leptocephalus eel larvae will feed in aquaria. Environ Biol Fish, 36: 381–384.

Mochioka N & M Iwamizu. 1996. Diet of anguilloid larvae: leptocephali feed selectively on larvacean houses and fecal pellets. Mar Biol, 125: 447–452.

望岡典隆. 2001. マアナゴの初期生態. 月刊海洋, 33: 536–539.

望岡典隆・塩澤成子・長坂美紀・久保田正. 2001. 駿河湾に出現するカライワシ目, ソトイワシ目およびウナギ目のレプトセファルス. 東海大紀要海洋, 52: 43–55.

望岡典隆. 2014. レプトセファルス (カライワシ目, ソトイワシ目, ソコギス目, ウナギ目). pp 2–89 *in* 日本産稚魚図鑑 第二版 (沖山宗雄, 編). 東海大学出版会, 秦野.

李雅利・日高清隆. 2002. マイクロネクトンによる動物プランクトンの捕食. 日プ学報, 49: 52–60.

Moku M, A Tsuda & K Kawaguchi. 2003. Spawning season and migration of the myctophid fish *Diaphus theta* in the western North Pacific. Ichthyol Res, 50: 52–58.

百成渉・碓井星二・加納光樹・荒山和則. 2012. 茨城県北浦のヨシ帯で採集されたハゼ科2種の仔稚魚の形態と季節的出現. 日生物地理学報, 67: 121–131.

百成渉・柴田真生・加納光樹・金子誠也・碓井星二・佐野光彦. 2016. 茨城県北浦の沖帯から沿岸帯におけるヌマチチブ仔稚魚の生息場所利用と食性. 日水誌, 82: 2–11.

Moser HG. 1981. Morphological and functional aspects of marine fish larvae. pp 89–131 *in* Marine fish larvae. Morphology, ecology, and relation to fisheries (R Lasker, ed). Washington Sea Grant Program, Seattle.

Moser HG & EH Ahlstrom. 1996. Myctophidae: Lanternfishes. pp 387–475 *in* The early stages of fishes in the California Current Region. California Cooperative Oceanic Fisheries Investigations Atlas, v 33 (HG Moser, ed). Allen Press, Lawrence.

中坊徹次・土居内龍. 2013. カレイ目. pp 1658–1698 *in* 日本産魚類検索 全種の同定 第3版（中坊徹次, 編）. 東海大学出版会, 秦野.

中坊徹次・甲斐嘉昇. 2013. ハダカイワシ科. pp 446–473 *in* 日本産魚類検索 全種の同定 第3版（中坊徹次, 編）. 東海大学出版会, 秦野.

中村広司. 1938. マグロ*Thunnus orientalis*（Schlegel）の習性に就て. 動雑, 50: 279–281.

中村広司. 1939. 台湾近海産マグロ類調査報告. 台湾総督府水試報, 13: 1–15.

中村守純. 1969. 日本のコイ科魚類. 資源科学研究所, 東京.

中村元彦・藤田弘一. 2005. 伊勢湾および西部遠州灘で漁獲されるカタクチイワシシラス供給源の産卵－加入モデルによる推定. 水産海洋研究, 69: 27–36.

中村元彦・内山雅史. 2006. カタクチイワシシラスの来遊およびマイワシの再生産と黒潮流路. 月刊海洋, 38: 64–70.

中村元彦・鈴木達也・渡慶次力・清水学・秋山秀樹. 2009. 西部遠州灘沿岸における魚種交替と黒潮内側域の海況変動. 水産海洋研究, 73: 317–319.

中村元彦・植村宗彦・林茂幸・山田大貴・山本敏博. 2017. 伊勢湾におけるイカナゴの生態と漁業資源. 黒潮の資源海洋研究, 18: 3–15.

中村保昭. 1977. 駿河湾ならびに隣接海域の海況変動. 水産海洋研報, 30: 8–38.

中東明佳・川端淳・高須賀明典・久保田洋・岡村寛・大関芳沖. 2010. 黒潮親潮移行域および親潮域におけるマサバおよびゴマサバの胃排出速度と日間摂餌量の推定. 水産海洋研究, 74: 105–117.

Nelson JS, TC Grande & MVH Wilson. 2016. Fishes of the world, 5th ed. John Wily & Sons, Hoboken.

Nicholson AJ. 1933. The balance of animal populations. J Anim Ecol, 2: 132–178.

西川康夫・本間操・上柳昭治・木川昭二. 1985. 遠洋性サバ型魚類稚仔の平均分布, 1956–1981年. 遠水研報, S12: 1–99.

西川康夫. 2014. マグロ属. pp 1401–1406 *in* 日本産稚魚図鑑 第二版（沖山宗雄, 編）. 東海大学出版会,秦野.

西野麻知子. 2005. 内湖の変遷. pp 41–49 *in* 内湖からのメッセージ 琵琶湖周辺の湿地再生と生物多様性保全（西野麻知子・浜端悦治, 編）. サンライズ出版, 彦根.

小達和子. 1994. 東北海域における動物プランクトンの動態と長期変動に関する研究. 東北水研報, 56: 115–173.

Ohshimo S, A Tawa, T Ota, S Nishimoto, T Ishihara, M Watai, K Satoh, T Tanabe & O Abe. 2017. Horizontal distribution and habitat of Pacific bluefin tuna *Thunnus orientalis* (Temminck & Schlegel, 1844) larvae in the waters around Japan. Bull Mar Sci, 93: 769–787.

Ohshimo S, T Sato, Y Okochi, Y Ishihara, A Tawa, M Kawazu, Y Hiraoka, H Ashida & N Suzuki. 2018a. Long-term change in reproductive condition and evaluation of maternal effects in Pacific bluefin tuna, *Thunnus orientalis*, in the Sea of Japan. Fish Res, 204: 390–401.

Ohshimo S, T Sato, Y Okochi, S Tanaka, T Ishihara, H Ashida & N Suzuki. 2018b. Evidence of spawning among Pacific bluefin tuna, *Thunnus orientalis*, in the Kuroshio and Kuroshio-Oyashio transition area. Aquat Living Resour, 31: 33.

沖山宗雄. 1974. 日本海におけるクロマグロ後期仔魚の出現. 日水研報, 25: 89–97.

沖山宗雄. 2001. 前稚魚の意味論—稚魚研究をはじめる人に. pp 241–257 *in* 稚魚の自然史—千変万化の魚類学（千田哲資・南卓志・木下泉, 編）. 北海道大学図書刊行会, 札幌.

沖山宗雄. 2003. 沿岸魚類群集の解析. pp 627–630 *in* 地球環境調査計測事典, 第3巻 沿岸域編（平野禮次郎・大林成行・大和田紘一・沖山宗雄・奥谷喬司・佐野和生・平良栄康・田中次郎・村野正昭, 編）. フジ・テクノシステム, 東京.

沖山宗雄・加藤久嗣. 2014. バケアシロ. pp 438–439 *in* 日本産魚類図鑑 第二版（沖山宗雄, 編）. 東海大学出版会, 秦野.

Okochi Y, O Abe, S Tanaka, Y Ishihara & A Shimizu. 2016. Reproductive biology of female Pacific bluefin tuna, *Thunnus orientalis*, in the Sea of Japan. Fish Res, 174: 30–39.

Otake T, T Ishii, M Nakahara & R Nakamura. 1997. Changes in otolith strontium: calcium ratios in metamorphosing *Conger myriaster* leptocephali. Mar Biol, 128: 565–572.

齊藤宏明. 2010. 海のトワイライトゾーン—知られざる中深層生態系. ベルソーブックス, 034, 成山堂書店, 東京.

Saitoh K, T Sado, RL Mayden, N Hanzawa, K Nakamura, M Nishida & M Miya. 2006. Mitogenomic evolution and interrelationships of the Cypriniformes (Actinopterygii: Ostariophysi): The first evidence toword resolution of higher-level relationships of the world's largest fish clade based on 59 whole mitogenome sequences. J Mol Evol, 63: 826–841.

斉藤憲治. 2014. コイ科魚類の系統と分類. 海洋と生物, 36: 116–124.

Sakai H. 1990. Larval developmental intervals in *Tribolodon hakonensis* (Cyprinidae). Jpn J Ichthyol, 37: 17–28.

Sassa C, K Kawaguchi & K Mori. 2004a. Late winter larval mesopelagic fish assemblage in the Kuroshio waters of the western North Pacific. Fish Oceanogr, 13: 121–133.

Sassa C, K Kawaguchi, Y Hirota & M Ishida. 2004b. Distribution patterns of larval myctophid fish assemblages in the subtropical-tropical waters of the western North Pacific. Fish Oceanogr, 13: 267–282.

Sassa C, K Kawaguchi, Y Hirota & M Ishida. 2007. Distribution depth of the transforming stage larvae of myctophid fishes in the subtropical-tropical waters of the western North Pacific. Deep Sea Res Part I, 54: 2181–2193.

Sassa C & Y Hirota. 2013. Seasonal occurrence of mesopelagic fish larvae on the onshore side of the Kuroshio off southern Japan. Deep Sea Res Part I, 81: 49–61.

佐々千由紀・小澤貴和. 2014. ハダカイワシ科. pp 330–383 *in* 日本産稚魚図鑑 第二版（沖山宗雄, 編）. 東海大学出版会, 秦野.

Sassa C. 2019. Reproduction and early life history of mesopelagic fishes in the Kuroshio region: a review of recent advances. pp 273–294 *in* Kuroshio Current: Physical, biogeochemical, and ecosystem dynamics. Geophysical Monograph Series 243 (T Nagai, H Saito, K Suzuki & M Takahashi, eds), American Geophysical Union, Washington, DC.

佐藤正典・田北徹. 2000. 有明海の生物相と環境. pp 10–31 *in* 有明海の生き物たち（佐藤正典, 編）. 海游舎, 東京.

里口保文. 2001. 琵琶湖は自然の日記帳. pp 19–24 *in* びわ湖を語る50章（琵琶湖百科編集委員会, 編）. サンライズ出版, 彦根.

Satoh K, Y Tanaka & M Iwahashi. 2008. Variations in the instantaneous mortality rate between larval patches of Pacific bluefin tuna *Thunnus orientalis* in the northwestern Pacific Ocean. Fish Res, 89: 248–256.

Satoh K, Y Tanaka, M Masujima, M Okazaki, Y Kato, H Shono & K Suzuki. 2013. Relationship between the growth and survival of larval Pacific bluefin tuna, *Thunnus orientalis*. Mar Biol, 160: 691–702.

Schmidt J. 1923. The Breeding places of the eel. Philos Trans R Soc London, Ser B, 211: 179–208.

Schönhuth S, J Vukić, R Šanda, L Yang & RL Mayden. 2018. Phylogenetic relationships and classification of the Holarctic family Leuciscidae (Cypriniformes: Cyprinoidei). Mol Phylogenet Evol, 127: 781–799.

Senta T & I Kinoshita. 1985. Larval and juvenile fishes occurring in surf zones of western Japan. Trans Am Fish Soc, 114: 609–618.

柴田真生・金子誠也・碓井星二・百成渉・荒山和則・加納光樹. 2020. 東日本の海跡湖「北浦」の沖帯における仔稚魚群集の季節変化. La mer, 58: 101–114.

Shimokawa T, K Amaoka, Y Kajiwara & S Suyama. 1995. Occurrence of *Thalassenchelys coheni* (Anguilliformes; Chlopsidae) in the west Pacific Ocean. Jpn J Ichthyol, 42: 89–92.

Shimose T & K Tachihara. 2005. Duration of appearance and morphology of juvenile blackspot snapper *Lutjanus fulviflammus* along the coast of Okinawa Island, Japan. Biol Mag Okinawa, 43: 35–43.

Shimose T, T Tanabe, KS Chen & CC Hsu. 2009. Age determination and growth of Pacific bluefin tuna *Thunnus orientalis*, off Japan and Taiwan. Fish Res, 100: 134–139.

Shimose T, Y Aonuma, T Tanabe, N Suzuki & M Kanaiwa. 2018. Solar and lunar influences on the spawning activity of Pacific bluefin tuna (*Thunnus orientalis*) in the south-western North Pacific spawning ground. Fish Oceanogr, 27: 76–84.

品川汐夫. 1984. 底生動物相による海域環境解析の一方法. 日ベ研誌, 26: 49–65.

品川汐夫・多部田修. 1998. 河口域干潟における底生動物群集の経年変化についてのRsn法による解析. 日水誌, 64: 796–806.

Shinoda A, J Aoyama, MJ Miller, T Otake, N Mochioka, S Watanabe, Y Minegishi, M Kuroki, T Yoshinaga, K Yokouchi, N Fukuda, R Sudo, S Hagihara, K Zenimoto, Y Suzuki, M Oya, T Inagaki, S Kimura, A Fukui, TW Lee & K Tsukamoto. 2011. Evaluation of the larval distribution and migration of the Japanese eel in the western North Pacific. Rev Fish Biol Fish, 21: 591–611.

塩垣優・道津喜衛. 2014. ハゼ亜目. pp 1215–1218 *in* 日本産稚魚図鑑 第二版（沖山宗雄, 編）. 東海大学出版会, 秦野.

Simanjuntak CPH, I Kinoshita, S Fujita & K Takeuchi. 2015. Reproduction of the endemic engraulid, *Coilia nasus*, in freshwaters inside a reclamation dike of Ariake Bay, western Japan. Ichthyol Res, 62: 374–378.

Smith DG & PHJ Castle. 1982. Larvae of nettastomatid eels: systematics and distribution. Dana Rep, 90: 1–44.

須田有輔・早川康博. 2002. 砂浜海岸の生態学. 東海大学出版会, 東京.

水産海洋学会・大阪水総研・兵庫水技セ（水産海洋学会・大阪府立環境農林水産総合研究所水産研究部・兵庫県立農林水産技術総合センター水産技術センター）. 2019. 第1回東部瀬戸内海研究集会—東部瀬戸内海のイカナゴ資源と環境を考える. 水産海洋研究, 83: 294–308.

Susana ST & T Sugimoto. 1998. Spreading of warm water from the Kuroshio extension into the perturbed area. J Oceanogr, 54: 257–271.

Suzuki KW, Y Kanematsu, K Nakayama & M Tanaka. 2014. Microdistribution and feeding dynamics of *Coilia nasus* (Engraulidae) larvae and juveniles in relation to the estuarine turbidity maximum of the macrotidal Chikugo River estuary, Ariake Sea, Japan. Fish Oceanogr, 23: 157–171.

鈴木寿之・増田修. 1993. 兵庫県で再発見されたキセルハゼと分布上興味あるハゼ科魚類4種. IOP Diving News, 4: 2–6.

鈴木寿之・森誠一. 2016. 西表島浦内川の魚類. 魚雑, 63: 39–43.

多部田修・望岡典隆. 1988. ウナギ目, ソコギス目. pp 21–64 *in* 日本産稚魚図鑑（沖山宗雄, 編）. 東海大学出版会, 東京

立原一憲・木村清朗. 1991. 池田湖産陸封アユの卵内発生と仔稚魚の成長に伴う形態変化. 日水誌, 57: 789–795.

Tachihara K & K Kawaguchi. 2003. Morphological development of eggs, larvae and juveniles of laboratory-reared Ryukyu-ayu *Plecoglossus altivelis ryukyuensis*. Fish Sci, 69: 323–330.

立原一憲. 2009. リュウキュウアユからアユをみる—両亜種の生活史からのアプローチ. 海洋と生物, 31: 395–400.

Takahashi I, K Azuma, S Fujita & H Hiraga. 2000. Differences in larval and juvenile development among monthly cohorts of ayu, *Plecoglossus altivelis*, in the Shimanto River. Ichthyol Res, 47: 385–391.

高橋正知. 2007. 黒潮親潮移行域におけるレプトセファルスの分類および分布特性に関する研究. 九大博論.

Takahashi M, N Mochioka, S Shinagawa, A Yatsu & A Nakazono. 2008. Distribution patterns of leptocephali in the Kuroshio-Oyashio transitional region of the western North Pacific. Fish Oceanogr, 17: 165–177.

Takasuka A, I Aoki & I Mitani. 2003. Evidence of growth-selective predation on larval Japanese anchovy *Engraulis japonicus* in Sagami Bay. Mar Ecol Prog Ser, 252: 223–238.

Takasuka A, Y Oozeki & H Kubota. 2008. Multi-species regime shifts reflected in spawning temperature optima of small pelagic fish in the western North Pacific. Mar Ecol Prog Ser, 360: 211–217.

Takasuka A, M Yoneda & Y Oozeki. 2019. Disentangling density-dependent effects on egg production and survival from egg to recruitment in fish. Fish Fish, 20: 870–887.

竹内啓吾. 2012. 有明海における諫早湾の1997年潮受堤防建設後の仔稚魚相の変遷（2003～2011年）. 高知大修論.

田北徹. 2003. 有明海の魚類生産における河口域の意義. 月刊海洋, 35: 216–221.

玉木哲也・岩佐隆宏・反田實・日下部敬之. 1998. イカナゴ終漁日の考え方とその結果. 第4回瀬戸内海資源海洋研究会報, 31–36.

Tan M & JW Armbruster. 2018. Phylogenetic classification of extant genera of fishes of the order Cypriniformes (Teleostei: Ostariophysi). Zootaxa, 4476: 6–39.

田中栄次. 2022. サバ類資源によるカタクチイワシ太平洋系群の捕食死亡率の推定. 日水誌, 88: 2–11.

Tanaka Y, K Satoh, M Iwahashi & H Yamada. 2006. Growth-dependent recruitment of Pacific bluefin tuna *Thunnus orientalis* in the northwestern Pacific Ocean. Mar Ecol Prog Ser, 319: 225–235.

Tanaka Y, K Satoh, H Yamada, T Takebe, H Nikaido & S Shiozawa. 2008. Assessment of thenutritional status of field-caught larval Pacific bluefin tuna by RNA/DNA ratio based on a starvation experiment of hatchery-reared fish. J Exp Mar Biol Ecol, 354: 56–64.

Tanaka Y, K Kumon, A Nishi, T Eba, H Nikaido & S Shiozawa. 2009. Status of the sinking of hatchery-reared larval Pacific bluefin tuna on the bottom of the mass culture tank with different aeration design. Aquacult Sci, 57: 587–593.

田中庸介・久門一紀・樋口健太郎・江場岳史・西明文・二階堂英城・塩澤聡. 2010. 小型水槽飼育におけるクロマグロ仔魚の初期生残の向上. 水産技術, 3: 17–20.

Tanaka Y, H Minami, Y Ishihi, K Kumon, T Eba, A Nishi, H Nikaido & S Shiozawa. 2010. Prey utilization by hatchery-reared Pacific bluefin tuna larvae in mass culture tank estimated using stable isotope analysis, with special reference to their growth variation. Aquacult Sci, 58: 501–508.

Tanaka Y, H Minami, Y Ishihi, K Kumon, K Higuchi, T Eba, A Nishi, H Nikaido & S Shiozawa. 2014a. Relationship between prey utilization and growth variation in hatchery-reared Pacific bluefin tuna, *Thunnus orientalis* (Temminck et Schlegel), larvae estimated using nitrogen stable isotope analysis. Aquacult Res, 45: 537–545.

Tanaka Y, H Minami, Y Ishihi, K Kumon, K Higuchi, T Eba, A Nishi, H Nikaido & S Shiozawa. 2014b. Differential growth rates related to initiation of piscivory by hatchery-reared larval Pacific bluefin tuna *Thunnus orientalis*. Fish Sci, 80: 1205–1214.

Tanaka Y, K Kumon, K Higuchi, T Eba, A Nishi, H Nikaido & S Shiozawa. 2015. Influence of the prey items switched from rotifers to yolk-sac larvae on growth of laboratory-reared Pacific bluefin tuna. Aquacult Sci, 63: 445–457.

Tanaka Y, K Kumon, Y Ishihi, T Eba, A Nishi, H Nikaido & S Shiozawa. 2018a. Mortality processes of hatchery-reared Pacific bluefin tuna *Thunnus orientalis* (Temminck et Schlegel) larvae in relation to their piscivory. Aquacult Res, 49: 11–18.

Tanaka Y, K Kumon, K Higuchi, T Eba, A Nishi, H Nikaido & S Shiozawa. 2018b. Factors influencing early survival and growth of laboratory-reared Pacific bluefin tuna *Thunnus orientalis* larvae. J World Aquacult Soc, 49: 484–492.

Tanaka Y, A Tawa, T Ishihara, E Sawai, M Nakae, M Masujima & T Kodama. 2020. Occurrence of Pacific bluefin tuna *Thunnus orientalis* larvae off the Pacific coast of Tohoku area, northeastern Japan: Possibility of the discovery of the third spawning ground. Fish Oceanogr, 29: 46–51.

Tawa A & N Mochioka. 2009. Identification of aquarium-raised mraenid leptocephalus, *Gymnothorax minor*. Ichthyol Res, 56: 340–345.

Tawa A, H Kishimoto, T Yoshimura & N Mochioka. 2012. Larval identification following metamorphosis in the slender brown moray *Strophidon ui* from the western North Pacific. Ichthyol Res, 58: 8–13.

田和篤史・望岡典隆. 2015. DNAバーコーディングによる仔魚の種同定. pp 31–40 *in* 魚類の初期生活史研究（望岡典隆・木下泉・南卓志, 編）. 恒星社厚生閣, 東京.

Tawa A, T Ishihara, Y Uematsu, T Ono & S Ohshimo. 2017. Evidence of westward transoceanic migration of Pacific bluefin tuna in the Sea of Japan based on stable isotope analysis. Mar Biol, 164: 94–100.

Tawa A, T Kodama, K Sakuma, T Ishihara & S Ohshimo. 2020. Fine-scale horizontal distributions of multiple species of larval tuna off the Nansei Islands, Japan. Mar Ecol Prog Ser, 636: 123–137.

東島昌太郎・木下泉・広田祐一. 2019. アリアケシラウオはどこで産卵するのか? La mer, 57: 109–117.

東島昌太郎. 2020. 有明海における特産種の初期生活史の多様性. 高知大博論.

Tojima S, Y Yagi, I Kinoshita, S Fujita, Y Hirota & H Hiraga. 2025. Sudden degeneration of eyes just before settlement in the larva of *Odontamblyopus lacepedii*, the endemic goby to Ariake Bay, Japan. La mer, 63 (1/2) (in press).

Tomiyama I. 1936. Gobiidae of Japan. Jpn J Zool, 7: 37–112.

Tomiyama T, M Omori & T Minami. 2007. Feeding and growth of juvenile stone flounder in estuaries: generality and the importance of sublethal tissue cropping of benthic invertebrates. Mar Biol, 151: 365–376.

冨山毅. 2021. 沿岸性魚類の摂食と成長: ヒラメ・カレイ類を例に. 日水誌, 87: 221–224.

塚本勝巳. 1988. アユの回遊メカニズムと行動特性. pp 100–133 *in* 現代の魚類学（上野輝彌・沖山宗雄, 編）. 朝倉書店, 東京.

Tsukamoto K. 1990. Recruitment mechanisms of the eel, *Anguilla japonica*, to the Japanese coast. J Fish Biol, 36: 659–671.

Tsukamoto Y. 2002. Leptocephalus larvae of *Pterothrissus gissu* collected from the Kuroshio-Oyashio transition region of the western North Pacific, with comments on its metamorphosis. Ichthyol Res, 49: 267–269.

内田恵太郎. 1937a. 魚類の浮游幼期に見られる浮泛機構に就て（I）. 科学, 7: 540–546.

内田恵太郎. 1937b. 魚類の浮游幼期に見られる浮泛機構に就て（II）. 科学, 7: 591–595.

内田恵太郎. 1939. 朝鮮魚類誌 第1冊 絲顎類・内顎類. 朝鮮総督府水試報, 6, 朝鮮総督府水産試験場, 釜山.

Uematsu K, T Otake, H Kurokura, K Tsukamoto, M Oya & A Go. 1990. Anguilliformes leptocephali from the Tosa Bay and the waters off Shikoku Island. J Fac Appl Biol Sci Hiroshima Univ, 29: 11–18.

上柳昭治・渡辺久也. 1964. マグロ・カジキ類幼期の識別方法（II）. マグロ漁業研究協議会試料.

上柳昭治. 1969. インド・太平洋におけるマグロ類仔稚魚の分布ービンナガ産卵域の推定を中心とした検討. 遠水研報, 2: 177–256.

宇野木早苗・海野裕. 1983. 東海・関東沿岸海域における暖候期の低温化現象. 水産海洋研報, 44: 17–28.

魚谷逸朗・斉藤勉・平沼勝男・西川康夫. 1990. 北西大西洋産クロマグロ*Thunnus thynnus*仔魚の食性. 日水誌, 56: 713–717.

Vasnetsov VV. 1946. Divergence and adaptation in ontogenesis. Zool Zh, 25: 185–199. (In Russian)

和田敏裕. 2007. 異体類の接岸着底機構—カレイ科5種の形態発育と低塩分適応. Sessile Organisms, 24: 81–88.

涌井海・八木佑太・山中拓也・木下泉. 2009. 土佐湾でのアユの母川回帰性と初期生活史の河川間比較. 海洋と生物, 31: 522–529.

Wang X, Y Yagi, S Tojima, I Kinoshita, Y Hirota & S Fujita. 2021a. Early life history of *Ilisha elongata* (Pristigasteridae, Clupeiformes, Pisces) in Ariake Sound, Shimabara Bay, Japan. Plankton Benthos Res, 16: 210–220.

Wang X, Y Yagi, S Tojima, I Kinoshita, S Fujita & Y Hirota. 2021b. Comparison of larval distribution in two clupeoid fishes (*Ilisha elongata* and *Sardinella zunasi*) in the inner estuaries of Ariake Sound, Shimabara Bay, Japan. Plankton Benthos Res, 16: 292–300.

Wang X, S Tojima, Y Yagi, I Kinoshita, S Fujita, Y Hirota, M Sashida & T Yamanaka. 2022. Comparison of early life histories between two clupeids (*Konosirus punctatus* and *Sardinella zunasi*) in Ariake Sound, Shimabara Bay, Japan. La mer, 59: 101–112.

Watai M, Y Hiraoka, T Ishihara, I Yamasaki, T Ota, S Ohshimo & CA Strüssmann. 2018. Comparative analysis of the early growth history of Pacific bluefin tuna *Thunnus orientalis* from different spawning grounds. Mar Ecol Prog Ser, 607: 207–220.

渡邊光・李雅利. 2002. 深海魚ハダカイワシ科魚類の生態. pp 177–197 *in* 魚類環境生態学入門−渓流から深海まで, 魚と棲みかのインターアクション（猿渡敏郎, 編）. 東海大学出版会, 東京.

渡辺徹・市村勇二・小沼洋司. 1967. 冬期（1～2月）における機船船びき網の漁獲物について. 茨城水試報, 昭和41年度: 9–26.

Yabe H & S Ueyanagi. 1962. Contributions to the study of the early life history of the tunas. Occas Rep Nankai Reg Fish Res Lab, 1: 57–72.

矢部博・上柳昭二・渡辺久也. 1966. クロマグロの初期生態およびミナミマグロの仔魚について. 南水研報, 23: 95–129.

Yagi Y, I Kinoshita, S Fujita, H Ueda & D Aoyama. 2009. Comparison of early life histories of two *Cynoglossus* species in the inner estuary of Ariake Bay,Japan. Ichthyol Res, 56: 363–371.

Yagi Y, I Kinoshita, S Fujita, D Aoyama & Y Kawamura. 2011. Importance of the upper estuary as a nursery ground for fishes in Ariake Bay, Japan. Environ Biol Fish, 91: 337–352.

山田浩且・津本欣吾・久野正博. 1998. 伊勢湾産イカナゴ仔魚の成魚による捕食減耗. 日水誌, 64: 807–814.

Yamashita Y, D Kitagawa & T Aoyama. 1985. Diel vertical migration and feeding rhythm of the larvae of Japanese sand-eel *Ammodytes personatus*. Nippon Suisan Gakkaishi, 51: 1–5.

Yokoo T, K Kanou, M Moteki, H Kohno, P Tongnunui & H Kurokura. 2006. Juvenile morphology and occurrence patterns of three *Butis* species (Gobioidei: Eleotridae) in a mangrove estuary, southern Thailand. Ichthyol Res, 53: 330–336.

Yokoo T, K Kanou, M Moteki, H Kohno, P Tongnunui & H Kurokura. 2008. Juvenile morphology of three *Pseudo*gobius species (Gobiidae) occurring in a mangrove estuary, southern Thailand. LAGUNA, 15: 77–82.

Yokoo T, T Sakamoto, K Kanou, M Moteki, H Kohno, P Tongnunui & H Kurokura. 2009. Morphological characters and occurrence patterns of juveniles of two estuarine gobies, Acentrogobius kranjiensis and Acentrogobius malayanus, verified by molecular identification. J Fish Biol, 75: 2805–2819.

Yokoo T, K Kanou, M Moteki, H Kohno, P Tongnunui & H Kurokura. 2012. Assemblage structures and spatial distributions of small gobioid fishes in a mangrove estuary, southern Thailand. Fish Sci, 78: 237–247.

米盛保. 1989. 広域回遊性浮魚の資源増大を目指して−クロマグロの資源増大. pp 9–59 in 農林海洋牧場−マリーンランチング計画（水産技術会議事務局, 編）. 恒星社厚生閣, 東京.

銭谷弘・石田実・小西芳信・後藤常夫・渡辺良朗・木村量. 1995. 日本周辺水域におけるマイワシ, カタクチイワシ, サバ類, ウルメイワシおよびマアジの卵仔魚とスルメイカ幼生の月別分布状況: 1991年1月～1993年12月. 水産庁研究所資源管理研究報告シリーズA–1.

Zilles K, B Tillmann & R Bennemann. 1983. The development of the eye in Astyanax mexicanus (Characidae, Pisces), its blind cave derivative, Anoptichthys jordani (Characidae, Pisces), and their crossbreds. Cell Tissue Res, 229: 423–432.

生物名索引

—ア行—

—タ行—

—マ行—

生物名索引

Taxonomic Index

著者略歴［アルファベット順］

尼岡邦夫　Amaoka Kunio　1967年京都大学大学院農学研究科博士課程修了。現在，北海道大学名誉教授。農学博士。

荒山和則　Arayama Kazunori　2009年東京海洋大学大学院海洋科学技術研究科博士課程修了。現在，茨城県農林水産部水産振興課課長補佐。博士(海洋科学)。

有瀧真人　Aritaki Masato　1985年三重大学大学院水産学研究科修士課程修了。現在，福山大学生命工学部教授。博士 (農学)。

東　健作　Azuma Kensaku　1981年高知大学農学部栽培漁業学科卒業。西日本科学技術研究所四万十研究室元室長。博士 (農学)。

原田慈雄　Harada Shigeo　2002年京都大学大学院農学研究科博士課程単位取得退学。現在，和歌山県水産試験場増養殖部長。博士 (農学)。

平井明夫　Hirai Akio　1991年長崎大学大学院海洋生産科学研究科博士課程修了。マリノリサーチ (株) 元代表取締役。水産学博士。

広田祐一　Hirota Yuichi　1981年東京大学大学院農学系研究科博士課程修了。現在，水産研究・教育機構水産資源研究所客員研究員。農学博士。

堀之内正博　Horinouchi Masahiro　1997年東京大学大学院農学生命科学研究科博士課程修了。現在，島根大学エスチュアリー研究センター准教授。博士 (農学)。

飯田　碧　Iida Midori　2010年東京大学大学院農学生命研究科博士課程修了。現在，北海道大学北方生物圏フィールド科学センター臼尻水産実験所准教授。博士 (農学)。

石原大樹　Ishihara Taiki　2012年琉球大学大学院理工学研究科博士課程単位取得退学。現在，水産研究・教育機構水産資源研究所主任研究員。博士 (理学)。

石崎大介　Ishizaki Daisuke　2010年三重大学大学院生物資源学研究科博士課程中退。現在，滋賀県農政水産部水産課主査。博士 (学術)。

揖　善継　Kaji Yoshitsugu　2007年九州大学大学院生物資源環境科学府博士課程単位取得退学。現在，和歌山県立自然博物館主査学芸員。修士 (農学)。

上村泰洋　Kamimura Yasuhiro　2013年広島大学大学院生物圏科学研究科博士課程修了。現在，水産研究・教育機構水産資源研究所主任研究員。博士 (農学)。

加納光樹　**Kanou Kouki**　2003年東京大学大学院農学生命研究科博士課程修了。現在，茨城大学地球・地域環境共創機構水圏環境フィールドステーション教授。博士（農学）。

亀甲武志　**Kikko Takeshi**　2001年京都大学大学院農学研究科修士課程修了。現在，近畿大学農学部水産学科准教授。博士（農学）。

木下　泉　**Kinoshita Izumi**　1981年長崎大学大学院水産学研究科修士課程修了。現在，安芸漁業協同組合顧問・高知大学名誉教授。農学博士。

児玉武稔　**Kodama Taketoshi**　2012年東京大学大学院農学生命科学研究科博士課程修了。現在，東京大学大学院農学生命科学研究科准教授。博士（農学）。

河野　博　**Kohno Hiroshi**　1984年東京大学大学院農学系研究科博士課程修了。現在，長尾自然環境財団理事長・東京海洋大学名誉教授。農学博士。

日下部敬之　**Kusakabe Takayuki**　1986年京都大学農学部水産学科卒業。現在，大阪府立環境農林水産総合研究所審議役。博士（農学）。

前田　健　**Maeda Ken**　2008年琉球大学大学院理工学研究科博士課程修了。現在，沖縄科学技術大学院大学海洋生態進化発生生物学ユニットスタッフサイエンティスト。博士（理学）。

南　卓志　**Minami Takashi**　1976年京都大学大学院農学研究科博士課程単位取得退学。現在，宮城大学食産業学群特任教授。農学博士。

望岡典隆　**Mochioka Noritaka**　1985年九州大学大学院農学研究科博士課程修了。現在，九州大学大学院農学研究院特任教授。農学博士。

永沢　亨　**Nagasawa Toru**　1984年東京水産大学資源増殖学科卒業。現在，水産研究・教育機構水産資源研究所研究員。博士（農学）。

中村元彦　**Nakamura Motohiko**　1992年京都大学大学院農学研究科博士課程単位取得退学。現在，愛知県水産試験場漁業生産研究所主任。修士（農学）。

中山耕至　**Nakayama Kouji**　2000年京都大学大学院農学研究科博士課程修了。現在，京都大学大学院農学研究科助教。博士（農学）。

乃一哲久　Noichi Tetsuhisa　1994年長崎大学大学院海洋生産科学研究科修了。現在，千葉県立中央博物館分館　海の博物館分館長。博士（学術）。

岡　慎一郎　Oka Shin-ichiro　2017年琉球大学大学院理工学研究科博士課程修了。現在，沖縄美ら島財団総合研究所上席研究員。博士（理学）。

岡本　誠　Okamoto Makoto　2002年北里大学大学院水産学研究科博士課程修了。現在，水産研究･教育機構開発調査センター主任研究員。博士（水産学）。

大美博昭　Omi Hiroaki　1995年京都大学大学院農学研究科修士課程修了。現在，大阪府立環境農林水産総合研究所主幹研究員。博士（学術）。

斉藤真美　Saito Mami　1983年鹿児島大学水産学部資源増殖学科卒業。現在，（株）水土舎横浜分室室長。

酒井治己　Sakai Harumi　1985年北海道大学大学院水産学研究科博士課程単位取得退学。現在，水産研究・教育機構水産大学校名誉教授。博士（水産学）。

猿渡敏郎　Saruwatari Toshiro　1989年東京大学大学院農学系研究科博士課程修了。現在，東京大学大気海洋研究所助教。農学博士。

佐々千由紀　Sassa Chiyuki　2001年東京大学大学院農学生命科学研究科博士課程修了。現在，水産研究･教育機構水産資源研究所主任研究員。博士（農学）。

青海忠久　Seikai Tadahisa　1973年京都大学農学部水産学科卒業。現在，ふくい水産振興センターセンター長・福井県立大学名誉教授。農学博士。

立原一憲　Tachihara Katsunori　1988年九州大学大学院農学研究科博士課程修了。琉球大学理学部海洋自然科学科元教授。農学博士。

高橋正知　Takahashi Masanori　2007年九州大学大学院生物資源環境科学府博士課程修了。現在，水産研究・教育機構水産資源研究所主任研究員。博士（農学）。

高須賀明典　Takasuka Akinori　2003年東京大学大学院農学生命科学研究科博士課程修了。現在，東京大学大学院農学生命科学研究科教授。博士（農学）。

高津哲也　Takatsu Tetsuya　1992年北海道大学大学院水産学研究科博士課程中退。現在，北海道大学大学院水産科学研究院教授。博士（水産学）。

田中庸介　**Tanaka Yousuke**　2002年京都大学大学院農学研究科博士課程修了。現在，水産庁増殖推進部研究指導課研究管理官。博士（農学）。

田和篤史　**Tawa Atsushi**　2012年九州大学大学院生物資源環境科学府博士課程修了。現在，水産研究・教育機構水産資源研究所主任研究員。博士（農学）。

東島昌太郎　**Tojima Shotaro**　2020年高知大学大学院総合人間自然科学研究科博士課程修了。現在，消費者庁食品表示課食品表示調査官。博士（学術）。

冨山　毅　**Tomiyama Takeshi**　2001年東北大学大学院農学研究科博士課程単位取得退学。現在，広島大学大学院統合生命科学研究科教授。博士（農学）。

八木佑太　**Yagi Yuta**　2010年高知大学大学院黒潮圏海洋科学研究科博士課程修了。現在，水産研究・教育機構水産資源研究所グループ長。博士（学術）。

横尾俊博　**Yokoo Toshihiro**　2007年東京海洋大学大学院海洋科学技術研究科博士課程修了。現在，水産庁加工流通課漁獲監理専門官。博士（海洋科学）。

『稚魚学のすすめ』のすすめ

川那部浩哉

＜多様性＞という言葉は，このごろでは広く使われる当たりまえのものになったようだ。つい先日は新聞で，動画の機関車にさまざまな色や形，さらにはその＜性格＞の違うもののあることが流行になっていて，「多様性が鍵になっている」とあった。

＜生物多様性＞という用語が広く知られるようになったのは，1992年6月にリオ＝デ＝ジャネイロで開かれた「環境と開発に関する国連会議（いわゆる地球サミット）」で，「生物多様性条約」が締結されて以来のことである。そもそも「生物学的多様性（Biological Diversity）」という用語自体，1985年代後半にE.O.ウイルソンさんなどが「地球上のあらゆる地域で，人為的な環境破壊がもたらしている種の絶滅の危険性に警鐘を発する目的のため，多くの種の存在すること，すなわち生物学的多様性のあることの学術的・社会的重要性」を示す用語として，造り直したものである。その後しばらくして，種の多様性だけではなく，遺伝子と生態系の多様性もまた同様に重要だと，認められるようになったわけだ。

ところで，昆虫・甲殻類や貝類（とくに完全変態の）の幼生と成体の＜かたち＞・＜はたらき＞・＜くらし＞が，全く異なっていることは，誰もが知っている。鳥だって獣だって，子どもとおとなは多くの点でかなり違っていて，アンデルセンさんの童話「みにくいアヒルの子」も，幼鳥と成鳥とのかたちに違いがあるからこその話だ。魚類も同じで，孵化してのものは外形もかなり異なっている。カレイやヒラメの仲間も，子どものときは眼が両側面に付いているし，ウナギ・アナゴ類の子どもは透明で平べったく，ノレソレなどと呼ばれて，なかなか美味である。どれがどれの子なのかは大いに気になるし，水産資源として考えてもたいへん重要なことである。だから，魚の子どものことは昔からある程度調べられてきた。

私自身のことでいえば，川や池の岸で小さい魚を見たとき，それぞれが何の子どもなのか気になったのは，小学校へ入るころだった。大きくなって最初に読んだこの方面の本は内田恵太郎さんの『朝鮮魚類誌 第一冊』で，卵・胚・

前期仔魚・後期仔魚・稚魚・未成魚・成魚などの名称もこれで知った。そこに書かれていたのは＜かたち＞のことが主であったが，＜はたらき＞や＜くらし＞についても，かなりのことが記されていた。内田さんは，朝鮮総督府水産試験場のあと，戦後は九州大学農学部の教授を務められた方で，1964 年に出たその著『稚魚を求めて ある研究自叙伝』（岩波新書）は，出版されてすぐに読んで大いに感銘を受けた。これは今も書棚にある。

今回の書，『稚魚学のすすめ』は，44 人ほどの気鋭の研究者によるもので，稚魚だけではなく，魚の生活史全体の研究の中でその幼体の意義に中心をおいて大きく展開したものである。目次から受ける印象以上に，この書は魚を材料とした「生活史学」の書だと言って良い。「生活史学」で思い出すのは，同輩・同僚であった原田英司さんのメバルの生活史に関する 1962 年に出た論文だ。その形態・成長・生活場所・食性・行動を調べ，発育段階の移行にあたっては，ある要求が変化するときには他の要求は変化せず，それはつぎの段階間で変化するというように，全体としてはつねに移行が前後の段階をつなぐかたちで行なわれている，と言うもの。例えば，ある時期に現れた地形の近隣にすむ性質はそのまま藻場の上方にすむ性質につながり，この藻場への来遊が次の段階での付着動物食への移行になり，その後のアマモ場での付着動物の減少がガラモ場への移動をもたらし，その後の岩礁への移動とそこでの付着生物食への転換を生み，さらにこれは，成魚の岩場へのすみつきを誘発するという具合である。このような発育に伴ういろいろの性質の重なり合いながらの変化の様相が，この論文からはっきりと読み取れ，アユなど淡水魚の仕事をしていた私にとってたいへん刺激的だった。

そうなのだ。生物の多様性というのは，一般には，遺伝子と種と生態系について論じられているが，生活史すなわち生きものの一生そのものが，すでにある意味での多様性なのである。そして，それぞれの生きものの現在の性質が，長い過去に起こり，そして続いてきた生きもののあいだの関係によって生まれ，それによって現在の状態を産んできたことは，明白である。この『稚魚学のすすめ』は，それらをも見通す入り口にもなるものだろう。

この本の原稿を見ながら，一つ感じたことがある。それは，宮地傳三郎さん・水野信彦さんと一緒に，1963 年に『原色日本淡水魚類図鑑』の初版を，1976 年に全改訂新版を出したことだ。幸いにもこれは多くの方が利用して下さり，その結果として，1989 年には，水野さんとの共編で『山渓カラー名鑑 日本の淡水魚』を出したが，それには，26 人の方の撮られた写真とともに，執筆して下さった著者は 70 人に上った。また 2001 年の改訂版には，細谷和海さんも編者に加わって貰った。

今回出版されるこの本の題名は，『稚魚学のすすめ』である。これを読んだ多くの方々が，この本の勧めに乗って稚魚と稚魚学に強い関心を持たれ，さらには，自分でもその＜かたち＞・＜はたらき＞・＜くらし＞を調べて下さって，稚魚学をさらに大きく進めて頂きたい。いや，きっとそうなるに違いないと確信している。この拙文の題名を，「『稚魚学のすすめ』のすすめ」とした所以である。

（2024 年 5 月 10 日記）

稚魚学のすすめ

2025年 3 月31日　第1刷発行
2025年 7 月31日　第2刷発行

企　画　稚魚研究会
編著者　原田慈雄・加納光樹・田和篤史・木下　泉・河野　博
発行者　岡　健司
発行所　株式会社生物研究社
〒108－0073
東京都港区三田2－13－9三田東門ビル 201
電話　(03) 6435－1263
Fax　(03) 6435－1264
印刷・製本　株式会社エデュプレス

Printed in Japan
ISBN978-4-909119-43-8